U0255414

民國建築工程期刊匯編

MINGUO JIANZHU GONGCHENG QIKAN HUIBIAN

47

《民國建築工程期刊匯編》編寫組 編

广西师范大学出版社
GUANGXI NORMAL UNIVERSITY PRESS
·桂林·

第四十七册目録

建築月刊 …… 23517
建築月刊 一九三五年第三卷第十一・十二號合刊 …… 23519
建築月刊 一九三六年第四卷第一號 …… 23587
建築月刊 一九三六年第四卷第二期 …… 23715
建築月刊 一九三六年第四卷第三期 …… 23781
建築月刊 一九三六年第四卷第四期 …… 23853
建築月刊 一九三六年第四卷第五號 …… 23923

建築月刊

建築月刊

THE BUILDER

第三卷第十一，十二號合刊

VOL. 3, NOS. 11 & 12

50¢

Laboratory-building For College of Agriculture, National University of Chekiang, Hangchow.

23521

馥記營造廠

承造之國立浙江大學農學院實驗館

總事務所 電話 一七三三六 一七三三七
上海四川路三三號
電報掛號一五二七

分事務所 南昌勵志社
南京 馥記大樓 陵園新村

總廠 上海戈登路三五五號

分廠 重慶新街口
河南 重慶 九江
廣州 杭州 青島
南京 貴溪 鎮江
邵伯 淮陰 劉灃
等處

第二堆棧 上海閘北廣林街
上海浦東慶寧寺

分事務所分廠電報掛號七四五〇

本廠承造各埠建築達數十處都千萬餘金略舉如下備資參考

本埠工程

和祥碼頭及棧房……浦東
通大學工程館……徐家匯
行念二層大樓……跑馬廳
式住宅市房……賽白格路
德儲蓄會……福生路
海牛皮廠……白利南路
泰興碼頭……浦東董家渡
和祥碼頭……兆豐路
陸醫院……白克路
共宿舍……聖母院路
層公寓……國富門路
層公寓……福林路
華碼頭……浦東周家渡
公館……亞爾培路
新百貨公司……南京路

外埠工程

理陵墓第三部工程……南京
亡將士公墓全部……南京
政部辦公處……南京
山紀念堂……廣州
部長官邸……南京
村合作社……南京
領事署……廈門
國銀行……南京
軍船塢……青島
江大學……杭州
淮船閘……邵伯—淮陰—劉灃
空學校……南昌
工分廠……萍鄉
豐銀行……重慶
礦路貴溪橋……貴溪
正橋……南昌

VOH KEE
CONSTRUCTION CO

23523

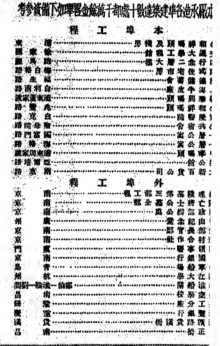

K. M. A. CLINKERS

A Brick That Will Last For Centuries.

SUITABLE FOR HEAVY FOUNDATION WORKS, DOCK BUILDING, BRIDGES, BUILDINGS & FLOORING.

RECENT TESTS

Compression Strength: 7715 lbs. per square inch. Absorption: 1.54%

開灤"克令夠"缸磚

磚質堅韌，經歷百年，完好如初。

此磚最適宜承受重量於樁基，建築船塢，橋梁及房屋地板等工程。

最近試驗成績

每平方寸壓力僅七七一五磅
吸收水份僅百分之一•五四

FACING TILES

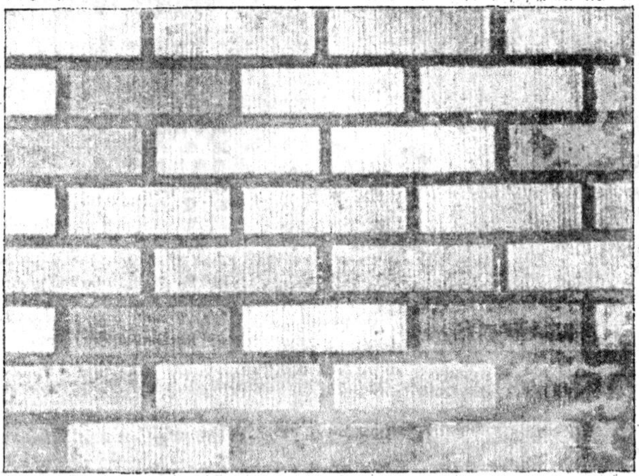

右圖係示粗紋面磚混合淡黃或金黃之色彩，非爲磚料質地之表現也。

This is a very near representation in Colour of our mixed Buff or Gold colours, but they do not represent the texture of our rough face brick.

開灤礦務局

上海外灘十二號

電話一一〇七〇，一一〇七八，一一〇七九

THE KAILAN MINING ADMINISTRATION

3rd Floor,
H. & S. Bank Building,
12 The Bund, entrance Foochow Road.

Telephone 11070, 11078 & 11079 (3 lines)
Direct Telephone to Sales Dept. 17776.
Direct Telephone to Agent's Private Office 19304.

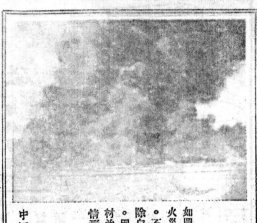

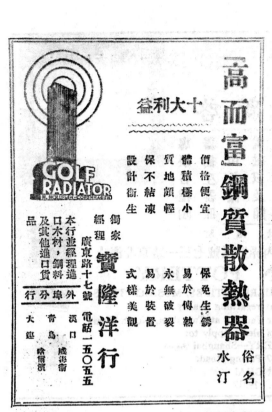

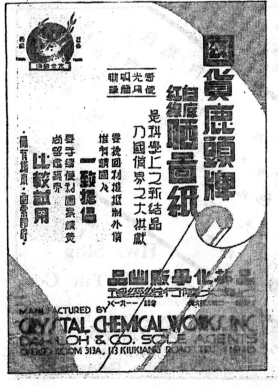

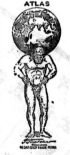

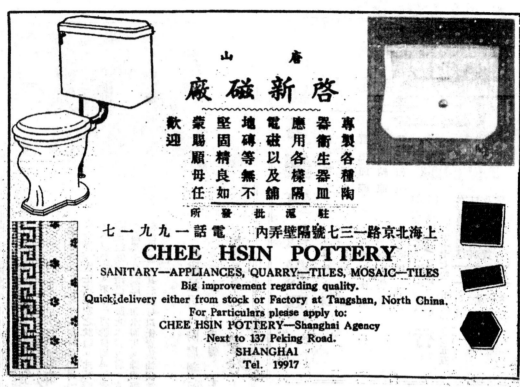

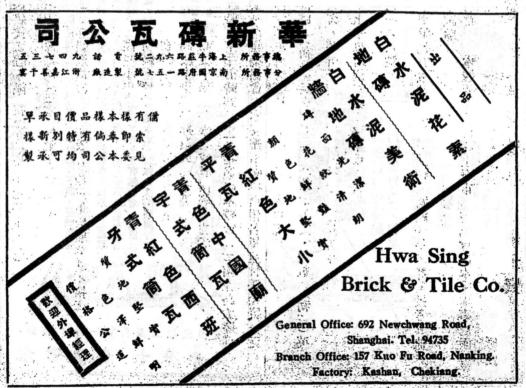

上海市建築協會附設
私立正基建築工業補習學校招生

民國十九年秋創立 ○ 上海市教育局登記

宗旨 利用業餘時間進修建築工程學識（授課時間下午七時至九時）

編制 參酌學制設初級高級兩部每部各三年修業年限共六年

招考 本屆招考初級一二三年級及高級一二年級（高級三年級照章並不招考）

各級投考程度爲

初級一年級 高級小學畢業或具同等學力者

初級二年級 初級中學肄業或具同等學力者

初級三年級 初級中學畢業或具同等學力者

高級一年級 高級中學工科肄業或具同等學力者

高級二年級 高級中學工科畢業或具同等學力者

報名 即日起每日上午九時至下午五時親至（一）枯嶺路本校或（二）南京路大陸商場六樓六二〇號上海市建築協會內本校辦事處填寫報名單隨付手續費一元（錄取與否概不發還）領取應考証憑証於指定日期入場應試

考科 各級入學試驗之科目 （初一）英文・算術 （初二）英文・代數 （初三）英文・三角（高一）英文・解析幾何 （高二）微積分・應用力學

考期 二月九日（星期日）上午九時起在枯嶺路本校舉行

校址 枯嶺路派克路口第一六八號

附告 （一）凡在高級小學畢業執有證書者准予免試編入初級一年級肄業投考其他各級必須經過入學試驗

（二）本校章程可向枯嶺路本校或大陸商場上海市建築協會內本校辦事處函索或面取

中華民國二十五年一月　日　校長　湯景賢

目錄

插圖

國立浙江大學農學院實驗室新屋(封面)

燈飾

英國班師雷市政廳新屋

各種建築型式

英國Newcastle-Upon-Tyne之總巡捕房，法院及救火會聯合辦公廳

小住宅圖樣四種

傢具與裝飾兩種

論著

木材與鋼鐵　古健

營造學(九)　杜彥耿

美國鄉村公路橋梁採用新式木桁架之介紹　家驊

燒土(上)　袁宗耀

上海公共租界兩年來之房屋建築進度比較　錄

建築史(四)　杜彥耿

專載

中國之建設

建築材料價目

(第三卷第十一十二號合刊)

廣告索引

大中磚瓦公司

德威洋行

英商開能達有限公司

馥記營造廠

開灤礦務局

開山磚瓦公司

道門朗公司

美炎洋行

孔士洋行

寶隆洋行

大陸行

啓新磁廠

華新磚瓦公司

正基建築工業補習學校

遠東雜誌

中國銅鐵工廠

美和公司

新仁記營造廠

公勤鐵廠

長城機磚公司

合作五金公司

安記營造廠

中國製釘公司

比國鋼業聯合社

英商吉星洋行

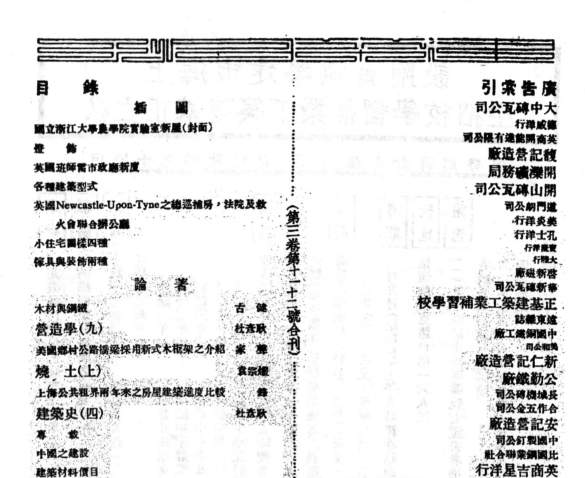

上海市建築協會建築月刊部啟事（一）

本刊為謀每卷規定期數與月份符合起見，決於本年度內出版合訂本二次，除第三卷九，十期已於上月出版外，第三卷十一，十二期亦合訂為一册，俾成全帙。內容當力求充實，售價每册國幣五角，並不加價。凡預定本刊諸君，均照全年十二册之數，分別補足。特此聲明，諸希　諒鑒。

上海市建築協會建築月刊部啟事（二）

本刊出版，倏逾三載，讀者遍海內外，許為可望之刊物。仝人等未敢妄自菲薄，願秉服務社會之志趣，奮我完成目的之精神，決自第四卷起刷新內容，力求充實，以副讀者雅望。第四卷第一期照例刊行特大號，增加篇幅一倍。文字方面已交到者，有林同棪先生之『近代橋梁工程之演進』，杜彥耿先生之長篇『營造學』及『建築史』等，仍繼續刊登。圖樣方面，將選載滬上最近建造之大建築至少三全套。該期準二十五年一月中出版，售價每册增至一元，定閱全年者不加。特此預告。

杜彥耿啟事

比因完成建築辭典編務，補充材料起見，闢室另處，俾利工作。辱承友好過訪，未能一一延見，有失迎迓，殊引為憾！現全稿將竣，觀成有期，用佈區區，藉鳴歉悃，並告建築辭典定購諸君。

燈 飾　黑白影社 杜鰲攝

THE LAMP　Photo by Mr. Do Ngao

木材與鋼鐵

古健

從「有巢氏」敎民以居起，一直到現在，木材在建築上佔有廣大的用途。雖則科學一天一天的在倡明，已發明了不少的替代品；可是，還有許多地方，仍舊需用着木材，在目前木材還不致於沒落，這是爲什麽呢？自然，大半爲了代價比較他種材料低廉罷了。

誰都知道的，木材的弱點，在於質地的不耐久，很容易腐蝕；不耐火，而且有伸縮性。何况科學界的進步一刻不息地在向前飛馳，替代品的日新月異的發明是必然的事。無疑地，木材的前途，會給其他材料漸漸地侵佔了。

事實已經告訴我們：現代的建築，鋼鐵已是替代了木材的用途；木材在建築上，雖不致完全摒棄不用，可是照這麽下去，木材除了抹油（桐油，固木油之類）可以增加暫時的抵抗力以外，未來的建築上，終有一日木材會絕跡的時候，我預測着。

鋼鐵在現代建築上的用途，的確是再廣泛沒有了。這果然是因了它的質地的堅韌，不易縐折，而且不能給各種蟲菌或水火所侵蝕所致。所以門窗，梁柱筋骨等等，從前都用木材的，現在却都改用鋼鐵了。

其實，在表面上瞧來，木材的代價比鋼鐵低廉；但木材究竟是容易腐蝕的，所以它的耐久性遠不及鋼鐵，因之木材所耗的費用，反不經濟；鋼鐵雖則比較昂貴，但它的耐久性却超越任何材料之上，所以實際上的代價反比較經濟了。

凡是房屋的骨幹，必須具有上列三個條件：

第一，耐久性（當然最重要）。

第二，結構的力量。

第三，接筍的緊密。

關於骨幹，像擱柵，梁，椽，以前是全用木材構成的，可是它的性質，顯然不能勝任愉快。如果用鋼鐵做了房屋的骨幹，對於結構的力量，能分配平衡，接筍的緊密，是任何材料所不能及的；耐久方面，當然不用說强得多了。

不過話又說回來了，木材在建築上，讓它這樣地滅落下去嗎？不，我們並不希冀未來的建築，成了鋼鐵的世界，我們必須努力地研究，如何可使木材媲美鋼鐵，達到堅强耐久的目的。

英國班師雷市政廳新廈介紹

英國班師雷市政廳新廈，屋凡四層，高二二〇呎，進深一一〇呎，面臨教堂街（Church-street）。建築之基地，其中心點與現有之世界大戰紀念碑成一軸線形。在教堂街入口處，有廣大之穿堂與梯楷；路之二端，各有輔梯。廳之底層爲會計處與收款員辦事處。總辦公處之面積爲 64'×59'，其佈置有高級職員個別辦事室，儲藏室等與之接近。屋之背面有廣場，將來可擴展。底層面積一千七百五十平方尺。二樓爲理事室，面積爲 45'×42' 佔於二樓之中心，位在大扶梯之後。居中之接待室，面積爲 47'×21'6"，由此瞻望教堂街，一覽無遺。另有形式不同之委員室五間，與市長會客室等。本層並有電梯自底層通至廚房間，以備接待室設筵請客之需。委員室係用摺門，以便於必要時相互貫通，增大室位。其餘爲職員辦公室，測量員辦公室及理事休息室等。三樓爲審官，水利工程師及衛生工程師等辦公室，面積共有二，七五〇平方尺，足供擴充現在辦事室或新闢辦事室之用。至於督學室則設於地下層，以利出入。此層面積極廣，暖氣裝置之總機關等，均設於此。將來並可擴充三千平方尺之地位。而屋之三面及屋後廣場，空曠廣大，使全屋得有良好之空氣與光線。屋面用青石建築，中有鐘樓，高起一五〇呎，矗立街頭，至爲壯觀云。

Barnsley Municipal Building. 英國班師雷市政廳

Detail of Entrance. 大門入口

Barnsley Municipal Buildings. General View of Exterior.

英國班師雷市政廳概觀

Barnsley Municipal Buildings. The Council Chamber.

英國班師雷市政廳理事室

英國班師雷市政廳

接待室

Reception Room

理事室之又一影

The Council Chamber
Barnsley Municipal Buildings.

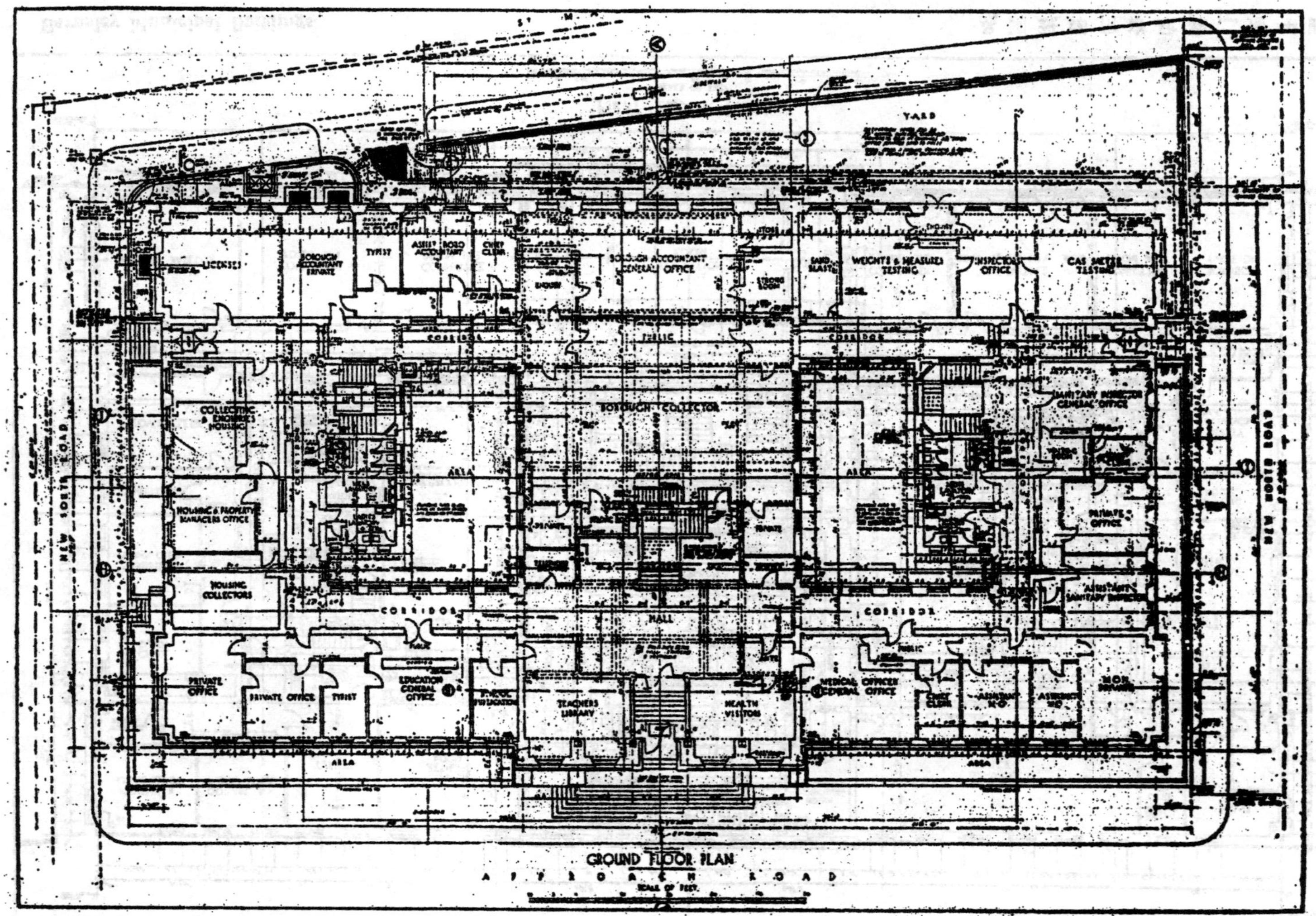

Barnsley Municipal Buildings.

英國班師雷市政廳下層平面圖

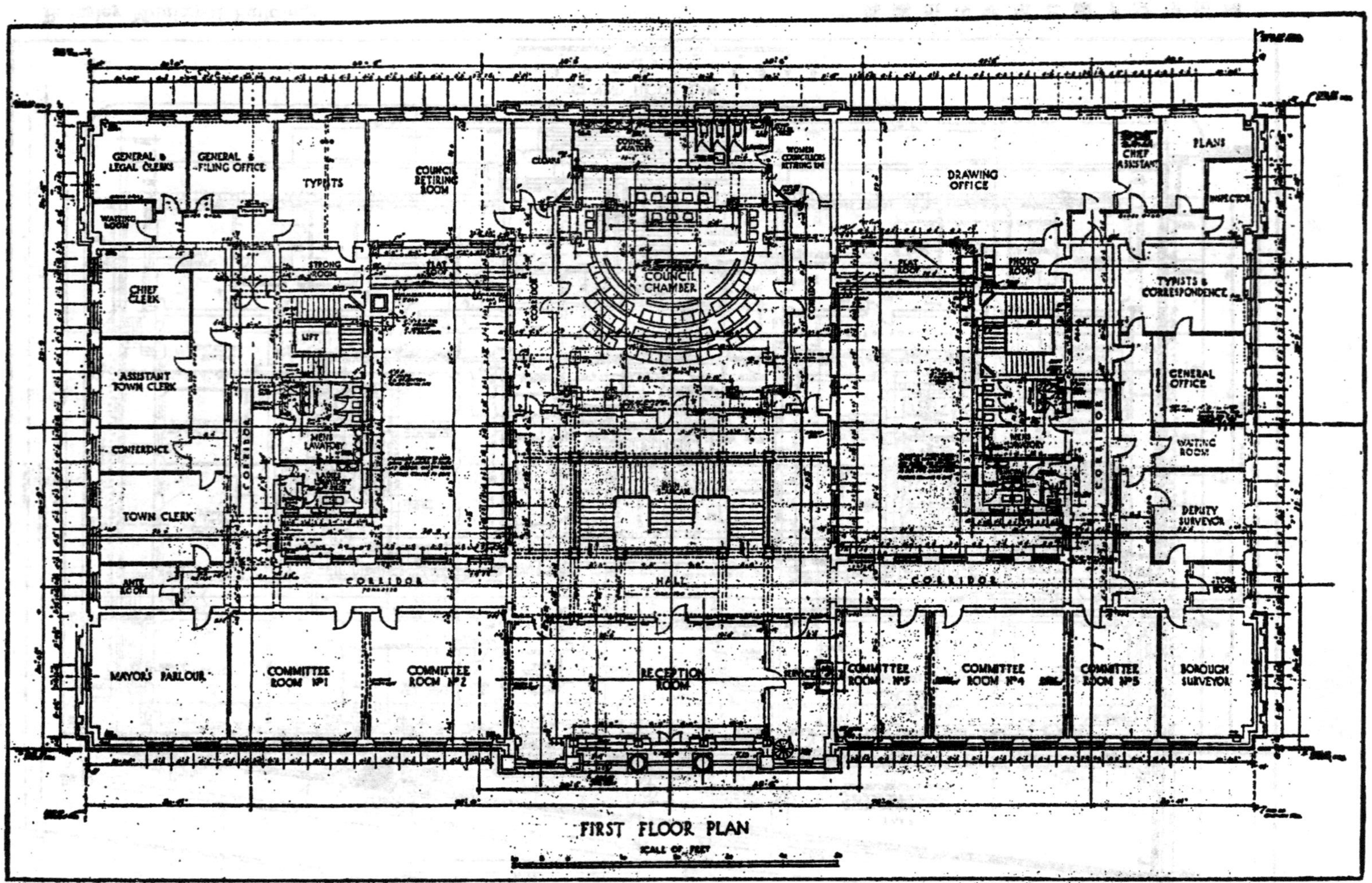

Barnsley Municipal Buildings. 英國班斯雷市政廳二層平面圖

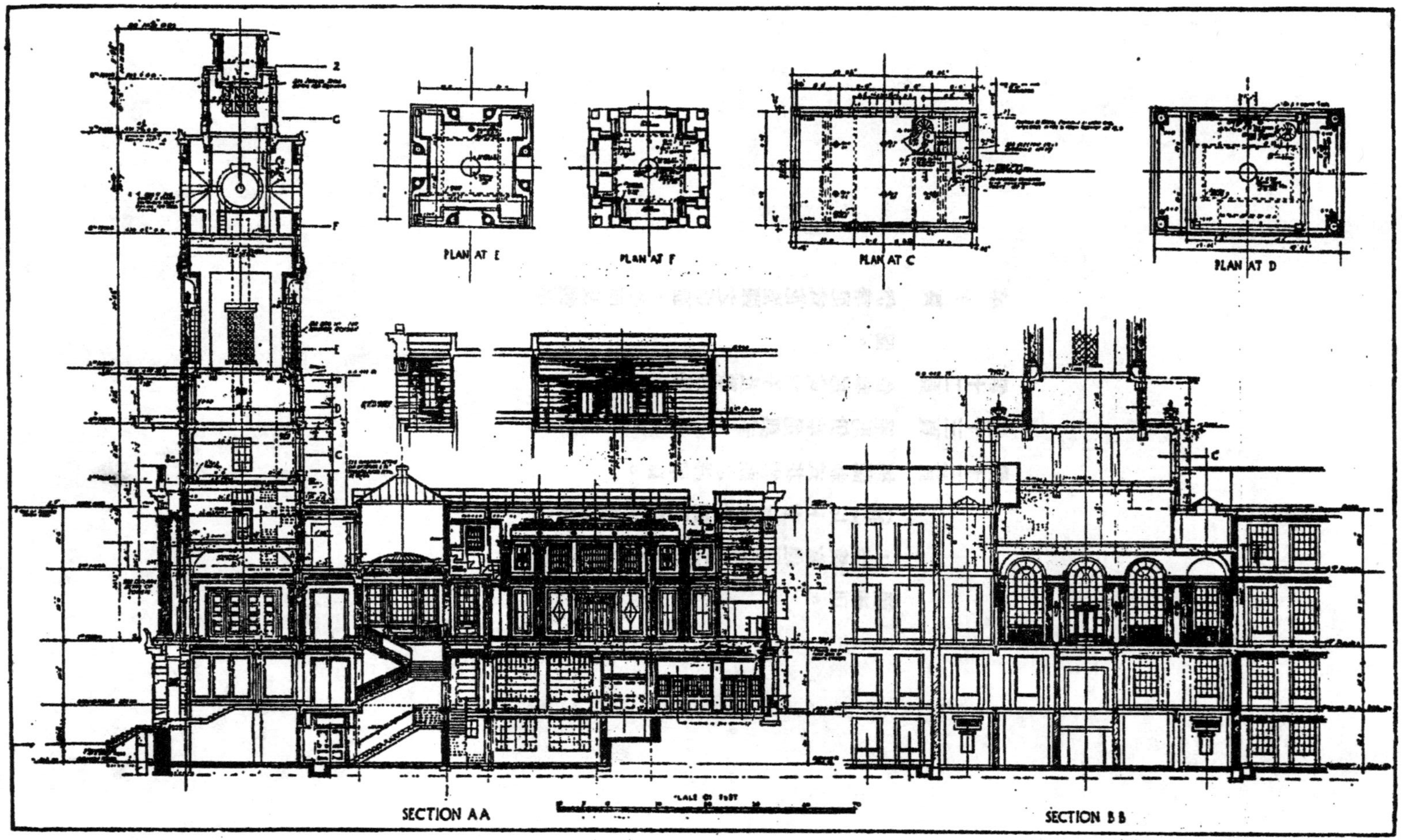

Barnsley Municipal Buildings.

英國班師雷市政廳剖面圖

第十頁　伊華尼式花帽頭之正面，平面及側面圖。

第十二頁　伊華尼式墩子及壓頭綫。

第十三頁　羅馬伊華尼典式。

第十五頁　柯蘭新式花帽頭之詳解圖。

（註）以上十一，十四兩圖，亦已遺失，容後當連同以前之第五頁，一併繪製補刊。

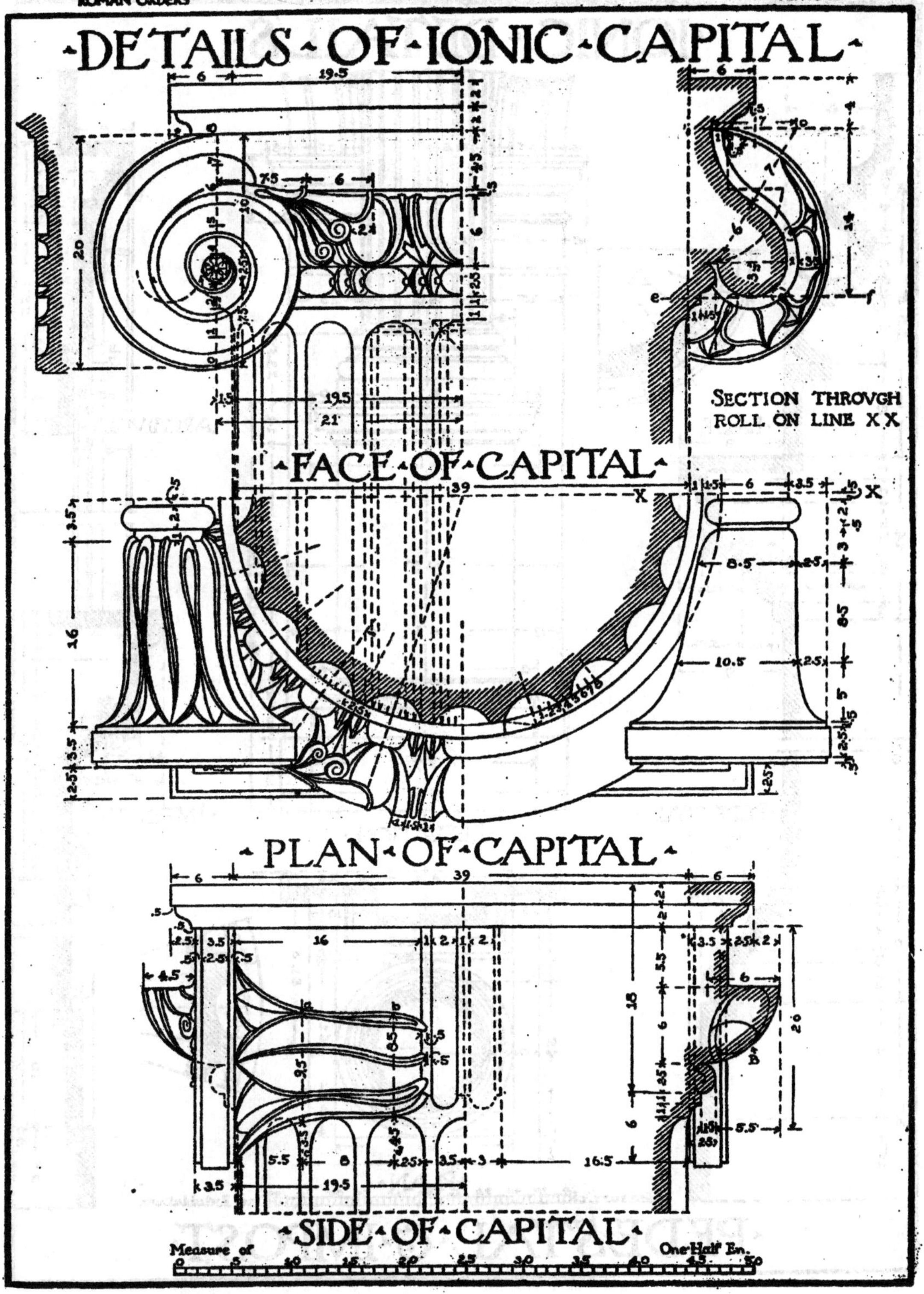
·DETAILS·OF·IONIC·CAPITAL·
SECTION THROVGH ROLL ON LINE XX
·FACE·OF·CAPITAL·
·PLAN·OF·CAPITAL·
·SIDE·OF·CAPITAL·
Measure of One-Half Dia.

23543

IONIC DETAILS

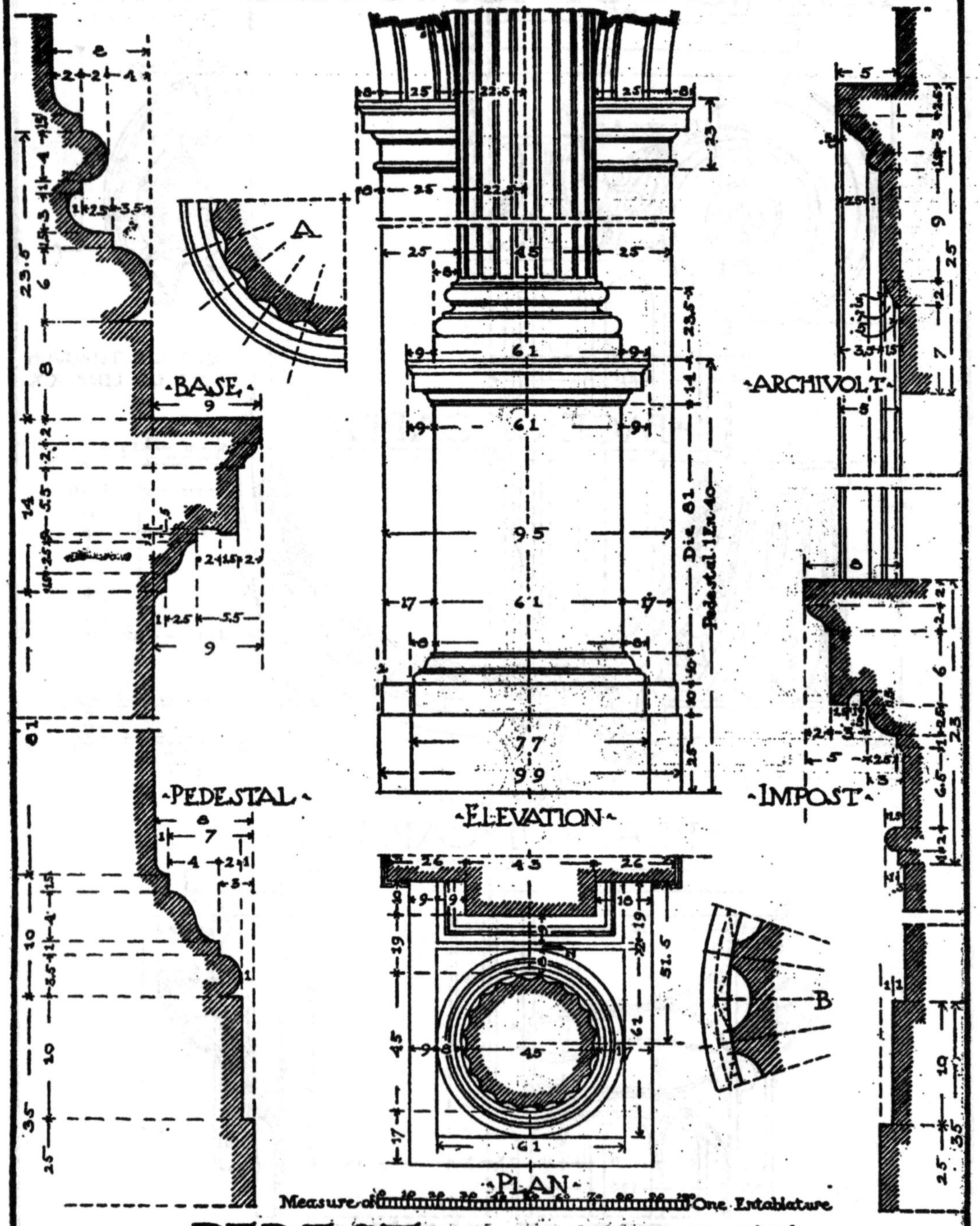

PEDESTAL & IMPOST

23544

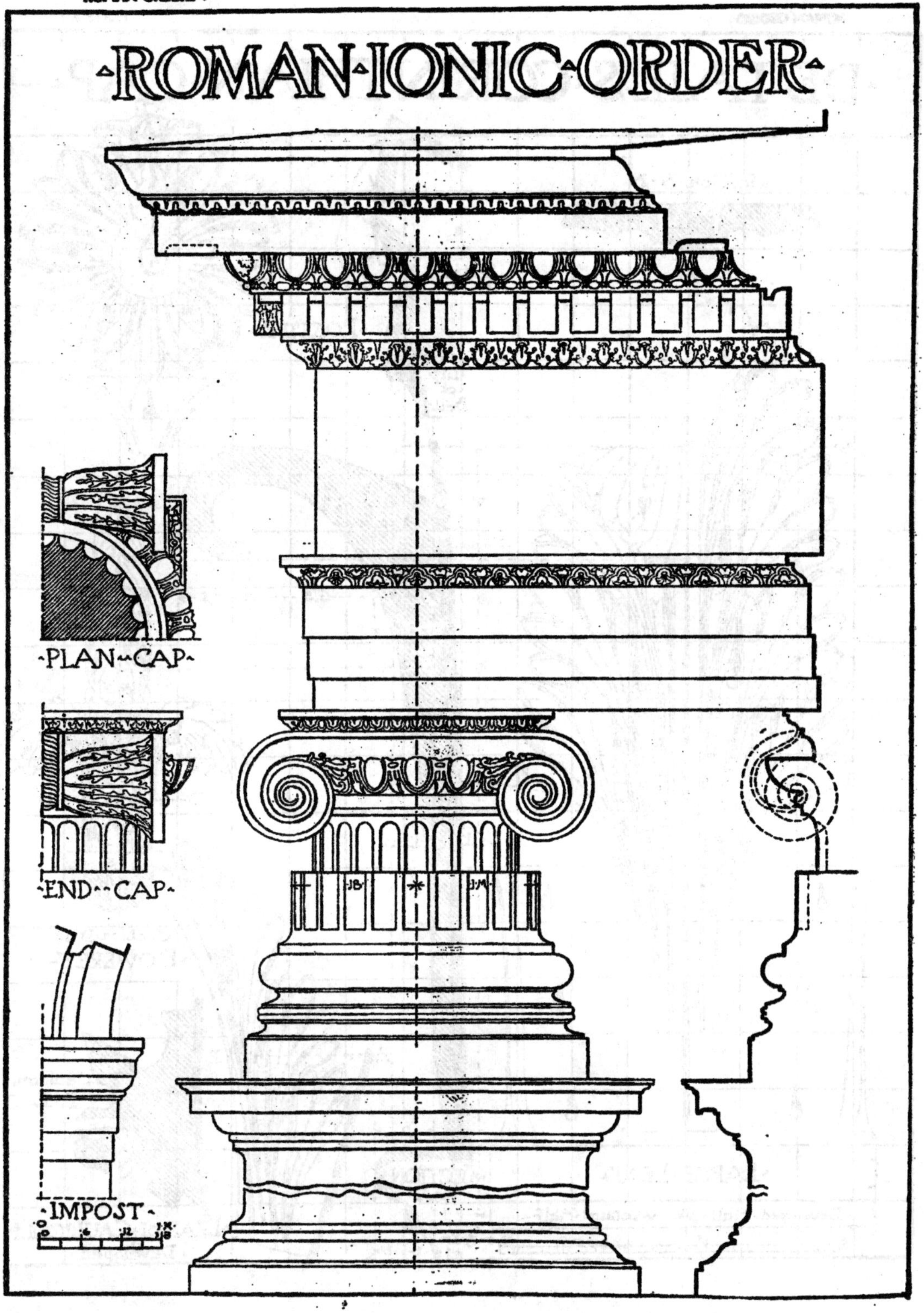

23545

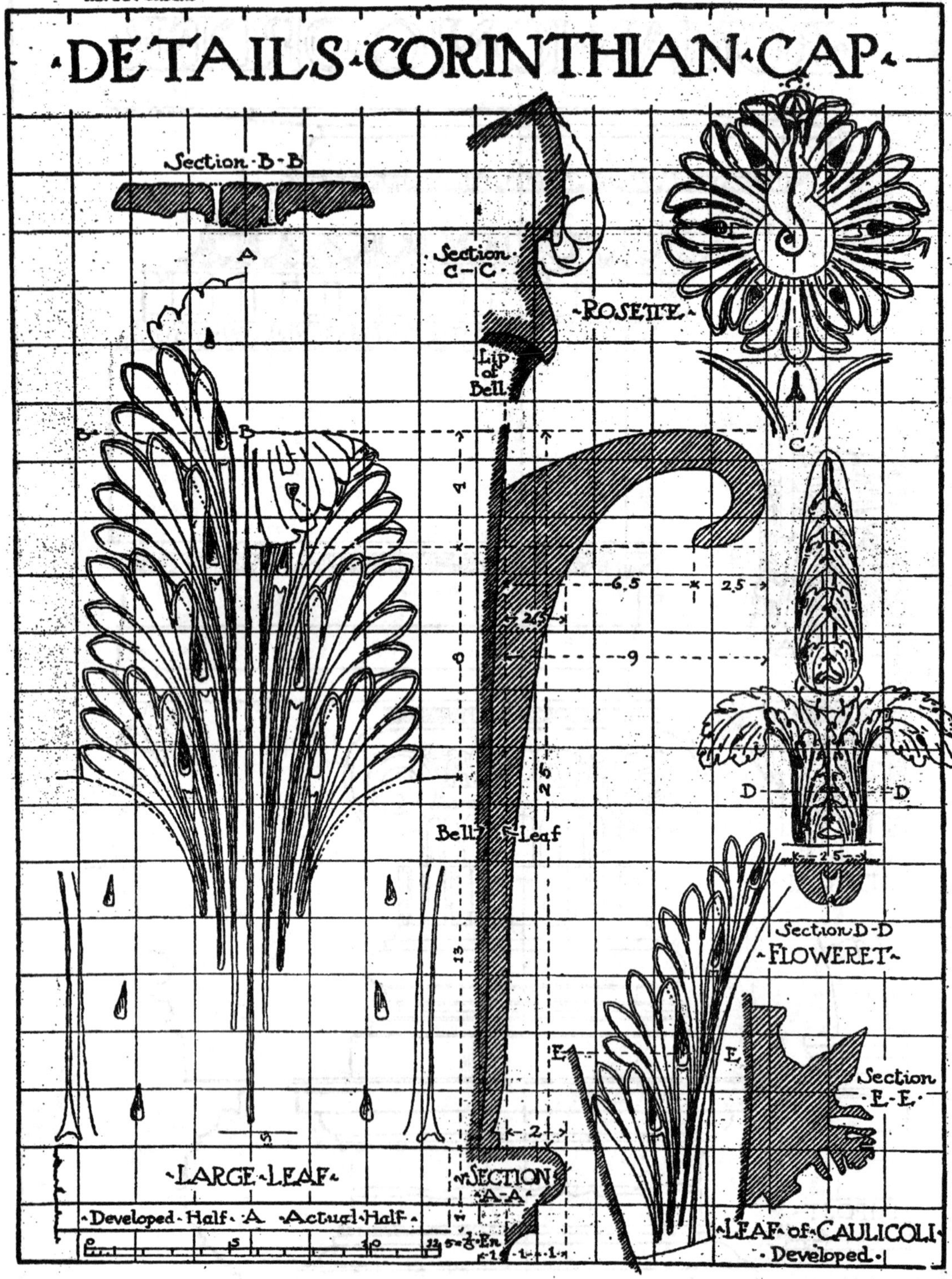
DETAILS CORINTHIAN CAP
Section B-B
Section C-C
ROSETTE
Lip of Bell
6.5
2.5
9
Bell
Leaf
Section D-D
FLOWERET
Section E-E
LARGE LEAF
Developed Half A Actual Half
SECTION A-A
LEAF of CAULICOLI Developed

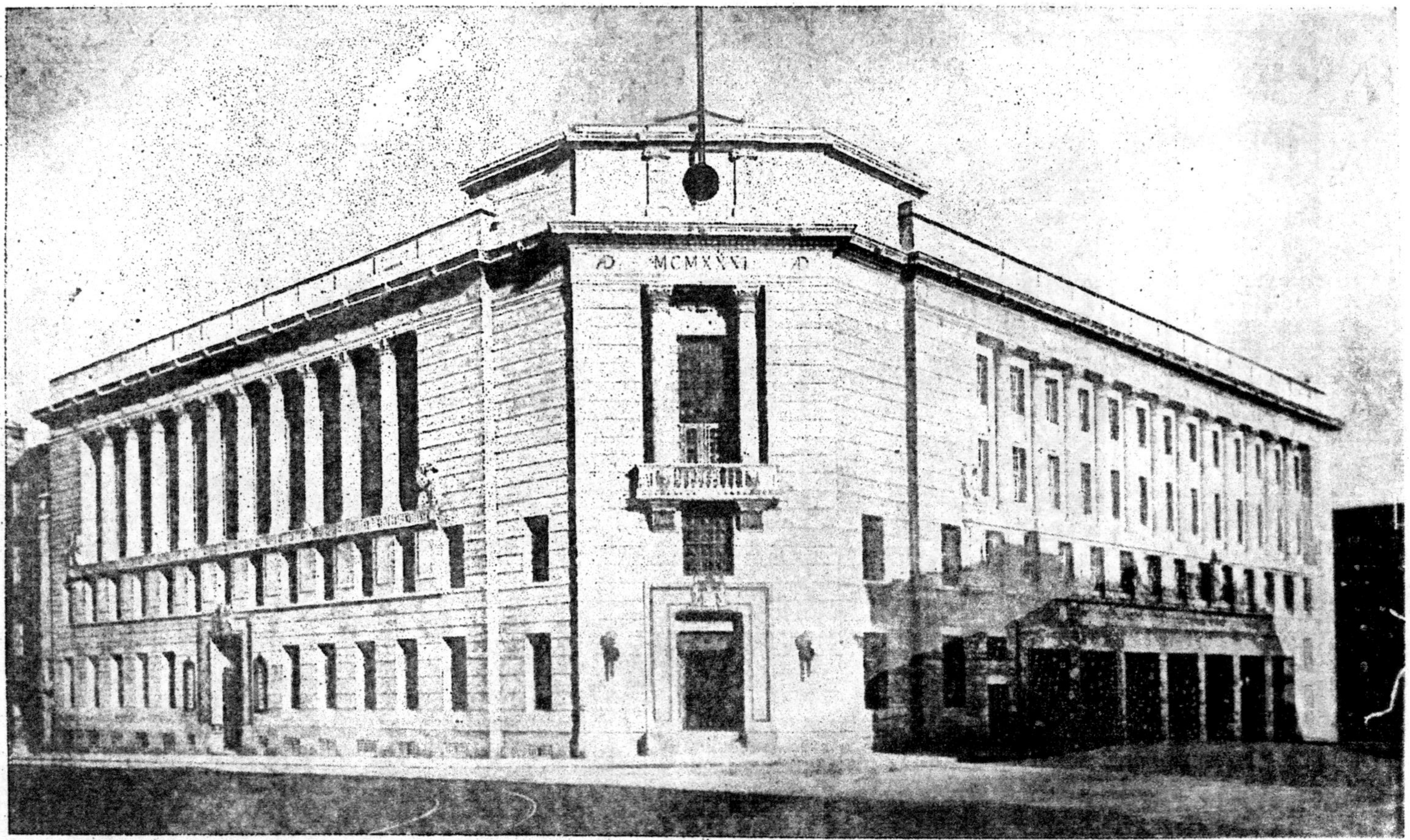

Police Headquarters, Courts and Fire Station, Newcastle-Upon-Tyne.

英國 Newcastle-Upon-Tyne 之總巡捕房,法院及救火會聯合辦公廳

23547

總巡捕房大門入口

Headquarters Entrance.

法院大門入口

Court Entrance.

Police Headquarters, Courts and Fire Station, Newcastle-Upon-Tyne.

英國 Newcastle-Upon-Tyne 之總巡捕房,法院及救火會聯合辦公廳

23548

Police Headquarters, Courts and Fire Station, Newcastle-Upon-Tyne. Court No 1, Police Station.

英國 Newcastle-Upon-Tyne 之總巡捕房,法院及救火會聯合辦公廳

23549

英國 Newcastle-Upon-Tyne 之總巡捕房，法院及救火會聯合辦公廳

下層平面圖

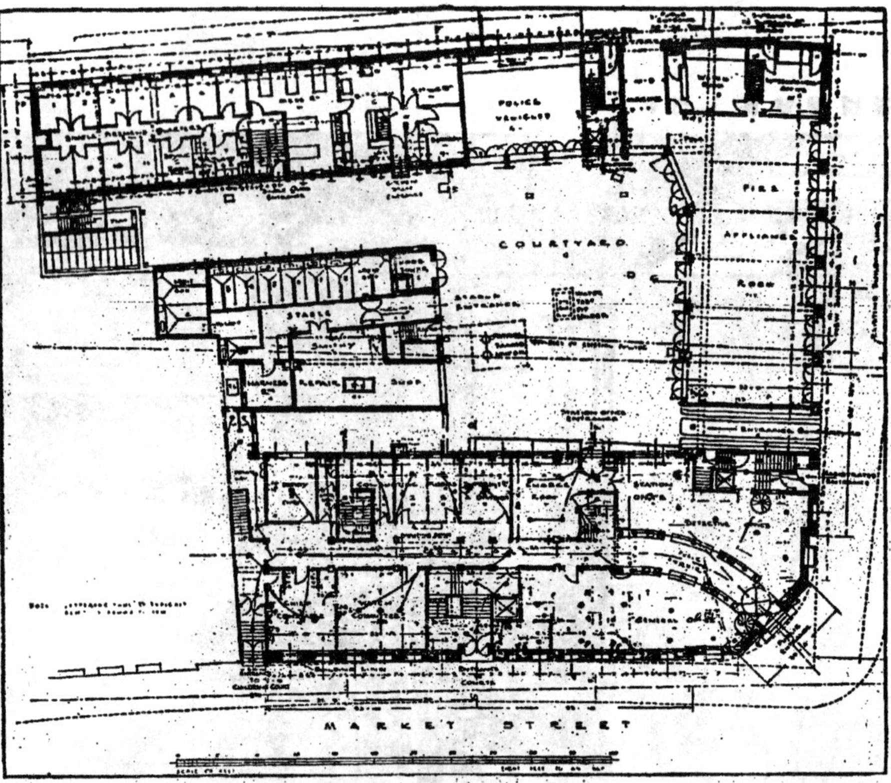

Groudn Floor Plan

地下層平面圖

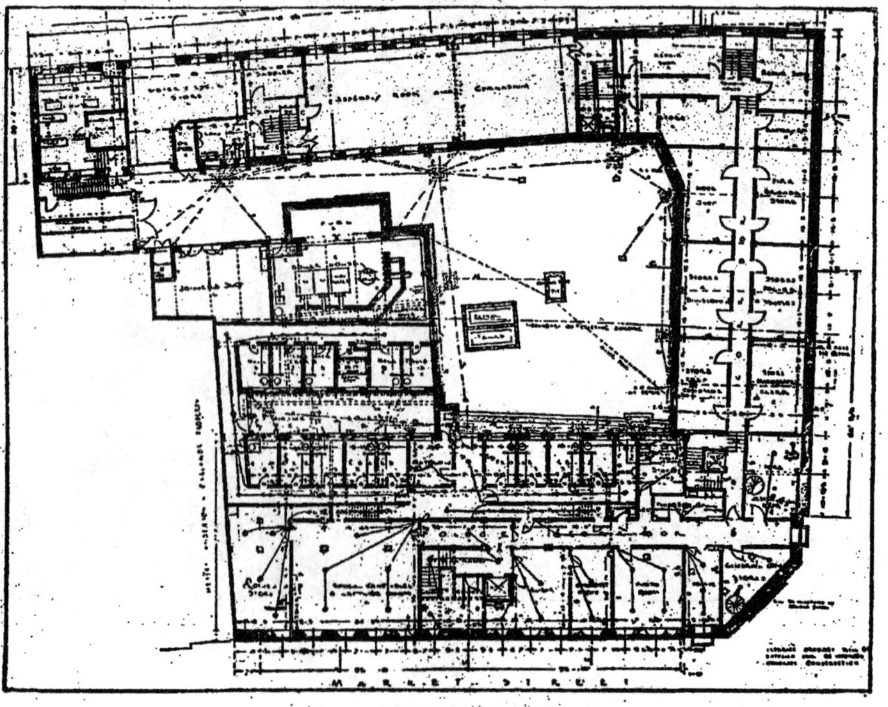

Lower Ground Floor Plan.

Police Headquarters, Courts and Fire Station, Newcastle-Upon-Tyne.

英國 Newcastle-Upon-Tyne 之總巡捕房，法院及救火會聯合辦公廳

三層平面圖

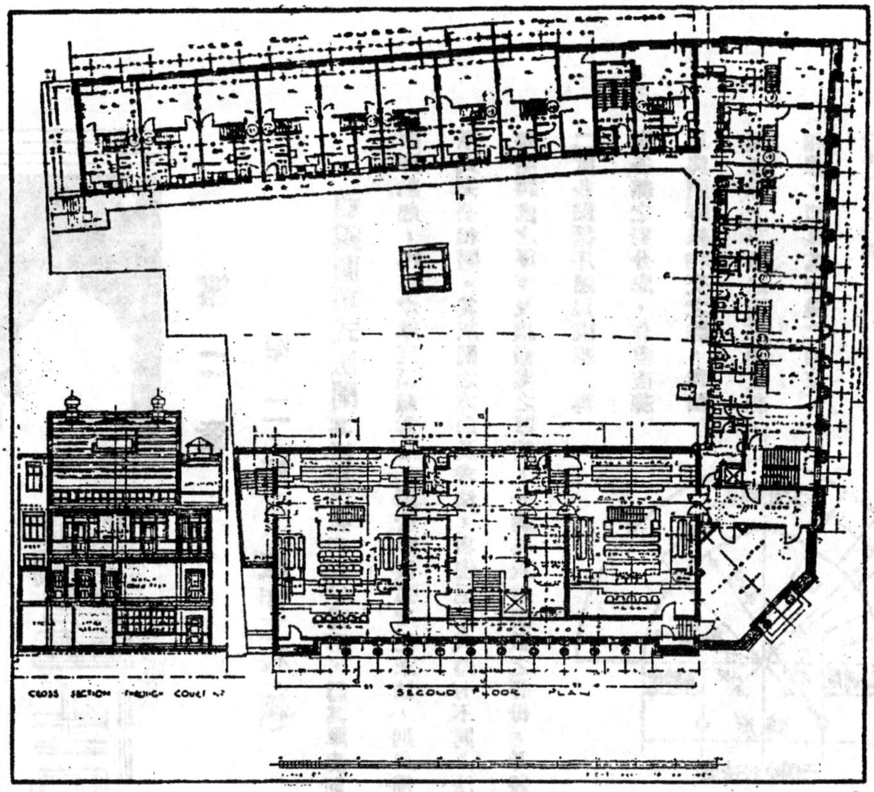

二層平面圖

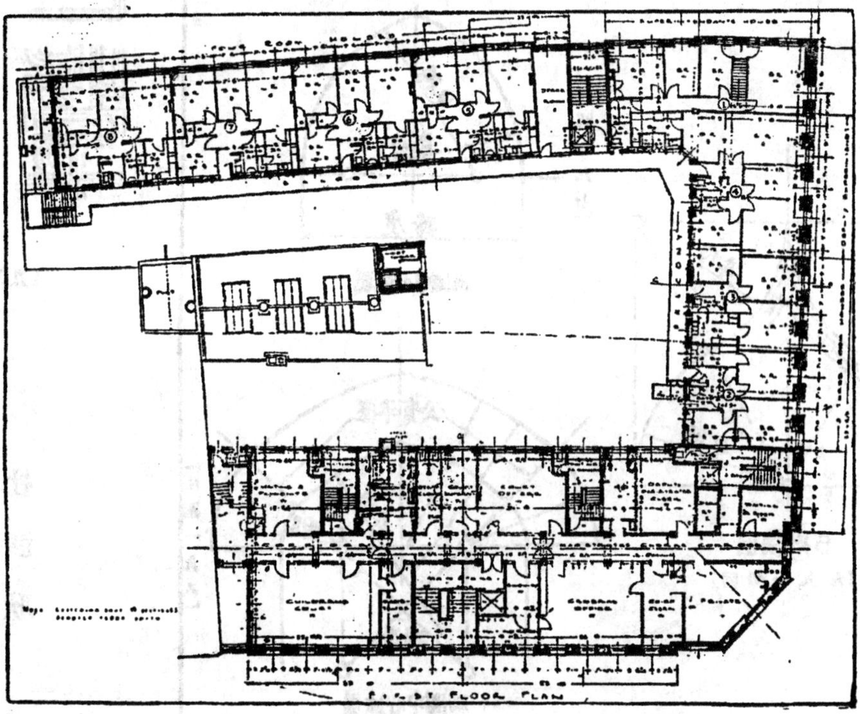

Police Headquarters, Courts and Fire Station, Newcastle-Upon-Tyne.

營造學（九）

杜彥耿

第二章

第二節 甎作工程（續）

福露蘭頂式法圈 其圈底之弧形為半圓形，而其厚度則自圈脚點起，逐漸增厚至頂巔為止。至於圈頂弧度之求法，則與佛尼斯式完全相同。其灰縫之方向及求法，與佛尼斯式略有不同：法先將圈脚處之厚度及頂巔處之厚度，分為與灰縫同數之等份，乃將該二處各點循序連以直線，再在各線之對分點，作垂直線以與圈脚線相交之點，與圈頂弧線上灰縫之頂點用直線相連，即該處灰縫之地位。（見一九二圖）

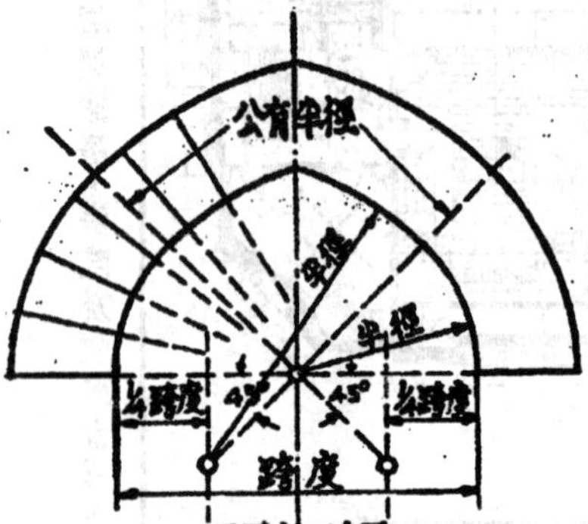

三個中心法圈
[附圖一九六]

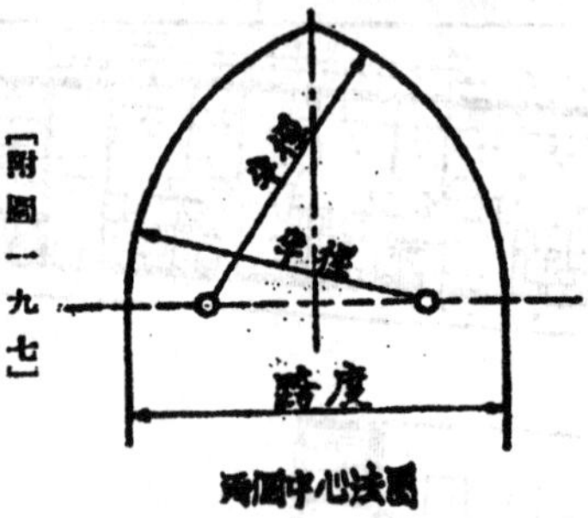

兩個中心法圈
[附圖一九七]

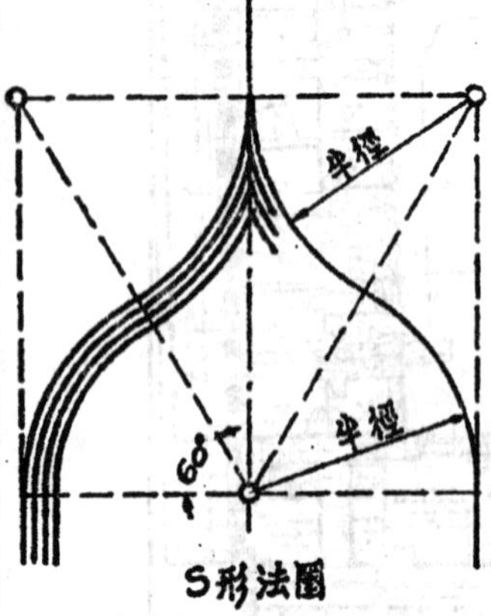

S形法圈
[附圖一九九]

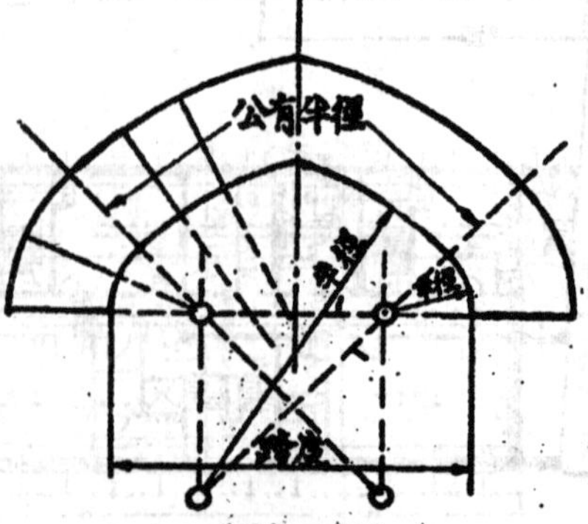

四個中心法圈
[附圖一九八]

23552

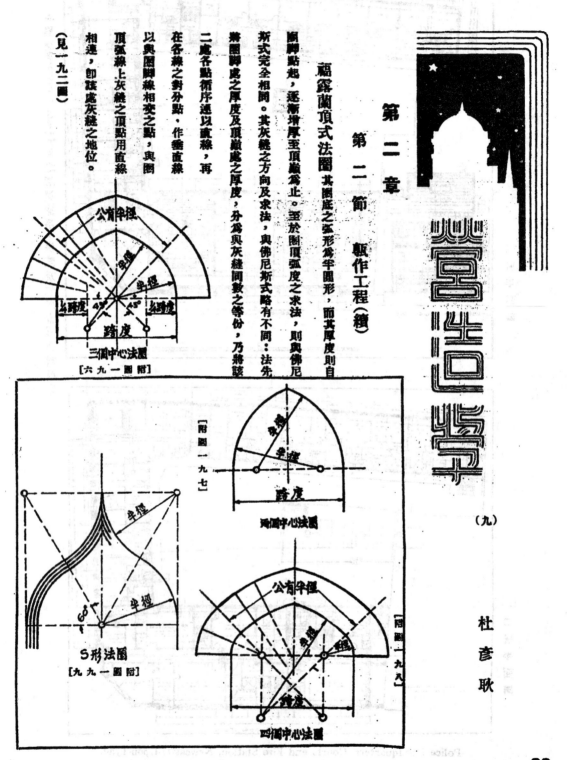

橢圓形法圈

橢圓形法圈之最準確畫法，莫如用橢圓規；但此種準確之橢圓形，不甚適用於作法圈。蓋法圈之灰縫必須與橢圓形之任何點成垂直線，因此橢圓形法圈之圈甎，將成為每塊有不同之形狀，同時需要大量楔形套板，故殊不經濟。普通為簡便計，大都用三個中心之橢圓形(見圖二〇二)；其形狀與橢圓規所畫出者，相差甚微，且楔形套板祇需三個已足，遠不如前法之煩複，故應用亦廣。茲說明其畫法如下：

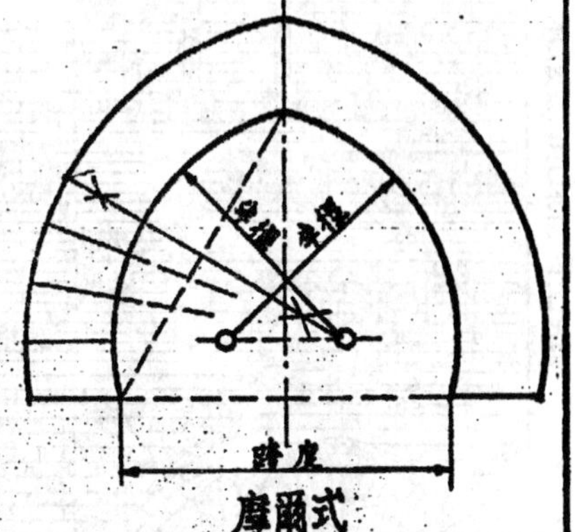

摩爾式

[附圖二〇〇]

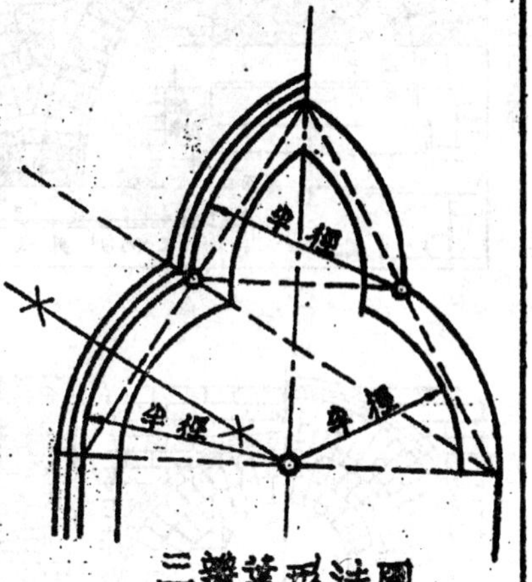

三瓣葉形法圈

[附圖二〇一]

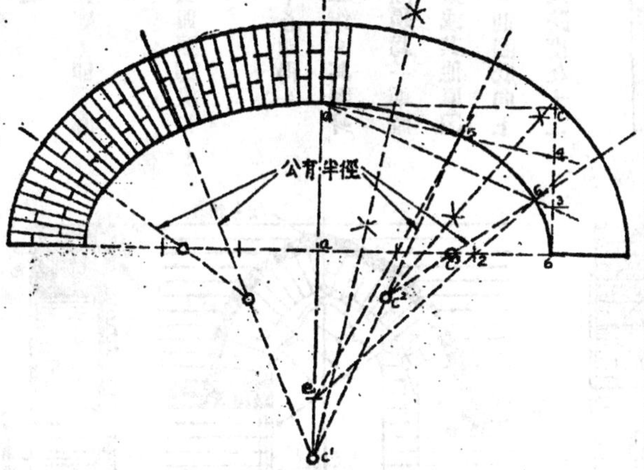

橢圓形法圈

[附圖二〇二]

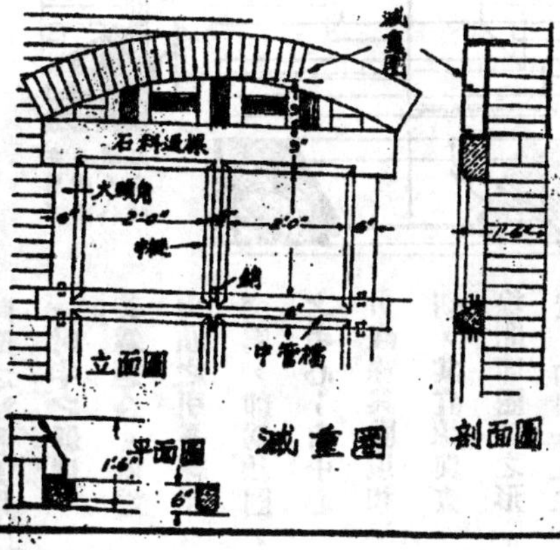

減重圈

[附圖二〇三]

(甲)在法圈之半邊，用半跨度及其圈高作一長方形a,b,c,d。

(乙)在a，b邊及b，c邊之1，2點及3，4點，各分成三等。份。

(丙)從3，4兩點引二直線至d點。

(丁)在中線上向下量，與a，d線同距之e點上引二直線經過1，2兩點，其在2，8兩線之交點，及1與4兩線之交點，亦即準確橢圓形之點。

(戊)自d點連一直線至5點，再在其對分點引一垂直線，其與中線相交之點，即橢圓形之第一個中心。

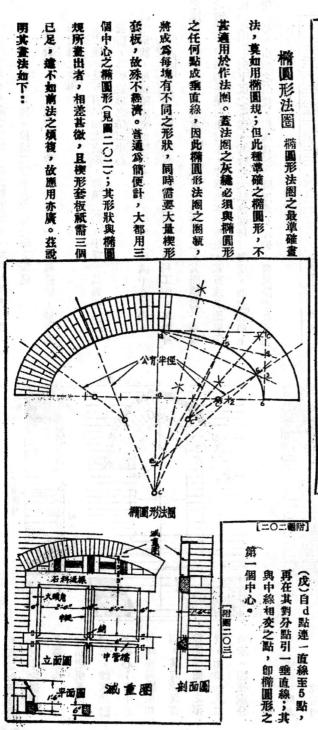

(巳)c^1及5兩點間之直線，卽該橢圓形上d至5及5至6間弧形之第一公有半徑，故第二個中心必在此線上無疑。

(庚)對切5，6兩點間之垂直線，至第一半徑相交處，卽橢圓形之第二個中心。

(辛)連c^2及6兩點間之直線，卽第二公有半徑。其與圈脚線相交處，卽橢圓形之第三中心。

圈甎之形狀，可就該圈甎地位之弧形上，連半徑至其中心卽得。

平闇圈 此種法圈，須有極準確之圖樣，俾利工作。其圈身之厚度，無甚變化，通常爲圈甎厚度之數倍而已。其圈頂爲一準確之直線，圈底則略呈向上彎形，作爲因本身重量，載重或其他原因而使法圈有向下沉之準備。其彎度大抵法圈每尺跨度，則圈底向上彎一分。山頭之斜度，應與法圈之跨度成正比例，每尺跨度在十二吋厚之法圈上用一吋半之斜度，甚爲適合。兩端山頭之引長線相交處，卽爲法圈之中心；自中心引直線與圈頂相切，其直線與直線間卽圈甎之形狀，如圖一八二所示。圈甎應分成奇數，則老虎牌可常居法圈之中央；老虎牌處及圈脚處之最低一塊圈甎，

二〇五圖

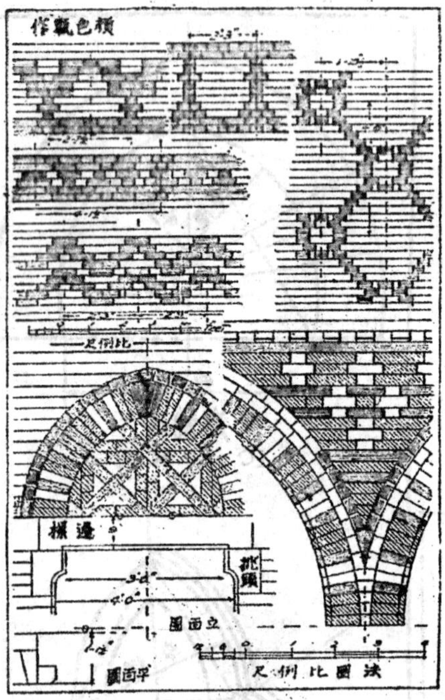

二〇四圖　二〇六圖　二〇七圖

二〇八圖

二〇九圖

二一〇圖

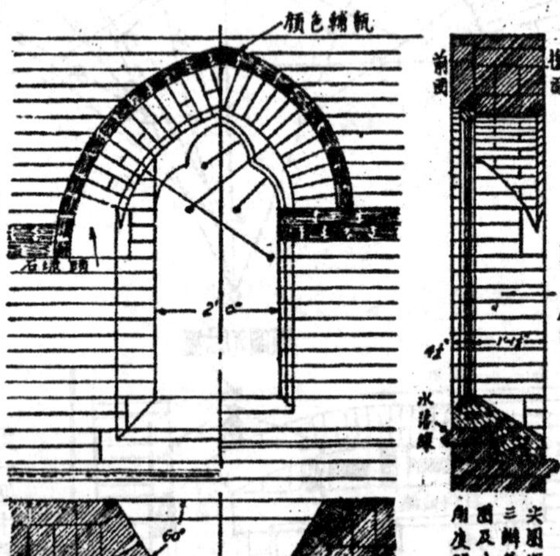

二一一圖

二一二圖

二一三圖

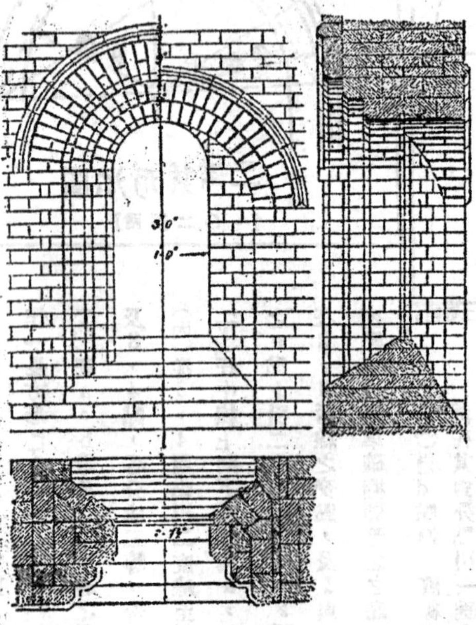

二一四圖

二一五圖

二一六圖

應爲豎直甎，故圈甎之數，更應成爲四之倍數加一，如五，九，十三等數。兩圈之頭縫應平直。欲求圈身堅固，可將圈甎之兩平面中央稍予鑿去，俟圈砌成，澆以水泥漿，則更堅強。

圖二〇九及二一〇係減重圈加於一條石過梁之上者。減重圈之義，係在石梁上加一法圈，藉減石梁之荷重之意也。圖中所示之圈，乃採用不同顏色之甎，相間砌成花樣。二〇三及二〇九圖示淸水

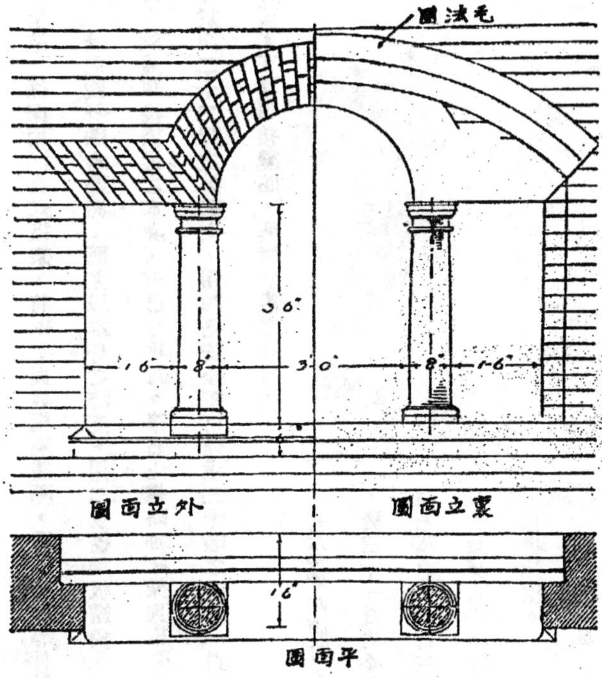

[附圖二一七及二一八]

減重圈加砌於石梁之上者；其圈脚不必離開石梁之兩端，而於石梁上砌起者，蓋因石質與甎質同爲持久性之材料也。

圖二一一至二一三示尖頂圈下又一三瓣葉圈之重叠圈，而窗之裏面兩邊度頭爲八字角式。

因牆之厚度特殊，而以單個圓圈殊覺呆滯，則可用分皮環圈。如圖二一四至二一六。

三連小跨度之法圈

如圖二一七及二一八所示，有時亦稱佛尼斯法圈。係由一個大跨度中置二個柱子或墩子，而分成三個小跨度，其中央跨度之法圈，恆爲半圓形，設該種法圈係用甎砌者，則其圈甎往往成爲同一之形式，二邊圈之灰縫爲不變之角度，大概自五十度至六十度；中央圈甎之灰縫，可由一個中心求得，該中心卽中央法圈圈脚處之不變角度，上引直線向下與法圈中線相交之處。

過梁

過梁係橫置之梁料，跨越方頭空堂而受上面壓下之重量，其效用與法圈相同；惟其用料則較多於法圈。普通木材，鋼鐵，鋼骨水泥及石料，均可用作過梁之材料。

木材過梁

木過梁之最小尺寸，自四吋半闊×三吋起，依跨度之長短，比例增加。通常以毛法圈砌於其上，以助木過梁之不足。而毛法圈與過梁間之空隙，則用甎塡滿；有時木過梁之上端，做成彎形圓心，而法圈亦卽坐於過梁木上。

鋼或鐵過梁

設因空堂之跨度甚大，又以高度之限制，支持物不可過高時，則惟有採用鋼或鐵之過梁。

鋼骨水泥過梁

鋼骨水泥過梁，爲現代最普及之一種，故採用者亦多，以其防火，耐久及堅固之功能，均較他種材料爲優也。其梁身更可預先澆或就地澆製；而尤以預先澆成者更爲經濟，其模型亦可應用數次。且預先澆成之過梁，應用時祗須以之置於空堂之上，牆卽可繼續砌上；不若就地澆成者之須俟其堅硬後方可砌牆於其上。水泥之混合，普通爲一●二●四，卽一分水泥，二分黃沙與四分石子者爲佳。四尺以下之水泥過梁，其厚度可用六吋；牆每厚四吋半用一根半吋之鋼骨；又如牆厚九吋，則應置半吋圓之鋼條二根，六呎以下之跨度，其厚度則用九吋，至鋼骨可與前者相同。其餘如跨度較大時，或遇特別情形時，則其大小，鋼骨及剪力等，均須計算得之。

石料過梁

石料因不堪承受垂直向之載重，故普通三呎以上之空堂上極少應用；除非再砌法圈或楔形石於其上，以分荷其載重，庶不致發生危險。不然，必須有極厚之厚度。

（待續）

美國鄉村公路橋梁採用
新式木框架之介紹

家聲

在美國喔海喔州，距離雪特奈之北約三里，有一公路橋樑，橫跨甲魚河（Turtle Creek），長度達四十呎。爲近代經濟美觀之框架橋樑。

此橋之構造，係採用混合式框架，將框架板與框架間隔，再用螺旋等件結構而成現代新式橋梁。橋之設計殊爲堅固；而尤以本身之跨度，用二皮橋梁板擔負大料，再由框架控制大料；故通車後橋梁之本身荷重已見增加。事實上僅略加框架與框架板而已。

該橋建於濶二十二呎之公路上，用四倍安全率可擔承三十噸之重量。測驗時用二十六噸重車輛通過此橋，在橋墩接縫間，毫無陷落之痕跡。

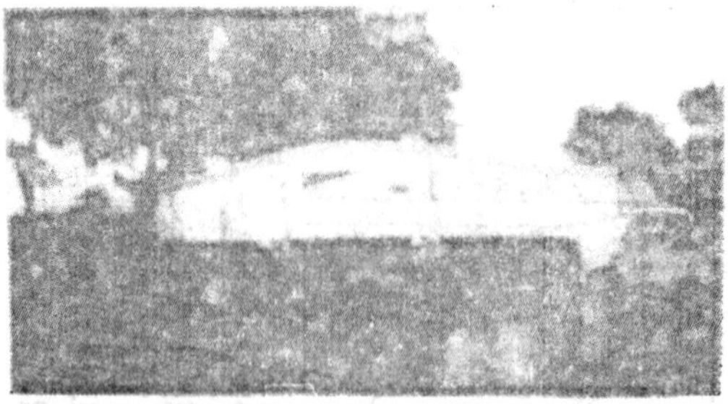

在建築此橋時，係利用舊有橋墩，於三十一日內全部工竣。橋的本重爲七萬六千六百三十磅。新舊交替，祇阻礙交通八小時，工作進行之迅捷，無與比擬。

框架之幹件，全擱置於梁上，框架上釘以二十四號鉡，作爲避潮層；框架及框架板用避水漿膠台，框架之兩端包以青鉛。全部木料均用防火及防腐材料保護之。

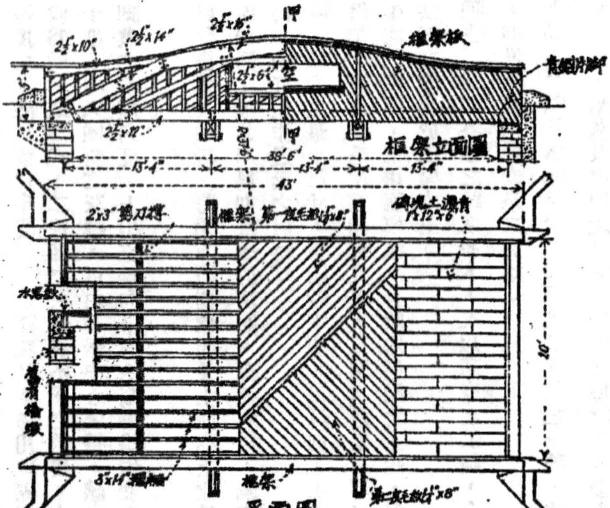

平面圖

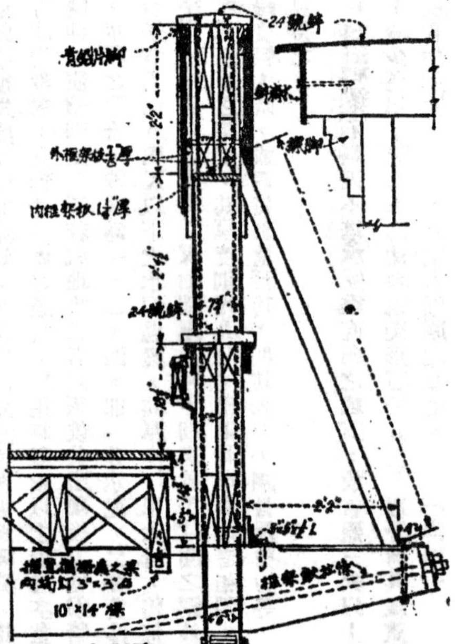

甲-甲剖面圖

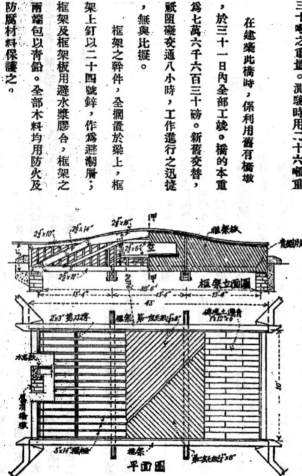

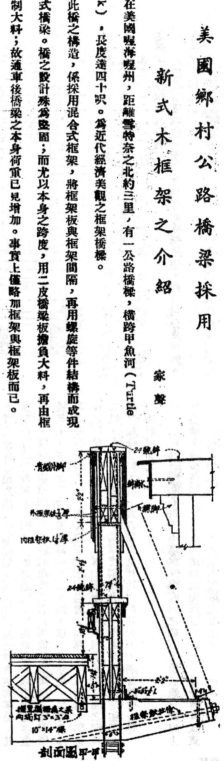

燒土 (BURNT CLAY) (上)

——建築說明書補遺——

袁宗燿

在建築工程中所用各種材料，無有如燃燒黏土而得之出品之具有重要性者，即磚、磁磚、及瓦是。不論自歷史言，及其用途言，三者尤以磚塊最感重要。人類文化甫現曙光，即知製作磚塊；至於何時何地，雖未能詳言，但一般意見，均認磚之製造實源於中國。最近凱爾定(Chaldees)之歐耳 (Ur) 地方，發掘所得，亦有磚塊；而巴比倫在紀元前之第六世紀，不僅能製造極精良之磚塊，且搪磁美觀，宛如現代出品。自此遠古，及於近今，磚之一物，實爲普天下之建築材料也。

羅馬帝國用磚極廣。惟羅馬之磚，實係瓦片。其法係將黏土搖平，晒於地上，然後排列爐邊，用木材燃燒之。磚之形式，平均爲18"×12"×1½"，而其厚度，常僅一吋。在羅馬建築式及哥德式時期，意法德等國建築，採用磚塊極廣；試觀意大利北部，德國，及佛蘭特(Flanders)等處之磚砌禮拜堂及大會堂等，搆造之精，實與同時期之石造建築，並垂久遠。西班牙初次重要磚石工程，係出自摩耳(Moors)人之手。如格拉拿大(Granada)，雪維耳(Seville)，及柯度巴(Cordoba)等處之磚造建築，足徵搆造之偉大。迨後在哥德式與文藝復興式時期，亦屢有精良之製作。英國在第五世紀時羅馬人撤退之後，以至於十一世紀諾曼人征服該國，其間實已停止使用磚塊。唯一之撒克遜人磚造建築，係用取自早時期建築之羅馬磚塊。第一所純英國式之磚造屋宇，係爲一二〇〇年間愛薩克斯(Essex)之Little Coggeshall地方之一禮拜堂。磚之大小爲12"×6"×1¾"，顯然與早時期之羅馬磚有別。在Tudors主政時代，曾有大量之精良磚造工程，尤以拿福(Norfolk)式福 (Suffolk) 與肯德(Kent)等處爲最；而Hampton Court之建築，由華爾賽(Wolsey)與亨利 (Henry) 兩氏所設計者，更爲當時期之代表作也。在十七十八兩世紀時，精緻之磚砌工程，迭有表見，尤以蘭氏(Wren)所設計者爲最著；蓋氏爲唯一磚砌工程專家，如吉爾西醫院(Chelsea Hospital) 等之設計，可表現其成績之一斑也。

美國最初製造磚塊，遠在一六一一年之浮琴尼亞省(Virginia)；迨後麻省(Massachusetts) 於一六二九年亦有製造，但遠溯殖民地時代，已有製造，此固無疑也。美國有多數人士，深信在殖民地時，磚塊已自英國及荷蘭輸入，此亦未必盡然；蓋在殖民地時期，僅有頗多有價值之貨物輸入，需要磚塊，可就當地之黏土做造。此種傳說，一如殖民地時期之房屋，全由蘭氏設計，未免過甚其辭。惟磚塊之製造，初極簡陋草率，逐漸發展，成爲企業，以至於今日之規模，此實足吾人注意者也。

言磚首及黏土。此爲礬土之水化矽酸鹽，雜有各種不純潔之成份，如鐵之養化物，鈣、鎂、鉀、鈉、硫磺等。用以製磚之黏土，可別爲三種，爲面土(Surface clay)，即通常製磚之用者；泥板石(Shale)，經高壓度後已變成石片；火泥(Fire clay)，蘊於深地層下，其質一如其名所示，可以抵禦火燄至最高熱度。至於磚之色彩亦可分爲三種，爲紅色，淺黃色，及灰色；要以土中所含之養化鐵，石灰及鎂質之多寡而各別。養化鐵所產生者爲紅色，深褐色，及紫色；石灰質能產生白色；鎂質能產生淡褐色，或黃褐色。若石灰質與養化鐵相混合，則成乳色。鎂與鐵相合則生淺黃色或黃色。土之未含鐵質或鎂質者，燒時則成白色。除土之成份外，燃燒之方法及其熱度，亦足影響磚之色調者也。

面磚色彩之製造，除黏土之成份與其燒法有關外，並藉藝術之方法，以增加其美觀。如磚上之斑點，其法係和錳質於土中，於燃燒時鎔解之。又有"Slips"者，通常用於磁磚，係在未燃燒前潑於綠磚("Green" brick)之上而成。美國紐約城中之浮大白旅館(Vanderbilt Hotel) 所用藍色之磚，即可代表此式之一斑。同地美國汽帶公司之房屋，所用係著名黑色之磚，亦係注綠磚於液體化合物中，燒成黑色。美國某最大面磚製造公司，現正試驗將黏土在未燃燒前，和以彩色，以期產生一種新的色調。近已發現一種新奇之速玉藍色(Turquoise blue)磚。此磚自問世後，其色彩殊博得一般人之悅愛也。

磚之製造多用手工，近時已較減少，改用機製，但舊式製法，各地仍屬盛行也。其法殊屬簡單，將面土配以水份，拌和勻淨，然後以手捏土，擲入木型，旋用棍碾平面上之土，將底板抽去，置於地上或木架上，以待乾後入窰燃燒。近時所用模型，亦有用鐵製或鋼製者。因欲便利碾平泥土，抽去底板起見，在每次捏土入型時，先將木型浸入水中，或舖以黃沙，故有潑水型磚(Slop mould)與沙型磚(Sand mould)之稱。潑水型磚又稱"Water struck"蓋製磚者用以碾平泥土之棍(Striper)，於事前先行浸入水中之故也。在美國麻省及新漢州(New Hampshire)亦稱沙型磚爲"Sand struck"磚者。此種手工製造之磚，燃燒手續亦頗簡單。將磚堆於窰之沿邊，中留隙地，以便將燃料輸入。底有弧形火洞，貫通全窰。窰之沿邊及終端，逕塗膠泥。燃料通常係用木材，燃燒時間約需一星期云。

近五十年來因需要漸增，與經濟情形之衍變，磚之製造亦由手工而至機製。故現時大量之磚，均用機械製造者也。機製之磚，因土質不同與磚之需要種類各異，其方法可別爲三，卽潑水型或沙型，鋼絲截切(Wire cut)與乾壓(Dry press)是也。機械製磚之法，將土取掘備用後，酌視情形，將土露於空中，或卽行製造。若土塊過巨，不便置於烘土鍋中，則先用機碎成需要之大小。烘土鍋有一能轉動而有孔眼之鋼板，上有兩極重之碾動機(Roller)相反碾動。已碎之土既經由孔眼下墮，落於鋼板之上，藉皮帶之力，復墮於固定網眼之篩中，以備選擇。當土經由篩中下墮，自動歸於烘土鍋中，重行碾碎。若係沙型磚，則經篩之土與韌性膠泥相拌合。其法係在預置桶內用槳攪拌，然後用機壓入模型之中，若防泥土與模型黏貼，則用水或用沙灑潑，其法固與舊日手製者略同也。若係鋼絲截切之磚，則將土與硬性膠泥相拌合，用强力之螺旋機，將土壓擠成爲條形，經由備有橫切線之磚形鋼模。此種條形之土復經活動之皮帶遞至有小孔之鋼桌上，上懸活動之精良鋼絲，下降時卽將土截切成爲所需要長度闊度之磚塊。乾壓製磚之法係將將乾之土，用高力壓入模型之中，自動移置機前之桌上。綠磚除乾壓者外，大率一經機器，卽搬運車上，輸送至烘乾處所，其地摒除過分之潮濕，以備入窰燃燒。至於乾壓磚則一經離機，因無需烘乾，有直接送至磚窰者。現時之磚，大多均在永久之磚窰燃燒。查磚窰通常可分二種，一爲臨時的，一爲連續的。燃料用煤，有時亦有用油類者。所謂臨時之窰者，在將磚燒就後，卽加撤去，準備另行起砌，作第二次之燃燒。連續之磚窰，一如其名所示，係連續築砌，依序燃燒。又有隧道式磚窰者，其搆築適足通行一避火之運輸車，上置綠磚，隧道內既經燃燒，車自一端漸漸緩行至另一端，迨車既出隧道，磚已燃燒竣工矣。

上述各種燒磚方法，適用於普通之磚與面磚。所謂普通之磚者，根據美國普通磚塊製造商聯合會(Common Brick Manufacturers' Association of America)之規定，係爲非藉特別方法製造之某種磚面。至於面磚則用各種之方法，製造不同之磚面。用以蔽影之面磚，僅藉鋼絲在新鮮之土上，截切成爲精美之平行線或垂直線卽足。除此之外，又有用前述之"Slips"法與"Dips"法者。美國最近又有包金屬磚(Metal Coated Brick)之發明。此種磚塊，須經二度燃燒，第一度燒後，卽將磚面及兩端用紫銅或黃銅或鋁等將其包就，再度燃燒，以期將金屬與磚黏合。此種包有金屬之磚，用以點飾牆垣，自屬美觀，特所費實堪驚人也。面磚之大小平均爲8¼"×4"×2¼"，但市上亦有異於此者，最著者如羅馬磚爲12"×4"×2¼"，腦門磚(Norman)爲12"×4"×2¼"，早期英國磚爲9"×4⅜"×2½"。至於火磚則用火泥製造，係由深地層取掘而得。製造之法，有乾壓與韌膠泥二種；用手工範型，以高熱度燃燒之。此種磚塊多用於爐鍋燃燒室，煙囱，以及其他產生高熱度之處所，以其磚質堅韌難解也。然火磚雖能避强烈之火燄，不能免氣候之剝蝕，故此磚不能用於露外之工程，且對氣候須隨時注意，加以掩護也。

搪磁磚(Enameled Brick)之製造方法有二，一爲英國式，一爲蘇格蘭式。其法先行製就模性膠泥磚，再塗釉藥。此種釉藥係由二養化矽(Silica)，長石(Feldspar)，英國丸泥("Ball Clay")與其他較次要之成份所組合，然後將磚燃燒，使磚之本體與釉藥相黏合。另一法則選擇乾壓磚之精良者，將磚面塗以所特備之磁油，然後再行燃燒，使磁油鎔解，與磚黏合。此兩種製造方法均極美滿，製造者可自由選擇。此磚多用於廚房間牆面，乳酪廠，麵包舖，洗衣舖，梳洗室，以及其他類似之處所等。惟亦有用於庭心，通氣之道，或建築物臨街面之部份，俾得揚播充分之光線。磚之式澤有白色，象牙色，藍色，綠色，玉色，棕色，黑色，斑點淺黃色，及斑點棕色等。至於磚之大小，則英國式約爲$8\frac{7}{8}'' \times 4\frac{3}{8}'' \times 2\frac{7}{8}''$，美國式爲$8\frac{1}{4}'' \times 4'' \times 2\frac{3}{8}''$，釉面瓷磚(Porcela'n glazed brick)與搪磁磚之製造方法相同，但一則在拌合釉藥時，並無二養化矽，故其色澤呆滯無光。此磚之用途與色彩大小等，均與搪磁磚相同。尙有釉面鹽磚(Salt glazad brick)在燃燒時投岩石鹽斂鑪於火中，使磚變成玻璃質。此種之用途與搪磁磚與釉面瓷磚相同，價亦較廉，且極衞生。但不能如搪磁磚之將光線發揚散佈耳。

空心磚之式樣與普通磚相同，雖現有各種空心磁磚起而代之，然現仍有製造與採用者。磚有二孔，四邊斷有凹口，藉以承受灰泥與灰粉等。此磚能與普通之磚砌合，其功用可以避免潮濕，及隔離冷熱之侵襲。惟有一特點與衆不同者，即空心磚能用爲石作工程之背襯，其功用與普通之磚相同，空心瓦則不可能，而空心磚之避潮功能，又與空心瓦相同者也。如美國之支加哥論壇報館之房屋，全以空心磚爲石灰石屋面　背襯者。範型磚(Moulded bricks)在中世紀之初已盛用之，因其所用原料易於處置也。範型之法，將土納入模型即是。此種模型前用木製，現多用鋼製造者。範型磚在英國採用頗廣；美國在殖民地時期之範型磚建築物，今仍有保存者，哈佛大學初期之校舍建築，即係此磚所砌築。又有「試樣」(Gauging)方法者，將軟磚截切成爲所需要之環洞石形(Voussoirs)或其他模形；英國在十七世紀時盛行此種方法，蘭氏(Wren)所設計之建築，多數有此特殊形式也。彫刻磚來信源於佛蘭特(Flanders)，現仍留有動人之遺跡，尤以Bruges爲最。此法係由Flemish工人引入英國，在十五十六兩世紀迭有優良之工程，貢獻於世，所用之磚，其料軟如酪乳。迨後在十七十八兩世紀時　營造者起砌軟性磚一如普通之磚，而接縫之處，使用樹脂質之原料，故其精密實不易窺破。且彫刻精細，形成伊華尼式及柯蘭新式花帽頭，垂飾(Swag)，及其他之點綴品等。美國最早彫刻磚工程，當推一八八〇年利查特生氏所主持之哈佛大學四維堂(Sever Hall)。其法係用拉發其(La Farge)水泥灰粉將磚築砌。近年美國仍有頗多精良之雕刻磚工程發見，最足引人注意者，如紐約令克斯俱樂部(Links Club)之窗法圈，即可代表其一斑。美國除自行製造大量之磚外，每年尙從荷蘭及比國源源輸入，爲數極巨。荷蘭之磚，色彩悅目，質地優良，用作面磚，頗爲合式。惟進口之磚因征稅關係，在輸入口岸購買，其價較廉也。

（待續）

（譯自美國筆尖雜誌）

上海公共租界

兩年來之房屋建築進度比較

錄

年來凡百商業，俱見呆滯，而呈退化，非獨建築事業而然也。下表係民國二十三年與二十四年度，上海公共租界所發之房屋建築執照比較；惟二十三年爲全年十二個月計算，二十四年(卽本年)則爲十個月(一月份至十月份)計算者。造價總額爲二十三年二七，六〇〇，三五〇元，廿四年爲一〇，〇六七，〇〇〇元。

房屋類別	二十三年度	二十四年度
中式住宅	二，八〇九所	一，一五八所
西式住宅	二二一所	四七所
旅館	一所	—
公寓	八所	三所
事務院	一五所	一〇所
銀行	九所	二所
西式店房	二三〇所	五〇所
戲院	—	一所
學校	五所	三所
紗廠	四所	二所
工廠	二六所	八所
其他工業建築	一一五所	一一〇所
棧房	一八所	五所
汽車間	二四七所	二四所
其他	六六二所	四九五所
坑所	二〇一所	一〇八所
總計	四，五七一所	二，〇二六所

建築史（四）

杜彥耿譯

西部亞細亞之建築（續）

西亞細亞建築之特徵

巴比侖與亞西利亞

五十四、巴比侖　巴比侖與亞西利亞兩者間之建築，殊難分別。蓋此兩國同爲濱依太格利斯與猶弗臘次兩大江而居之民族也。或可推斷其孰先孰後，則巴比侖自屬早於亞西利亞；而巴比侖之建築法式，初受之於最先奠定凱爾定之黃種人，後復由巴比侖轉授之亞西利亞者也。

巴比侖因地處沼澤，復以常遭泛濫之故，其房屋之搆築，恭於面積龐大，人工築成之堤墩上，普通高度爲三十尺至六十尺。建築上所用石料極少，試覓無石料者。惟土甎則巴比侖各地，咸用以建造住屋及其他房屋。此項土甎，發明甚早，巴比侖人係學自古時凱爾定族者。其後文化日進，復有煉甎之製造。最初之甎工，祇用土甎壘砌，並無灰沙爲之黏貼，後有用紅泥，沙泥及切斷之稻草爲灰沙者，其後更進而選用土耳其海鐵(Hit)地方運來之松香柏油膠貼甎工，猶弗臘次大江兩岸之建築，無不採用之，而其堅固之效力亦特著。

立體之牆垣，均用甎工堆砌而成者；間亦有墩子之築砌，自牆面稍向外突，將牆分成許多方格者。此種建築之牆，直至頂上，均舖木板，平屋面，於板上覆蓋數層泥土。若遇跨越之距離遼闊，非一棟木所能擔任其重量時，中間必加支木柱。

五十五、亞西利亞　亞西利亞產石頗富，故其建築亦多以石料爲主要材料；雖巴比侖之甎飾，亞西利亞人亦有用石做製者，如宮殿之牆，殿外之石階，平臺等，均用石料爲之。法圈之構造，極爲著稱，惟祇用於狹隘之穹隆及甬道門上，未見有用之於重要之地位者。考自淺浮之雕刻物，因知有圓屋頂，石柱，石座，花帽頭及台口等建築，但其實在之建築物，至今猶無所獲。

西亞細亞建築之模範

廟宇及宮殿

五十六、廟宇　凱爾定廟（見圖三十），係有名之層疊式

〔附圖三十〕

(Ziggurat:)或山峯狀(Mountain Peaks)，；其形如四方之臺，層次架疊，每層之面積，較小於下一層；其梯級置於屋外，俾資拾級登達頂巔之神龕，蓋其神殿置於塔之最高層也。

潑雪柏(Borsippa)之七星廟，係尼普却尼尉所重建者，每層之顏色不同，象徵天上之七星，故曰七星天(The seven stars of heaven)。此座總味依永之廟，高一五六尺，四週牆垣高聳，中有一碑，為尼普却尼尉所立，敍述舊廟坍圮之狀，蓋因溝渠不洩，輒遂為雨水所冲潰，而致崩圮。

五十七、宮殿　有多處斷垣殘壁，業已掘得者，並已斷定為亞西利亞時代之宮殿，中有一座已知為考薩倍德(Khorsabad)宮邸；現已完全掘出，重加整理。按此項宮殿，係築於極大之土甎底礎上，其牆隨牆之厚度，有達十英尺之巨。踏步石亦極寬闊，係用黑色玄武石築砌。大門之旁或繞於門頭，有巨大之造像，並有許多人頭像飾。屋內計共三十一室，最大者深三一五尺，廣二〇〇尺。此外復於其旁發現殿室一九八所及天文臺一處，廟宇一座。宮室之牆，全用土甎砌成，牆之厚度自五英尺至十五英尺，窗之大小參差，殊不一致，蓋欲適於長廊光線之射入也，在考薩倍德宮中，最大之窗為三一六尺×十三尺，而最小者亦八十七尺×二十五尺。窗之開啓，無論其有穹隆旁透入光線，或如汽樓窗之自一層平屋面上之汽窗光線透射中間大廳等者，其下均有雙層柱子或堅厚之牆垣支托之。如在康永傑克 (Konyunjik) 宮之牆厚十五英尺，而在門羅特(Nimrud)卽古都之牆則厚二十六英尺。

考薩倍德與門羅特兩宮內，牆間有半柱裝飾，並有片段之線腳，業已尋獲，惟柱子上之花帽頭與柱子下之座盤，則始終未獲。但有疑者，壁間所刻之雕刻飾物高八尺至九尺者，所雕建築圖案，明明有柱子，半柱，壓頂，坐盤及台口等，並有一淺浮之雕刻——在牛背上立一柱子，在宮中之窗戶之兩邊，更有伊華尼式之柱子對峙。此種圖案，既已見之於雕刻壁飾，而實體之建築，迄今猶未有所獲也。

平面，牆垣，屋頂及花飾

五十八、平面 巴比侖與亞西利亞房屋之平面，係長方形，其他尙無整個建築之發現；惟有康永傑克宮中雕刻畫上，可以想見尙有各種圓頂建築，築於巨大之四方臺基者。宮中之長廊，及許多次室圍繞中間庭心天井。他如高大之臺基，巴比侖與亞西利亞人用以起建房屋於上者，業於上節詳言之矣。

五十九、牆垣 宮殿建築中之牆垣，至厚且巨；所取之材料，係天然曝乾之土甎，因之其建築物崩圮極速。宮中並有燒磁花甎及雕刻雲石板之飾飾，刻載文字及人物等等。更有各時代之君主造像，背上生翅之人像，關於宗敎之儀仗，社會之情形，美術等等，在在均足表示巴比侖及亞西利亞之文化程度者，統於米索帕遝密之上下游掘獲。

六十、屋面 坡形屋面之構造，尙無所獲，可資證明。故該地屋面，大都皆平屋面，下有棟木擔重，屋面舖蓋數層厚土，小面積之屋面有用拱圈或籠頂者。

六十一、門窗 高大之門堂，皆通上頂係圓形拱圈，然亦有方頂而架過梁木者。窗之式樣，則至今尙無所獲。

六十二、線脚 線脚之種類極少，祇有少數至簡單之線脚，爲現在已覓得者。關於上節已述及於壁畫上所見之門頭線，台口線，花帽頭，坐盤等之實體建築物，則尙未獲得。

六十三、花飾 巴比侖因石料昂貴，故習用陶甎，以爲室內壁飾。然雕刻精細，舖作謹嚴之白雲石甃地及顏色磁磚等，曾於亞西利亞古宮中發現重要之庭廡，壁腰高達九尺至十二尺。附圖三十一及三十二。爲此項壁飾石板中之二幀；一示其君主殺一雄獅之

〔附圖三十一〕

〔附圖三十二〕

狀，又一示益士徒拔（Izdubar）手挾一獅之狀。牆之上截部份爲粉刷，並施以壁畫或琺瑯甆甎飾。

裝飾圖案中之主要取材，須能表示一種象徵爲主題，如人背生翅，見圖三十三，立於宮門之兩旁者；立於祭樹之兩邊者，見圖三十四，係從淺浮雕刻摹繪者；圖三十五代表尼斯洛克（Nisrock）神

〔附圖三十三〕

〔附圖三十四〕

像。天然物與其他人像，均爲亞西利亞雕刻師取爲主材。更有其他花飾，如圖三十六亦爲普通習用者。

〔附圖三十五〕

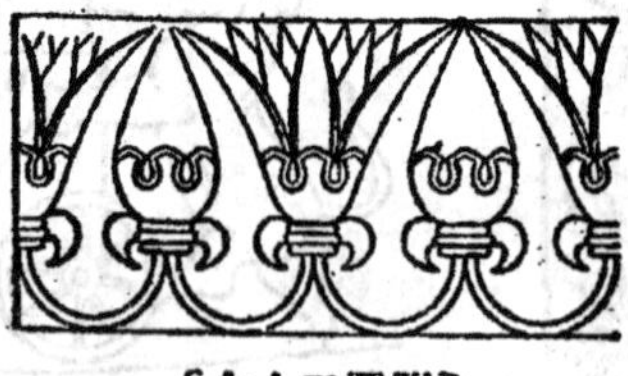

〔附圖三十六〕

六十四、 關有凱爾定族之技藝，有一部份如線脚及普通習用之花飾等，正與埃及相同。但巴比侖人及亞西利亞人之取用建築材料，則遠不逮埃及人；如埃及人於尼羅河畔建築之金字塔，固蔚爲世界偉觀之大工程也。故知選擇材料之品質，較諸房屋部序之稱適與否爲重要。但攷巴比侖與亞西利亞人建築結構，尚稱精密。

（巴比侖與亞西利亞部份完）

專載

中國建築師學會，近為統一建築工程上之應用文件起見，擬訂保證書，工程合同，及建築章程等，制定發行，用意至善。現已由該會召集全體會員大會，討論此事。本刊茲得該項保證書等原文一份，特附註意見，錄刊如后，以供讀者參閱。

保證書

原文

立保證書人　　　　今因承包人

與業主　　　　訂立契約建造

立保證書人願照下列各條保證一切

（一）保證承包人凡關於該契約內所訂明一切應辦一切工程及事項均能妥實履行得業主及建築師之滿意

（二）保證承包人凡關於本契約內所訂明一切應行修理及賠償之處均能完全負責，萬一承包人不克負責致業主受有損失時，立保證人願代償還惟以不逾合同內包價總數百分之十為限。

（三）自立此保單以後立保證人或其法定代理人或承繼人各應始終盡保證之責至全部契約履行完竣得業主及建築師之滿意為止。

立保證書人

承　包　人

見　證　人

民國　　年　　月　　日

意見

（一）條文中「承包人」與「業主」等名稱擬改為「承攬人」與「定作人」，以符法定。

（二）原文第一條：「……一切應辦一切工程……」擬改為「……一切應辦工程……」同條「……得業主及建築師之滿意。」擬改為「……得業主及建築師合理之滿意。」

（三）原文第二條：「……立保證人願代償還……」擬改為「……立保證人應代償還……」

（四）原文第三條：「……得業主及建築師之滿意為止。」擬改為「……得業主及建築師合理之滿意為止。」

工程合同

原文

本合同於民國　　年　　月　　日由　　　　（以下稱承包人）

　　　　（以下稱業主）與

協議訂立。由雙方同意訂立各條件如下：

（一）工程契約。本工程契約包括本合同及所附之建築章程，施工說明書，全部圖樣及一應其他文件。

（二）工程範圍。本工程範圍為遵守

　　　　（以下稱建築師）所計劃之圖樣及施工說明書建造

坐落

計開

(三) 工程造價。本工程之全部造價爲國幣　　　　元元
以後工程上如有增減者按本契約之規定核算增減之

(四) 付款方法。業主應照下列分期付款辦法於每期由建築師
簽發領款證書後　　　日內付給承包人。

(五) 完工期限。本工程應於民國　　　年　　　月
日以前全部完工除照契約規定展期外(雨雪照不扣)倘
過期一日則承包人願賠償業主因延期而所受之損失每天
國幣　　　元正如早完工一日則業主願額外賞給
承包人每天國幣　　　元正

(六) 附則　本合同由雙方將所附一應文件詳細閱讀後同意
簽訂並承認一經簽字業主承包人保證人或上述各人之代
表或其法律承繼人皆應遵守
本合同一式三份由業主承包人各執一份餘一份存建築師
處備查

立合同人　業　主
見　證
承包人
見　證
建築師

中華民國　　年　　月　　日

意見

(一) 條文中「承包人」與「業主」等名稱，擬改爲「承攬人」與「定作人」以符法定。

(二) 原文第三條「工程造價」項擬改爲「本工程之全部造價爲國幣　　元正以後工程上如有增價，皆按各項單價核算增加之。惟減價則應照各項單價數扣除十分之九，其餘十分之一作承攬人開支。」

(三) 原文第五條：「……(雨雪照不扣)……」擬改爲「……(氣候劇變及雨雪冰凍照不扣)

(四) 本合同應另請規定訂明者三點：

一．因定作人之故而停止工作者，因此所生之一切損失，應由定作人負其責任。

二．押標費應定利率。

三．簽訂合同之圖樣與說明書，應與投標估價時之圖樣與說明書相同；其間如有修改之處，前事須得雙方之同意。

(工程合同已完，原件待續。)

A Small Dwelling House. (1)

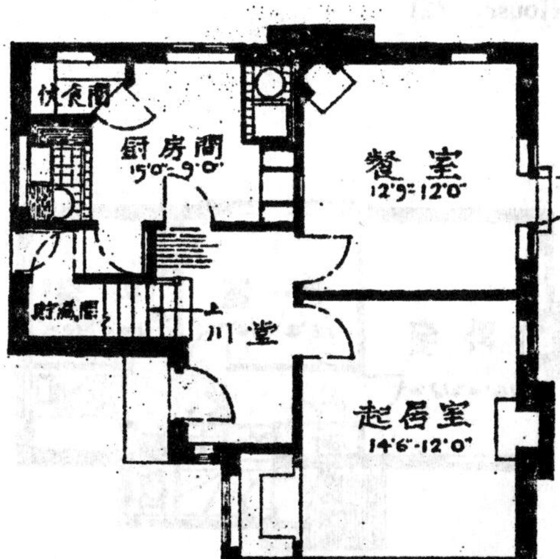

地面圖

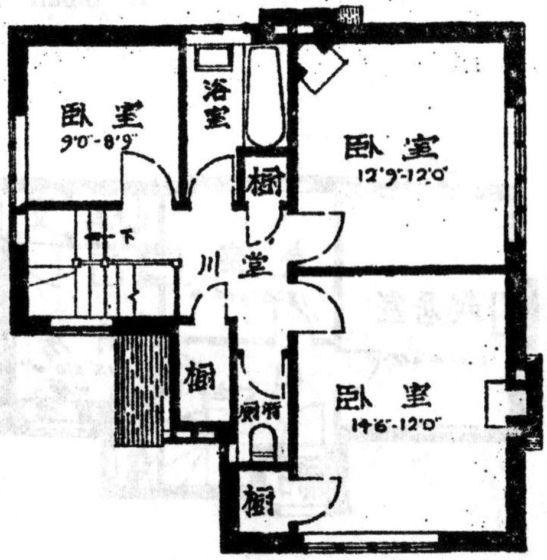

樓面圖

小住宅之一

A Small Dwelling House. (2)

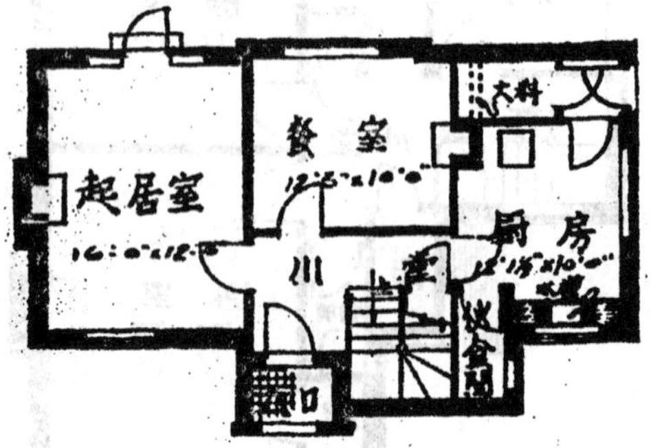

地層平面圖

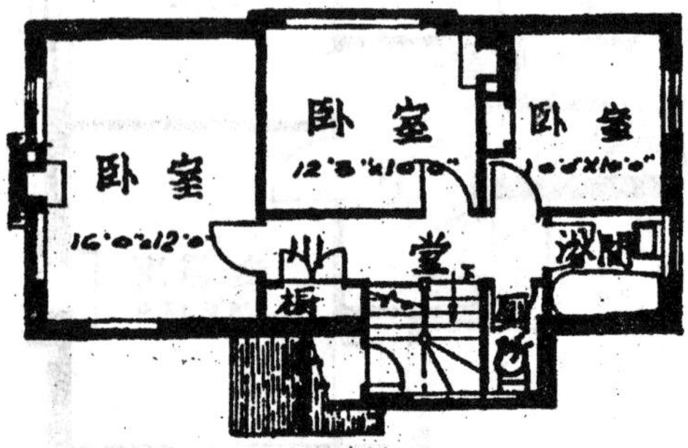

一層平面圖

小住宅之二

A Small Dwelling House. (3)

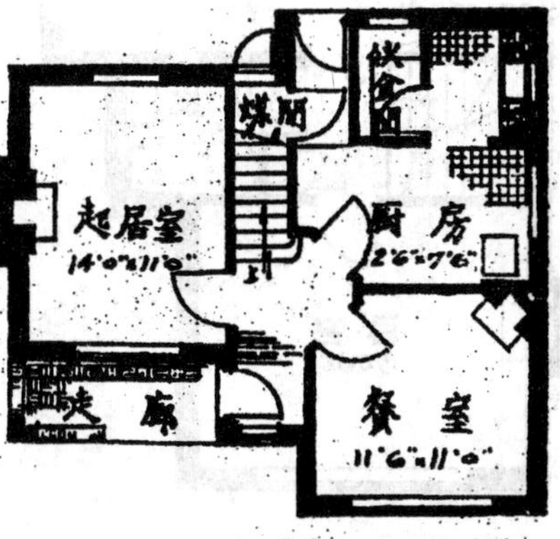

地層平面圖

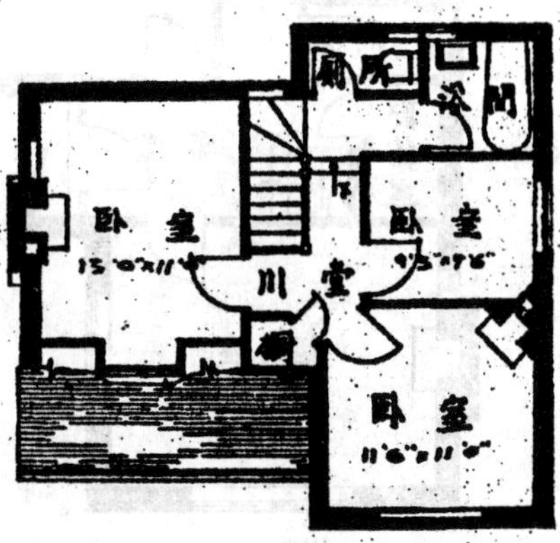

一層平面圖

小住宅之三

A Small Dwelling House. (4)

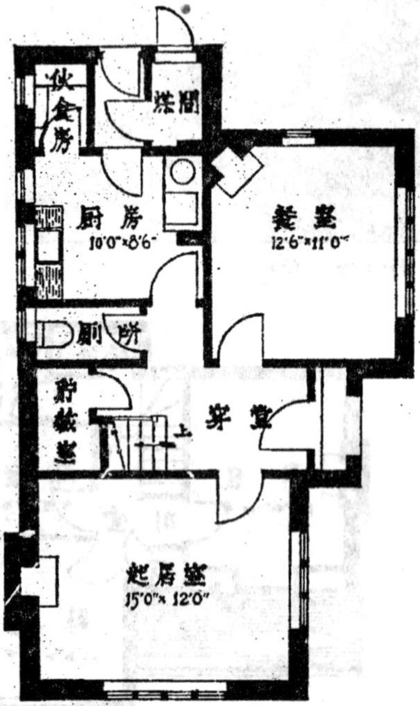

下層平面圖

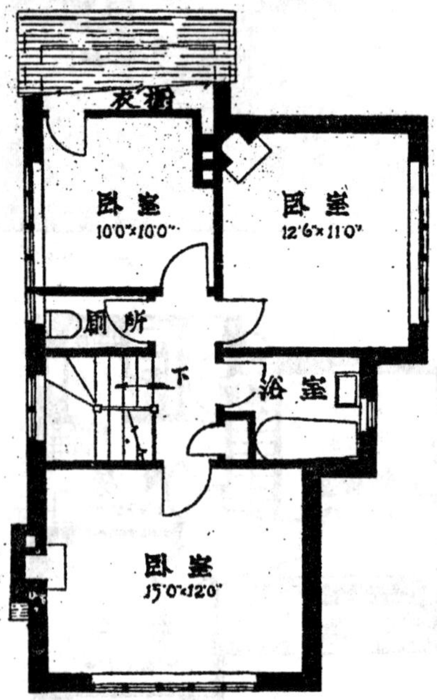

上層平面圖

小住宅之四

傢具与装飾

卧室之一角

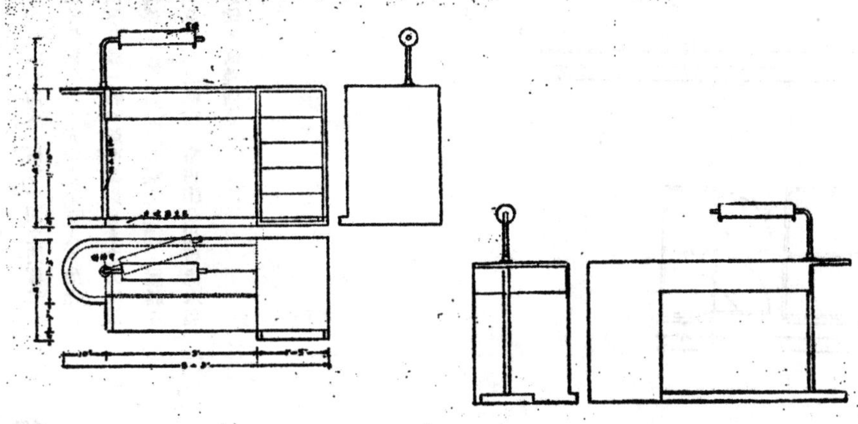

23571

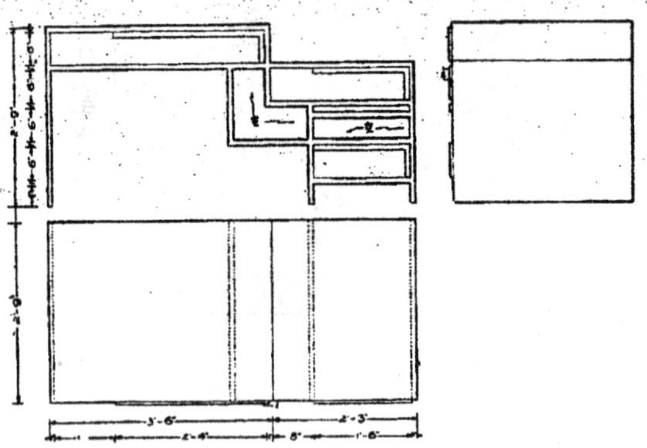

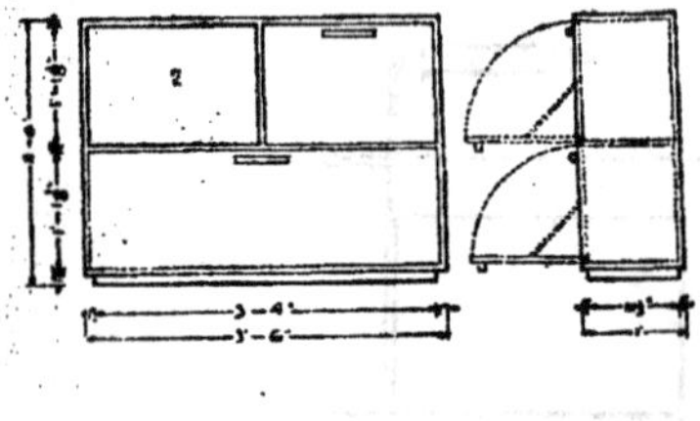

圖中臥室與書室係由兩小室改裝而成。兩室中間之門移去，一窗關於分牆之間，窗盤係玻璃製，光線自下射入。如此則旣可飾省地位，又將兩室聯成一體。牆面砌以日本之方格及狹長條片膠合板。平頂係用「綠」與「藍」相混之色調。簾帷亦為綠藍色相混之塔夫綢及棗紅之織物。室內傢具用核桃木製作，而以棗紅色織物為飾，洵美觀也。

中國之建設

經會向五全會報告

公路完成二萬餘里

全國經濟委員會昨向五全大會報告該會工作概況，本年度事業進行計劃及經費支配，本年度水利事業方案等，文長三萬餘言，其中對水利，公路，農業等建設及棉業統制蠶絲改良衞生設施等，均作有系統之敍述，足覘吾國年來經濟建設之一斑。茲擇錄公路建設之大要如下：

蘇，浙，皖，贛，鄂，湘，閩，陝，甘等省聯絡公路，其路線長度共有二萬九千餘公里，經本會分期督造，各省努力辦理，截至目前止，連同原可通車各路線，計共完成二萬零一百公里。其正在興築中者約三千八百餘公里，西北公路西蘭路已通車，西漢路亦將正式通車，漢寗公路已在測勘。

閩贛鐵路

將採用東線建築

閩贛鐵路，已在籌築中，省政府為維持省會之繁榮起見，曾電請鐵道部，將路線延長。由南平展至省會。倘未得覆；惟關於路線之採用，前江西鉛山河口鎮商會於六月間預擬閩贛鐵路線三條，電閩請採擇施行，經照錄原電函送浙贛鐵路聯合公司理事會參考，茲准該理事會函覆，以閩贛鐵路線應採取東線。因西線起自橫峯，經河口，鉛山，崇安，建陽，建甌，而達南平。中須經過分水關，坡度高峻，除鑽鑿五公里之隧道外，則無他法，若經營此五公里之隧道，需款須五百萬元，需時須十餘年，殊於時間經濟，兩不相宜。東線則起自上饒，經廣豐，浦城，建甌，而達南平。惟中經鐵嶺一處，須築隧道九百五十公尺，不及一公里，較之西線，其難易奚啻霄壤。再就東西兩線之目前經濟情形而言，則橫峯鉛山不及上饒，崇安不及廣豐，建甌不及浦城等語。閩贛鐵路線，聞已採取東線進行籌築云。

上海市工務局沈局長報告

五年來市中心建設工作

上海市工務局長沈怡，曾於本月三日在市府擴大紀念週，報告五年來市中心區建設工作之檢討。茲錄原文如下：主席，各會同事，上星期五下午，忽然接到秘書處通知說市長叫本席，今天出席市政府擴大紀念週報告。還記得今年春天，本席剛從國外回來的時候，曾經在此報告過一次，依照次序，滿以爲要等到明年春天纔再能輪到，所以很安心的，每次來聽各位處長局長的報告，在事先是一點準備沒有，今天假若是單純的來報告工務局的工作，說馬路造了多少條，溝渠做了多少長，未免太枯燥無味，況且近來因經費的關係，也實在沒有多少新的增加，今天我們既然都是在市中心區，姑且就把以往五年建設市中心的工作，來檢討一下。

五年計劃中完成之建設

市中心區的建設計劃，是在十八年七月間公布的。同時市中心區域建設委員會，也彷彿像蘇俄一樣，擬了個五年計劃，即建設市中心區域第一期工作計劃大綱，呈准市政府備案。這個計劃的內容，就是將自十九年度起至二十三年度的工作，預先規定，以便逐步推行。在當初草擬計劃的時候，好比窮人點菜，開菜單子，心裏着想將來發了財，一定要點幾只名貴的菜吃吃，大有這種情景，在座諸君，倘有過這種小冊子的，不妨回去重新拿出看看。現在是二十四年十一月了，那個五年計劃，早就滿期；不過中間，因爲經過「一二八」事變，加上本市連年財政困難，所有預定的工作，如期完成的固然是不少，但是沒有實現的，還居多數。現在把已經做到的報告在後面：

公布道路系統 我們都知道道路系統，必須首先確定，然後纔能根據進行一切。市中心區域道路系統，是十九年公布，後來又在二十一年修正過一次。

測定路線與訂立界石 這種工作是很簡單的，祇要根據道路系統，由幾位同事帶着儀器，訂幾塊石頭就成功了。

分區計劃 新的都市，大半均有分區計劃，在市中心裏，也分有行政區，商業區，甲乙兩種住宅區，公園區等等。並且在十九年六月間呈奉市政府提交市政會議通過。但是現在因爲從事建築物，尙不十分踴躍，所以除行政區外，並沒有嚴格執行。

連絡的幹道 幹道市中心區與各處，連絡的幹道，像其美路，黃興路，翔殷路，三民路，五權路，開殷路等等，都是在二十年十月以前完成的，我們差不多時常走過，不必多說。

建築道路 現在市中心區已成的道路，除土路不計外：計有柏油路十五公里，砂石路十公里，煤屑路十五公里，路面的寬度，是從六公尺到十五公尺。

下水道 我們知道辦市政的對於舖築道路，固然是主要工程，但是建設下水道，也有同等的重要，現在市中心區埋設的溝管，共有四十公里長，他的口徑，從三十公分到九十公分。

行道樹 市中心區的行道樹，截至目前，大約已種了一萬多株。

冷柏油廠 時常聽見人說市中心區的柏油路，夏天既不溶解，落雨天也不很滑，眞是好得非常。其實這個冷柏油，並不是我們發明的，因爲他代價較廉，設廠的費用也輕，所以我們就採用他像租界方面的柏油廠，開辦費聽說要幾十萬塊錢。至於我們的冷柏油廠呢，幾萬塊錢就夠了。而且這筆經費，還是築路費裏面省出來的。可是我們對於材料的研究，却非常仔細，能有今天這樣成績，並不是偶然的。現在冷柏油裏化驗室的設備，恐怕趕得上國內任何一個大學的化驗室吧。

汽泥溝管廠因爲築下水道需用大量的溝管，所以我們也設個廠，研究汽泥溝管的製造，不過笑話得很，這個廠祇是幾間洋鐵皮的草棚，然而研究出來的出品，倒也可以當得起價廉物美四個字。

市政府及各局房屋 以上講的都是窮話，現在來說富麗堂皇的了。市政府的新屋，及社會，教育，衛生，土地，工務等五局臨時房屋，都是在念二年雙十節落成的；不過財政公用兩局的房屋，沒有能夠同時建造，可以說是憾事。但是今天有一件事，却使得本席異常高興，就是看見在座各位同事之中，有不少公用局的同事在裏面，我們知道市中心區，又多了一個局了。

公園及運動場 市中心第一公園，是在廿二年完成，運動場是念二年開工，到今年十月裏完成，運動場的建築經費是一百萬元，據很多人說，在遠東方面，很不容易找到同樣第二個。

博物館圖書館市醫院 以上幾個建築，都早已開工，至遲本年年底，都可完成，

虬江碼頭各位同事，倘在公餘之暇，曾經由五權路到黃浦江邊去遊覽過的，一定會發現許多高的木架子，那就是中央銀行正在建築中的虬江碼頭，也就是建設新商港的初步工程。

市中心鐵路 因爲京滬滬杭甬兩路局方面的協助，通到市中心區的淞滬鐵路支線，已在今年雙十節通車了。這不過是一個臨時辦法，將來市中心區所需要的鐵路，一定還要擴充改良。

水電及電話 我們住在市中心區的一樣的，有自來水電燈電話，同租界方面，毫無分別，這多是閘北水電公司，同上海電話局的極大努力。

個人方面的意見

以上所說的話，已經把市中心區現在情形報告過了，我們認爲滿意了嗎？不，因爲去理想方面，固然是太遠，就是在五年計劃裏頭，也祇實現了一小部份。本席以爲今後應當切實努力的地方，還是很多，現在姑且把個人的意見，分爲消極積極兩方面來說一說。

消極方面第一，要設法完成財政公用兩局的房屋。第二，世界上沒有那一個都市，是不需要市民的，本席在一份德國報紙上，看見一篇遊記，他描寫市中心區說，在田野中走了半天，纔尋着了市政府，行文很妙。所以我們一定要促進和幫助市中心區領地人的建築。第三，市政府曾欠着老百姓三十多萬元收地補償費，在今後的短期中，必須要想法子發清。第四，像圖書館博物館一類的建築，不是有了房屋就算完事，一定要注意內容的充實。第五，對於已有的建設，一定要想個辦法來維持，因爲像道路房屋這一類東西，都是靠平日的修養，不然等到壞得很利害，方纔修理，所花的費用，一定很大很不合算。前幾天據建築師的報告：市政府新屋屋頂上，已經長了草，屋簷底下，也做了鳥窠，其他類此的情形，很不在少。講到這裏，不免要有人說，這豈不都是工務局的責任嗎？話是不錯，不過說話的人，恐怕是不知道實際的情形吧。工務局在民國十六年的時候，所轄的道路，是一百五十公里，溝渠一百公里，到念三年度，道路增加到三百十七公里，溝渠增加到二百二十公里，增加的數目，均在一倍或一倍以上；而工務局的經常費呢，在十六年度，是每月五萬一千七百餘元，在二十年度是七萬三千二百元，到本年度減成四萬八千六百元，比二十年度，固然少了三分之一，即比十六年，也還少了三千多元。試問對於已有的建設，怎樣能夠充分維持修養呢！

積極方面在積極方面：第一，要改良有礙市區發展之路線實現總車站環市鐵路計劃。第二，以虬江碼頭爲基礎建築新商港。第三，架設黃浦江橋接通浦東。第四，執行市中心區分區計劃並實行園林區，要是能做到上面所說的那種地步：市中心區的建設，纔有他的經濟基礎；不然至多成爲一個住宅區而已。

建築材料價目

本刊所載材料價目，力求正確；惟市價瞬息變動，漲落不一，集稿時與出版時難免出入。讀者如欲知正確之市價者，希隨時來函詢問，本刊當代為探詢詳告。

磚瓦

(一) 空心磚

十二寸方十寸六孔　每千洋二百三十元
十二寸方九寸六孔　每千洋二百十元
十二寸方八寸六孔　每千洋一百八十元
十二寸方六寸六孔　每千洋一百三十五元
十二寸方四寸四孔　每千洋九十元
十二寸方三寸三孔　每千洋七十二元
九寸二分方六寸六孔　每千洋七十二元
九寸二分方四寸半三孔　每千洋五十五元
九寸二分方三寸三孔　每千洋四十五元
四寸半方九寸二分四孔　每千洋三十五元
九寸二分四寸半三寸二孔　每千洋二十二元
九寸三分·四寸半·三寸半·三孔　每千洋廿一元
九寸三分·四寸半·二寸·二孔　每千洋廿元

(二) 八角式樓板空心磚

十二寸方八寸八角四孔　每千洋二百元
十二寸方六寸八角三孔　每千洋一百五十元
十二寸方四寸八角三孔　每千洋一百元

(三) 深淺毛縫空心磚

十二寸方十寸六孔　每千洋二百五十元
十二寸方八寸半六孔　每千洋二百十元
十二寸方八寸六孔　每千洋二百元
十二寸方六寸六孔　每千洋一百五十元
十二寸方四寸四孔　每千洋一百元
十二寸方三寸三孔　每千洋八十元
九寸三分方四寸半三孔　每千洋六十元

(四) 實心磚

九寸四寸三分二寸半紅磚　每萬洋一百四十元
八寸半四寸一分二寸半紅磚　每萬洋二百三十二元
十寸·五寸·二寸紅磚　每萬洋二百二十七元
九寸四寸三分二寸紅磚　每萬洋一百〇六元
九寸四寸三分二寸三分紅磚　每萬洋一百廿元
九寸四寸三分二寸二分拉縫紅磚　每萬洋二百八十元

(五) 瓦　(以上統保外力)

一號紅平瓦　每千洋六十五元
二號紅平瓦　每千洋六十元
三號紅平瓦　每千洋五十元
一號青平瓦　每千洋七〇元
二號青平瓦　每千洋六十五元
三號青平瓦　每千洋五十五元
西班牙式紅瓦　每千洋五十元
西班牙式青瓦　每千洋五十三元
英國式灣瓦　每千洋四十元
古式元筒青瓦　每千洋六十五元

(以上統保運力)

以上大中磚瓦公司出品

新三號青放　每萬洋五十三元
新三號老紅放　每萬洋六十三元

輕硬空心磚

		每塊重量
十二寸方十二寸四孔	每千洋二八八元	卅六磅
十二寸方十寸四孔	每千洋二三六元	廿六磅
十二寸方八寸二孔	每千洋一七七元	十九磅半
十二寸方六寸二孔	每千洋一三三元	十七磅
十二寸方四寸二孔	每千洋八十九元	十四磅

十二寸方三寸二孔 每千洋七十元 十三磅半

九寸二分方八寸三孔 每千洋九十三元 十二磅

九寸二分方六寸三孔 每千洋七十元 九磅半

九寸二分方四寸半三孔 每千洋五十四元 八磅三

九寸二分方三寸二孔 每千洋五十元 七磅三

硬磚

二寸二分四寸五分九寸半 每萬洋一〇五元 六磅

二寸二分四寸一分八寸半 每萬洋八十五元 四磅半

以上長城磚瓦公司出品

鋼條

四十尺四分普通花色 每噸一四〇元

四十尺五分普通花色 每噸一二六元

四十尺六分普通花色 每噸一三二元

四十尺七分普通花色 每噸一三六元

四十尺一寸普通花色 每噸一三六元

盤圓絲 每市擔六元六角

泥灰石子

象牌 水泥 每桶洋六元三角

泰山 水泥 每桶洋五元七角

馬牌 水泥 每桶洋六元五角

拔灰 每擔洋一元二角

黃沙 每噸洋三元

石子 每噸洋三元半

木材

洋松八尺至卅二尺再長照加 每千尺洋九十五元

一寸洋松 每千尺洋九十七元

寸半洋松 每千尺洋九十八元

洋松二寸光板 每千尺洋八十一元

四尺洋松條子 每萬根洋一百六十元

一寸四寸洋松一號企口板 每千尺洋一百〇五元

一寸四寸洋松副頭號企口板 每千尺洋九十五元

一寸四寸洋松二號企口板 每千尺洋八十五元

一寸六寸洋松一號企口板 每千尺洋一百十五元

一寸六寸洋松副頭號企口板 每千尺洋一百元

一寸六寸洋松二號企口板 每千尺洋九十元

一二五四寸洋松一號企口板 每千尺洋一百五十元

一二五四寸洋松二號企口板 每千尺洋無市

一二五六寸洋松一號企口板 每千尺洋二百六十元

一二五六寸洋松二號企口板 每千尺洋無市

柚木(頭號)僧帽牌 每千尺洋六百元

柚木(甲種)龍牌 每千尺洋五百三十元

柚木(乙種)龍牌 每千尺洋五百元

柚木(旗牌) 每千尺洋三百五十元

柚木(盾牌) 每千尺洋四百八十元

硬木 每千尺洋一百八十元

硬木(火介方) 每千尺洋一百五十五元

柳安 每千尺洋一百八十元

紅板 每千尺洋一百二十五元

抄板 每千尺洋一百二十五元

十二尺六寸三寸八皖松 每千尺洋六十六元

十二尺二寸皖松 每千尺洋五十六元

一二五四寸柳安企口板 每千尺洋一百八十五元

一寸六寸柳安企口板 每千尺洋一百八十五元

一二五四寸企口紅板 每千尺洋一百四十六元

二寸一半建松片 市尺每千尺洋五十二元

九尺四分建松板 市尺每丈洋三元六角

九尺八分建松板 市尺每丈洋六元五角

六尺半五分青山板 市尺每丈洋三元

23577

本松毛板	市尺每塊洋二角四分
本松企口板	市尺每塊洋二角六分
六尺半二分杭松板	市尺每丈洋一元七角
七尺半二分甌松板	市尺每丈洋一元七角
六尺半八分皖松板	市尺每丈洋四元二角
九尺八分皖松板	市尺每丈洋五元二角
六尺半五分皖松板	市尺每丈洋三元六角
台松板	市尺每丈洋三元
七尺半四分坦戶板	市尺每丈洋二元二角
七尺半三分坦戶板	市尺每丈洋二元
六尺二分機鋸紅柳板	市尺每丈洋三元二角
六尺三分毛邊紅柳板	市尺每丈洋三元三角
六尺二分俄松板	市尺每丈洋二元
六尺半二分俄松板	市尺每丈洋二元二角
七尺半毛邊二分坦戶板	市尺每丈洋一元四角
六尺半五分機介杭松	市尺每丈洋三元三角
白松方	每千尺洋九十元

紅松方		每千尺洋一百十元
麻栗方		每千洋一百三十元
硬克方		每千洋一百三十元

五金

(一) 釘

美方釘		每桶洋二十元〇九分
平頭釘		每桶洋二十元八角
中國貨元釘		每桶洋六元五角

(二) 牛毛毡

五方紙牛毛毡		每捲洋二元八角
半號牛毛毡	(馬牌)	每捲洋二元八角
一號牛毛毡	(馬牌)	每捲洋三元九角
二號牛毛毡	(馬牌)	每捲洋五元一角
三號牛毛毡	(馬牌)	每捲洋七元

(三) 其他

鋼絲網	(27"×96" 2¼lbs.)	每方洋四元
鋼版網	(8"×12" 六分一寸半眼)	每張洋卅四元
水落鐵	(每根長二十尺)	每千尺五十五元
牆角線	(每根長十二尺)	每千尺九十五元
踏步鐵	(每根長十尺或十二尺)	每千尺五十五元

鉛絲布	(闊三尺長百尺)	每捲二十三元
綠鉛紗	(同 上)	每捲洋十七元
銅絲布	(同 上)	每捲四十元

水木作工價

木 作	(包工連飯)	每工洋六角三分
水 作	(同 上)	每工洋六角
水木作	(點工連飯)	每工洋八角五分

中華郵政特准掛號認為新聞紙類

建築月刊
THE BUILDER

內政部登記證警字第二五五四號

廣告刊例
Advertising Rates Per Issue

地位 Position	全面 Full Page	半面 Half Page	四分之一 One Quarter
底封面外面 Outside back cover.	七十五元 $75.00		
封面及底面之裏面 Inside front & back cover	六十元 $60.00	三十五元 $35.00	
封面裏面及底面裏面之對面 Opposite of inside front & back cover.	五十元 $50.00	三十元 $30.00	
普通地位 Ordinary page	四十五元 $45.00	三十元 $30.00	二十元 $20.00
小廣告 Classified Advertisements	每期每格三寸半闊洋四元 一寸高 - $4.00 per column		

廣告概用白紙黑墨印刷，倘須彩色，價目另議；鑄版彫刻，費用另加。
Designs, blocks to be charged extra. Advertisements inserted in two or more colors to be charged extra.

第三卷第十一，十二號合刊

民國二十四年十二月發行

刊務委員會 竺泉通 江長庚 陳松齡

主編 杜彥耿

廣告 藍克生 (A. O. Lacson)

發行 上海市建築協會 南京路大陸商場六二〇號 電話九二〇〇九號

印刷 新光印書館 上海聖母院路聖達里三十一號 電話七四六三五號

定價

每月一冊 全年十二冊

訂購辦法		零售	預定全年
價目		五角	五元
郵費	本埠	二分	二角四分
	外埠及日本	五分	六角
	香港澳門	一角八分	二元一角六分
	國外	三角	三元六角

Sin Jin Kee
Construction
Company

▲本廠承造一切大小鋼骨水泥房屋工程各項人員無不經驗豐富工作認真如蒙委託承造或估價竭誠歡迎

本廠承造工程一斑

沙遜大樓 南京路
漢彌爾登大廈 江西路
都城飯店 江西路

新仁記營造廠

總賬房 愛文義路一四二三號 電話二〇五三一

事務所 江西路一七〇號二樓(二五號) 電話一〇八八九

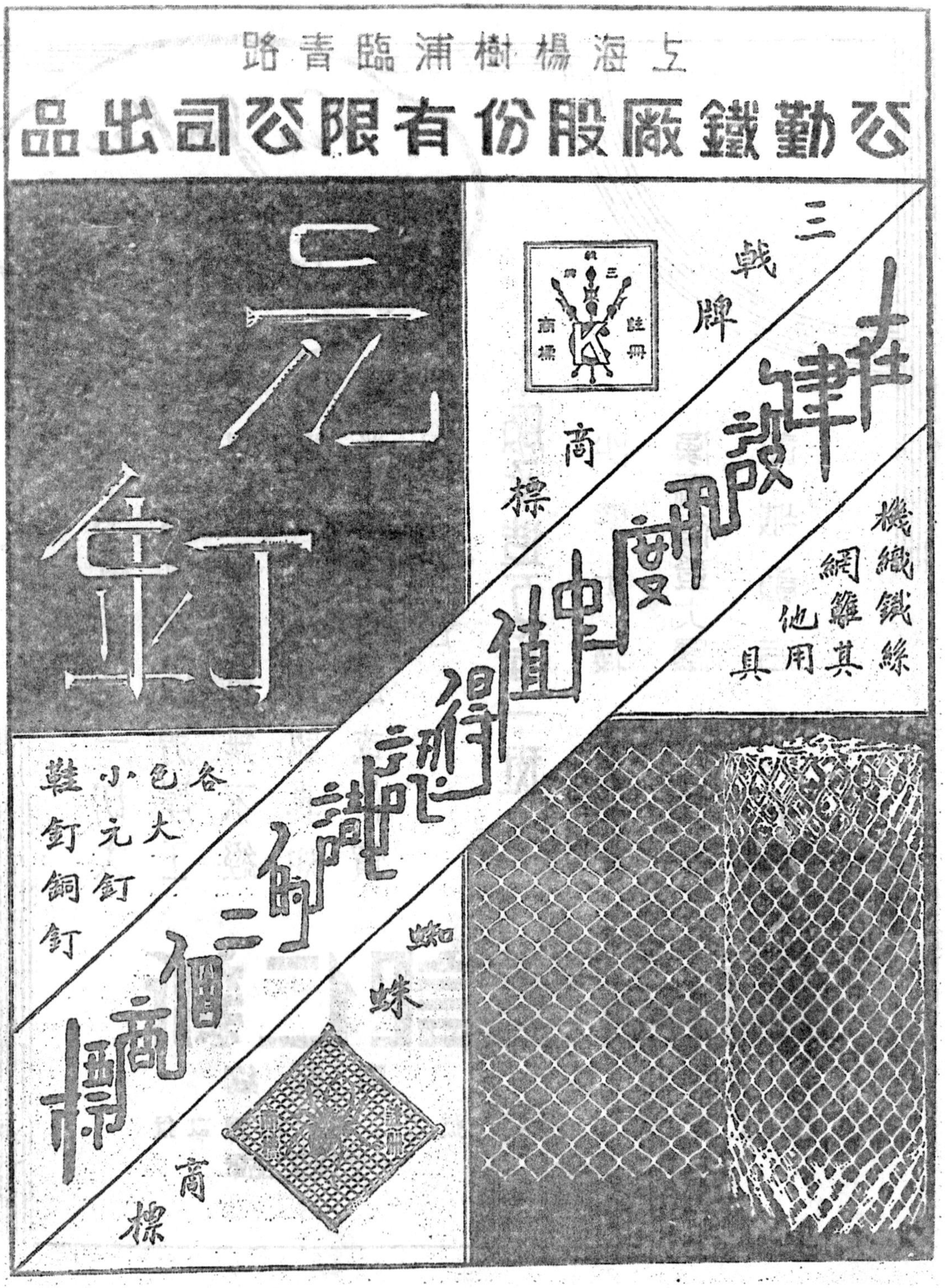
上海楊樹浦臨青路
公勤鐵廠股份有限公司出品
元釘
三戟牌
三戟牌 註冊商標
商標
在建設用度中值得讚許的三個商標
機織鐵絲網籬其他用具
各色大小元釘
鞋釘銅釘
蜘蛛
商標

長城機製磚瓦
股份有限公司
註冊商標
TRADE MARK
貨價比普通磚廉
貨品較任何機器磚高
總公司 騰越路一四四號 電話五一一七九
製造廠
事務所 牛莊路七四一號 電話九〇九八〇
證明
壓力、吸水量、耐久性
均經
上海工部局
詳細化驗員責証明
成績超越一切磚瓦
出品
堅韌硬磚
輕硬空心磚
瀘水瓦片
如蒙垂詢價格及索閱價樣請電話通知即當送奉
優點
精確
美觀
堅固
價廉
合作五金
股份有限公司
出品
出品
門鎖
抽屜鎖
拉手
文具
鉸鏈
TRADE MARK
MARCH

23583

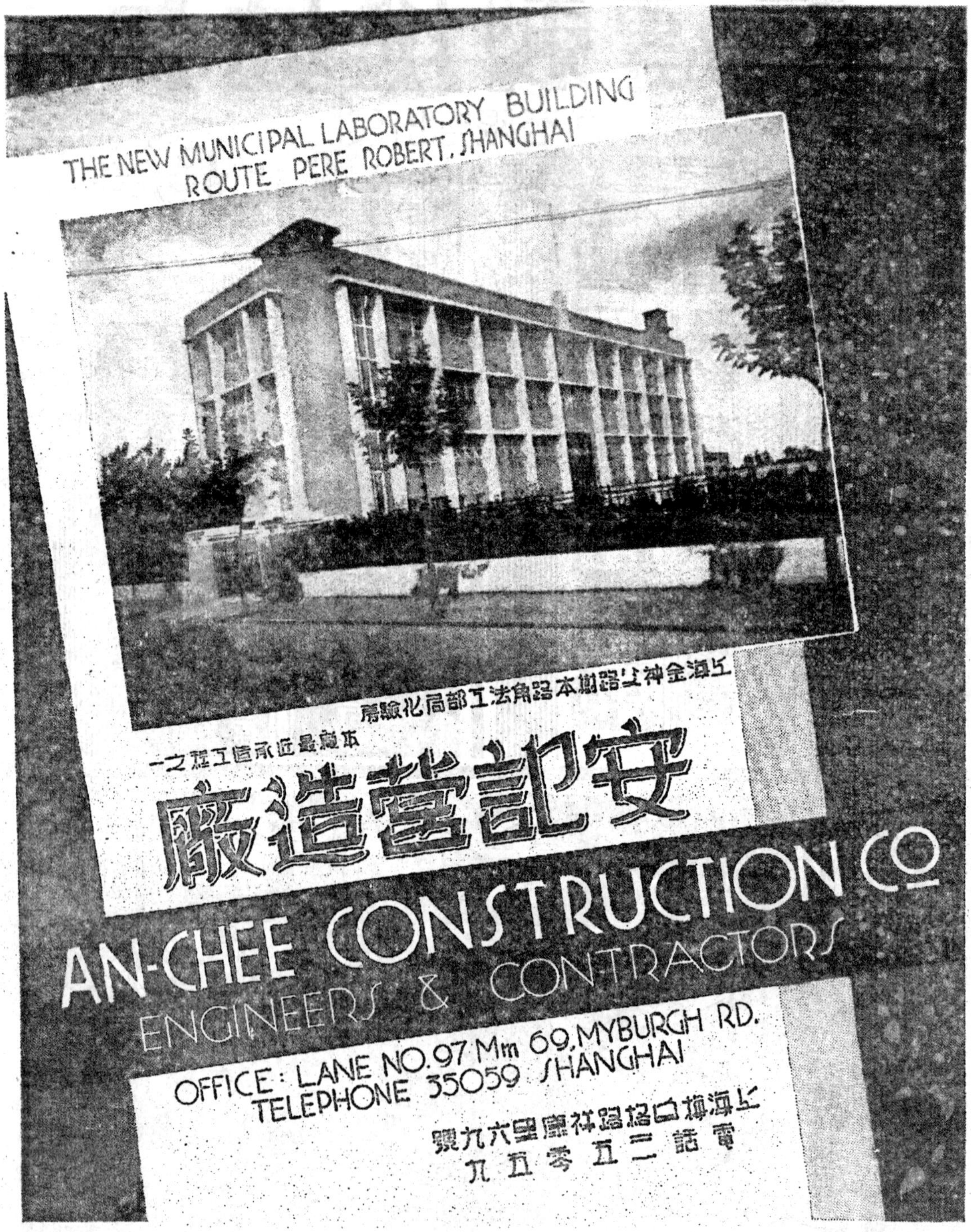
THE NEW MUNICIPAL LABORATORY BUILDING
ROUTE PERE ROBERT, SHANGHAI
上海金神父路樹本路角法工部局化驗房
本廠最近承造工程之一
安記營造廠
AN-CHEE CONSTRUCTION CO
ENGINEERS & CONTRACTORS
OFFICE: LANE NO. 97 Mm 69, MYBURGH RD.
TELEPHONE 35059 SHANGHAI
上海梅白格路祥康里六九號
電話三五零五九

中華郵政特准掛號認爲新聞紙類
內政部登記證警字第二五五四號

23587

大中機製磚瓦股份有限公司

製造廠浦東南匯縣下沙鎮

本公司因鑒於建築事業日新月異材料選擇尤關重要特聘專門技師購置德國最新式機器精製各種青紅磚瓦及空心磚等品質堅韌色澤鮮明自應銷以來已蒙各界推爲上乘業予採購茲略舉一二以資參攷其他惠顧諸君因限於篇幅不克一一備載諸希鑒諒是幸

大中磚瓦公司附啟

曾經購用敝公司出品各戶台銜列后：

本埠

國立上海商學院	西體育會路	陳根記承造
博德運紡織廠	定海路	創新承造
海港檢疫所	吳淞	陶記承造
正廣和汽水廠	倍開爾路	方瑞記承造
百老匯大廈	百老匯路	新仁記承造
錦興大廈	河南路	新森泰承造
雷斯德工藝學院	熙華德路	久泰錦記承造
揚子飯店	雲南路	潘榮記承造
中新第九廠	東京路	協盛承造
南成都路工部局	南成都路	新蓀記承造
四行儲蓄會	靜安寺路	陶記承造
工部局巡捕房	平涼路	新蓀記承造
國立中央實驗館	兆豐花園	和興公司承造
墾業銀行	北京路	趙新泰承造
南京飯店	山西路	新金記祥號承造
開成造酸公司	軍工路	王錦記承造
四海銀行	北京路	褱記興承造
麵粉交易所	民國路	元和興記承造
業廣公司	歐嘉路	陳馨記承造
法教堂	勞神父路	吳仁記承造
七層公寓	霞飛路	吳仁記承造

外埠

中央政治學校	南京	大昌公司
太古堆棧	廈門	啃關治港公司
中國銀行	青島	錦生記承造
中央飯店	南京	新金記承造
金陵大學	南京	利源建築公司承造
航空學校	杭州	新金記號廠承造

所出各品儲有大批現貨以備各界採用如蒙定製各色異樣磚瓦亦可照辦備有樣品如蒙索閱即當送奉

駐滬批發所

上海英租界牛莊路七三一弄四號　電話九〇三一一

DAH CHUNG TILE & BRICK MAN'F WORKS.

Sales Dept. House No. 4, Lane 731, Newchwang Road, Shanghai.

TELEPHONE 90311

益中福記機器磁電公司出品

出品項目

各種瑪賽克瓷磚
3"×6" 白色釉面牆磚
3"×6" 顏色釉面牆磚
羅馬式美術瓷磚
4"×6" 鋼精梯口磚
6"×6" 白色釉面牆磚
6"×6" 顏色釉面牆磚

釉面牆磚

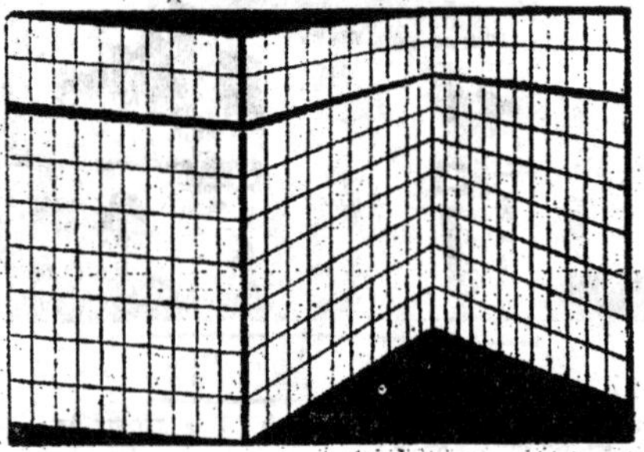

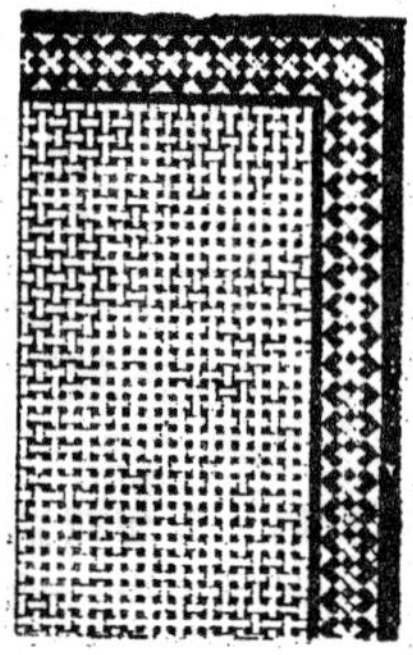

瑪賽克瓷磚

電話 一四四〇八 一六七〇六

事務所福州路八十九號

唐山

啓新磁廠

專製各種陶器衛生器皿應用各樣隔電磁以及舖地磚等無不堅固精良如蒙賜顧毋任歡迎

駐滬批發所

上海北京路一三七號隔壁弄內　電話一九九一七

CHEE HSIN POTTERY

SANITARY—APPLIANCES, QUARRY—TILES, MOSAIC—TILES

Big improvement regarding quality.

Quick delivery either from stock or Factory at Tangshan, North China.

For Particulars please apply to:

CHEE HSIN POTTERY—Shanghai Agency

Next to 137 Peking Road,

SHANGHAI

Tel. 19917

ELGIN AVENUE BRITISH CONCESSION
TIENTSIN
SURFACED WITH K.M.A. PAVING BRICKS

23592

CLEANING HINGE ON SIDE-HUNG VENTILATORS.

標準鋼窗
裝配古銅零件

STANDARD METAL WINDOWS ARE SUPPLIED WITH BRONZE FITTINGS,

The Handle is made with double-notched nose and engages with a bevelled bronze striking-plate on the fixed frame. Standard Peg stay is used to top hung casement.

HANDLE 手執

Sliding stay is used to side-hung casement.

PEG STAY 撑窗釘套

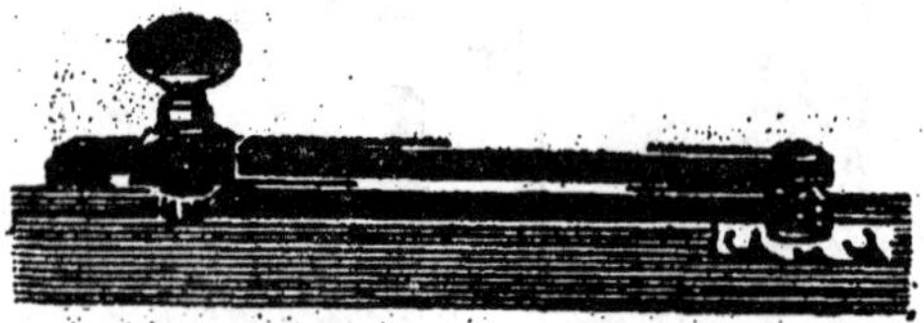

SLIDING STAY 撑窗絲螺

東方鋼窗廠

總廠上海華德路六○九號
電話五○六九○號
電報掛號七二七七
分廠廣州東山百子路四七號
電話一八○五七號
電報掛號九三九三

標準鋼窗

STANDARD METAL WINDOWS.

ASIA STEEL SASH CO.

FACTORY:

609 WARD ROAD	47 PAI-TSE ROAD
TEL. NO. 50690	TEL. 18057
SHANGHAI.	CANTON.
CABLE 7277	CABLE 9393

東方鋼窗公司出品

ASIA STEEL SASH Co.

STANDARD PIVOTED WINDOWS.

標準鋼窗

(適用於棧房)

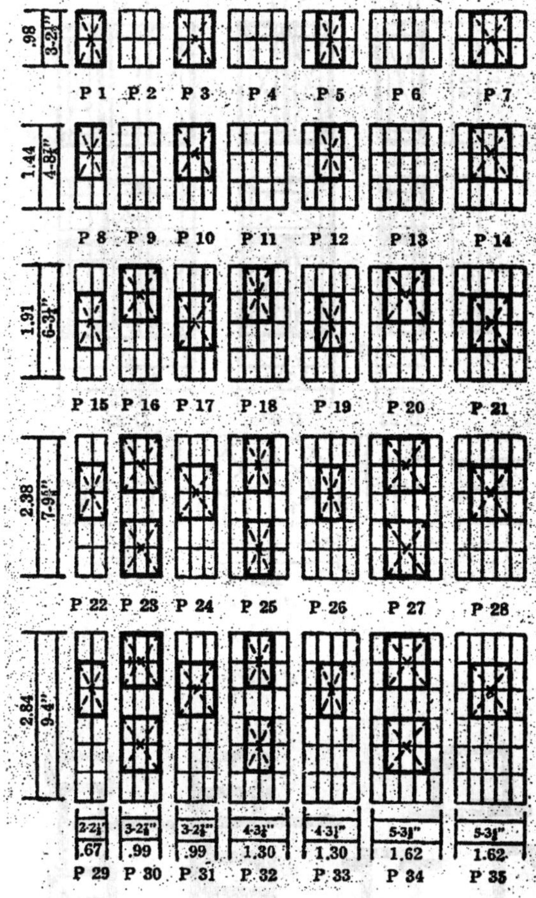

STANDARD FRENCH DOORS.

標準鋼門

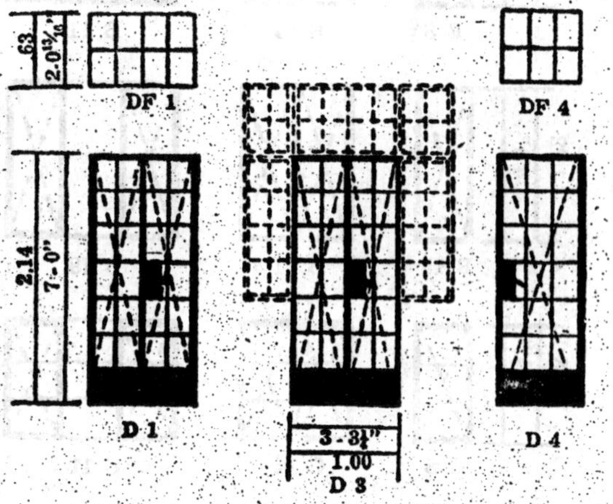

Standard metal doors are made of 1¼" section. The fixed fanlights shown here are prepared, like the French doors, to be glazed from the outside with putty.
For over-all sizes of doors, with fanlights, add quarter of an inch for each metal transome used.

23595

東方鋼窗公司出

Casement Windows

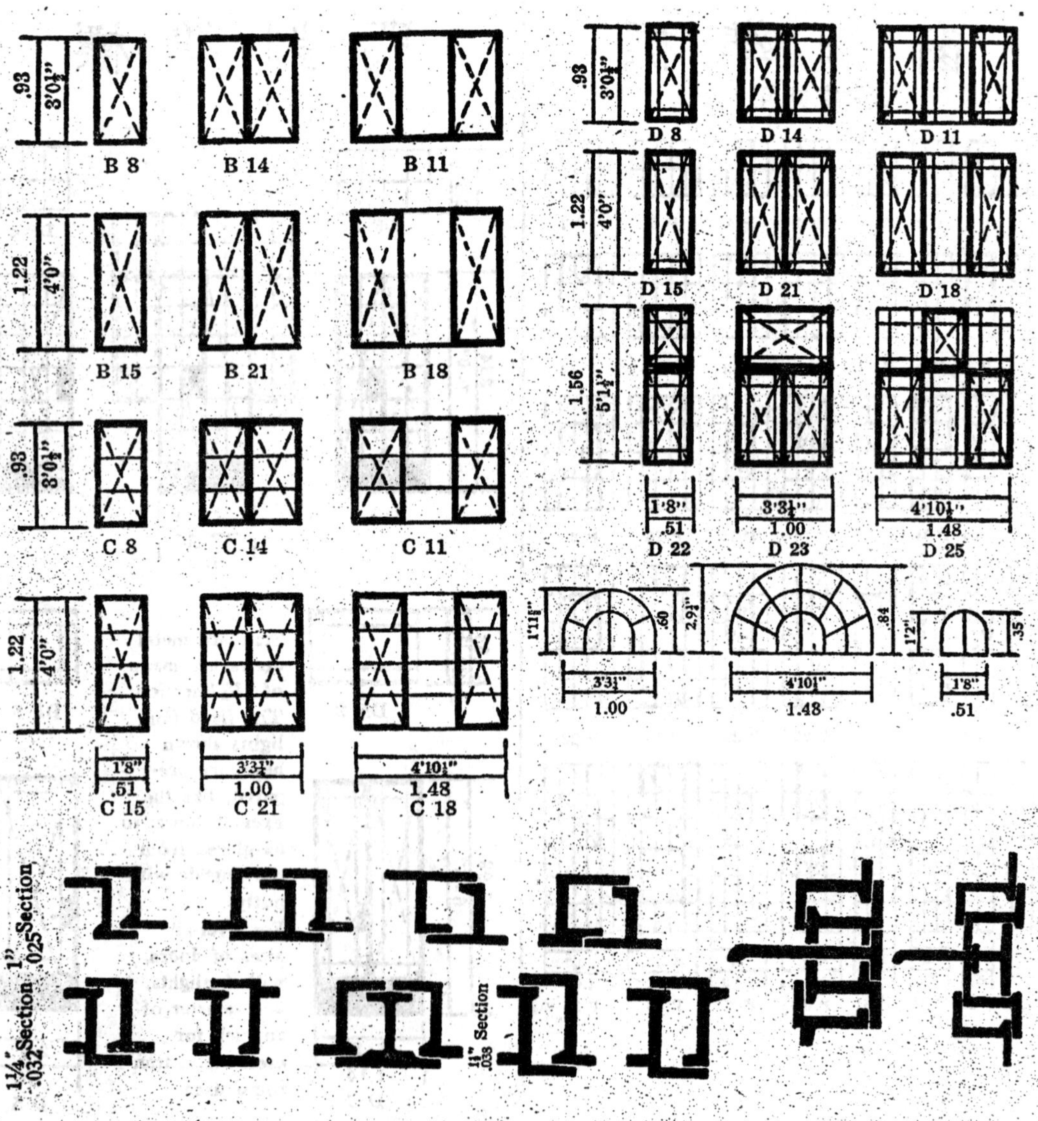

品之標準鋼窗

"Asia" Standard

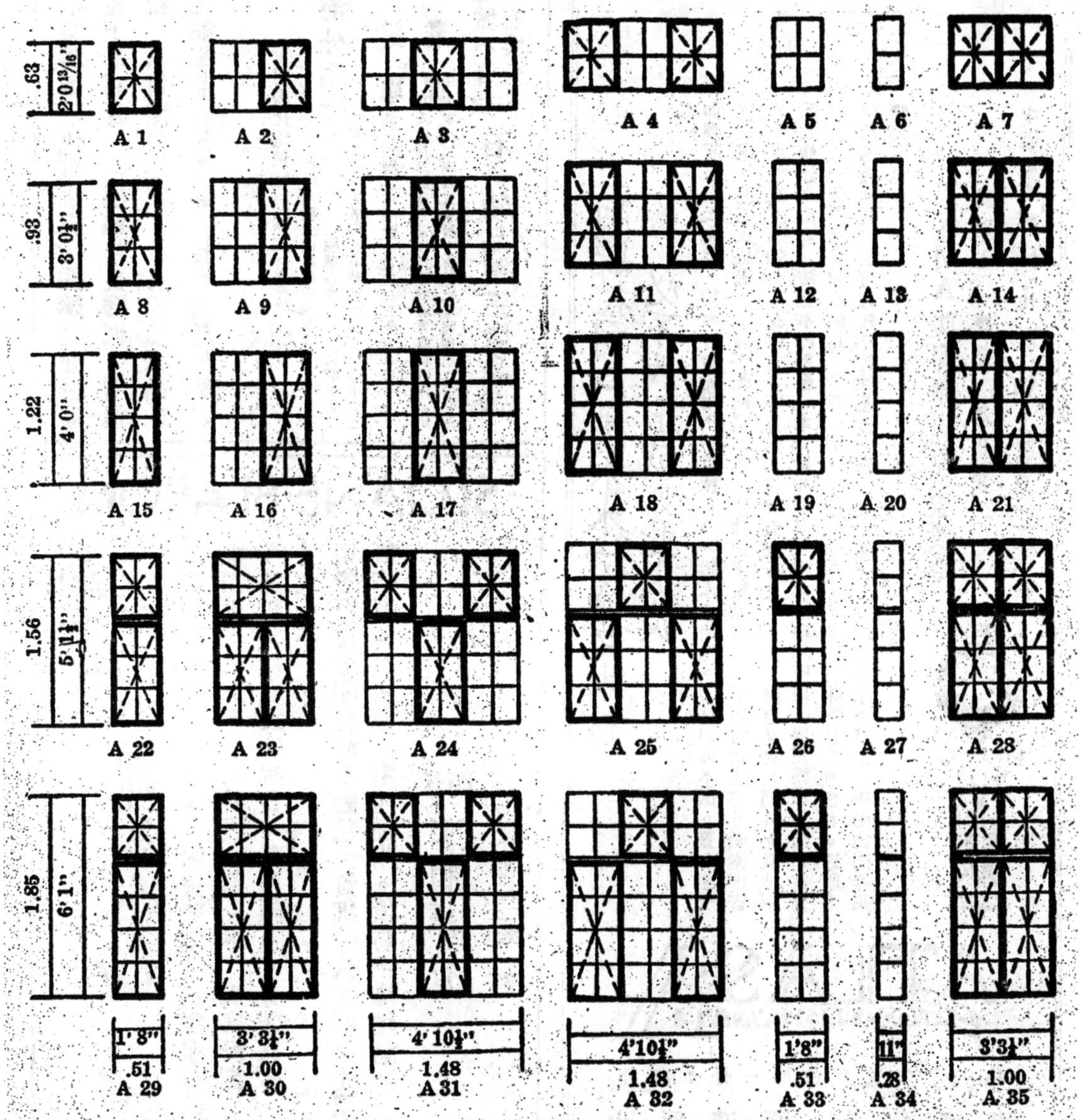

23597

23599

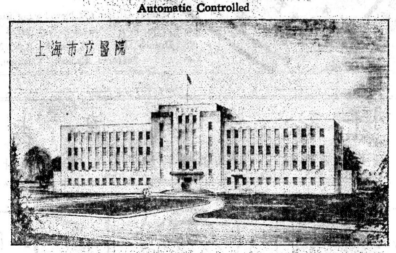

華新磚瓦公司

總事務所 上海牛莊路六九二號 電話 九四七三五
分事務所 南京國府路一五七號 製造廠 浙江嘉善干窰

備有樣本樣品價目單承
索即奉倘有特別新樣
見委本公司均可承製

出品

白水泥花素
地磚

白水泥美術
釉面磚

砕面光潔
花紋清朗
款色鮮豔
質地堅實

青紅色大小
平瓦

青色中國廟
宇式筒瓦

青紅色西班
牙式筒瓦

質地堅實
色澤鮮明
價格公道

歡迎外埠經理

Hwa Sing
Brick & Tile Co.

General Office: 692 Newchwang Road,
Shanghai. Tel. 94735
Branch Office: 157 Kuo Fu Road Nanking.
Factory: Kashan, Chekiang.

大陸實業公司

上海南火車站後門西首瞿眞人路一百衖嘉元里一號

固木油

馬頭商標

固木油

功效

馬頭牌固木油功
能保護木料殺蟲
防腐任何木料一
經塗用無論在暴
露之處淤泥之中
或貼近磚石鋼鐵
水泥之間皆無蛀
蝕腐爛之弊

用途

電桿枕木橋樑
棟樑庭柱門窗
地板擱柵晒台
椿木舟車等等

備有說明書一
承索卽寄

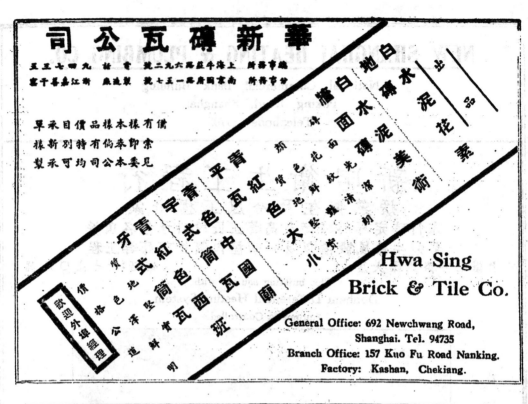

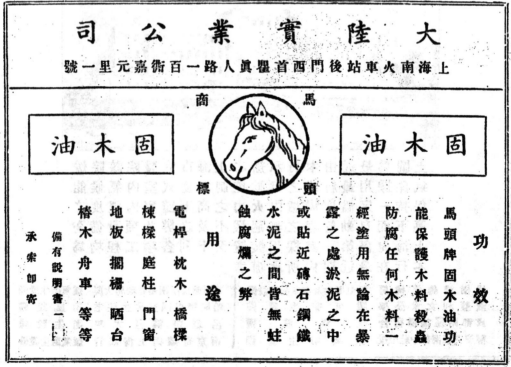

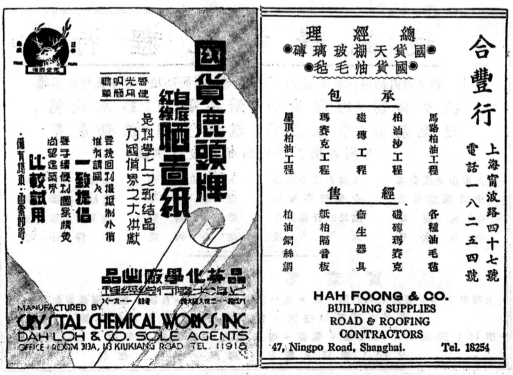

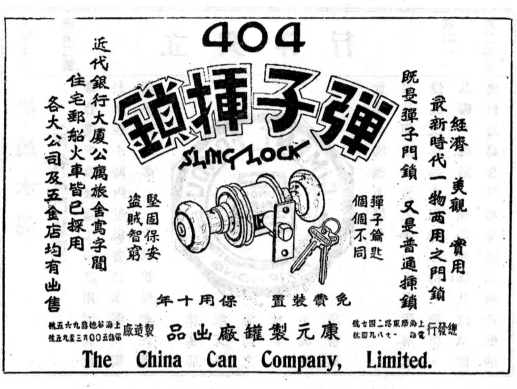

立興洋行

上海北京路第二號

電話一一六二零號

快燥水泥
（原名西門放塗）

最合海塘及緊急工程之用因其能於念四小時內乾燥普通水泥則需四星期之多 立興快燥水泥爲法屬印度支那海防之拉發其水泥廠所特製

CIMENT FONDU
CIMENT FONDU LAFARGE
INDO-CHINA LAFARGE ALUMINOUS CEMENT CO LTD
HAIPHONG

世界各國無不聞名爲最佳最快燥之礬土水泥雖海水侵襲決無絲毫影響打樁・造橋・基礎・碼頭・機器底脚及汽車間地板最爲合用如荷垂詢無任歡迎

琅記營業工程行

本行特立設計部專代業主建築師及同業等設計及解决一切下列任何困難

○標準暖房○適度冷氣○衛生器皿○給水設備○

○自流泉井○冷藏設備○電氣工程○消防裝置○

下列各項工程均由本行設計承裝

上海市立運動場	上海市立游泳池	上海市立體育館	上海市立圖書館
中國航空協會	中央航空學校	交通大學	南昌航空委員會
中央商場	國民政府審計部	母心醫院	滬北衛生事務所
中西女校	大橋大廈	聖心醫院	上海中學

實業部登記技師

上海市：水管商營業執照第一號・電料商營業執照第一百號・鑿井商營業執照一號

南京市：工務局登記・首都電廠登記・實業部註冊

總行：天潼路二八八號・電話：四〇七九一號・電報掛號・二一四一號

分行：南京・南昌・蘇州・杭州・無錫

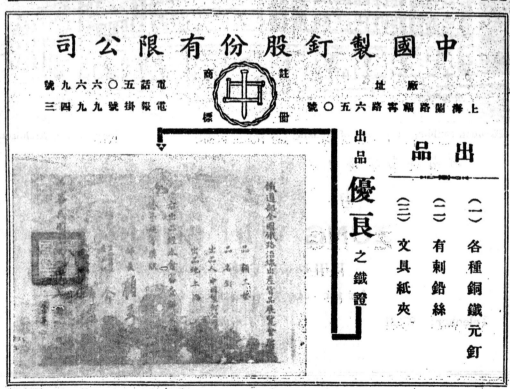

目錄

第四卷第一號（三週紀念特大號）

插圖

上海市醫院……(1)

上海南京路河南路口六層大廈……(2—8)

上海明星影片公司有聲攝影場……(9)

上海畢勛路俄國神經病醫院新屋……(10—16)

建築中之上海乍浦路東和影戲院……(17—18)

上海杜美路亨利路口杜月笙氏住宅(19—25)

各種建築式樣……(26—32)

橋梁……(33—34)

小住宅圖樣四幅……(83—86)

譯著

近代橋梁工程之演進……林同棪(35—41)

營造學(十)……杜彥耿(42—50)

燒土(下)……袁宗耀(51—56)

建築史(五)……杜彥耿(57—64)

為吾營造界進一言……康建人(65—67)

度量衡定位及換算表……(69—70)

專載……(71—82)

上海之水泥業……(87—89)

建築材料價目……(90—92)

廣告索引

大中磚瓦公司
中國釉面磚瓦公司
英商開能達公司
益中福記瓷電公司
啓新磁廠
開灤礦務局
陳根記打樁廠
大寶建築公司
東方鋼窗廠
應城石膏股份有限公司
美和公司
孔士洋行
新申衛生工程行
華新磚瓦公司
大陸實業公司
康元製罐廠
合豐行
大陸行
立興洋行
琅記營業工程行
陳永興營造廠
科學儀器館
中國製釘公司
道門朗公司
中國建築雜誌
新林記營造廠
正基建築工業補習學校
建業營造廠
創新建築廠
吉時洋行
新光印書館
馥記營造廠
新成鋼管公司
瑞昌銅鐵五金工廠
安記營造廠
美炎洋行
中國銅鐵工廠
新仁記營造廠
公勤鐵廠
仁昌營造廠
比國鋼業聯合社
明泰建築材料公司
余洪記營造廠
長城機磚公司
合作五金公司
振華油漆公司
太古公司

23605

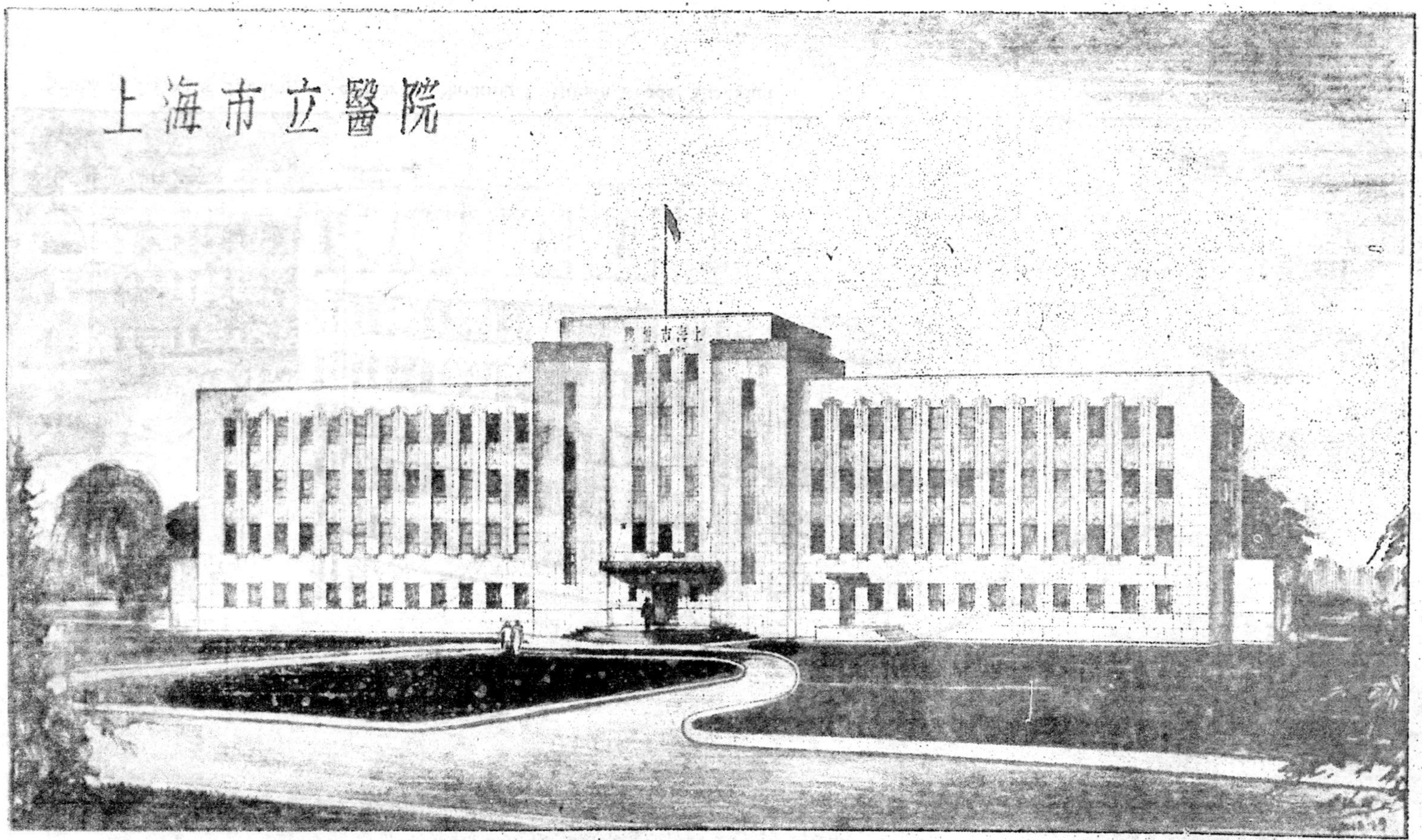

The Hospital of the Civic Centre of the Municipality of Greater Shanghai.

Mr. Dayu Doon, Architect.
Loo Keng Kee, Contractors.

董大酉建築師設計
陸根記營造廠承造

建築中之上海南京路河南路口六層新廈

德利洋行設計
陳永興營造廠承造

Shops and Office Building on corner of Nanking & Honan Roads, Shanghai.

Mr. Percy Tilley, Architect.
Zung Yun Shing, Contractors.

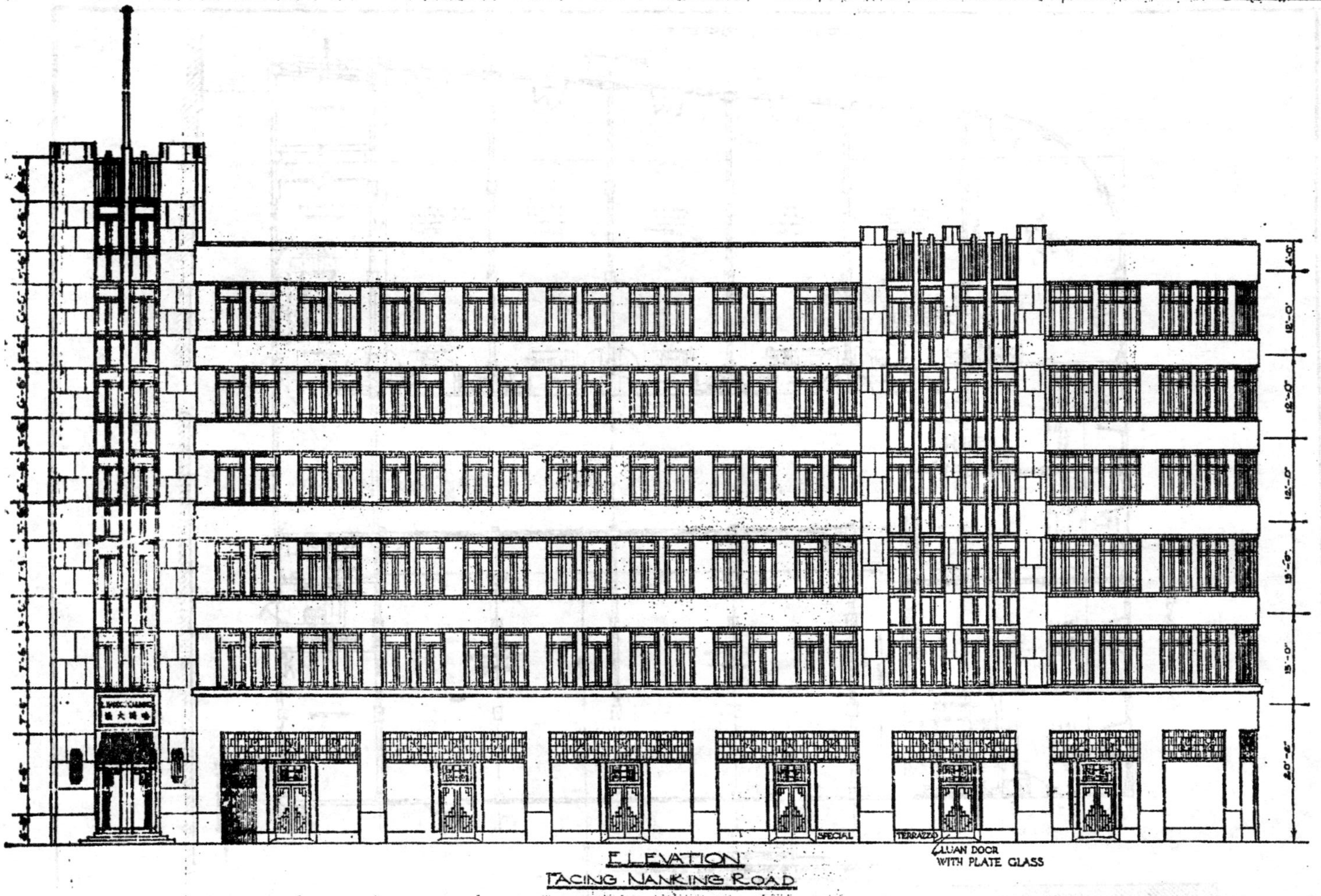

Shops and Office Building on corner of Nanking & Honan Roads, Shanghai. 上海南京路河南路口六層新廈正面圖

23609

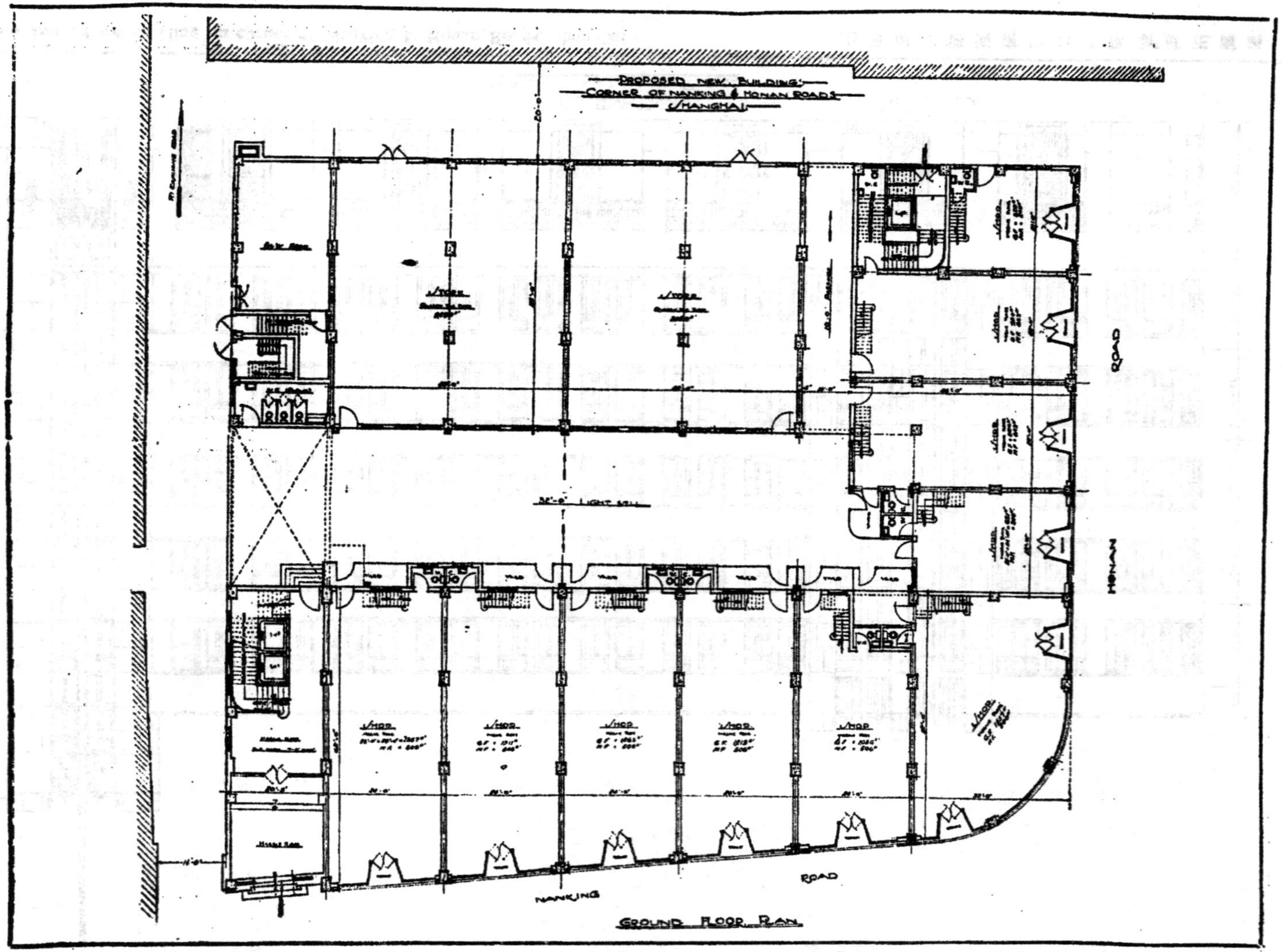

Shops and Office Building on corner of Nanking & Honan Roads, Shanghai. 上海南京路河南路口六層新廈下層平面圖

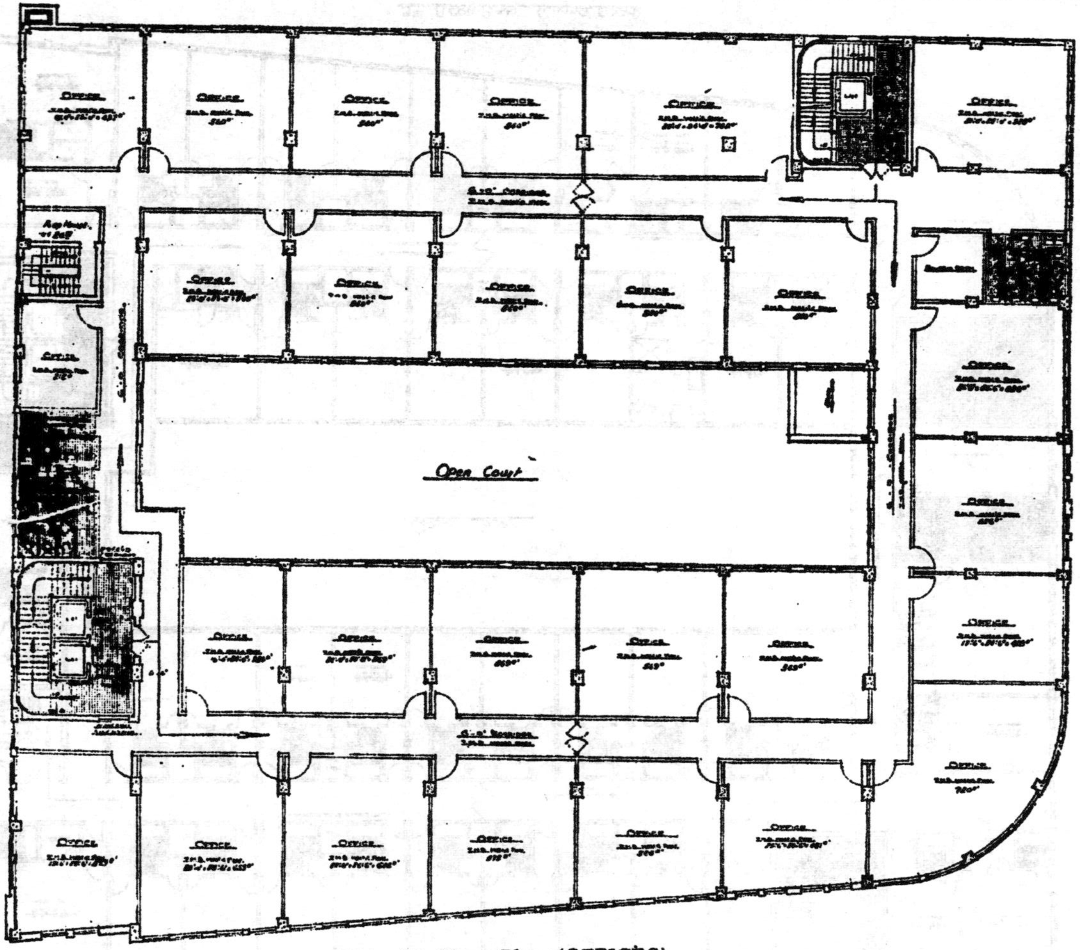

1st to 4th Floor Plan (OFFICES)

Shops and Office Building on corner of Nanking & Honan Roads, Shanghai. 上海南京路河南路口六層新廈二層至五層平面圖

23611

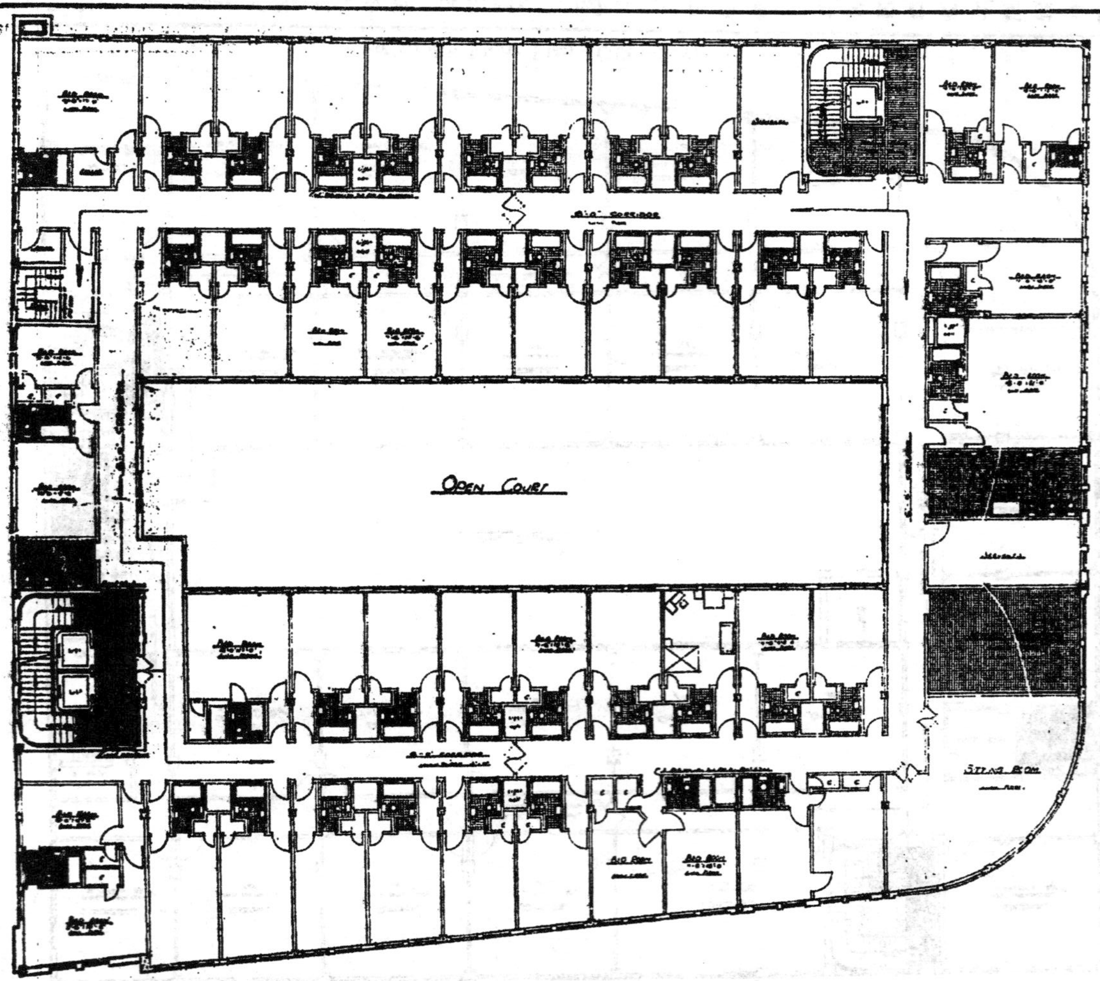

5th FLOOR PLAN (LIVING ROOM)

Shops and Office Building on corner of Nanking & Honan Roads, Shanghai.

上海南京路河南路口六層新廈六樓平面圖

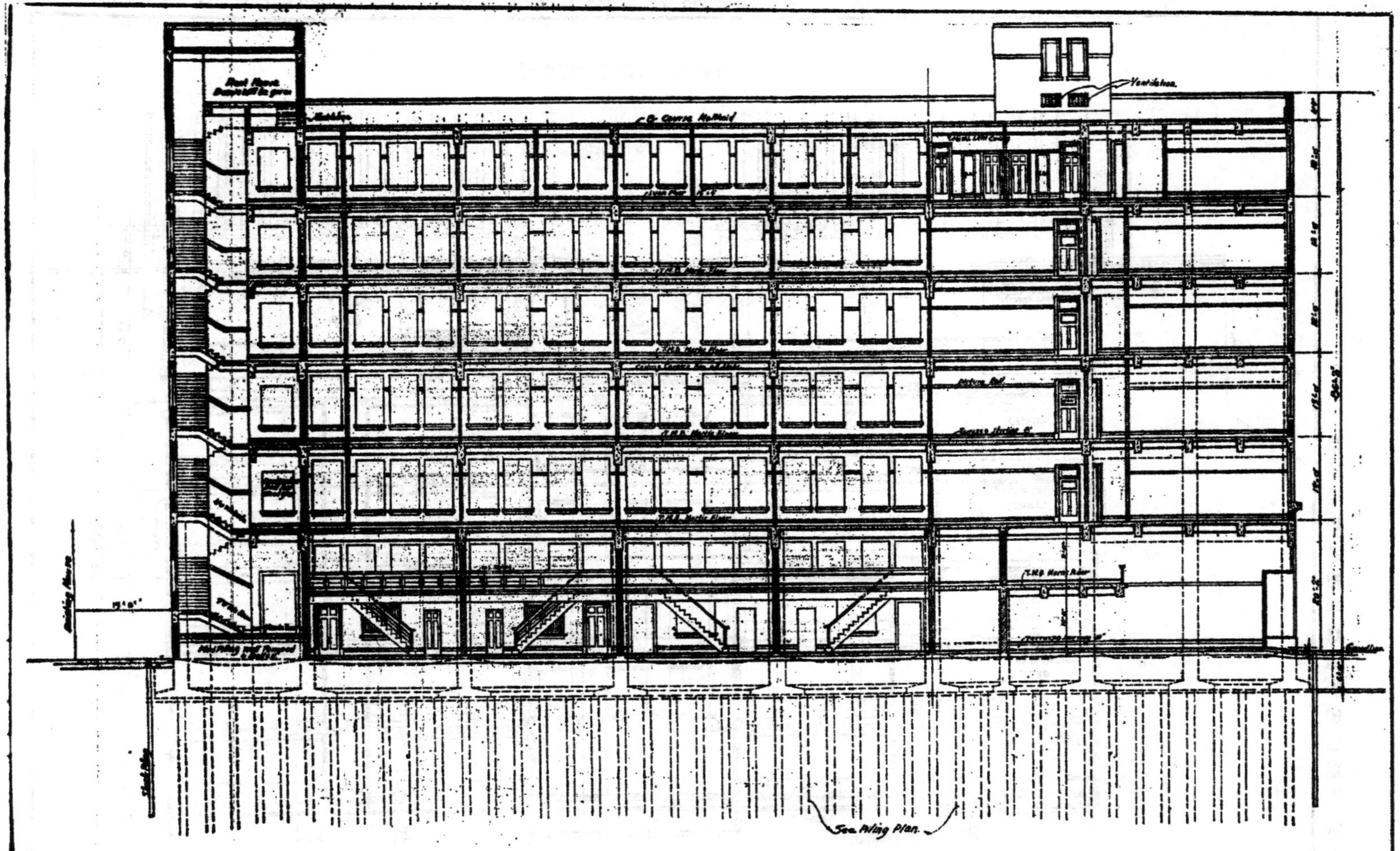

LONGITUDINAL SECTION B-B.

Shops and Office Building on corner of Nanking & Honan Roads, Shanghai.

上海南京路河南路口六層新廈剖面圖

23613

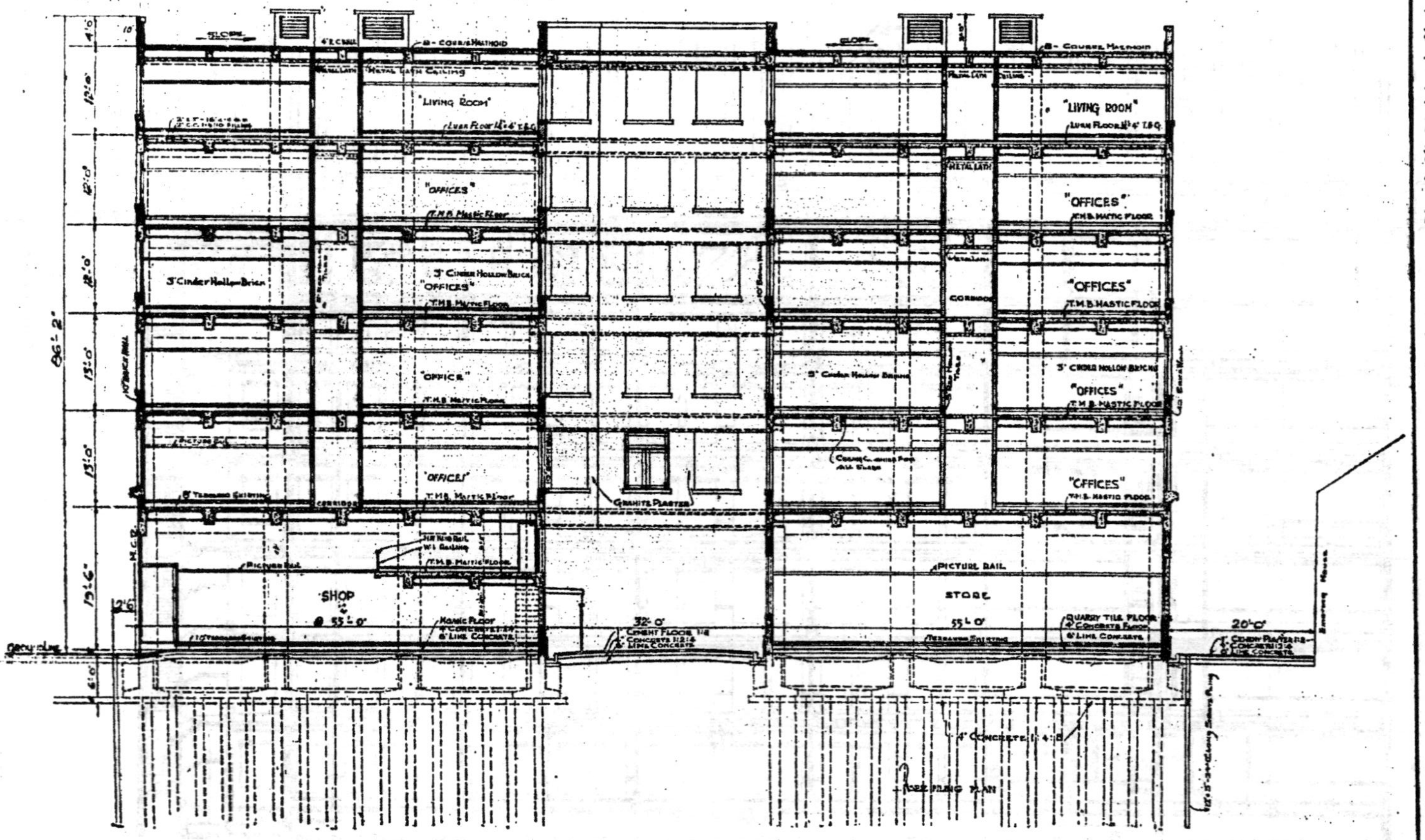

CROSS SECTION A-A

Shops and Office Building on corner of Nanking & Honan Roads, Shanghai.

上海南京路河南路口六層新廈剖面圖

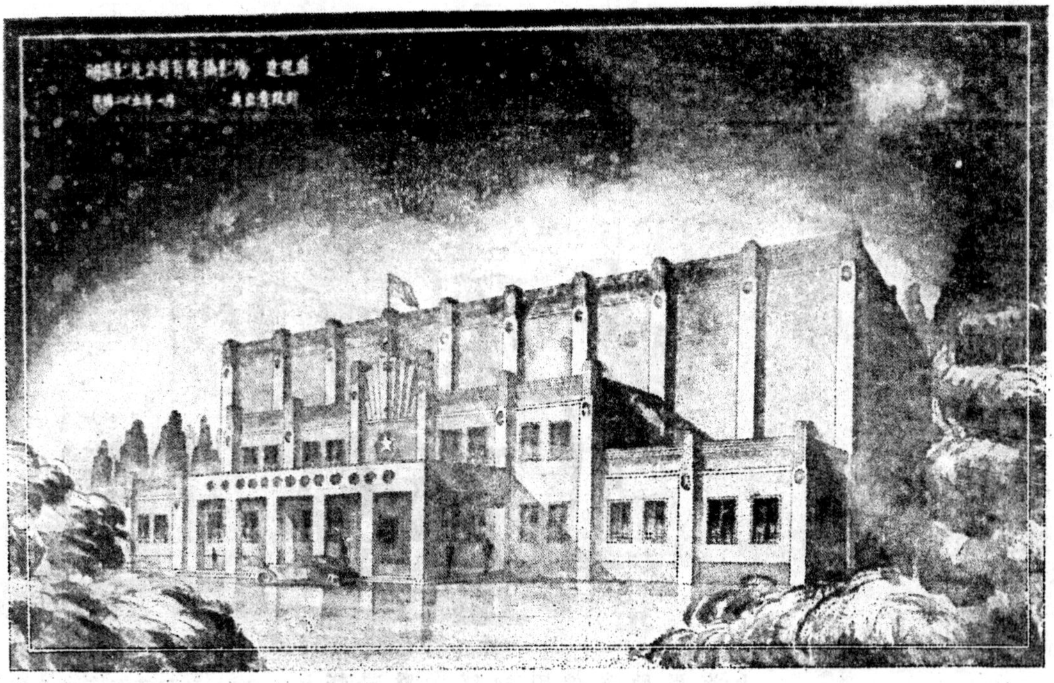

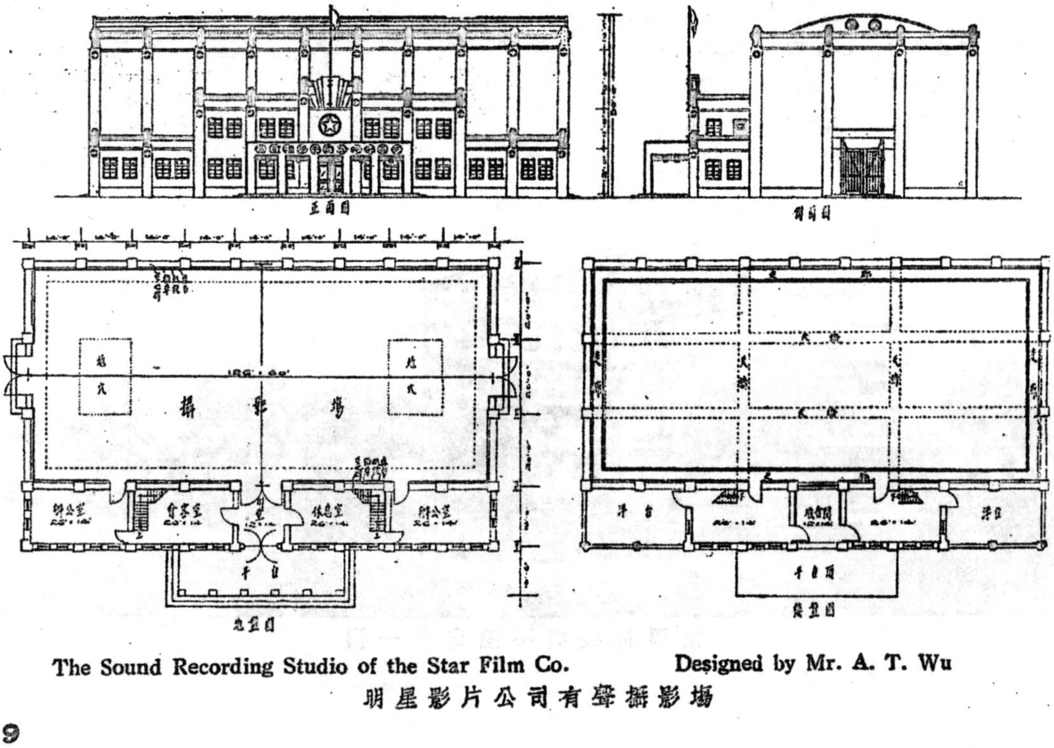

The Sound Recording Studio of the Star Film Co.　　**Designed by Mr. A. T. Wu**

明星影片公司有聲攝影場

23615

上海畢勛路俄國神經病醫院新屋　　高爾克洋行設計

俄國神經病醫院之又一圖

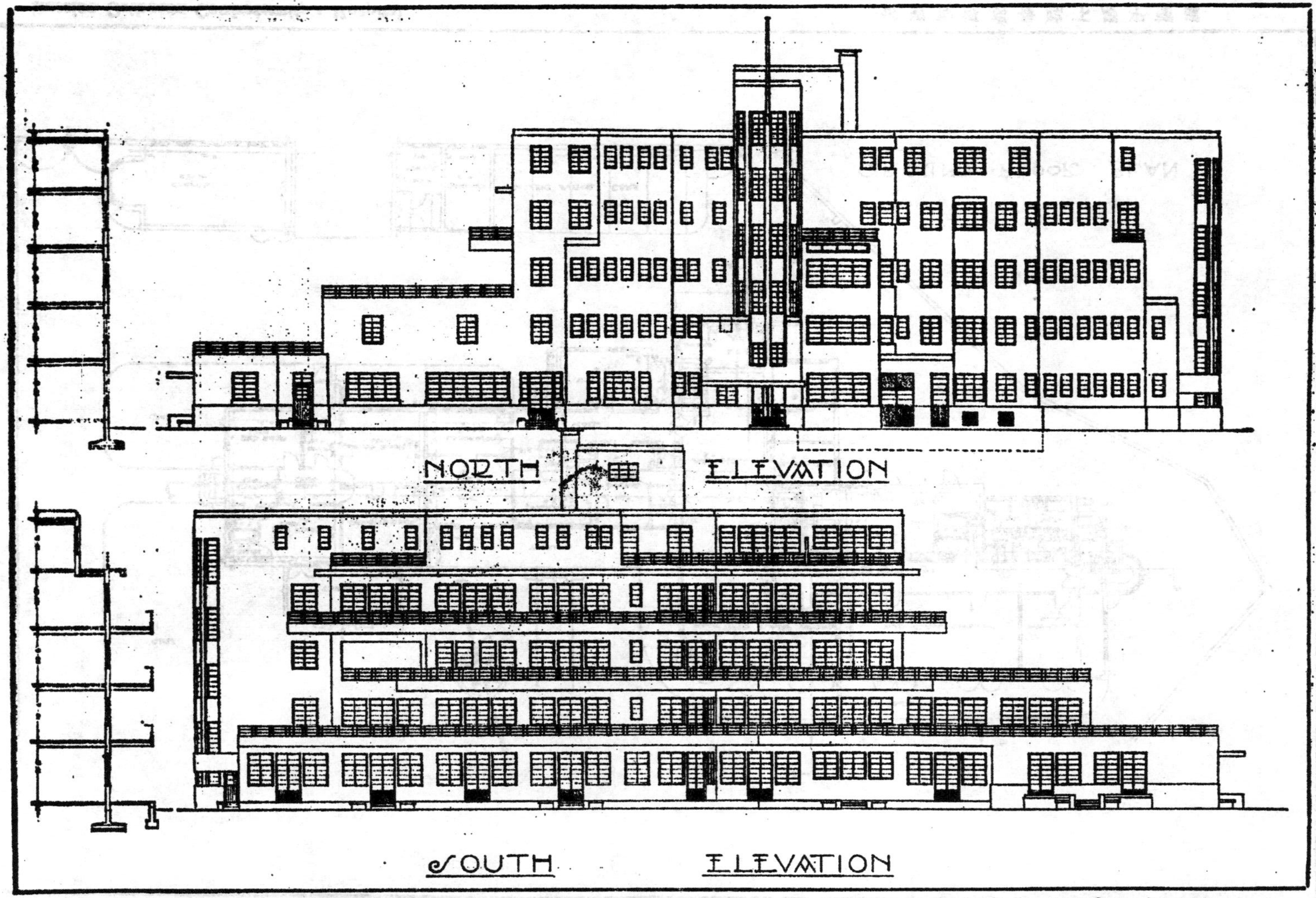

Russian Orthodox Confraternity's Hospital on Route Pershing, Shanghai.

俄國神經病醫院北面及南面立面圖

23617

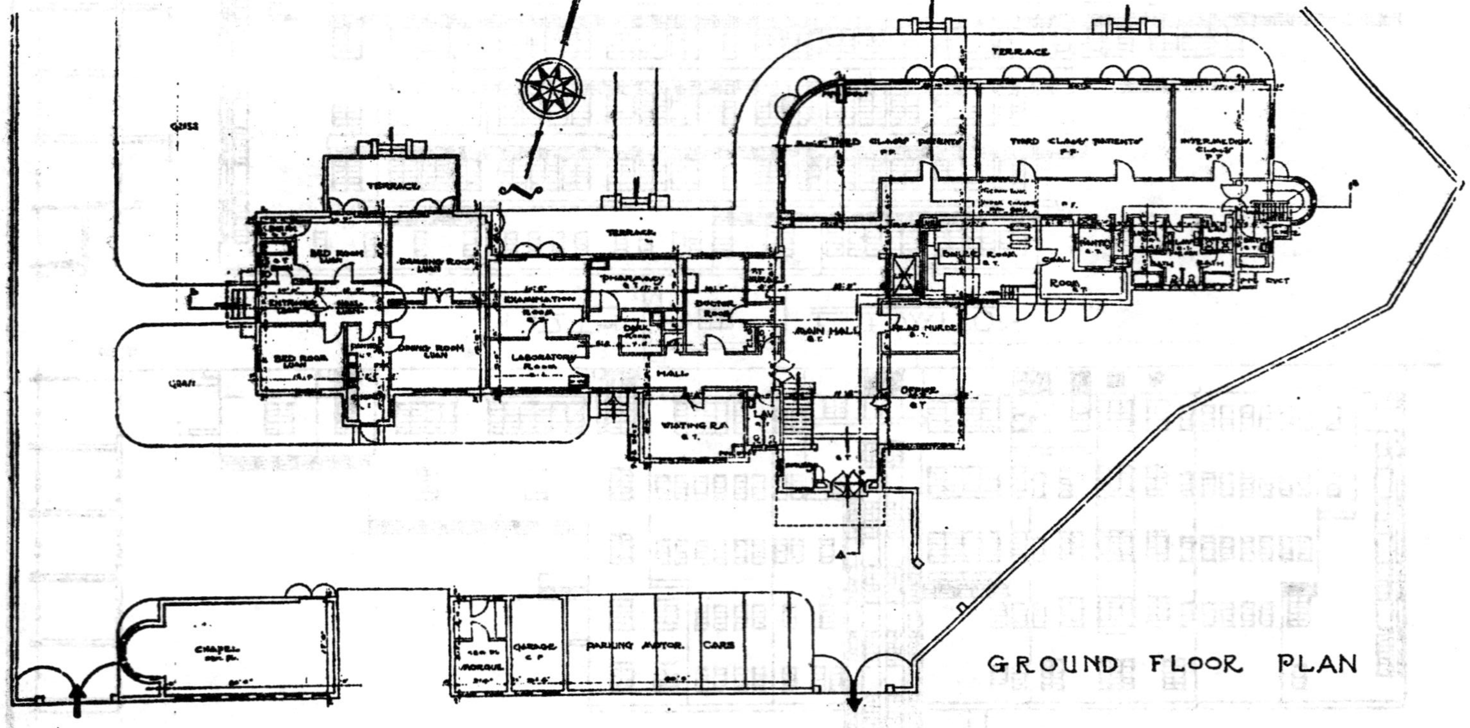

Russian Orthodox Confraternity's Hospital.

俄國神經病醫院下層平面圖

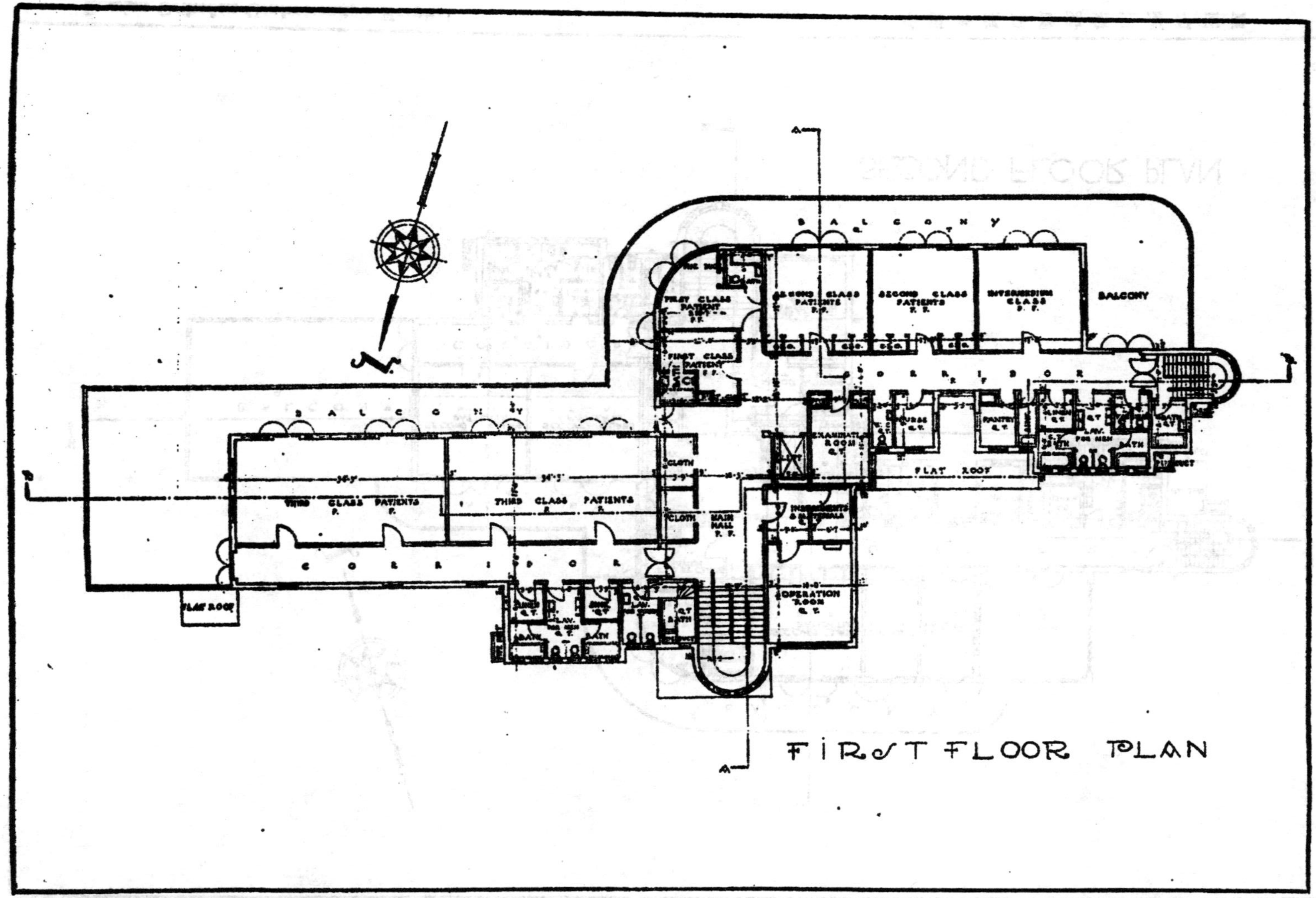

Russian Orthodox Confraternity's Hospital. 俄國神經病醫院第二層平面圖

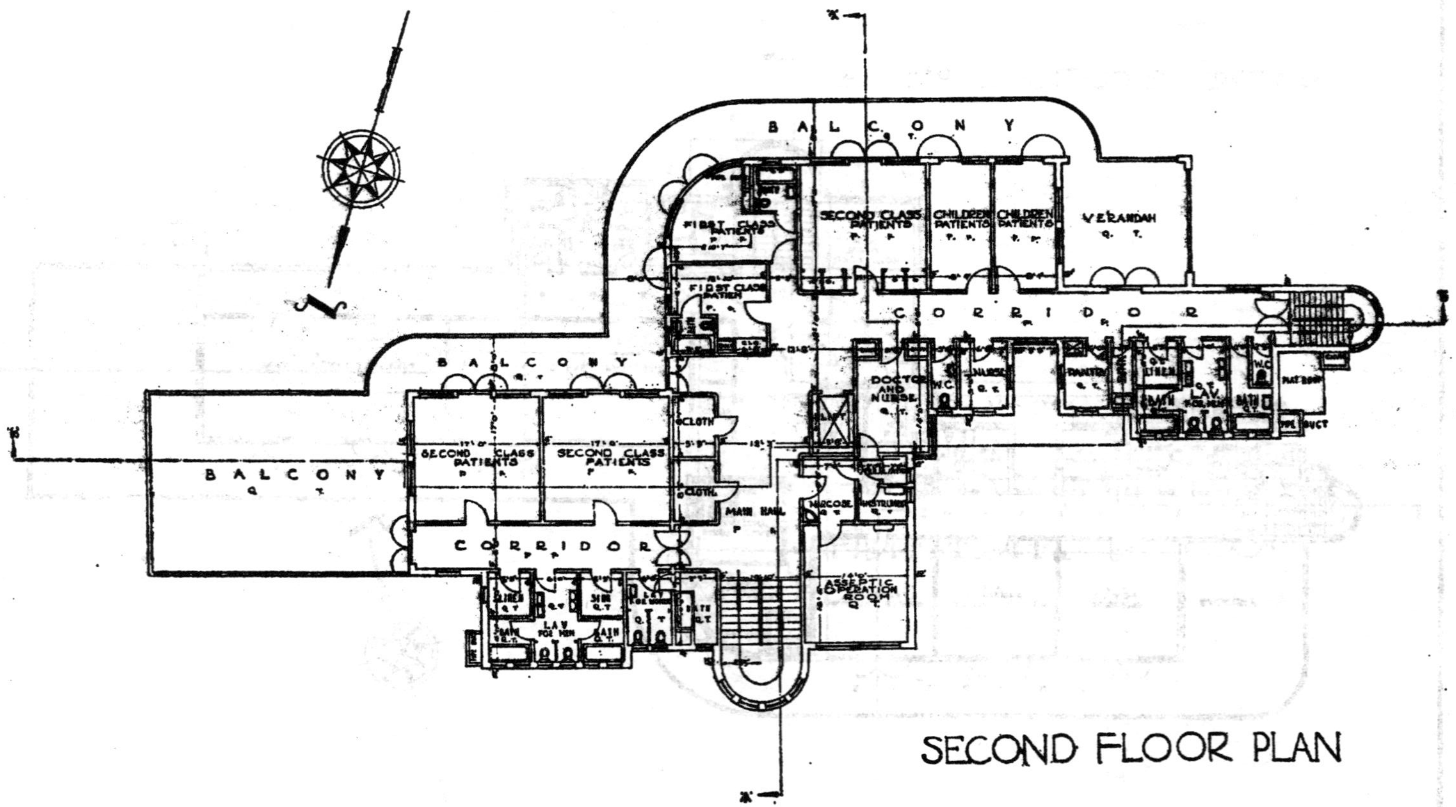

SECOND FLOOR PLAN

Russian Orthodox Confraternity's Hospital.

俄國神經病醫院第三層平面圖

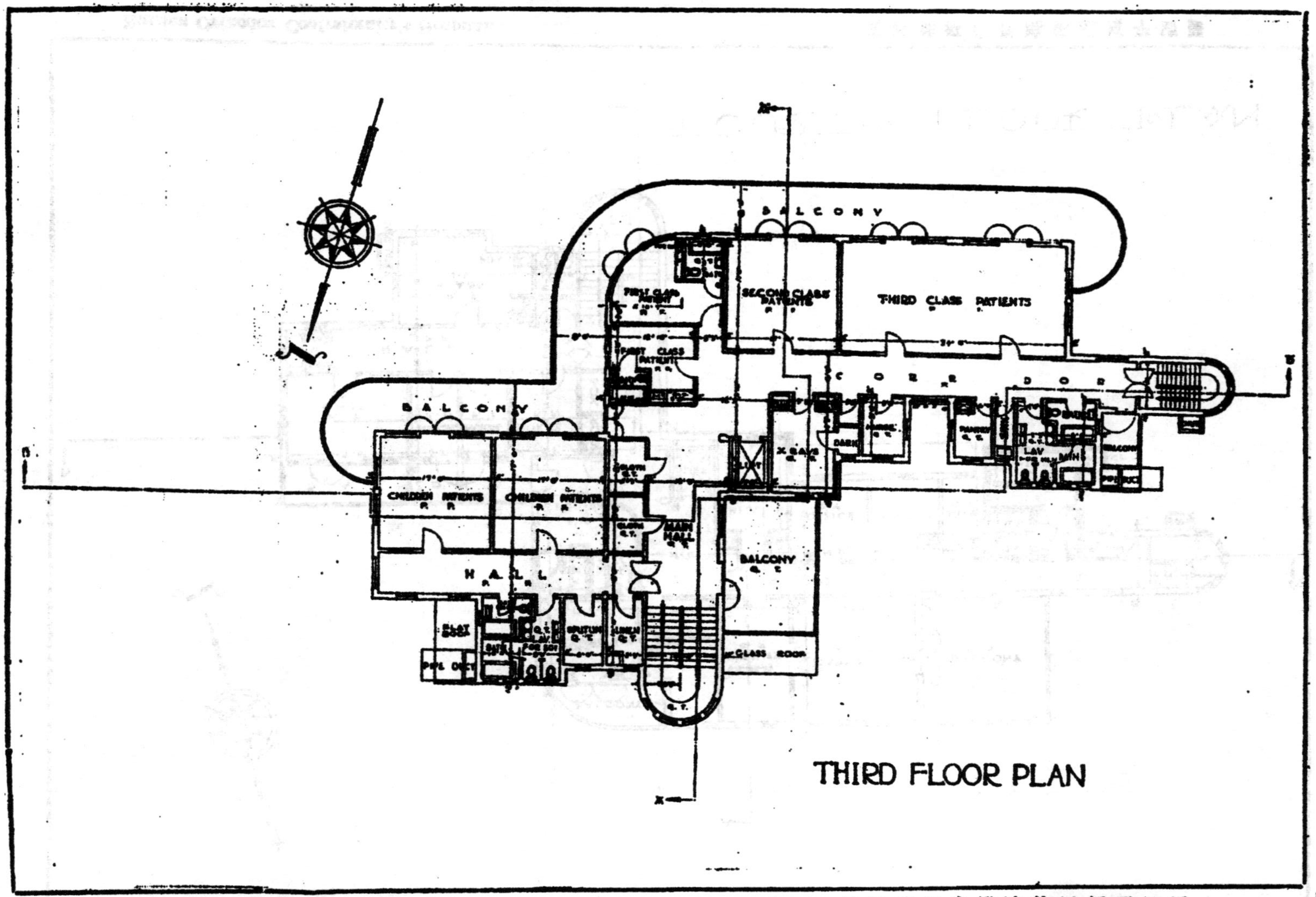

Russian Orthodox Confraternity's Hospital. 俄國神經病醫院第四層平面圖

23621

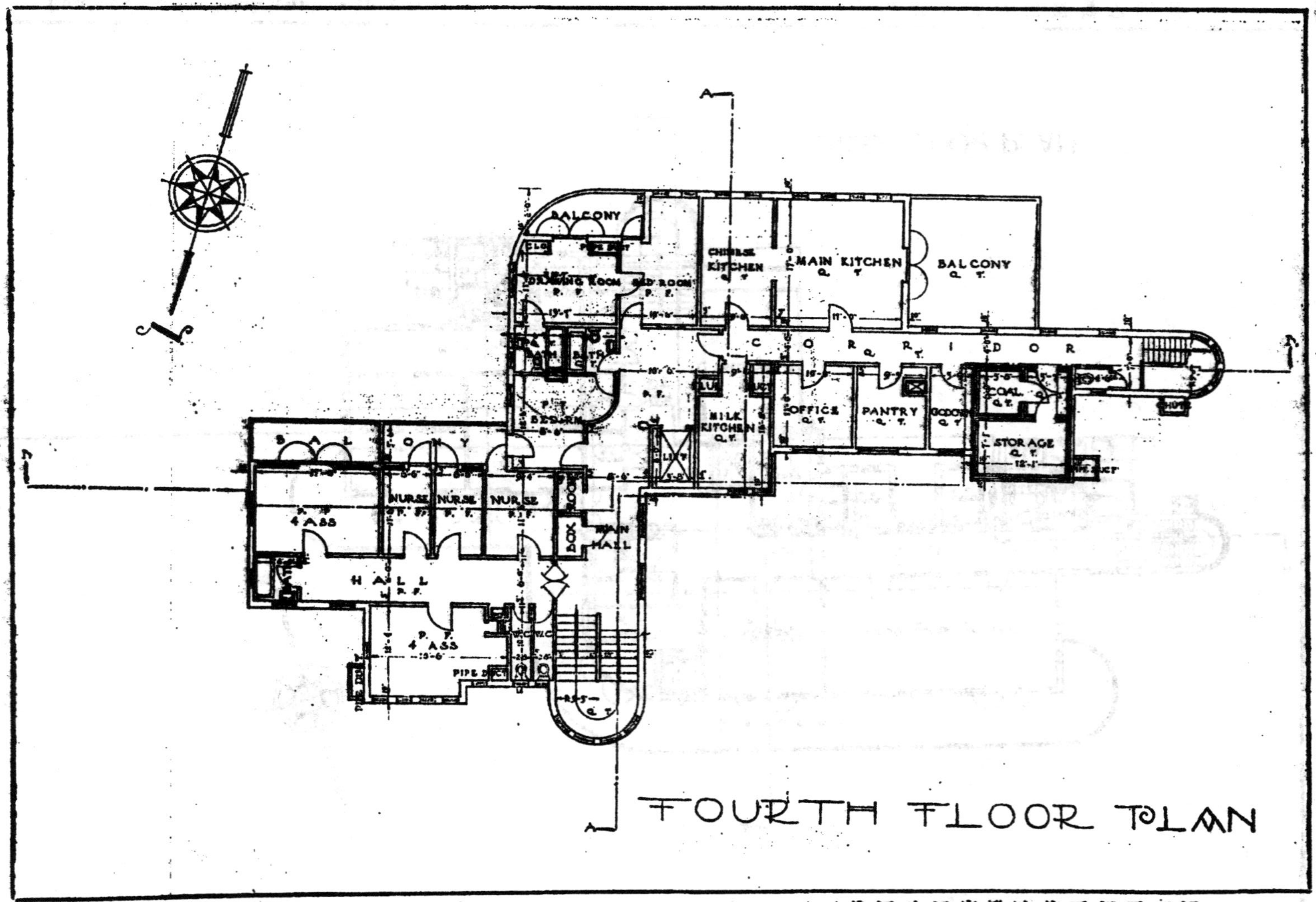

Russian Orthodox Confraternity's Hospital. 俄國神經病醫院第五層平面圖

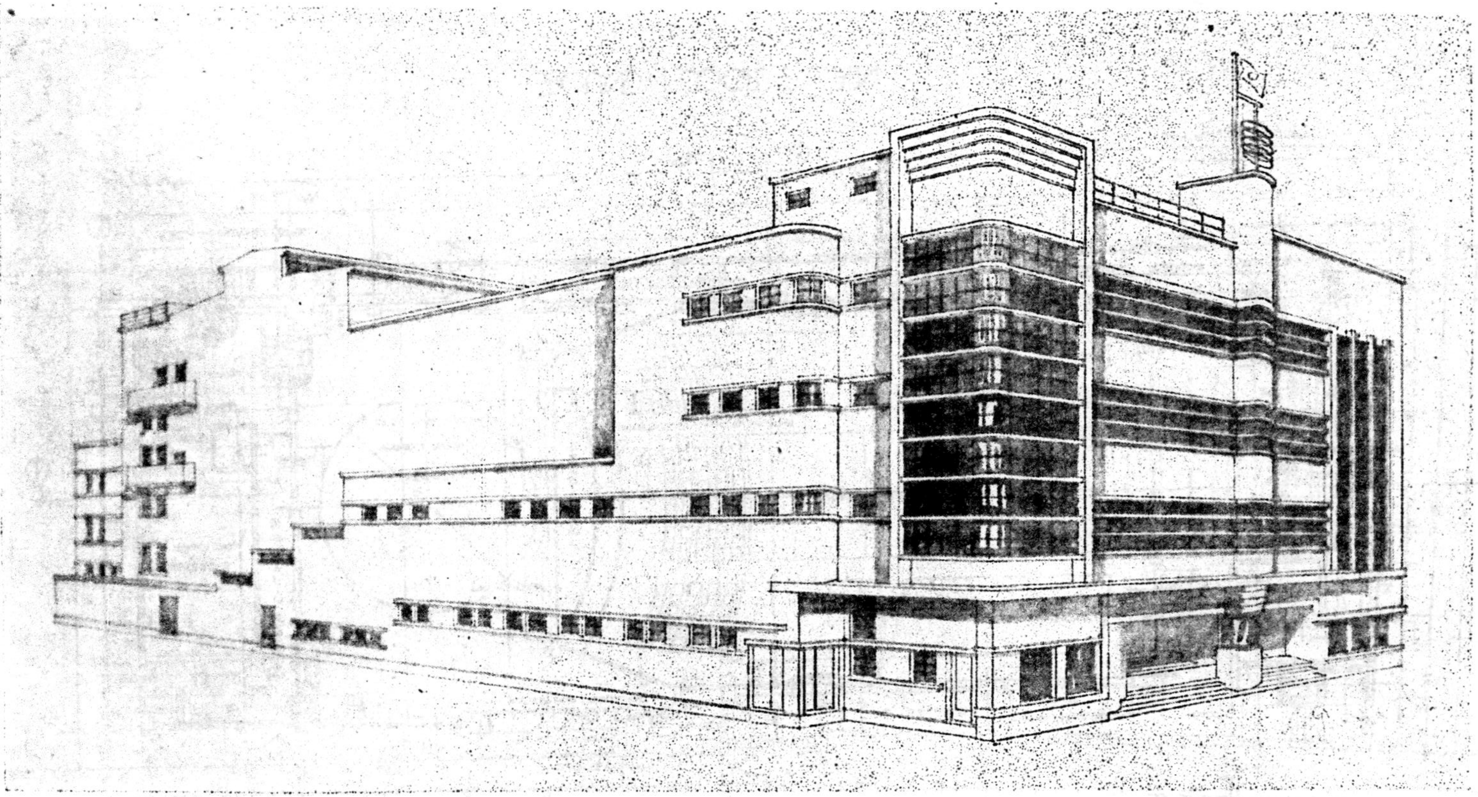

建築中之上海乍浦路東和影戲院

河野健六建築師設計

Towa Cinema, Chapoo Road, Shanghai, under construction.

Mr. K. Kohno. Architect.

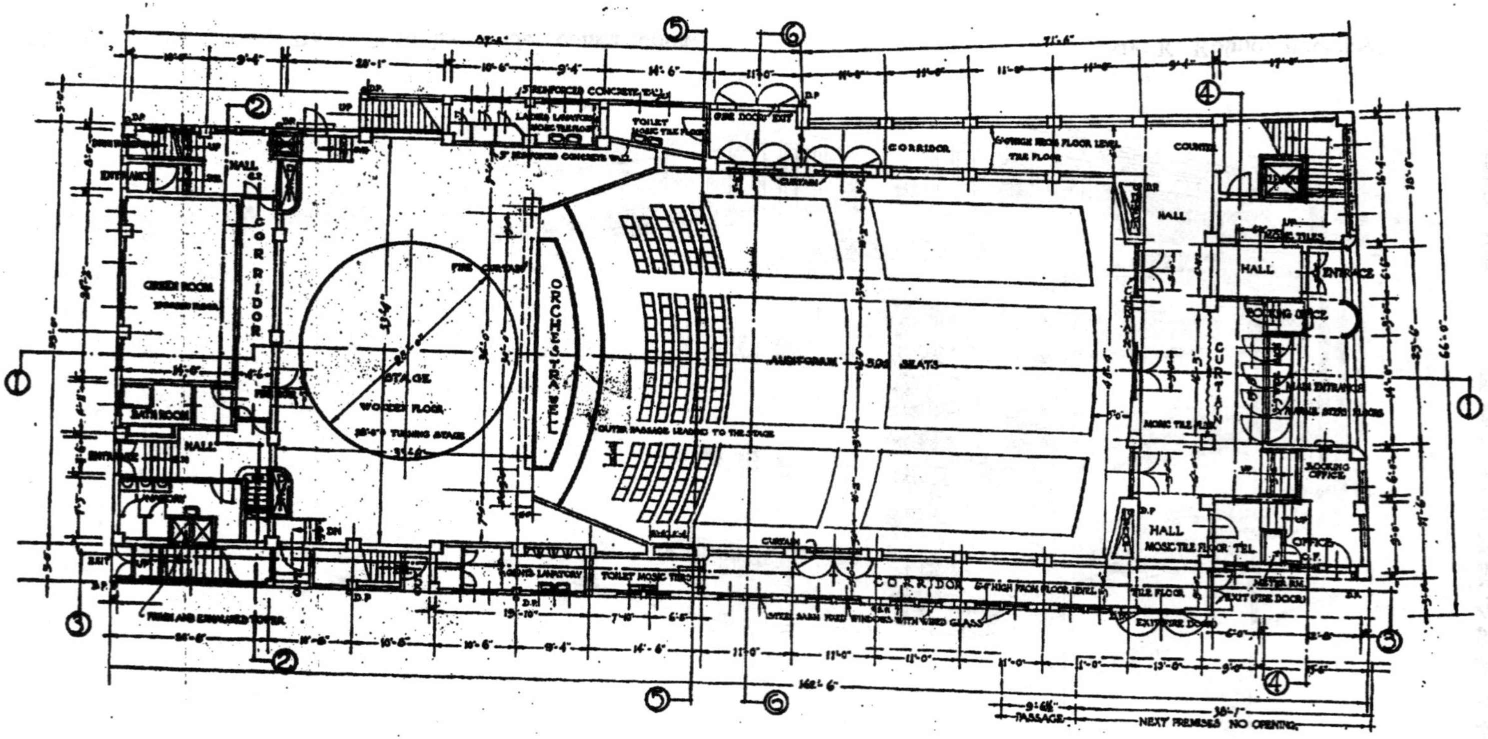

GROUND FLOOR PLAN

Towa Cinema, Chapoo Road, Shanghai, under construction.

東和影戲院下層平面圖

23624

Mr. Y. S. Doo' s Residence on Route Doumer and Henry, Shanghai. The Kien An Co., Architects.

上海杜美路亨利路口杜月笙氏住宅 建安測繪行設計

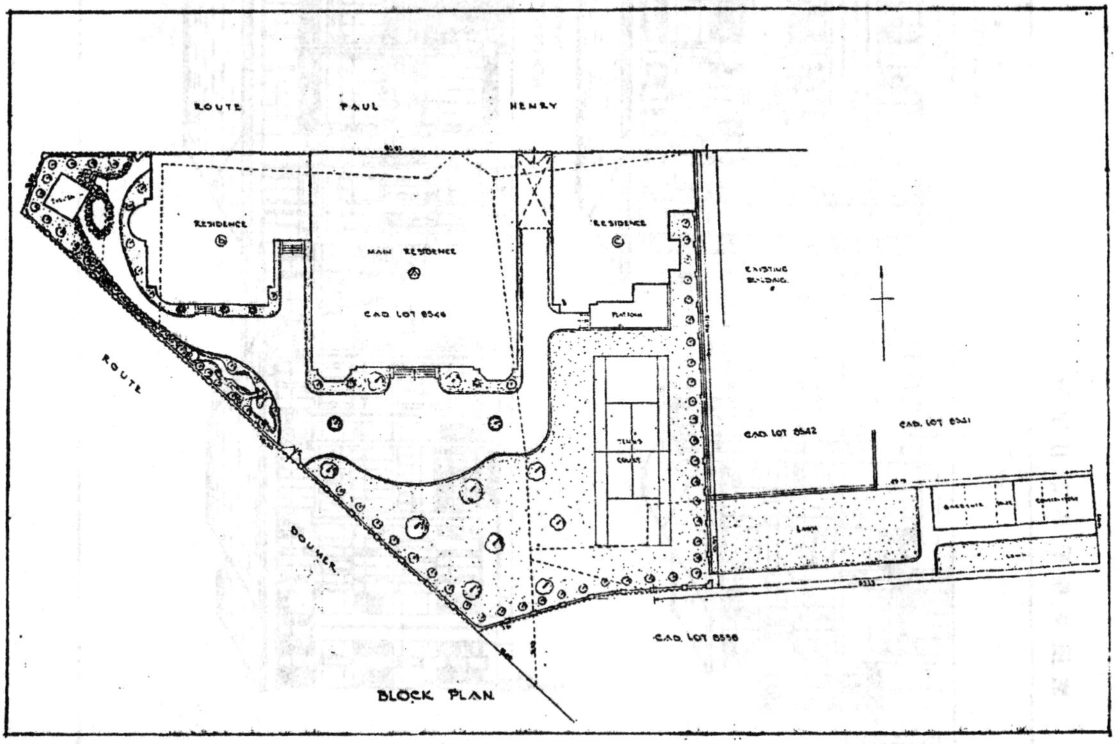

總地盤圖

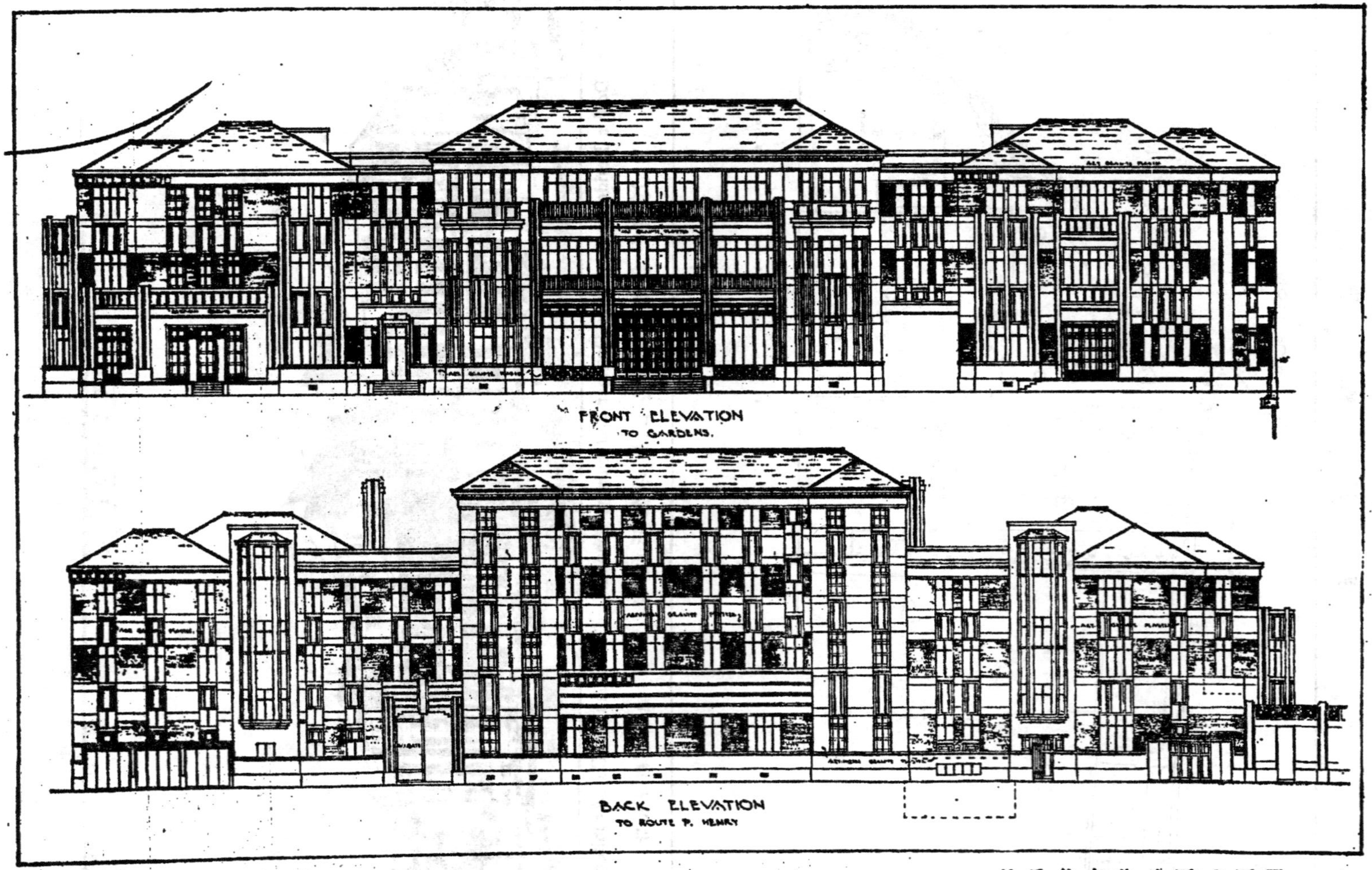

Mr. Y. S. Doo's Residence

杜氏住宅前後面立面圖

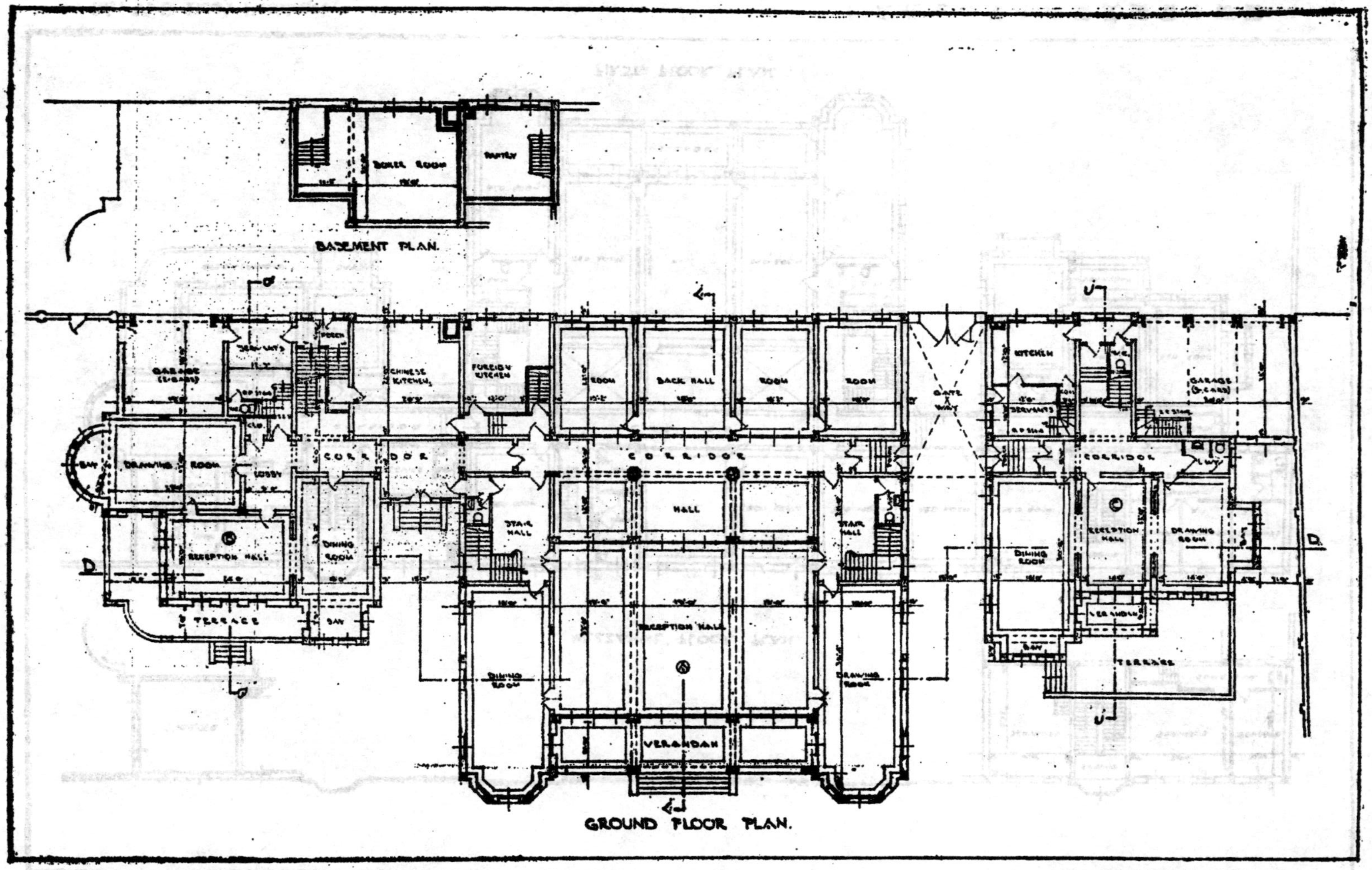

Mr. Y. S. Doo's Residence　　杜氏住宅下層平面圖

23627

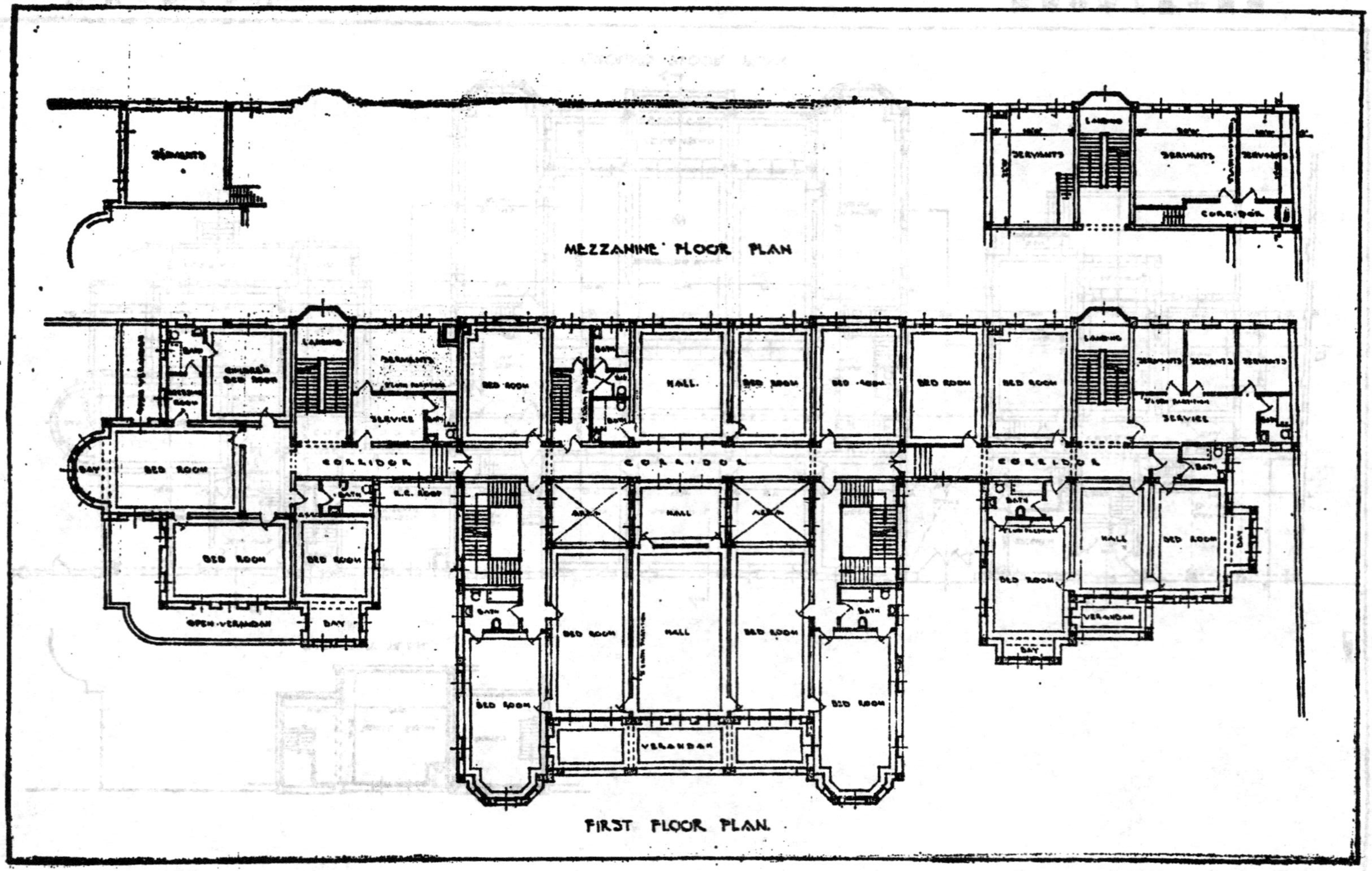

Mr. Y. S. Doo's Residence

杜氏住宅二層平面圖及擱層平面圖

23628

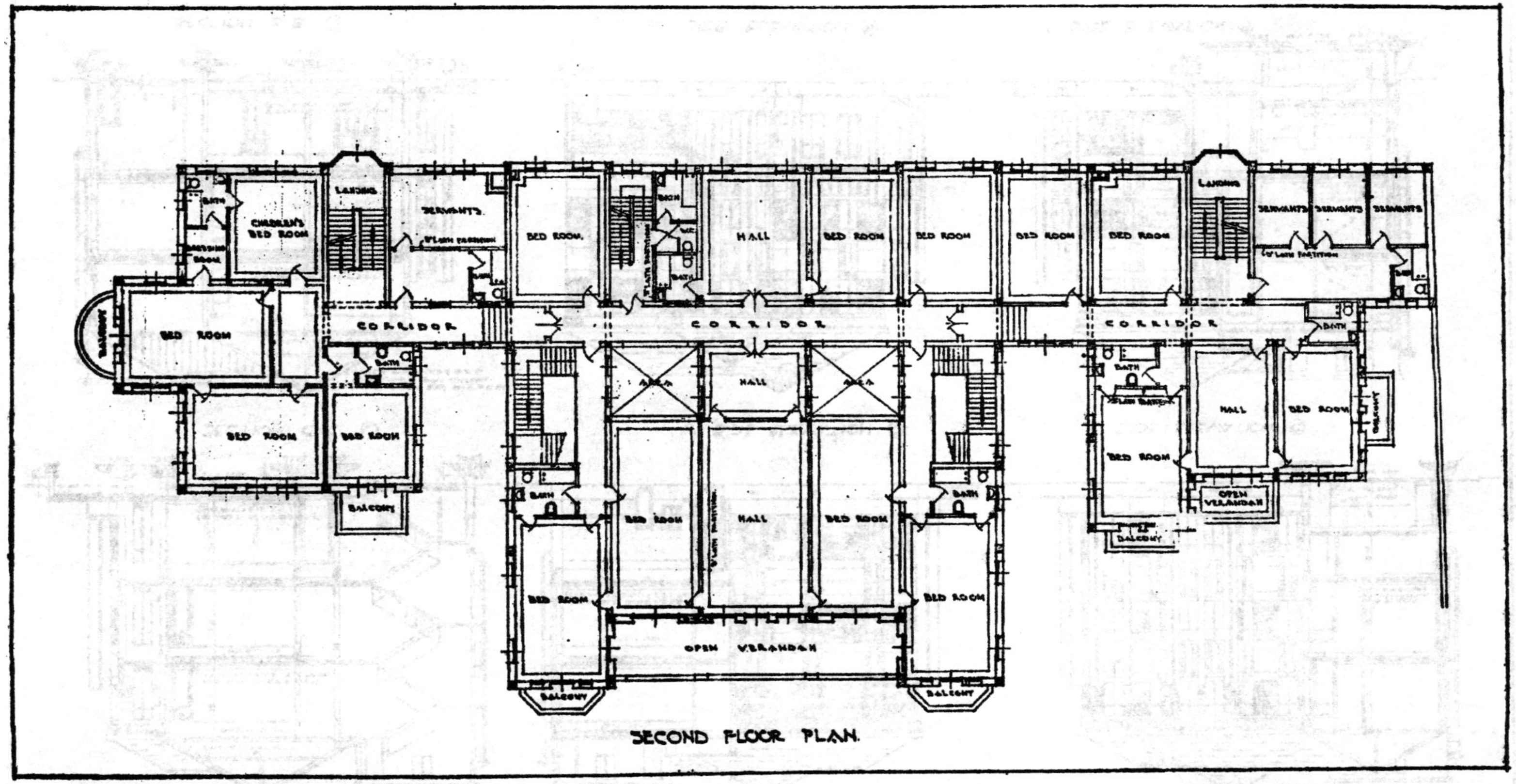

Mr. Y. S. Doo's Residence

杜氏住宅三層平面圖

23629

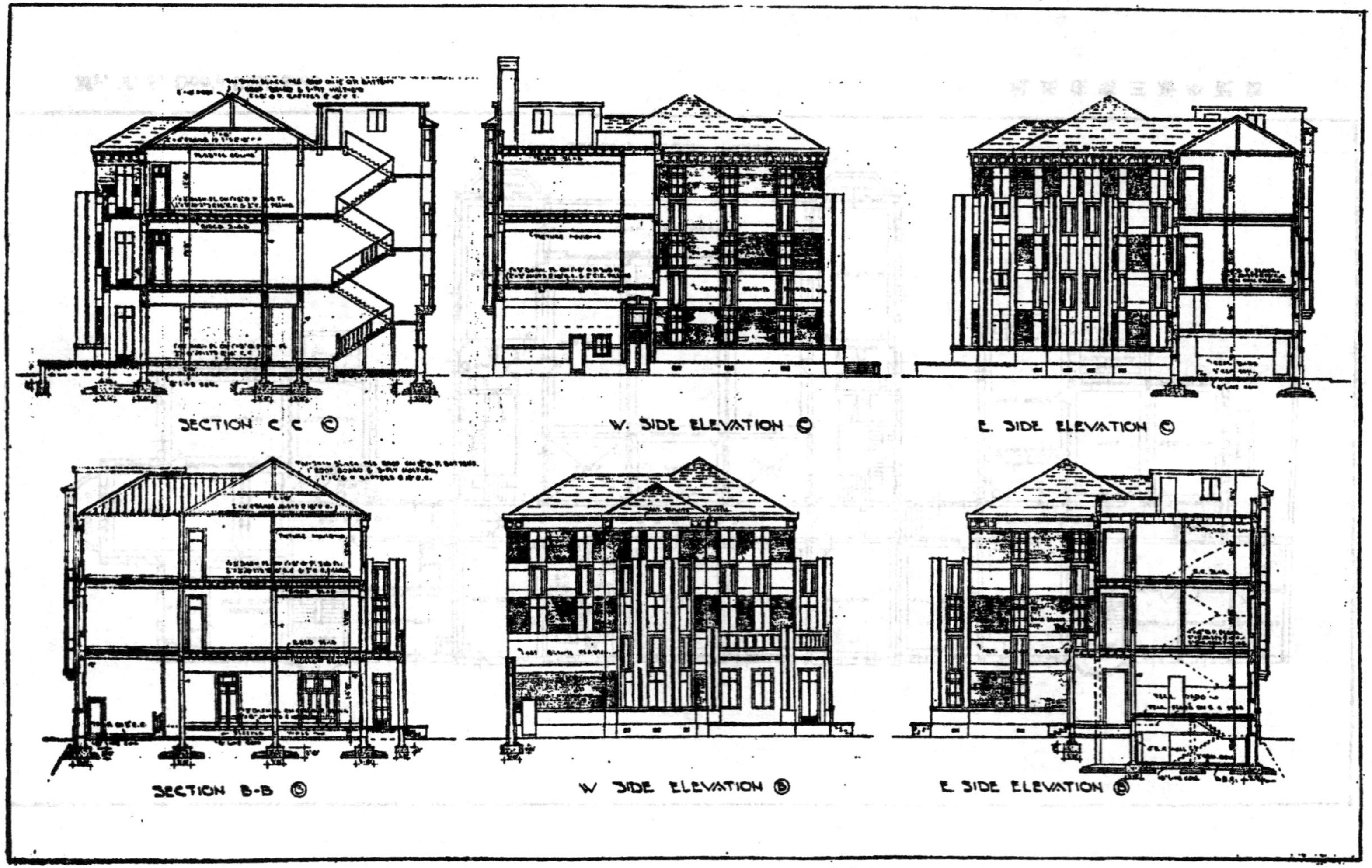

Mr. Y. S. Doo's Residence

杜氏住宅剖面圖及側面圖

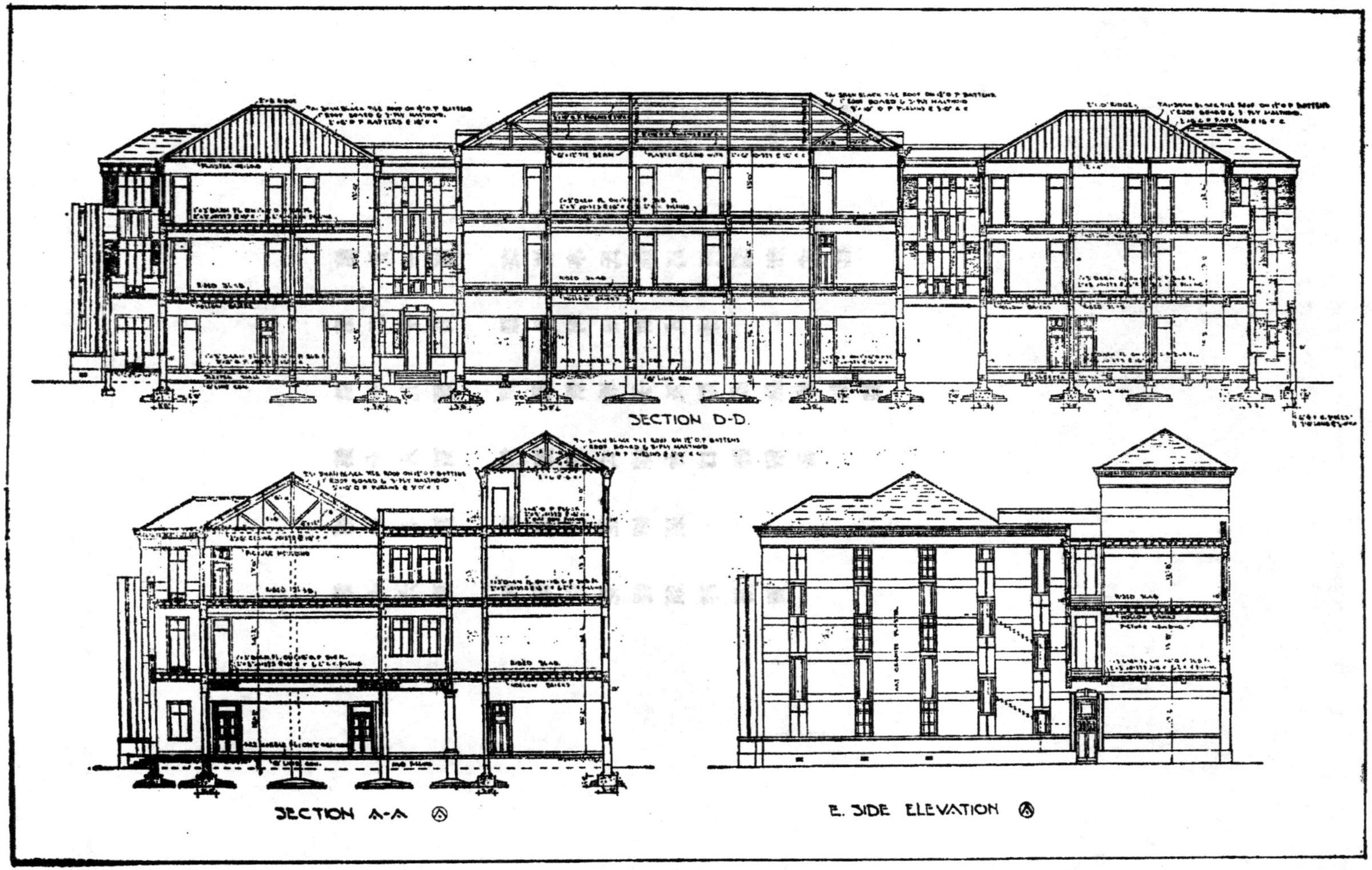

Mr. Y. S. Doo's Residence

杜氏住宅剖面圖及側面圖

第十六頁　柯蘭新花帽頭詳解圖
第十七頁　柯蘭新花帽頭
第十八頁　柯蘭新式樣台口詳解圖
第十九頁　柯蘭新墩子及壓頭線詳解圖
第二十頁　羅馬柯蘭新式樣
第廿一頁　斑煸亭氏羅馬柯蘭新式樣

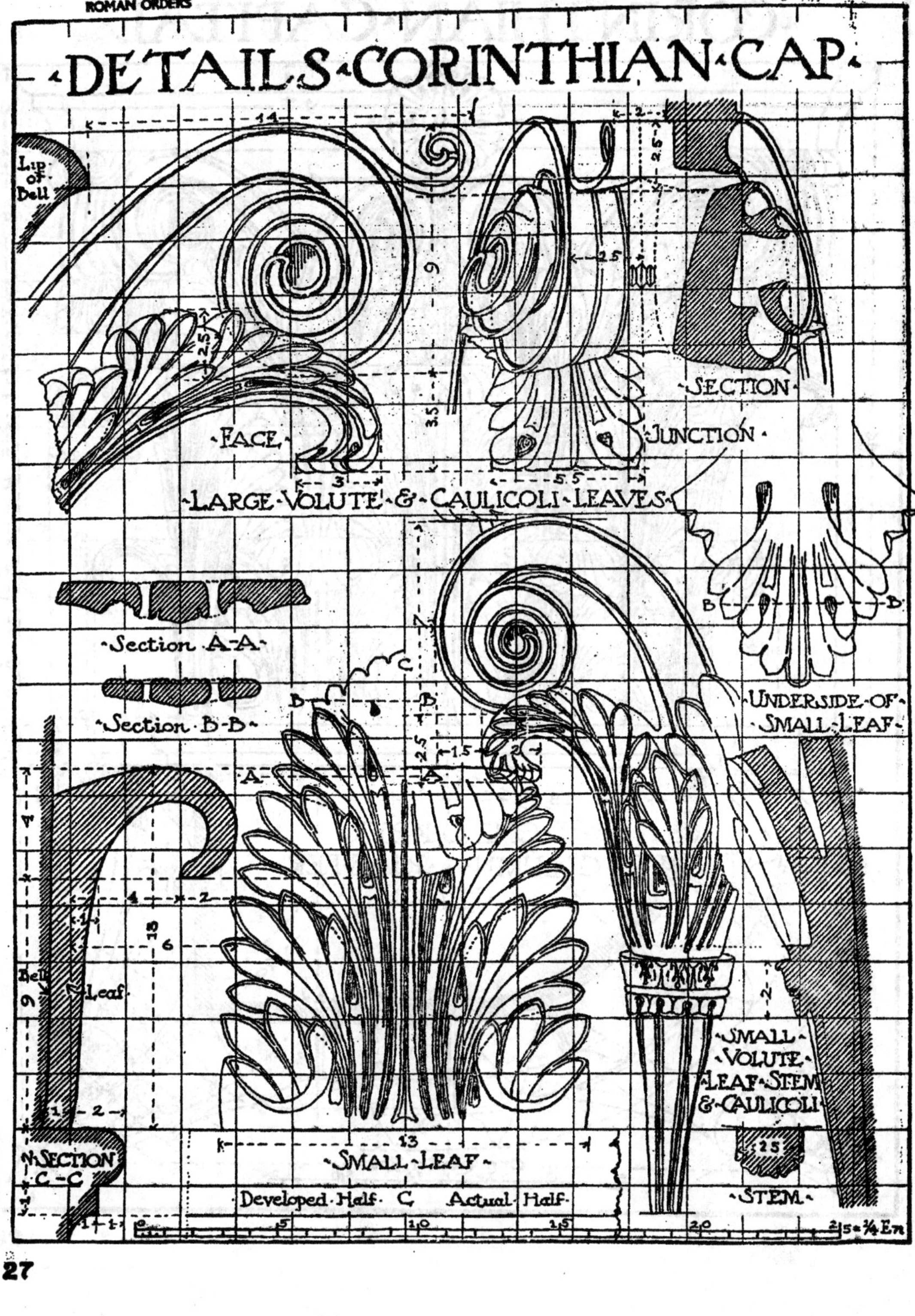
DETAILS CORINTHIAN CAP
Lip of Bell
FACE
JUNCTION
SECTION
LARGE VOLUTE & CAULICOLI LEAVES
Section A-A
Section B-B
UNDERSIDE OF SMALL LEAF
SMALL VOLUTE LEAF STEM & CAULICOLI
SECTION C-C
SMALL LEAF
Developed Half C Actual Half
STEM
5 = 1/4 En

23633

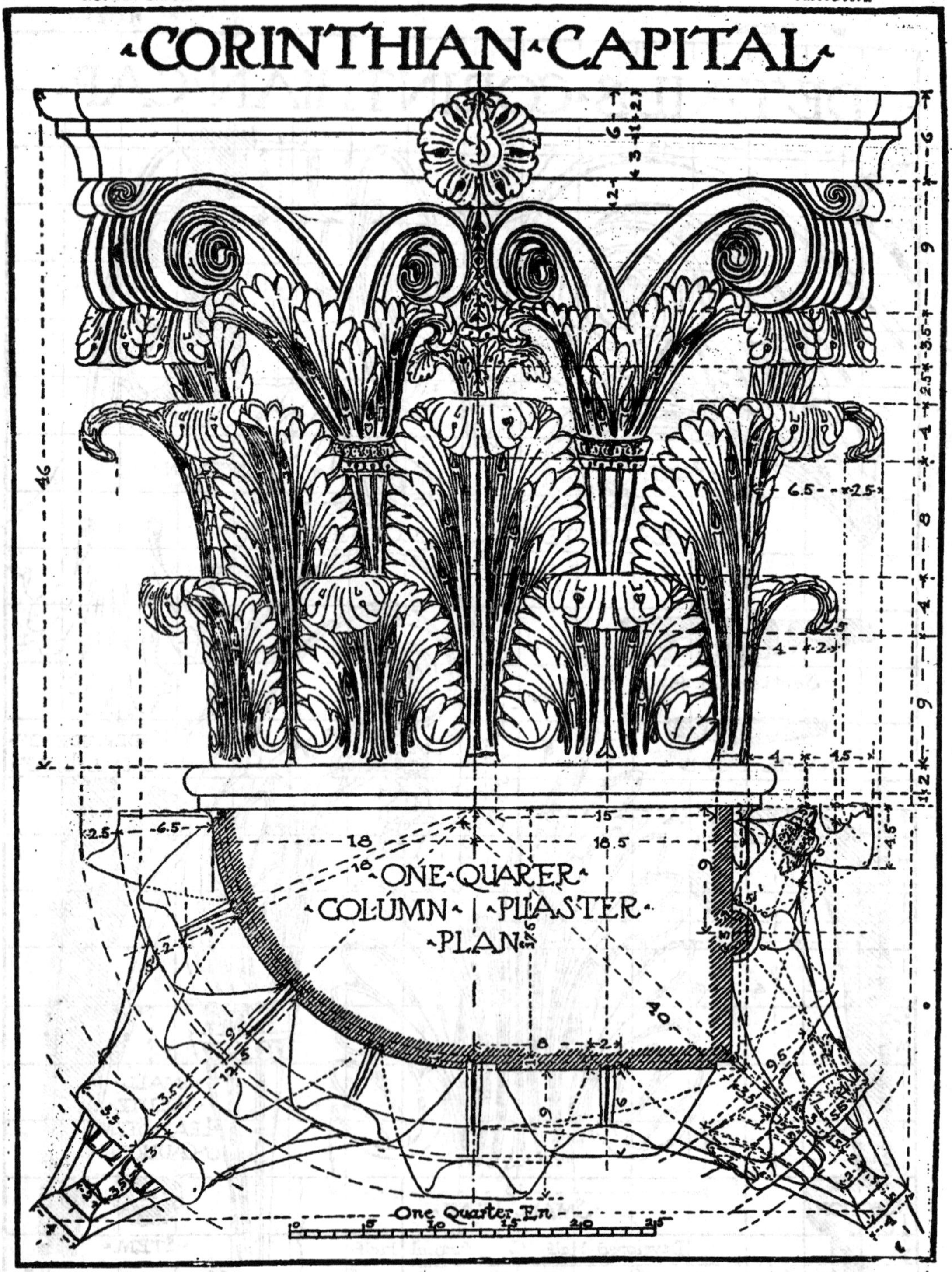
CORINTHIAN CAPITAL
ONE QUARER
COLUMN | PILASTER
PLAN
One Quarter En

23634

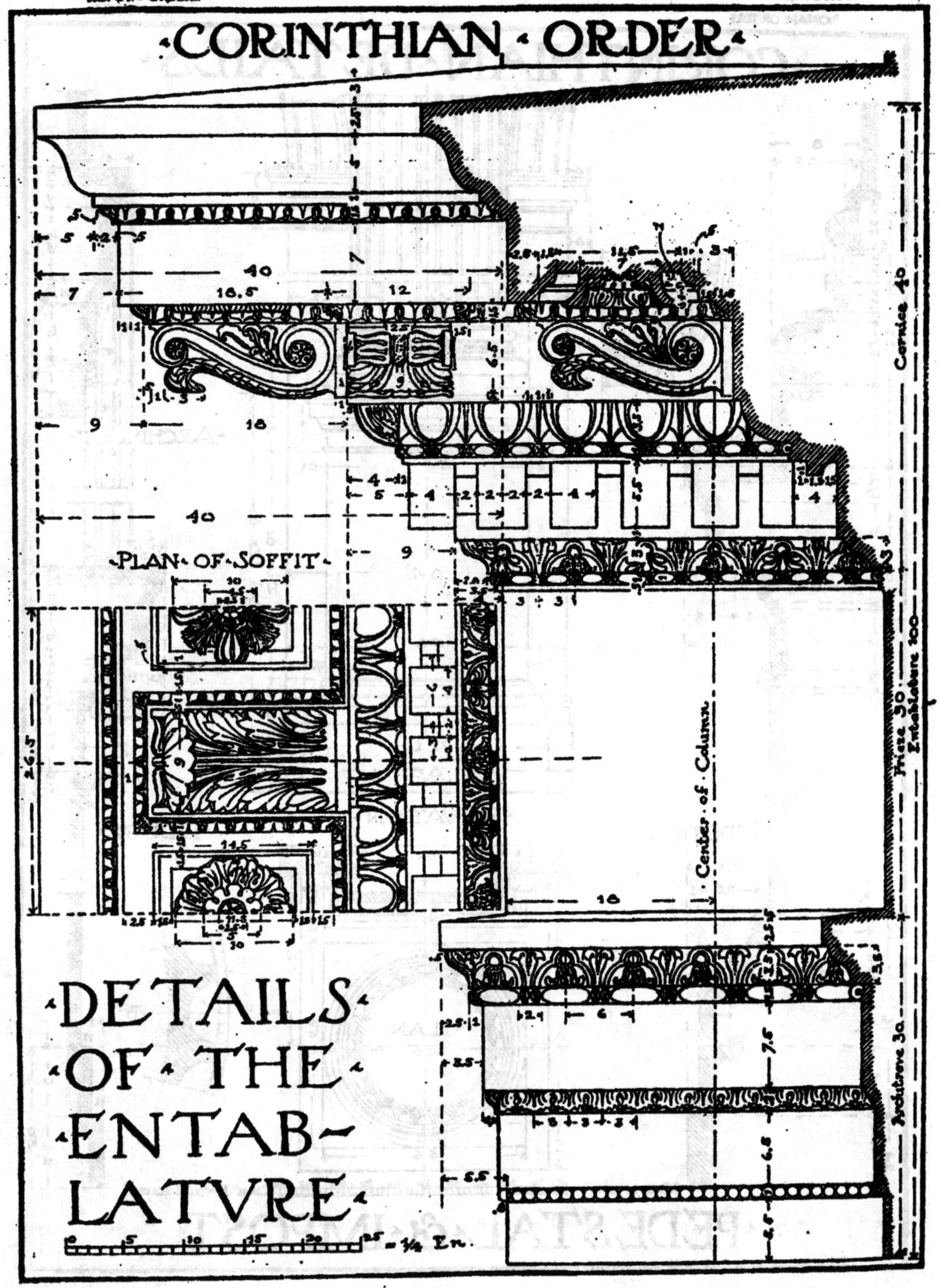
CORINTHIAN ORDER
PLAN OF SOFFIT
Center of Column
Cornice 40
Frieze 30
Entablature 100
Architrave 30
DETAILS OF THE ENTABLATURE
0 5 10 15 20 25 = 1/4 In.

23635

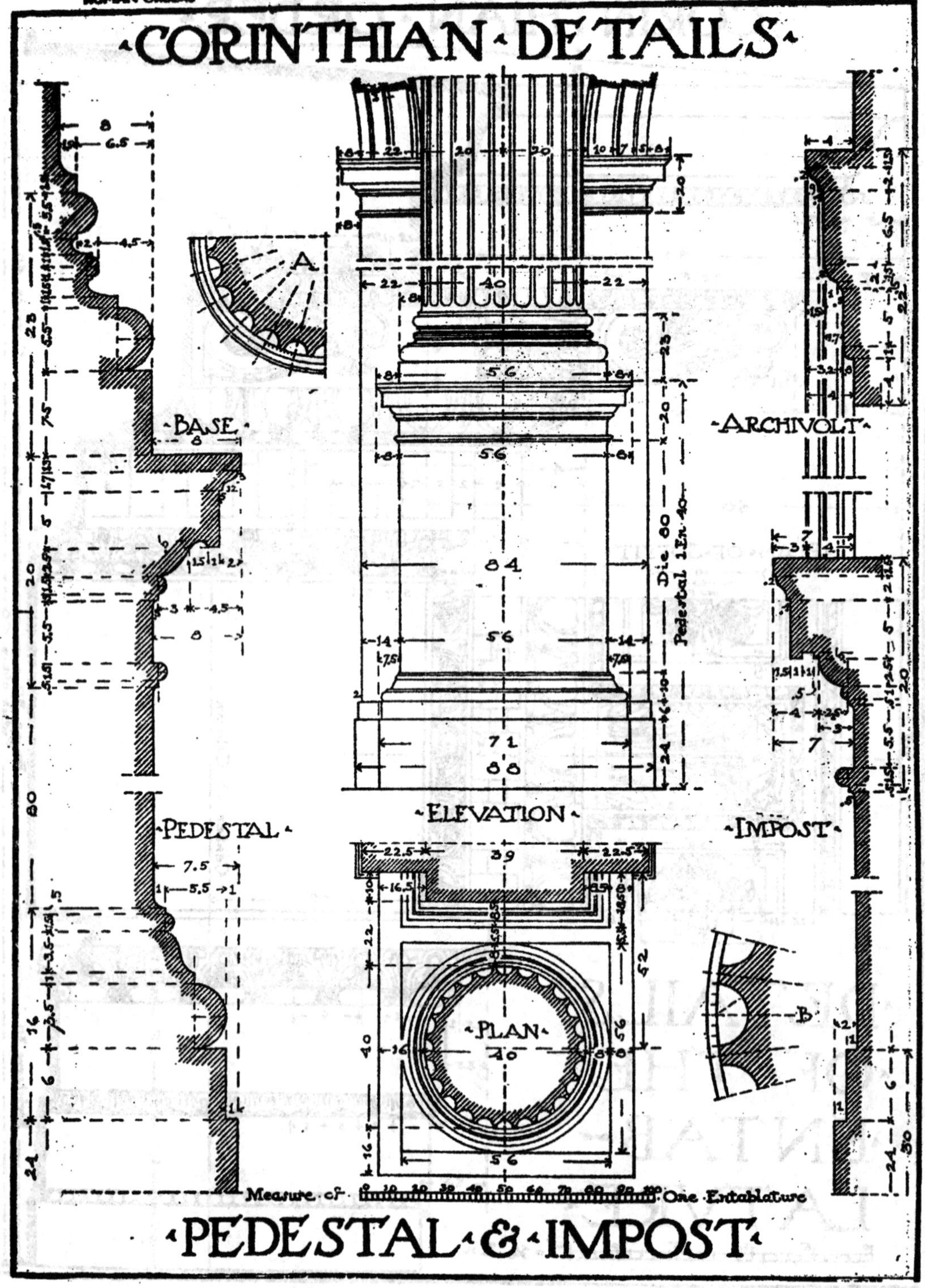
CORINTHIAN DETAILS
BASE
A
ARCHIVOLT
ELEVATION
PEDESTAL
IMPOST
PLAN
B
Die 80
Pedestal 1 En. 40
Measure of One Entablature
PEDESTAL & IMPOST

23636

ROMAN CORINTHIAN ORDER

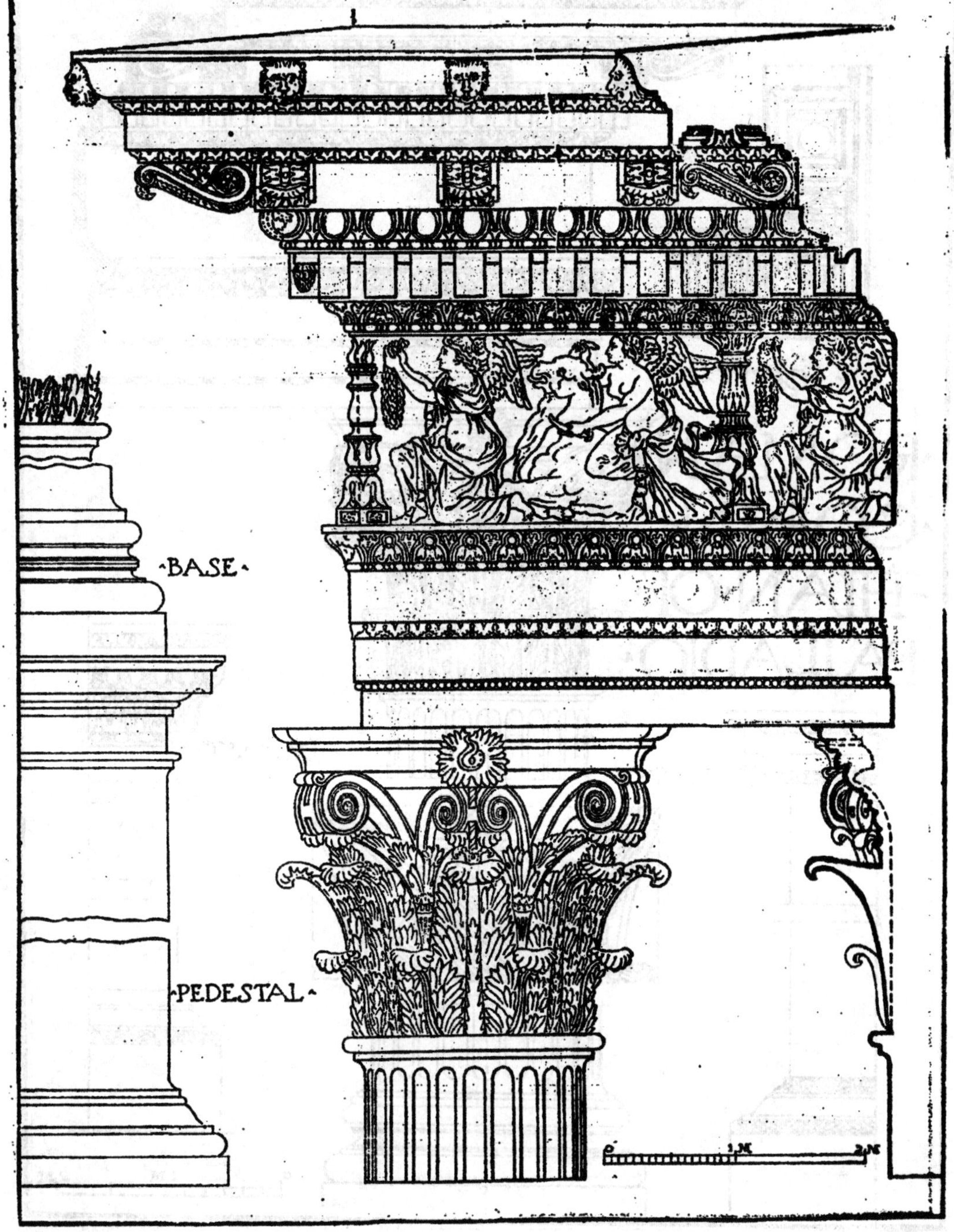

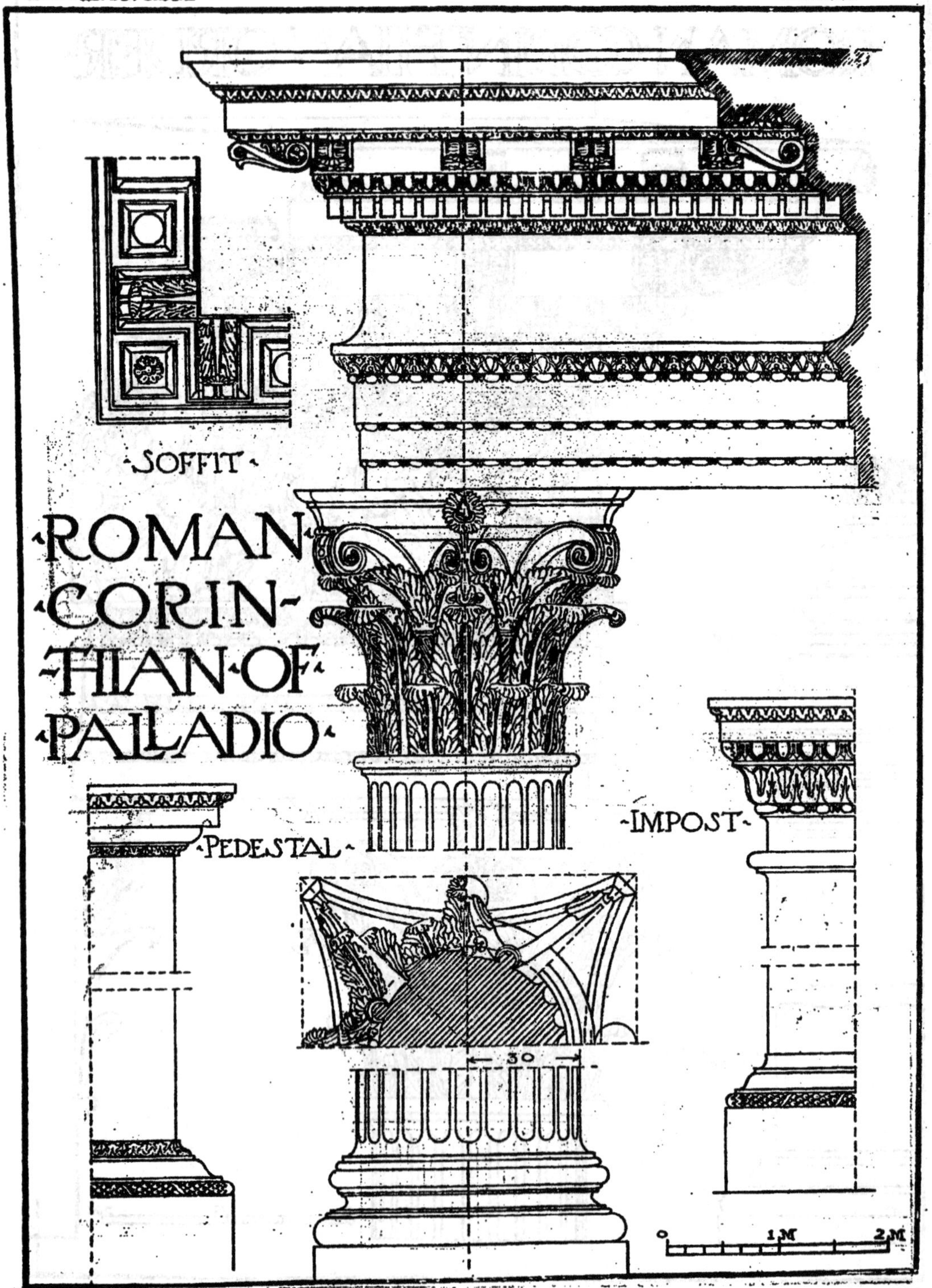

·SOFFIT·
·ROMAN·CORIN-THIAN·OF·PALLADIO·
·PEDESTAL·
·IMPOST·
30
0
1 M
2 M

23638

「近代橋梁工程之演進」附圖

茲擇世界各種著名之橋梁照片數十，作為拙作『近代橋梁工程之演進』一文之附件。爰作者所攝各種橋梁照片，在本刊陸續發表頗多，均不重印於此。

林同棪謹註

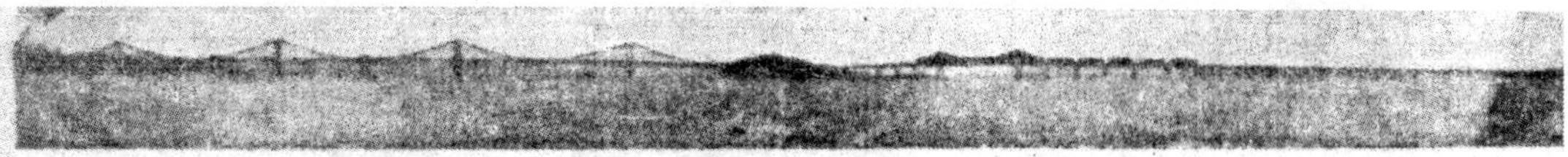

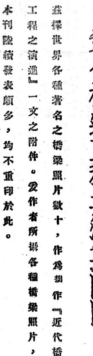

n Francisco-Oakland Bay Bridge.正在建築中之三藩市海灣大橋，總長四英里中。中有懸橋兩孔，跨度各2310英尺；及臂橋一孔，跨度1400英尺。基礎深有二百尺。建築費六千餘萬美金。

orianopolis Bridge. 南美巴西國之懸橋，為 Dr. D. B. teinman 所設計，富多新奇之特點。

Quebec Bridge. St. Lawrence河上之臂橋，建築時失敗二次，始克告成。

Carquinez Strait Bridge. 中部之懸梁(Suspended span)係用沙土均重吊上。

Sydney Harbour Bridge. 澳洲之拱橋橋，跨度1650英尺，稍於遜於Killvan Kull Arch Bridge, 而鋼之總重則過之。

Firth of Forth Bridge 蘇格蘭之臂橋，兩孔各長1700英尺。

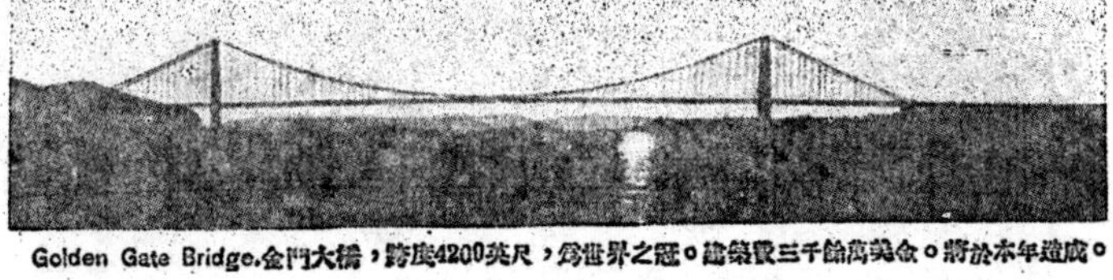

Golden Gate Bridge.金門大橋，跨度4200英尺，為世界之冠。建築費三千餘萬美金。將於本年造成。

Suspended arch with tie rods.
德國背架拱橋

德國鐵路石拱橋之一，
中孔淨空57公尺。

Colorado River Bridge.世界最高之橋梁。
橋底高出水面一千英尺。

Metropolis Bridge.
跨度最大之單架橋(Simple truss bridge)

德國鐵路石拱橋之一，每孔
淨空14公尺，高24公尺。總長175公尺。

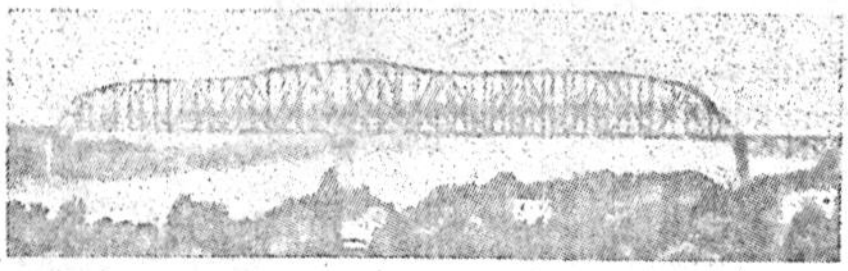

Sciotoville Bridge.跨度最大之連
架橋(Continuous truss bridge)

近代橋梁工程之演進

林同棪

第一節　緒論

古代橋梁至今存在者，當以我國爲最多；其技術與美術方面，亦頗有驚人特點足資參考者。然綜觀歐美近代橋梁工程，日新月異，進步神速，又瞠望塵莫及。茲爰述其最近演進，藉觀他國之光，並以引起讀者對於橋梁之興趣。

第二節　材料

橋梁工程之進步，蓋與材料之改良，關係甚爲密切。自木料，石料，生鐵，熟鐵，而進於鋼料，歷史已有六十年。近者橋梁跨度增加，乃不得不用更强硬鋼料，以資減少呆重，遂得之於鎳鋼(註一)。鎳鋼准許應力，可較尋常鋼料大百分之五十。Manhattan, Queensboro, Quebec, Metropolis等橋均採用之(註二)。然以其料堅，難於工作，且鎳之本質頗貴，而鎳鋼單價亦高，故矽鋼(Silicon steel) 乃繼起而代之。矽鋼准許應力，在鎳鋼與尋常鋼之間，其工作之難易亦如之。然其價格則與尋常鋼相若，故用者日多。如Carquinez, Mt. Hope, Detroit, St. Johns(註三)，George Washington(註四)等大橋是也。

熱煉鋼(Heat-treated steel)之種類甚夥。Carquinez橋之拉力桿件，係用熱煉鋼。Florianopolis橋懸索之熱煉鋼眼桿(Eye-bars)，其准許應力爲尋常鋼之三倍(註五)。George Washington橋之懸索鋼線(註六)係Cold drawn cable wire.彈性限爲150,000※/□″，其准許應力爲82,000※/□″。

(註一) "Nickel Steel for Bridges" by J. A. L. Waddell, Transactions A. S. C. E. 1909.

(註二) "Fifty Years of Progress in Bridge Engineering," by D. B. Steinman, 1929, Am. Inst. of Steel Const.

(註三) 同上

(註四) "George Washington Bridge, Design of Superstructure " by A. Dane, Trans., A. S. C. E. 1933.

(註五) "The Eyebar Cable Suspension Bridge at Florianopolis, Brazil" by D. B. Steinman Trans. A. S. C. E., 1928

(註六) 同註四。

他如美國之抗力邁大鋼(Chromador steel)，近亦漸用於我國。德國之Baustahl ST 52，其准許應力，見諸德國國有鐵路規範（註七），用者甚多。又有不銹之鋼，可用於橋樑受水部份。其他合金鋼(Alloy Steel)甚多，各有長短，難於一一細數。

電銲之發達，尤為橋梁界開一新紀元。不但特宜修補舊橋（註八），即新橋建造，亦多有用之以省材料者(註九)。

混凝土本僅為短橋材料，今則配合改良，壓力增加。又有用特種鋼骨排置，其最大壓力可至70,000※/□"(註十)，竟可為長橋之材料矣(註十一)。

利用石料，砌成拱橋，近復盛行於德國(註十二)。我國內地。交通不便而多良石之處，似可效法焉。

第三節 設 計

橋梁設計，漸趨理想化，科學化。務使橋梁之各部份，其安全率(Factor of safety) 相等；即使所用材料，均發生最大效力，而無虛擲之弊。對於橋梁內部受力情形，分各種方法進行研究，成績頗有可觀。

計算應力之方法，不但漸趨準確，亦且較前便利。如硬架橋 (Rigid frame bridges) 之應力分析(註十三)與橋梁桁架次應力之計算(註十四)，皆前所認為最難之問題，今可迎刃而解。又如懸橋之設計，前恆不計懸索之撓度，用彈性理論(Elastic Theory)計算加硬桁架(Stiffening truss)之彎曲動率，今則用較準確之撓度理論 (Deflection Theory) 因而得較經濟之設計(註十五)。故華盛

(註七) "Berechnungsgrundlagen fur stahlerne Eisenbahnbrucken" Deutsche Reichsbahn Gesellschaft, 1934

(註八) "加固橋梁電銲法"穆鎣，工程，十卷五號

(註九) "Arc Welding Bridges in Great Britain" by Goodeiham, Am. Welding Soc. Ge., July 1933。

(註十) "Concrete Arches for Long-span Construction" by Freysdinet, Civil Eng., Feb. 1932.

(註十一) "161ᵐ Span Concrete Arch in France" p. 323, Eng. News-Rec. Sept. 5, 1935

(註十二) "Ingenieurbauten der Deutschen Reichsbahn" Deutsche Reichsbahn Gesellschaft, 1928

(註十三) "硬架式混凝土橋梁"林同棪，建築月刊第二卷五期

(註十四) "用克勞氏法計算次應力"林同棪，建築月刊第二卷五期

(註十五) 參看註五之P.303。

頓大橋(George Washington Bridge)及金門大橋(Golden Gate Bridge)，竟可完全免設加硬桁架，而Florianopolis及Philadelphia 等橋之加硬桁架，亦得省去百分二三十之材料。又懸橋之禦風桁架(Wind bracing)用彈性分配法 Elastic Distribution Method 計算，各大橋之鋼料因得大省(註十六)。

橋架內部應力，又多用模形試驗或電照分析photo analysis(註十七)。貝教授變形測量器Beggs Deformeter(註十八)最見風行。貝教授又善作各種大小之模形試驗。他三藩市海灣橋(San-Fransisco Bay Bridge) 未造之先，貝教授曾在加省大學(University of California)作大號模形，以為試驗，其長二十餘公尺焉。

更進一步，則在橋梁各部份作實地量測。如華盛頓橋 (George Washington Bridge) 之鋼塔，均有作應力之量測 (Strain gage measurements)，以與計算相對照(註十九)。關於橋梁所受之衝擊力，亦再加以實地試驗，並以充實理論為後盾(註二十)。

橋梁細件及連接之設計，頗有進步。務期於堅固之中，節省材料而便利工作。惟關於此點，歐美習慣不同，意見不一，亦各有利弊，大有研究之餘地；可於各國標準規範書見之。

橋梁式樣，亦有演進。長跨度懸橋，多不設加硬桁架，前既述之矣。尋常桁架，多用華倫式(Warren truss)以代白式(Pratt truss)。他如韋式(Wichert truss)(註廿一)費式(Vierendeel truss)(註廿二)，一時用者雖少，亦各有所長。連架桁梁(註廿三)及飯梁(註廿四)(Continuous trusses

---

(註十六) "Suspension Bridges Under the Action of Lateral Forces" by L. S. Moisseiff, Trans. A. S. C. E., 1933.

(註十七) "Photo-elasticity, Short Exp anation of Optical Principles Involved" by Evans, Civil Engineering, Oct. 1933.及"Supplementary Methods of Stress Analysis" by Gilkey, Civil Engineering, Feb., 1932.

(註十八) "Elastic Arch Bridges" Chapter 7, by Mc Cullough.

(註十九) "George Washington Bridge, Design of the Towers" by L. S. Moisseiff, A. S. C. E. Transactions, 1933.

(註二十) "Report of the Bridge Stress Committee" Dept. of Scientific and Industrial Research, London, 1928

(註廿一) The Wichert Truss, by D. B. Steinman, 1932

(註廿二) Continuous Frames of Reinforced Concrete, by H. Cross, 1932, P. 236

(註廿三) Structural Theory. by Sutherland and Bowman, 1932, P. 123

(註廿四) "Economy through Continuity in Girder Beam Bridges" by Sorkin, Eng. News-Rec. Oct. 26, 1933, p496.

and girders)確有較爲經濟之處，用者漸多。橋墩形式，漸趨瘦小。較高橋墩，多用鋼架鋼柱以代混凝土。混凝土之連架瘦柱拱橋(Continuous Arches on Slender Piers)(註廿五)與硬架橋(Rigid Frame Bridge)(註廿六)，曩所不敢建造者，今則隨地有之。

設計大橋時，必須注意而首車輛之吸收與遣發之能力。例如華盛頓橋之趨附設計(註廿七)，複雜異常，斷非尋常可比。所用分層交义 Grade Separation不知凡幾。又如紐約之三區橋(Triboro Bridge)，竟因趨附道路容量不足，致減少橋上容量，而影響及全橋之設計(註廿八)。

第四節　基　　礎

探鑽橋底爲橋梁設計之先決問題。不知河底地質，則不知橋基之位置與其造法，而橋之上部亦不得定。舊時橋梁工程之失敗，多因不明地質，冒昧進行，迨至錯誤發現，悔之莫及。今以前車爲鑒。每一橋梁建造之先，必詳細探鑽地質，以期減少錯誤，使工程得如計如期完成。去歲美國土木工程學會印發"基礎工程進行步驟"一冊(註廿九)，對於此點，即詳加注意。

基礎造法，不一而足；各課本雖多述載。而實際之應用，則困難無比。蓋水之流動，水位之高低，地質之情形，每有出人意外者，於是不得不隨時設法以補救之。幸近代機械設備完全，工程師學識高人，經驗豐富；雖遇困難，亦每可設法渡過。最近美國金門大橋橋墩，計劃變更數四，始克告成(註三十)，即其例也。

三藩市海灣大橋；橋基之最深者至水面下225呎(註卅一)，開橋工之新紀元。足見進步之一般。

(註廿五)　參看(註十八)

(註廿六)　參看(註十三)

(註廿七)　"George Washington Bridge, Approaches and Highway Connections," by J. C. Evans, Transactions, A. S. C. E., 1933.

(註廿八)　"New York Triboro Bridge", P.177. Aug. 8, 1935, Engineering News-Record.

(註廿九)　"Engineering and Contracting Procedure for Foundations", Manual No. 8, A. S. C. E., 1934

(註三十)　"Battling Storm and Tide in Founding Golden Gate Pier" by R. G. Cone. Engineering News-Record, Aug. 22, 1935

(註卅一)　"A Study of the San Francisco-Oakland Bay Bridge", 1934 Year Book, Oakland Tribune, California.

第五節　架築方法

長橋架築方法，進步最爲神速；務使達到敏捷，安全，經濟之目的。例如懸橋鋼索之裝架，其速度之進步，可於下表見之(註卅二)。

橋　　名	每索重量	裝架鋼索所費期間	建橋年份
Brooklyn Br.	900噸	21月	1883
Williamsburg Br.	1100	7	1903
Manhattan Br.	1600	4	1909
Philadelphia Br.	3300	5	1926
George Washington Br.	7100	10	1931(註卅三)

臂橋懸梁(Suspended span)之架法，最初用伸臂方法 (Cantilevering) 自兩端始，相遇於梁孔之中部。繼有在岸邊裝好，用船駛至橋趾，而後千觔頂舉上者。再進而用沙土均重以吊上，最爲省時便利安全(註卅四)。

其他新鮮方法，層出不窮，各以適合其特殊環境(註卅五)。卸脚手架(Falsework) 之安裝，亦日有改良焉。

第六節　美　術

橋梁之設計，每有不惜多費款項，以求美觀者。如Sydney Harbour Bridge之橋端石柱，(註卅六)所費不貲，而於工程上毫無裨益，頗爲工程師所不取。最新理論，務使在經濟之中求美術。故有以簡單爲美術，以細小爲美術，或以眞實爲美術。蓋簡單，細小，眞實三者均與經濟原則不相背馳。例如懸橋之悅目，卽在其輪廓之簡單，懸索之細小，與其傳力表現之眞實。華盛頓大橋橋塔之設計，原擬蓋以花崗石 Granite, ，迨鋼件建成，衆皆以爲可不必蛇足。而此後三藩市各大橋橋塔，皆求美觀於鋼之本身，不更借重於石料矣。

(註卅二) 參看註二

(註卅三) "George Washington, Bridge: Construction of Superstructure", by M. B. Case, Trans. A. S. C. E., 1933

(註卅四) 參看(註二)

(註卅五) "Construction Plant and Methods for Erecting Steel Bridges" By A. F. Reichmann, Trans. A. S. C. E', 1933

(註卅六) "Sydney Harbour Bridge" Dorman Long and Co., 1932

第七節　跨　度

橋梁跨度之增長，可爲工程進步之代表。茲分類列表如下：—

	種類	跨度	造成年份	橋名	地點
(1)	懸橋	4200	在建築中	Golden Gate	San Francisco, Calif.
		3500	1932	George Washington	New York
		2310	在建築中	San Francisco Bay	California
		1850	1932	Detroit River	Detroit
		1750	1926	Delaware River	Philadelphia
		1632	1924	Hudson River	Bear Mt., N. Y.
		1600	1904	Williamsburg	New York
		1596	1883	Brooklyn	New York
(2)	臂橋	1800	1917	Quebec	Ontario
		1700	1889	Firth of Forth	Scotland
		1400	在建築中	San Francisco Bay	California
		1182	1909	Queensboro	New York
		1100	1927	Carquinez Strait	California
		1097	1927	Montreal Harbor	Quebec
(3)	拱橋	1675	1932	Kill Van Kull	Staten Island, N. Y.
		1650	1932	Sydney Harbour	Australia
		978	1917	Hell Gate	New York
		840	1898	Niagara River	Niagara Falls.
(4)	連架橋	775	1918	Sciotoville	Ohio
		520	1918	Allegheng River	Bessemer
		516	1921	Ohio River	Cincinnatti
(5)	單架橋	720	1917	Metropolis	Illinois

種　類	跨度	造成年份	橋名	地點
活動橋，升降式(註卅七)	28	1911	Fratt	Kansas City
芝加哥雙葉開動式	336	1914	Saulte Ste.	Marie
薛澤雙葉開動式	275	1901	Chicago River	Chicago
單葉開動式	260	1918	16th Street	Chicago
旋轉式	521(總長)	1908	Williamette River	Oregon
混凝土硬架式	224		1	Brazil
混凝土拱橋				

第八節　結　論

因材料造法之進步，與夫探鑽設計之加工，橋梁經濟學因而發展。每一大橋興工之先，必作數種以至數十種之設計，藉資比較其利弊與造價。招標之時，常有求數種計劃之標價，以爲取舍之標準。惜投標者對於新奇設計，每以爲有相當危險惟，因而提高其標格。故新奇設計，非有顯明之經濟者，頗不易見取。惟長大橋梁，無一不有新異特點，其投標者，亦富有經驗資本之公司，則不畏難於此。

我國橋梁建造，正在萌芽時期。觀夫各公路鐵路之新工，每因橋工發生問題而誤及全路通車。蓋橋梁實爲交通工程中之最難部份。推考其故，不外數端。一爲探鑽之不詳，一爲經驗之缺乏，設計之未善，一爲包工設備之不全，一爲工人訓練之缺乏。又況我國內地運輸困難，加以其他天時人事關係或經濟財政問題，每足以阻其成功。在此種情形下，我國橋梁工程師，更當加倍努力，乃克有濟。

主持橋工者，每因急於橋梁之落成，不與工程師以充分時間與款項，以供其探鑽與研究；工程師亦爲糊塗之設計以應付之。迨至意外發生，包工者既無相當設備以解其困，主持者又難增加橋工之用款。然後幾經奮鬪，猶難有成。而工款之增加，限期之延長，其損失乃不可計。故略述歐美橋工之進步，有志者更作詳細研究，庶可有所得焉。

(註卅七)　關於活動橋之演進，參看"芝加哥之活動橋梁"，林同棪，工程，十卷，四號

營造學（十）

杜彥耿

灰縫 露於牆面之灰縫，式別頗多。如二一九圖A所示於砌牆時灰沙尚未硬時，用鐵板將灰沙壓平，與牆面平齊。此種灰縫，適用於房屋內部清水牆面，甎口必直。灰縫與甎面相平之益，以其不積塵灰也。

第二章

第二節 甎作工程（續）

甎牆中留置裝釘裝修物 下列數種材料，專夾砌於牆中，俾便裝修等之裝釘者：

煤屑木襯甎 此項煤屑木襯甎，大都砌於牆度頭等處，俾使裝修之易於釘牢。如門頭線度頭板等之裝釘，必須藉能收釘之煤屑甎爲之襯托。煤屑甎之優點，不若木材之能收縮，亦不腐爛。

木襯甎 係與砌牆之甎同樣大小之木塊，夾砌於牆中，其效用與煤屑甎同。惟係木質易於收縮與腐爛，是其缺點。

木椑 木椑或稱楔木，用以鑲入甎縫，以便裝修之裝釘。如畫鏡線等小件，大者如踢脚板門頭線等，則殊不適用，必須用木襯甎。

木嵌縫 以四寸半闊三分厚之木片，夾砌於牆之灰縫，其地位須在釘裝修之處。按此種薄片，自無須慮及有收縮之處，故較之留置木椑法爲善；惟應於砌牆之時加入之。

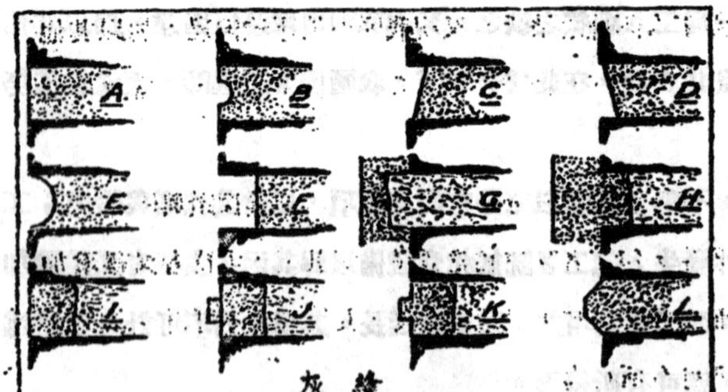

［附圖二一九］

23648

平面圓線灰縫 此項灰縫，與上述者相同，見二一九圖B。但中間加一半圓形凹進之圓槽，所以使灰沙更為結實耳。

瀉板灰縫 將灰沙用洋鐵皮捋成斜形，如二一九圖C。按此項灰縫，易於瀉水，且又美觀；蓋在每一條平直之灰縫上，印有一條日光照晒之影也。亦有將瀉板倒捋，如二一九圖D者；其意旨蓋欲使甎之上口成方角之快口耳。然於數尺之上，目力自必不及；況於冬令時雨雪下降，亦易停滯結凍，是以甎口損傷極速。

凹圓灰縫 二一九圖E，灰沙依甎口上下撑足，惟漸向中間凹進，成凹圓形。是亦灰縫之一種，但用此式者可謂絕無僅有。

方槽灰縫 二一九圖F之方槽灰縫，其主要之點，是欲使灰縫深陷，求日光照晒之影深而悅目。然必須考慮甎質之是否堅實，不畏氣候嚴寒時之凍損甎口。

勾脚灰縫 二一九圖GH為牆面之做粉刷者，灰縫須捋深或凸出，以資粉刷之勾脚而增加其牢固性。

舊牆重嵌灰縫 舊牆之須重行嵌灰縫者，應先將舊灰沙鬪去，至少捋深四分至六分，復嵌水泥或其他堅硬之材料，而出面可嵌任何一種灰縫，如方線灰縫，對於舊牆，頗為適宜。

方線灰縫 二一九圖J之方線灰縫，係包括塡滿捋深之灰縫，出面再用水泥或其他堅硬材料捋出方線。此種式制，厥因灰縫太闊之故，蓋舊牆面之甎口，業已剝落，因將灰縫先用水泥嵌平，並於水泥中加色，俾與原有甎面之顏色相同，然後再於灰縫中心面上捋嵌斬細之紙筋石灰出線。此法祇適用於舊牆之甎口脫落灰縫太大者。若甎口仍屬整齊者，則不適用。

連底方線灰縫 方線之出面，與上節所述之方線灰縫同；惟一則分嵌平灰縫再捋方線兩種手續，而此則灰縫與方線一氣呵成者。如二一九圖K。

三角灰縫 二一九圖L所示之三角灰縫，係石作之灰縫。

舖地 城市中及房屋外面之餘地，不作花園之用者，普遍均須用甎石等材料舖之，藉使地面結實，用資行走及瀉水入溝者。磚，石，水泥，柏油，方甎及瑪賽克等，均可作為鋪地之用。甎必燒煉極堅硬之特製品，方克用作鋪地，面部最好施毛，俾步履其上無滑溜之虞。其舖法平側均可。平舖之磚，底下至少須用六寸厚之三和土，再加灰沙或水泥，取甎舖窩。路甎之用側砌者，底下可用如上述之六寸三和土，或即舖於滾平滾堅之泥土上，甎可用黃砂窩舖。所有甎縫，則澆灌灰沙或水泥漿。

石或水泥舖地 用石板舖地，祇將石面鑿平，四面邊口切齊。舖砌之法：先將地面做平，上舖黃砂或篩子篩過之細泥，隨後將石板覆上，鑲口之接縫處，用灰沙鑲嵌。石板覆上，設有不平伏之弊，則用木鄉頭或鐵脚彎嘴鎚平，二二〇圖係示石板鋪地之方式。水泥地為近今最流行者；水泥石板可預先在殼子板內澆製，取其大小均一，以之舖砌街道，接縫整齊，殊為美觀，毫無零亂參差之弊。驟視之，水泥石板與天然石板無異。再者，水泥石板非特整齊美觀，抑且經濟省事；蓋水泥石板，不如天然石板之須割邊鑿而為工料俱費也。

〔附圖二二〇〕

石板鋪地之方式

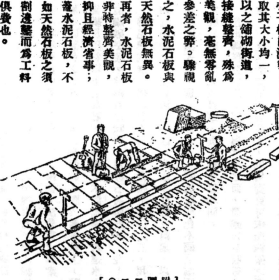

就地澆製水泥地 因求接縫減少，地面堅固，施工便易，故有就地澆製之水泥地。法於地下應預置至少六寸厚之三和土或亂石基礎，壓堅後澆擣水泥於其上；此項水泥，應分塊澆擣，其接縫至多每距六尺。其分塊之主要目的，在日後水泥地面破碎，勢須蔓延，故有分塊之限止，俾修理時單將破碎之一塊鑿去，重行澆製。水泥地之面，應粉一寸厚之細砂，即一分水泥，二分黃砂合成者；中雜以細石屑或鐵砂，俾地面臻於牢固耐久。

柏油石子地 薄柏油與石灰石子混拌鋪地，法先以全厚度之半，鋪以經過寸半篩眼之柏油石子，鋪至中間四分之三之厚度鋪六分子，餘面上四分之一鋪半寸子，用九刺扒扒平，再以滾機壓平。薄柏油與石子拌混之成分爲十二介侖柏油，與三立方尺石灰石子；薄柏油中應加松香柏油，以增厚薄柏油之濃度。柏油石子之已經平鋪地上，未加滾碾之前，可將石砂或絕細之石子，散佈面上，隨後碾滾，俾使細石砂嵌入尙未凝堅之柏油石子中。關於此項柏油石子之適當厚度，可視地面基礎之分別，自二寸半厚以至四寸之厚度。其路基之爲六寸厚之水泥澆擣者，面鋪寸半厚之細石子柏油，蓋已足矣。

厚柏油鋪地 關於厚柏油鋪地之種種程式暨成分等，容於另章詳論之。

方甎地 係以薄塊之甎—大概十二寸方，色分青紅兩種—鋪於六寸厚之三和土上，用黃砂舖襯，接縫處以油灰或水泥嵌之。

瑪賽克地 瑪賽克地，應分兩種，即羅馬與佛尼與。兩者之底下，均須做三寸厚之水泥地面，粉細砂爲基礎。

羅馬式瑪賽克，應將約六分長之小塊雲石，嵌入細砂；並可將小塊雲石拚成各種顏色不同之圖案，法先畫成圖案，覓取各種不同顏色之雲石，依圖拚湊而成，膠於圖畫紙上，隨後將圖案紙及膠粘紙上之雲石，一併覆上水泥底礎，嵌進水泥細砂，迨細砂堅硬，將紙着水除去，用砂石將面磨光，並上蠟打光。

佛尼與式者，係將雲石屑任意散佈於細砂之面，用鐵板或圓鐵滾桶澆壓，使之嵌入細砂。此法亦可畫成圖案，以木板依圖制成圖案式樣，覆蓋細砂之上，隨後取顏色不同之雲石屑加入木板空處。磨光及打蠟，與上節所述相同。

若此瑪賽克之置於鋼架與水泥之面，恐鋼鐵有收縮與伸漲之弊，而致瑪賽克地面罅裂者，則瑪賽克可依照鋼架之所在分塊爲之，俾裂縫在鑲邊處，而不致害及中心。然分塊之尺寸，最大不應過十尺。

掘牆溝與小工用之器械 圖二二一爲各種掘牆溝與小工應用之器械；如：(一)山嘴，係開掘硬地之器；(二)板鍫，係挖掘僵泥之器；(三)煤鍫，爲鍫掘鬆泥者；(四)江北板鍫，柄長鍫口銳利，掘軟硬泥均便；(五)木人，係四方形之硬木段，高四尺半，底釘鐵板，上端兩邊釘木握手兩個，中間兩邊亦釘握手，下口四角釘鐵圈四個，用以繫繩。擺三和土時，數人挽繩，兩人分立木人兩旁，執握手起落唱打；(六)小木人，擺少量之基土，及在北方乾燥地土之夯打灰土；法將石灰粉末與泥土拌和，扒下牆溝，分皮用小木人灑水夯打；(七)竹箕，以竹編製，用以畚泥及挑三和土等者；(八)竹簏，亦爲竹編，用以扛運泥土，三和土，黃砂及石子等材料；(九)扛棒；(十)扁擔；(十一)灰漿桶；(十二)扛桶；(十三)料杓；(十四)鐵扒；(十五)拌板；(十六)望平板。

[附圖二二一]

甎作工人用器

築砌牆壁之甎作工人，所用器具如下：

二尺長四檔之木尺一根，用以量短距離者；較長之距離，用十尺長之丈杆；更長者用五丈或十丈之皮尺或鋼皮尺。木製之大小兜尺各一；弧形套板；托線板；直尺；水銀平尺；麻線及扦子；泥刀；積水桶；噴桶；洋鐵皮；圓套。見圖二二二。

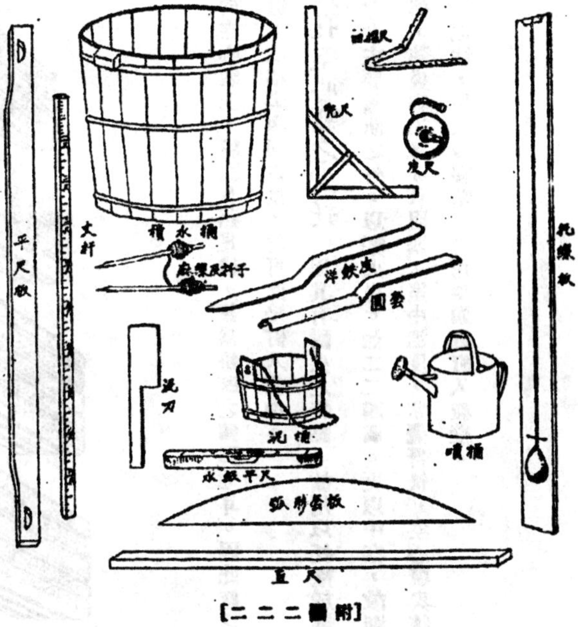

[附圖二二二]

清水作

老式房屋天井中，窗簷牆上及兩面山牆，繪畫歷史古劇天官賜福等口采畫，用方甎雕刻，或用石灰做成，楷門頭上之花飾人物，及刨甎，割甎，瑪賽克地甎，磁面牆甎等工作。現在均因省事節費起見，凡全部楷門頭，清水方甎門面，以及廟宇會館等之屋脊，咸已刪除不用；是清水作一業，在現今建築業中，已不甚重視；僅鋪瑪賽克地磚與牆面磁磚之用耳。其所用器具如下：

(一)鋸子；(二)鉋；(三)木槌；(四)行鑿；(五)斬斧；(六)鐵扦；(七)砂圓；(八)鉄皮。

第二章

第三節 空心甎

空心甎 甎之形體與實心甎同，係長方形經過燒煉之土塊；不同者，惟中間留有一個或數個空洞；而其性質亦可分別為二種：

(一) 疏孔

(二) 堅煉

疏孔空心甎 泥中攙以木屑稻草，或其他易於燃燒之物，妥加混合，經機壓製而成甎坯，待乾透後，進窰燒之。其時攙於土中之木屑稻草或易於燃燒之物，一經强烈之火焰摧燒，則甎自燒成疏孔，輕體。此甎之特點，為耐火，收釘，易於黏粉；可應用於法圈，分間牆，包柱子，屋面及平頂等。

疏孔空心甎之燒製適度者，試以鎯頭擊之，鏗鏘有聲。若用劣質之泥土，或因材料未曾妥加柔和，或燒煉之不工，則甎質鬆脆，易於碎裂。故甎於未用之前，須先試驗其品質之優劣。甎之用為樓地板而須擔荷重量者，其外皮至少厚一英寸，兩孔之中間接縫，須厚六分。

疏孔空心甎分間牆 此項空心甎，用作分間牆，最為適宜；蓋其優點在體量輕鬆，不生蟲蟻，冷熱不侵，中空足以隔絕音響，及潮濕不透。

第二二三圖中各種式樣之疏孔甎，專供分間牆之用，且其體積較諸普通實心甎為大，故用任何甎作工人築砌，工事亦省。粉刷則可直接粉於空心甎上，甎面有燕尾槽，蓋為粉刷之轉脚地耳。因此甎之能吃釘，故踢脚板與台度，均可直接釘入甎中。

[附圖二二三] 適用於分間牆之各種疏孔空心甎

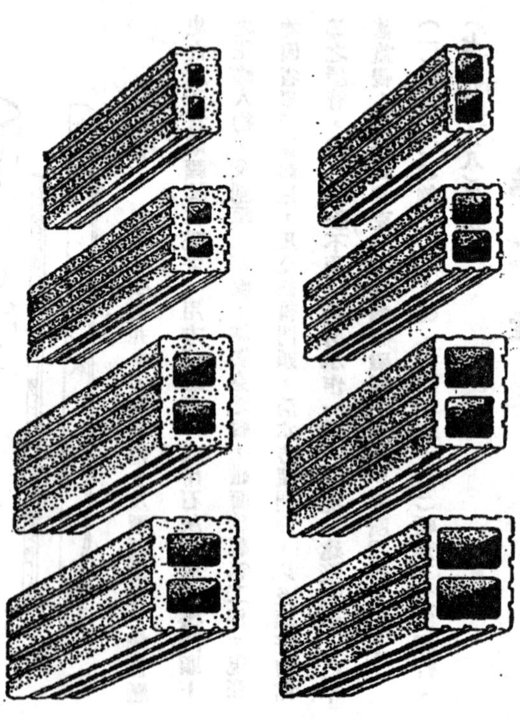

疏孔空心甎之襯托 因其有耐火之特點，故用以托襯於擔荷壓力之主要牆面之外，以禦火患。如二二四圖。更以中空，故潮濕不傳，熱炎與冷氣亦被阻塞，室中溫度，常覺舒快。空心甎與牆面鑲合之法，用灰沙膠粘，並用平頭釘釘入甎縫。

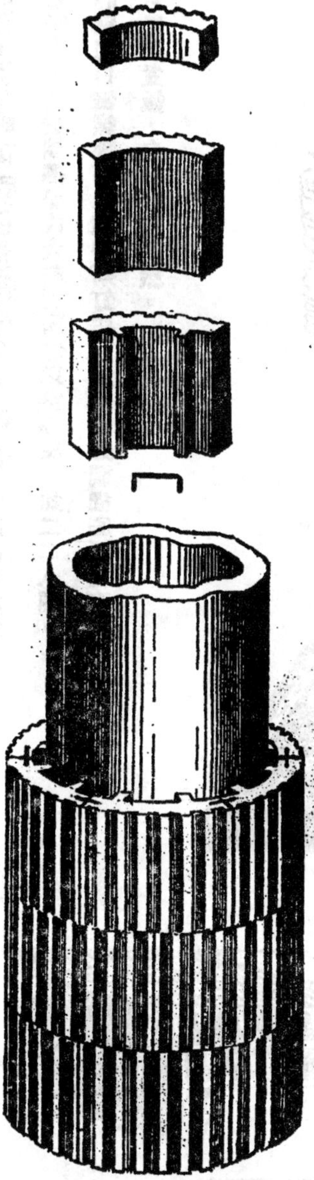

[附圖二二六]

鐵柱外包砌疏孔空心甎，以禦火患；因鐵或鋼經一二○○至一三五○度之火力時，變成紅熱，而易彎曲。

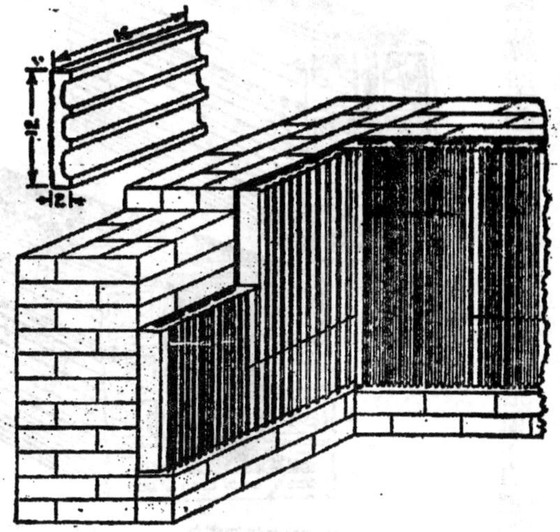

[附圖二二四]

甎牆之裏面加襯疏孔空心甎

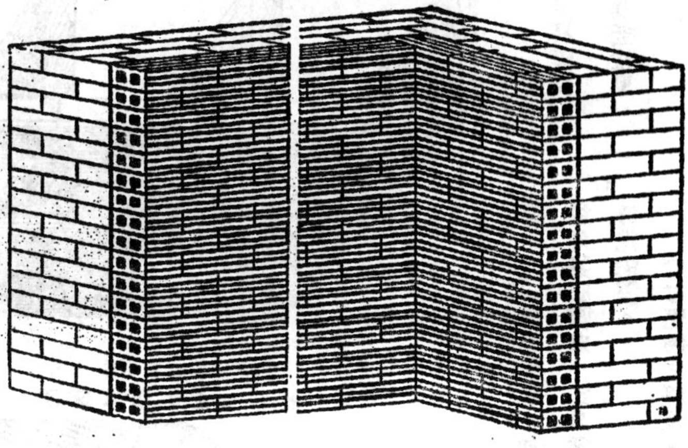

[附圖二二五]

甎牆裏面加襯疏孔空心甎之又一式

第二二五圖中，示疏孔甎可賫釘台度板條子及畫鏡線者，

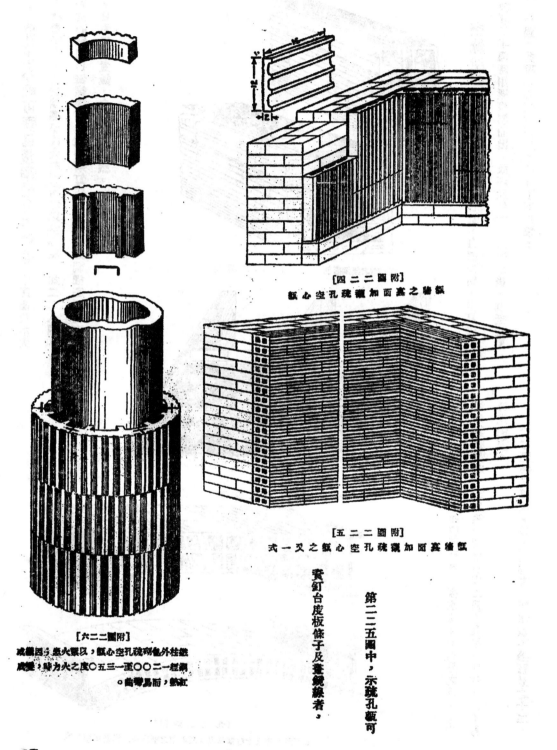

疏孔空心甎可資包護鋼梁及木料等

木擱柵及木大料，欲使耐火，則於擱柵底或大料週圍包以空心甎，如二二八圖。係將空心甎用白鐵螺旋釘及鐵華斯釘住，如此則雖擱柵底下置有廚灶，日常舉火煑飯，自可處之泰然。

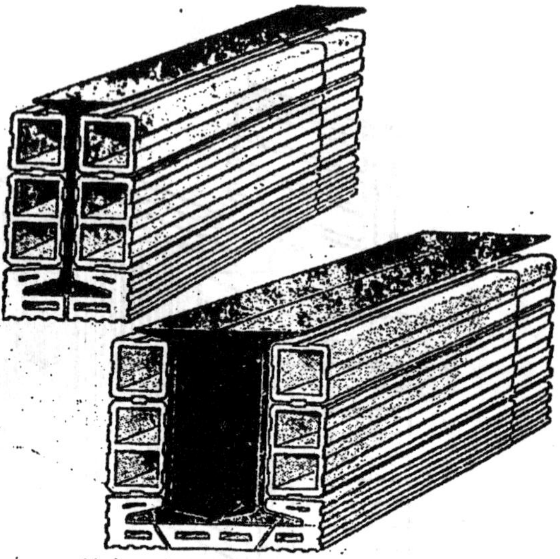

附圖二二七 包衛鋼架之空心甎

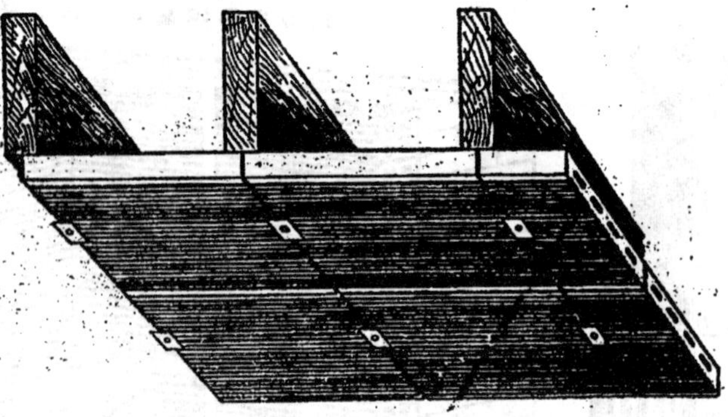

附圖二二八 保護木擱柵之空心甎

附圖二二九 撑於兩鋼架間組成法圈之空心甎，其跨度自十尺至十五尺。

堅煉空心甎

此甎較之疏孔空心甎，自屬强昂，但易碎裂。甎坯於半濕時用機擠壓而出，故坯胎結實；迨燒煉後，其抵抗壓擠力自强。此項空心甎之堅度，可分下列三種：

（一）極爲堅硬，如玻璃性者，吸水量少於百分之八，可用於外牆底脚處，或外無粉刷之甎作工程；其唯一條件，爲不易透進潮濕。

（二）堅硬之程度，較上述爲次，吸水量不過百分之十二，普通可用於外牆，惟須膠黏面甎或做粉刷。

(三)普通者，其吸水量為過於百分之十二，用物擊之，即能察知其聲之堅純。此甎之功用，為包護鋼梁等，以禦火患者。

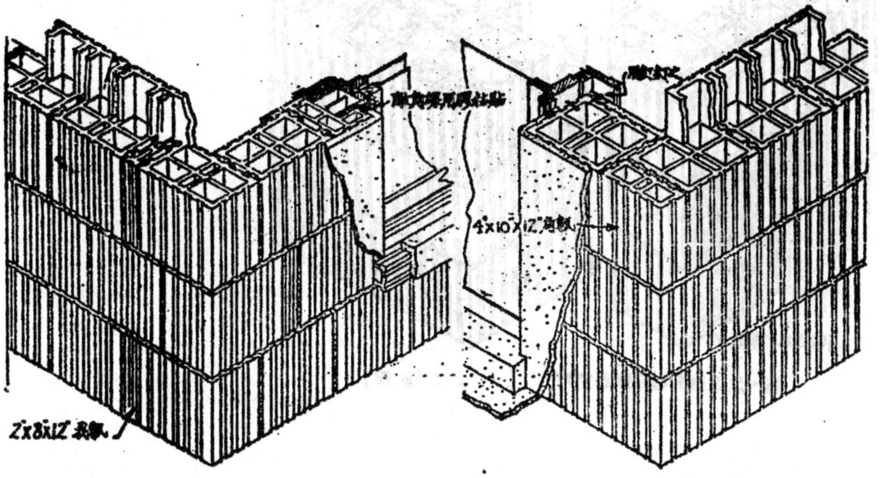

[附圖二三〇] 用空心甎砌外牆圖

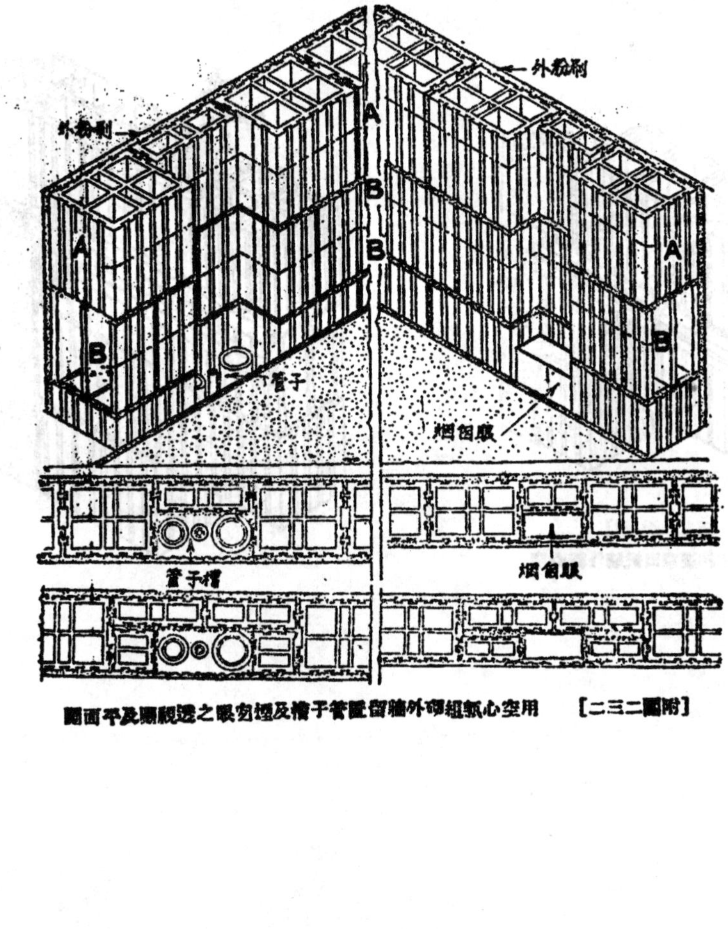

[附圖二三二] 用空心甎組砌外牆留置管子槽及煙囱眼之透視剖及平面圖

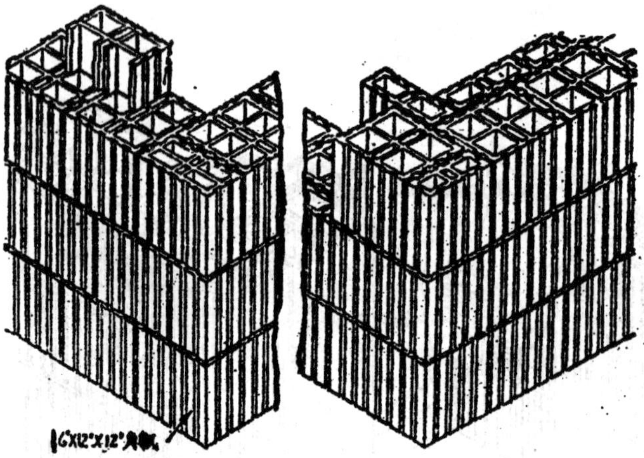

[附圖二三一] 用空心甎砌外牆之又一圖

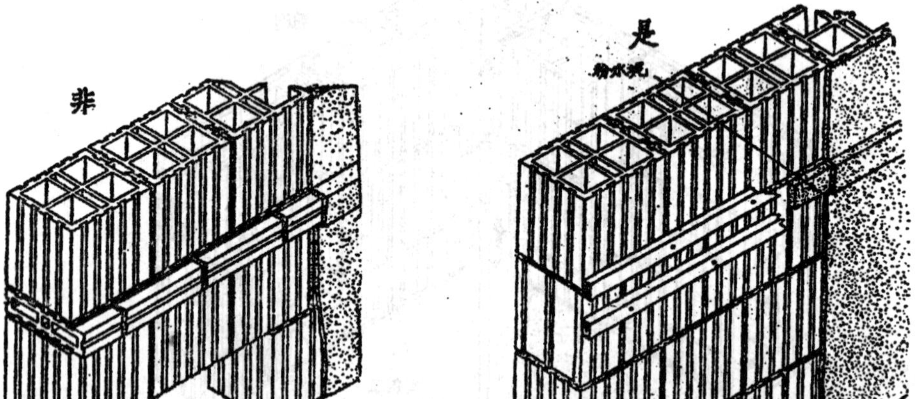

[附圖二三三]
空心甎外牆挑出束腰之是與非圖

（待續）

燒土 (BURNT CLAY)（下）

——建築章程補遺——

袁宗燿

燒陶磚 (Terra cotta) 之製造與使用，已有三千年之久；亞西利亞 (Assyria) 在紀元前十一世紀已經使用，此足爲明證。他如希臘，依曲臘斯干 (Etruscans)，羅馬等均加採用，而中國之萬里長城，在紀元前三百年亦已用之。至於燒陶磚發展過程中之最高點，厥爲意大利自十四世紀至十六世紀之時。在此時期該國大部份之建築，如教會，禮拜堂，宮殿，醫院，及其他次要之建築等，多用此磚砌造。該國或可稱爲全世界唯一燒陶磚之代表建築，厥爲吧維亞 (Pavia) 之 Certosa，建於一三九六年。至於英國，在十五世紀時，始用此磚，至十六世紀亨利八世皇朝時，召致意大利之美術家及技藝專家等，提倡採用此磚，不遺餘力，實予以一種新的興奮。自此以至於十七世紀之初期，忽漸消沉，迨至十九世紀之中期，始又興起採用此磚。此後則忽盛忽衰，需要無度矣。

美國採用燒陶磚之史實，雖極簡單，但在建築史中則佔有光榮之一頁。據可靠之記載，紐約在一八五三年有蘭維克君者 (James Renwick)，以設計仁慈教會(Grace Church)與聖貝曲大禮拜堂(St. Patrick's Cathedral) 著稱，從事製造此磚。繼之者爲一陰溝管製造商，此人曾依照蘭氏之設計，整飾東亭大廈(Tontine Building)與聖旦尼旅館(St. Denis Hotel現尚存在，但已不再用爲旅館矣。)此後不久，麻省市政廳牢柱 (Pilaster) 之花帽頭，亦在該省之陰溝管製造廠內塑製者也。波斯頓在七十年前，亦有燒陶磚製造廠之成立。一八七四年所造之波斯頓藝術博物館，卽用該磚砌造。此殆爲該時期最大之燒陶磚工程。一八八三年華盛頓之冰心大廈(Pension Building)，所用淺黃色之燒陶磚壁緣(Frieze)，亦爲該廠所製造。惟前述各種工程，因無已往經驗可憑，故有嘗試性質。迨至一八七七年紐傑賽州 Perth Amboy 地方之燒陶磚製造廠成立，始基礎鞏固，正式製造，以迄現在，尚仍不輟。在一八七九年時，美國僅有製造一種紅色之燒陶磚；在一八八二年始有淡黃色之出品，同時大西洋燒陶磚製造公司，亦初次製造灰色之磚，而在一八八九年始有白色之磚出現焉。

燒陶磚係用特選之泥製造；此泥含有百分之二十至二十五之火酒(Grog)，係爲地下燃燒之泥質。此泥與火酒相拌成之混合物，將其舂碎，和以水份，在磨機內煅煉，然後流入特備之泥製模型內，式樣則須重行設計，但所需不多，亦可用手製之。燒陶磚之模型，其等級自十三吋至一呎，要視泥土在燃燒時之收縮性而定。陶質層係噴於綠色之陶土("Green" Terra) 而成，置於蜂房形之窰中燃燒，其時約需七日至十五日，視磚塊之式樣而定。磚藉用物表面，俾火燄不致觸及磚塊。磚之外層通常均不上釉藥，其色則有淺黃，灰色，赭色，紅色，棕色，大部份之色係透光者。上釉藥或塗鉛油之碑有光滑而不滲透之面層，色彩繁多，現時幾無限制。無光澤花崗石色(Unglazed Granite Color)係爲有斑點之陶質層，其色一如未磨光之花崗石。至於有光澤花崗石色則爲有斑點之陶質層，其色如已磨光之花崗石。又有多色形 (Polychrome) 之磚，一磚有二色或三色，或上釉藥或無光澤，但混合色則必須塗以釉藥者也。此磚初在十五世紀時有名勞比者 (Luca della Robbia) 所發明。勞氏係Florentine人，爲杜氏(Donatello)與奇氏(Giberti)之學生。至十六世紀，始由其姪安得利(Andrea)與安氏之子喬凡尼(Giovanni)集其大成。迨喬氏在一五二七年逝世，此種製磚之術，就歐州而言，全已失傳，中國則於焉興起。後至一六九〇年，北京冬宮(Winter Palace) 中，始有多色燒陶磚之花園圍牆產生，然中國對於西方藝術之影響，除極少數例外，每被忽視也。

經四百年後，多色燒陶磚製造，重行發見，迄於二十世紀之初年，又復盛行一時。美國之 Madison Square 長老會教堂，即係此磚所建造。此堂建於一九〇六年，至一九一九年拆卸，改造通常之事務所出租房屋，現則爲經營人壽保險業之百層大廈。但除紐約外，若在其他城市，對此技藝超羣之多式燒陶磚建築，將予以保存，引以爲榮。所幸該屋人字山頭內浜子，(Pediment Panel)現尙存在，附築於首都藝術博物院圖書館之翼室。大門入口亦改建於勃勞克林(Brooklyn)之藝術科學博物館。其他大部份改建於赫德福(Hartford)之赫德福泰晤士報館。故該屋雖未全部毀棄，零星保存，然已往光榮，可謂蕩失矣。時至今日，則多色燒陶磚色彩繽紛、應有盡有。如紅色則自淡紅以至於深紅；藍色則自天青藍以至於深靛青色；綠色則自淺色翡翠綠以至於深青果色；黃色則自淡黃以至於深黃薑色；棕色則自淡色至紫樓色，以及淺紫色深紫色等；種類之多，不勝枚舉。他如再度燃燒，亦可塗以金色及銀碌色等，但所費殊屬不貲也。

燒陶磚最新之發展，厥爲現在市上所售機製之磚是。此磚之原料經過蒸氣發動之鋼製鑄模，然後再經烘乾，噴霧，燃燒等手續，一如手製較貴之燒陶磚。然此磚多用於房屋內部之護壁面磚，頗少用於外牆之面磚也。又有所謂結構燒陶磚 (Structural terra cotta) 者，(係因與建築燒陶磚 (Architectural terra cotta)有別，故名。) 包括空心隔牆磚，板條(Furring)，包柱 (Column casing) 地板法圈(Floor arches) 等具有避火性之建築材料。此種材料係爲現代之產物；而今日建築上所用輕量材料可以避火之空心燒陶磚，亦即以此爲發軔點也。

空心磚之製造方式有三，爲密實的(Dense)，多孔的(Porous)與半孔的 (Semiporous) 是。密實之燒陶磚係用火泥拌合陶土或砂性製磚之土，置於模型內，在未燃燒前將其緊壓，然後置於蜂房形之磚窰燃燒。此磚之料，其質堅硬易碎，但避火之功能，遠勝多孔形與半孔形之燒陶磚。多孔燒陶磚係用木屑與純土拌合而成，在高熱度下燃燒之。此磚在燃燒時並不破裂，然後驟以水澆冷之。釘子及螺旋釘之腳，均能深入磚內，其牢固與木材無異。半孔形之磚，其土中約含有二成之煤屑，蓋在燃燒時藉此之助，使磚留有多少之孔隙也。空心磚之四邊均有凹口，以便承受灰粉等膠合材料。現亦有特製一面平滑者，蓋此磚砌於電梯通道等牆面，鮮用灰泥黏合；

試觀現時之電梯式樣，背面與兩邊之牆，吾人均無從暫見者也。

間隔磚 (Partition tiles) 之大小，長闊各十二吋，其厚度則二吋，三吋，四吋，五吋，六吋，八吋，十吋，十二吋不等。二吋厚之磚僅用於廁所及其類似之處。三吋厚之磚可間隔至十二呎高；四吋厚之磚可間隔至十六呎高；六吋厚之磚可間隔至二十呎高；至於厚度在六吋以上之磚，已少使用；八吋，十吋，或十二吋厚度之磚，則所僅見矣。若空心磚之隔牆內豎立汽管或水管等，則另有特種之管形磚(Conduit tiles)，以防損及磚身，並可使工作堅固清潔。

條子磚(Furring tiles)厚約三吋至四吋，兩邊留有深痕之凹口，以便在工作時分裂之。此種分裂之條子磚必須附砌牆上，不能獨立。

又有書形磚(Book tiles)者，厚約三吋，闊十二吋，長則自二呎至三呎不等。此磚較長一端，有舌形及槽線，多用於斜度之屋頂等處。最近空心磚製造業又有兩大發展，一爲「承重磚」(Load Bearing tiles)，一爲「支持磚」(Back up tiles)。承重磚係用特種之土製造，設計之精，使磚可受極大之載重力；甚或超普通之磚而過之。此磚多用於建築物之外牆，並需塗以清水灰粉者。現該磚製造商並正設法製造此種不滲透之磚，以期露於外表，不需粉刷。至於支持磚一如其名所示，用以支持面磚工程；惟此磚形式雖多，均有一不同之點，即每六皮磚面能向磚內組砌。其他燒陶磚之產物，如陰溝管，鋪地磚，烟囪襯裏等種類繁多，不勝枚舉，皆在近代建築上佔有重要地位，不可缺少者也。

× × × × × × × ×

Tile 一字，源於盎格羅薩森之Tigel，Tigel又源於Tegula；而Tegule一字係脫胎於Tego，其意係指蓋蔽大地各種材料而言。磚自何時及何地製造，雖不可詳攷，但此爲最早之文化產物，殆不可諱言；蓋製土者之技藝，歷史首先記載者也。據牛康教授言(Prof. Rexford Newcomb)，自有史載以來，最初之磚爲塗有藍釉與綠釉者，製造於紀元前四七〇〇年埃及第一皇朝時代。在薩加拉(Sakkara)金字塔之陵房，建於第三皇朝，其墳背之面，亦綠以藍綠色之磚。而巴比倫及亞西利亞在紀元前第八世紀，亦已能製造搪磁之磚矣。

早期對於陶器一術，發展最廣者，厥爲波斯。其國人民在紀元前五五八年塞羅斯大帝 (Cyrus the Great)建國時，已開始製造，迄於今日。至其黃金時期，則自第十世紀至十六世紀，其出品可稱精良絕倫，無出其右者也。製磚之術，由波斯傳至敘利西，土耳其，埃及與北非洲等地。迨後吐尼新人(Tunisians)受波斯人民之影響，加意倣造，後漸獨出心裁，自行創製一種式樣。此業賡續至十八世紀時，幾至失傳，迨至法國一八八一年時，始再復興。但今日吐尼新磚在陶業中，仍佔大宗之出品焉。自摩耳人(Moors)將製磚之術由北非洲引入西班牙後，時至今日，西班牙之磚精良美觀，在全球允推獨步；藉此並可追跡陶業在歐洲之發展。意國在十二世紀時，由西班牙輸入製磚法。法國在一三八四年時，有旅法西班牙工匠，製造西式之陶器及磚瓦，雖該兩國在前亦已開始製造相當數量之陶器出品。荷蘭製磚之法，習自西班牙與葡萄牙，可無疑義；而該國在十七十八世紀時，其磚業在全世界可稱巨擘，英國即爲其大主顧。英在一六九〇年荷蘭工匠僑居斯丹福州 (Staffordshire) 時，予磚業以極大之動力，促進其發展，雖英在中古時期亦已開始製造磚瓦也。英之最早磚瓦建築物，殆爲康德白里(Canteburry)之聖沃古斯汀(St. Augustine)寺內一小教堂，其磚當爲十三世紀時之產品，惜現已拆卸。他如著名之威士敏寺一部份建築，所用磚瓦亦係十四十五世紀時之出品。至於美國之製磚業，現尚幼稚；有記載可考者，第一次試製磚瓦，厥爲凱士(Sammiel Keys)在匹斯堡(Pittsburgh)所組織之明星製瓦公司。迨嘗試告成，翌年在喔海喔州成立一同様之製造廠，此兩廠卽爲製磚業之嚆矢，自此逐漸發展，現與世界各國並駕齊驅矣。

磚或用手製，或用機製，原料或係天然泥土，或係他種材料，如本地或他國輸入之長石(Feldspars)燧石(Flints)等。此種材料根據所需要之磚塊種類，愼加選擇，將其拌合。製造之法，有塑型(Plastic)與壓土(Dust Pressed)兩種。塑型之法，係將土用水攙和，經由拌土機，使土勻淨一致。然後用手或藉機械將土壓入模型之中。乾後置於燒窰箱(Sagger)內，送至窰中燃燒。壓土法將土磨淨，攙和水份，經由濾清器，使過多之水得以摒除。迨土乾後，將土搗成粉末，然後壓入金屬製之模型內。每方均加檢視，邊沿如若粗糙，分別予以修整，然後置於燒窰箱內，送入窰中燃燒。染色之瓷器及其他類似之磚，均用塑型法製造；透明及半透明磚及其他有光澤之磚，則用壓土法製造。各磚燃燒度數，一次或二次不等。無光澤之磚，一度燃燒後，形成不同程度之玻璃質，色彩及磚面交織等。磚之色彩或選用某種泥土，燃燒後使成特種色彩；或於燃燒時加以某種金屬養化物，如鈷(Cobalt)鉻(Chromium)及其他金屬。原料之性質與顏色之成份可使某種混合物燒至完全化爲玻璃質；其他則不能，蓋物理作用將使製造之出品，發生損壞也。因此之故，無光澤之磚可依照其色彩燃燒至透明或半透明式。在製造釉面磚時，先將「綠」磚("Green" tile)在華氏二千度以上之高熱度下，初燃於素瓷("Biscuit"卽未上光彩之陶器)窰中。此所產生之素瓷，或用塑型法，或用壓土法，經一度燃燒後，塗以釉油，再置於熱度較前爲低之光澤窰(Gloss Kiln)中燃燒，使釉油與瓷融合，發生光澤。釉油係用搗成粉末之燧石，長石，土及流質等所調和而成。鉛與錫亦用以爲釉藥之材料，但不若長石之能受高熱度燃燒。釉面磚均藉各種金屬養化物產生不同之色彩，若和以鋅，在燃燒卽用以區分色彩，沾染主料，鎔解釉藥者也。透光之壓土磚，其色澤有白色，銀灰色，青綠色，淡藍色，深藍色，粉紅色，乳色，及各種花崗石色。半透光之壓土磚，其色有淺黃，虎黃，淡灰，紅色，可可色，黑色，及各種花崗石色。釉面磚可區別爲釉光磚，搪磁磚，及無光澤磚三種。凡白底而塗以無色釉藥者，可歸於釉光磚；凡白底而塗以有光澤之釉藥者，可歸於搪瓷磚；磚之白色或有色而無光彩者，均屬於無光澤磚。

染色之瓷器(Faiences)色彩頗多。大多用浮彫模型製造，線條凸出，以資點綴。礦磚(Quarry tile)爲大型機製之磚，其尺寸有 6"×6" 與 9"×9" 二種，厚度有六分與一寸二種。威爾許礦磚(Weish Quarries)係用土製，再加重壓者，其色有紅，棕不等。美國礦磚係藉螺旋機用泥板石(Shale)製造，色有紅黃兩種；淡黃色者，係泥板石與火泥拌合製成。現時美國市場所售之磚，除自製者外，舶來者有亞洲，北非洲，西班牙，荷蘭及法國等地，實屬五色續紛，目不暇接。他如波斯，突尼斯，西班牙，及荷蘭等地之古磚，亦不難求之而得也。

人類自有居屋以來，即感屋面瓦之重要。何時及何地初次製造，已不可攷，其地或在小亞細亞，不久即傳至中國，但其時間，至少當在紀元前數百年也。最初所記載之屋面瓦，係在亞林匹亞之海拉廟(Hera Temple)，爲時約在紀元前一千年。其瓦作鍋蓋式，頗似現時所用者。惟圈分頗闊，不若現在之剖斷面爲半圓形者也。早時希臘與衣曲羅里亞(Etruria)之廟宇，其磚係爲平闊之鍋蓋形，邊有凸緣，並有圓錐形之蓋。此種式樣之屋面瓦，即爲希臘批里克令時代(Periclean Age)大理石屋瓦之先聲。中國，高麗，及日本均能製造美觀之屋面瓦，據稱其技藝除希臘及意大利外，舉世實無出其右。美國最盛行之瓦亦爲鍋蓋形者：通稱「教會」瓦("Mission" tile)此瓦在地中海南岸，北非洲，西班牙，葡萄牙，法國南部，意大利，希臘，及小亞細亞，已使用數百年。迨後葡萄牙人復將此瓦導入西印度，墨西哥，加利福尼亞，及南美之西班牙殖民地；巴西之瓦，則由葡萄牙人引入之。在諾曼台 (Normandy) 與不列且尼(Brittany)與英國，幾全使用木棉平瓦 (Flat shingle tile)。在英國之南部，屋瓦全用紅色，幾令人不易得見其他色調。薩里斯勃來(Salisbury) 地方之屋，其頂有百分之七十五均蓋屋瓦；甘德勃來(Canterbury)之數區禮拜堂，亦復如此。蘇薩克斯(Sussex)之瓦，平均長十吋，闊六吋六分，厚五分；該國他處之磚長約九吋六分，闊約五吋三分，厚約四分。英國除屋瓦外，其南部在十七世紀末與十八世紀初時，居室之牆間懸以屋瓦，頗屬通行；此種屋瓦，其式樣有平面長方形，半圓形，魚鱗形，及Vee形等。

梳包式瓦 (Flemish tiles) 爲一種互相交接之瓦，行於英國矮而傾斜之屋頂。比國，德國，及瑞典與挪威等國，亦多用之；德國有一部份亦用木棉平瓦者。美國第一次屋瓦之製造，當推加利佛尼亞省之印人，此瓦一如西班牙之鍋蓋式。用手製造，據傳說係就工人之大腿爲模型者。英國殖民地第一次製造屋面瓦，係爲一七三五年本辟凡尼亞省蒙德古美州(Montgomery County)德國僑民所製。白斯爾罕(Bethlehem)之瑪拉維亞人(Moravians)亦於一七四〇年開始製造屋瓦。喔海喔 (Ohio) 之日耳曼鎮 (Germantown)，於一八一四年有一果敢之德人，自製木棉瓦以蓋蔽其住屋。同地之Zoarities 教派，亦手製木棉瓦，以供教區居屋之用。此種早期製瓦之實驗嘗試，均拘囿一隅；迨一八八〇年紐約之雪雷同燒陶磚公司(Celadon Terra Cotta Co.)成立，始樹磚瓦製造業之規模。該公司現尚存在，惟已屬於Ludowici-Celadon Co. 之一部份，而原有之公司，則歸併於路度惟西磚瓦公司 (Ludowici Co-)，該公司於一八九三年已在支加哥開始製造磚瓦矣。

屋面瓦在已往數年，在技藝方面言，未能謂爲成功。最通行之式樣，爲S形之交接瓦。他種交接瓦亦有製造，雖甚美觀，惟過於機械化，但在過去二十年來已轉換趨向；現時美國所製之瓦，種甚美觀，無讓於歐洲之古瓦也。

美國近時各地，能製精良之「教會」磚。尚有兩廠能製造極優良之木棉磚，在照片中與英國百年前之木棉磚置於一處，實可亂眞。

除此之外，亦製各種不同之交接磚。屋面瓦或用泥板石製造，或用陶土與泥板石混合製造。色彩除本色外，與前述燒陶磚無異。比國雖進口少許，但需要不多。約二十年前，有巨商第林(Deering)者，與建華廈，因在美國本國不易購得美觀磚瓦，不惜鉅資，遣人至古巴購取大量之屋上舊瓦；嘗經發見此種屋瓦初在西班牙製造，追後運銷古巴，因磚上留有西班牙出品標記也。最近紐約又有一巨商，在長島(Long Island)建造私邸，亦派人至諾曼台及不列且尼搜羅大宗舊瓦，重行蓋用。

本文至此結束，余(原著者自稱)非敢將陶土一業，備述無遺，僅撮其崖略，使初撰建築說明書者，對於此種材料及用途，有概切之常識耳。(譯自美國筆尖雜誌)

誌謝

茲承陳兆坤建築師惠贈大著「實用建築學」共四冊該書搜羅豐富叙理簡明切合實用爲工程界不可多得之佳作特此介紹並誌謝意

建築史（五）

杜彥耿譯

波斯建築

總論

地理，歷史及社會

六十五、地理　波斯位於亞細亞高原，東起印度江(R. Indus)，迤邐而西，迄於太格利斯(Tigris)一片大高原之西部，有高平原名伊蘭(Iran)者，為波斯人之發源地。該處本為伊蘭族散居之大地，後漸移居於太格利斯與猶罘腊次兩河間之叢山中，於茲分成米田(Media)與波斯兩個帝國，前者佔居西北部份之高原。

波斯初居地曰「法西斯登」(Farsiston)，或即「法斯」(Fars)；致其名意，源於派西斯(Parseas)，或即拜火者(Fire worshippers)之意，由是即以拜火者之名以名其國。波斯之本土(Persia proper)，其氣候可分為熱地與冷地兩部。

六十六、地質　關於熱地之部份，係一帶背山瀕海之平原，其闊度約自十英里以至五十英里；地係沙土及黏土間雜者，頗為貧瘠，更乏淡水水源。但波斯本土之大部份，係在冷地，包括山嶺，平原及狹隘之山凹。

六十七、宗教　波斯之宗教，胚胎於埃及或巴比倫，及紀元前一千年查洛晙斯脫 (Zoroaster) 所作『Zend-Avesta』一書，至今波斯人仍奉為聖畜者；書內述善惡因果，精華力戰退惡魔，共登光明之域；並謂整個世界，支配於兩個强力之下，一為光明(Ormuzd)，一即黑暗（Ahriman）。故太陽，火，空氣及水為光明之象徵；

〔附圖三十七〕

沙漠地之旋風，黑夜及寒冷，均爲黑暗之象徵。此種信仰，直至第十七世紀之中葉，波斯人被謨赫默德追逐逃往印度；然其信仰心迄今奉行不衰。故人號爲火之崇拜者，蓋卽波斯人之意也。

六十八、歷史　約於紀元前七世紀中，米田之在西亞細亞，既佔有優越之地位；而在賽克守爾斯（Cyaxares）掌握國政之時，得巴比倫之助而克復亞西利亞：佔奪猶尼和（Nineveh 上期稱梅尼和，實誤。）遂建立米田帝國。後復被波斯之大賽羅斯(Cyrus the Great)所乘而傾覆之。

米田與波斯，既同種，又同語言，而起居生活亦同，宗教則大致無異，是以遂組成一個單純國家。米田人在國中，亦握有大權，並得人民之尊敬。由是兩伊蘭族帝國之合併；賽羅斯（Cyrus）不久遂佔領亞細亞之全部高原，太格利斯，猶罘腓次，班拉斯丁(Palestine)，腓尼基(Phoenicia)及小亞細亞。

賽羅斯手創之帝業，保持二百二十八年，卽起希臘與波斯之爭，經過長時期之爭持，勝利卒歸諸亞歷山大大帝，(Alexander the Great)，時在紀元前三三〇年。

波斯建築之風度

主要之特點

六十九、和諧　波斯建築之特點，厥爲整列與相對式。無論其建築之典式及花飾圖案，與希臘類似，波斯房屋之設計爲門對門，窗對窗，柱對柱，且室亦與室相對；而建築中之幾何畫，有時實踏肖希臘之作風。

七十、建築雄偉　波斯宮殿中，有兩個特色之建築物，卽爲盛施雕刻之扶梯，與巨柱櫛列之廳堂。因根據巴比倫之習慣，房屋建於臺基上，而於宮室之外，並有紀念物之表誌。

當米田時代，宮中楹柱或墩子，咸用木材；迨波斯獨攬西亞細亞優越之地位後，乃用石柱以代前之木柱；然此項石柱之高度，以與柱之闊圍相比較，似嫌過細；但彼能支持二千餘年之久，而屹立不倒者，由是可見波斯人善用其敏思之一斑。

七十一、不同凡響　波斯人鑒於米索帕達密之建築，取材不固，並視支持爲非重要構築之一部份爲不當；返顧埃及之建築，石柱雄偉，何等宏崇牢固，遂揆此兩因以產生波斯建築。然波斯建築雖冶埃及與巴比倫之美藝於一爐；而諦視之，實不能判其做自任何一國，蓋彼蘊有獨立不撓之波斯色彩在也。奚波斯建築實無庸置議，係融合多方面之藝術而成功，自非執一能以之比擬者。

建築典型

宮殿與坟墓

七十二、宮殿　多數波斯古屋，祗剩列柱屹立，無牆垣，無門戶，亦無屋頂；更乏歷史之記載，足資探攷房屋之真實外表，與內部之構造也。

衣克白太南(Ecbatana)，爲舊時米田之首都也，亦宮殿建築最負盛名之所在也。該項宮殿，爲賽克守爾斯執政時所建，後復由波斯帝王擴展之。洎後在沙薩(Susa)及波斯波立斯(Persepolis)，亦有放建此項建築者。因衣克白太南之柱子用木，後述兩處則用石柱

58

23664

或雲石柱，故知衣克白木南之必先於沙薩與波斯波立斯也。

在波斯波立斯殘圮之宮中，有宮殿建於直立石砌臺階之上者，其高度自地平起二十英尺或二十英尺以上；梯階自平地昇至臺上，有數處甚爲平坦者，所以備馬匹之便於上下也。其有一處，階闊二十二尺，臺階上之五座宮殿，其建於正中之四座，內包含大羅斯宮(Darius ，在紀元前五二二至四八六年，波斯之國君曾於侵略西冊Cythia 時，在馬拉松地方Marathon遭受擊敗者。)，柴克斯宮(Xerxes，紀元前五一九至四六五年，波斯之國君，曾統領水陸兩軍，進攻希臘，迨其小部在薩拉馬Salamis 被擊潰散，因即敗退波斯。)，亞塔柴克斯宮(Artazerxes，紀元前四五六至三六二年，波斯之國君曾佔克埃及，並在寇南薩Cunaxa擊敗賽羅斯Cyrus者。)，並有一偉大之列柱廳。

七十三、大羅斯宮 (Palace of Darius)

，高一百三十五尺，長與闊均一百尺，南有梯階兩座；其牆壁，三角楣及欄杆等，均施以淺浮之雕刻。拱衛室設於入門兩旁，後即大廳，形方，邊深五十尺。此廳之屋頂，係用十六根柱子支持；柱子分四行，每行四根；惟現在則僅剩柱子之坐盤，柱子盡已消失，故無從判其柱子之係石者，抑爲木者。在大廳之後與兩旁，爲大小不一之房間；其最大者四十尺×二十三尺。綜觀此屋之外形，頗類希臘之小型廟宇。

柴克斯宮之形表，與大羅斯宮頗似；惟面積特大。亞塔柴克斯宮則以塌圮過甚，殊難窺其廬山真面矣。

除正式之宮殿外，其臺階中亦有附屋，如巨大之城門，使猛獸守駐之，以及其他以巨柱支撐之廊屋及房間，並有淺浮雕刻等藝術。

七十四、坟墓

賽羅斯(Cyrus)皇陵之在派薩啟台(Pasargadae)者，爲最著名最古遠之坟墓。墓外係小型希臘人字山頭之廟，冠於貳重石級臺階之頂。墓後牆間，闢一小門，經狹隘之甬道，達於一長十一尺，高闊約七尺之小室；在此小室中，陳列金棺一具，蓋即一代英主之歸宿地也，自剩留之柱子推度之，此室本係長方形，四週之廊廡，以列柱圍繞之。此整個之構造，及在廟形坟墓上之線脚，靡不十足表現希臘之色彩者。

其他波斯之王陵，咸於石山上鑿出相當高度，與埃及後數代君主之石葬相倣；但其墓之表面，係爲純粹之波斯建築型式，並具波斯固有之藝術風格者。

建築之詳解

平面，牆垣，屋頂及花飾

七十五、平面

波斯房屋，大都係長方形，並注意於相對之並列者。排列之柱子，其厚度及高度，每根柱子大抵相同；而柱子排列之距離，亦復相同。

七十六、牆垣

牆之厚度，有時極爲堅厚，蓋用整塊之大石壘砌，而以鐵鈎鈎搭者。煉甎普通亦都用之。牆係垂直之立體。埃及之牆壁，下脚抛出，上面斜進，波斯則並不倣用之。

七十七、屋頂　大多數屋頂，均用木材構架，惟間亦有用石板構成者；例如雲石塔（Marble tower），二十四尺方，三十六尺高，建於南克許金羅斯丁（Nakhsh-i-Rustan）地方；塔係用四塊巨石板蓋護屋面，及用鐵搭妥爲鈞緊，而成升底式之屋面。

七十八、門窗堂　門及窗大體與在埃及所見者同，均屬方頭而繞以簡單之門頭線及凹線，或飾之以台口門頭等線脚。門堂之寬度與其高度相比，均屬過狹。

七十九、線脚　線脚極爲簡單，大體係圓線與凹線。

八十、柱子　波斯柱子之建築式，若與埃及或亞西利亞之柱子較之，則完全不同。所有雲石或其他石料之柱子，均係胚胎於彼舊時之木柱子。有數根灰色雲石柱子之在波斯波立斯者，高六十尺，直徑六尺，可以想見其偉大矣。波斯柱頂之花帽頭，有三種或四種，分別之如下：

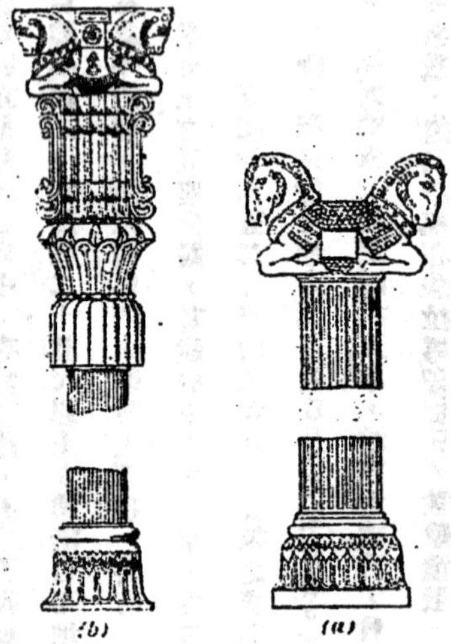

〔附圖三十八〕

（甲）半面之牛頭，或半獅半鷹之頭；而其方向則不定者。如三十八圖（a）。

（乙）花帽頭之用四個或較多之頭捲成鬆渦及四面出向者。如三十八圖（b）。

（丙）混和之花帽頭，分三節，以荷花之瓣，倒掛之葉，垂直之鬆渦及半個牛頭或半獅半鷹合成者。如三十八圖（d）。

八十一、花飾　波斯花飾之在牆壁，係具或室內任何處所者，現均無存；有之，惟巨大柱頂之牛頭深雕刻耳。按此種圖形，有兩種分別：一爲完全獸形，一則爲人類之首，鷹之翼與牛之身及足。其他雕刻，有以君主之首，配以獅身或牛身者，而必配列成對，並有羅列成行之衞士，侍臣，手持貢物者等之塑像。花飾中常有埃及之色調，如荷花瓣之於花帽頭，及荷葉垂掛於柱子之坐盤等處。

（波斯部份完）

希臘建築

總論

地理，歷史及社會

八十二、地理　希臘居於巴爾幹半島之南部，見三十九圖，係一小國，其面積之最長處僅二百五十英里，而最闊處亦不過一百八十英里。但其歷史綜錯，實較歐洲任何一國爲特殊。地咸近海，又復多山，濱海優越之區，如海島，海灣等，構成天然良好之港口。復經山嶺之分隔，遂形成各個獨立之部份。在各分段中一片平陽

爲島嶼之地，廣居較爲孤立之人種；斯或亦天之賦與古希臘以自然之

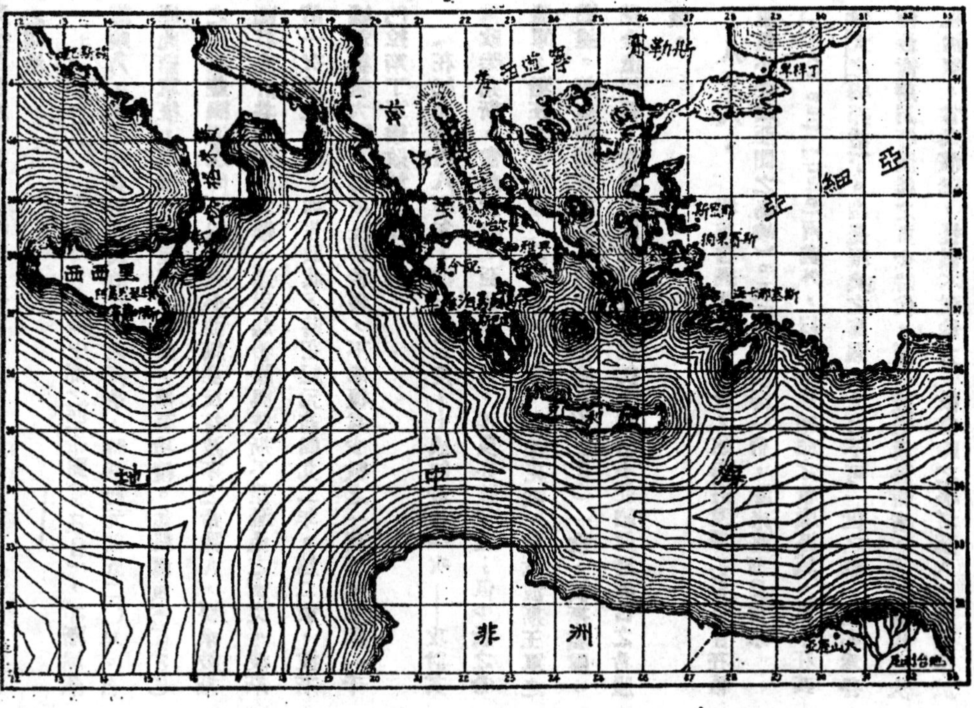

〔附圖三十九〕

環境，而養成政治獨立與衛國愛鄉之堅强精神。

八十三、地質 在卑羅泊義蘇斯(Peloponnesus)地方，有多數產花崗石，蛇紋石及雲斑石之石山；然大多數之山，盛產石灰石。所產雲石極夥，最著者，如北蒂里寇(Pentelicus)之白雲石，海綿吐(Hymettus)之灰雲石，及卑羅泊義蘇斯之綠紅兩色雲石。

八十四、氣候 希臘之氣候，熱時炎灼逼人；冷時則酷寒異常。蓋據云：希臘北方多山，發出冷氣，吹襲各處，以致寒冷特甚。而熱時因受南面非洲沙漠中送來熱風，故酷熱亦異常時。

八十五、宗教 希臘人所奉之教旨，爲自然之偉力；但無造像爲之代表。在彼撒闌(Thesaly)之亞令配山(Mount Olympus)，有查斯(Zeus)者，尊爲希臘之神主。此外更崇奉多神，如河神，山神，戰神，和平神，及各該分屬之地方神等，何啻千百之數。

八十六、歷史 較近在梅雪南及泰令斯(Mycenae and Tiryns)兩地，掘獲希臘在紀元前之千年文物；而在此時期，係根據傳說之年，亦爲古希臘大詩人荷馬作詩之時代。

希臘之先人，在海島及濱海一帶居留最早者，爲紀元前一千三百年；但不久即侵佔西部小亞細亞。

際茲時期，希臘內部，成爲四分五裂；其中特殊者有二：曰陶令斯(Dorians)，居於希臘之中部；曰亞慶斯(Achaeans)，在卑羅泊義蘇斯。最後陶令斯播滅鄰敵，擴展國境，而成九府，其主要者，爲亞格斯(Argos)，拉西台木尼(Lacedaemonia)；及米西尼(Messenia)。約於紀元前八○○年，陶令屬之雄者，猶自相攻殺，卒

為拉西台木尼戰克亞格斯及米西尼，而佔領卑羅泊義蘇斯三分之二之轄境。

八十七、　當其時，希臘中部之亞帝凱(Attica)，亦漸嶄然露頭角，並在雅典從事民治政制之修革，時為紀元前五二〇年。自經此鼎革後，復繼以海陸軍之戰勳，屢著功績。如凱爾西(Chalcis)之得取並擴達水師，以助在小亞細亞反抗波斯之希臘人，要求波斯國君允許其同協治之權，遂引起希臘與波斯不能避免之衝突。波斯第一次進攻希臘，即告敗北，時在紀元前四九二年。越二載，波斯國君復統大軍，再度侵略希臘，不幸復為少數之一萬雅典軍與一千巴拉斯丁軍擊敗於馬拉松，

「在紀元前四八〇年，波斯復三度——或即最後一次——攻討其執政朱克斯。當此役也，亞帝凱被佔，雅典亦被焚燬；但少數之希臘軍，猶在謝木斑彌(Thermopylae) 作殊死戰，以抗波斯王軍之前進。旋復戰勝波斯軍，而於薩拉彌(Salamis)一役，波斯艦隊，幾全遭傾覆，雅典軍遂乘勝於無抵抗下進佔小亞細亞沿海口之希臘據。

八十八、　雅典自經此次獲勝後，遂聯併愛琴(Aegean在希臘與小亞細亞間之島嶼)。及歐洲濱海一帶；除米洛斯及齊來(Melos and Thera)兩處外，以及小亞細亞之希臘區域，無不在其擴大之聯邦治下。由是雅典之富強，大有不可一世之概，且亦為各種藝術詩詞等發展之黃金時代。而一般倡導藝術者，尤為當代之大政治家，當衆演講，提倡不遺餘力，故當時之學者藝人，咸薈萃於雅典。晦泊龍比拉及派嚴(Propylaea and Parthenon)兩廟亦建於斯時。愛斯邱羅斯及沙佩葛爾斯(Aeschylus ane Sophocles)二氏所編之戲劇，菲達(Phidias)氏獨絕之雕刻藝術等，亦係該時代之產物。因內部意見紛岐，更以互相猜忌之故，遂於紀元前四三一年，在卑羅泊義蘇斯引起戰爭，結果為斯巴達(Sparta)握雅典之大權而有之，未幾，斯巴達復為徐勃斯(Thebes)推翻之。希臘自經此次戰爭，國勢稍弱，而被麥西道甯(Macedonians)好戰之君主，斐列浦(Philip)及其子亞歷山大(Alexander the Great)所乘。

八十九、　希臘國勢之昌盛，與商業之發展，實有賴於波斯之侵略。蓋希臘國中，本成羣雄分據之局面，自得波斯之侵入，遂亦破除私見，實行精誠團結；同時亦改弦易轍，一變其愛鄉觀念而為愛國觀念。迨與波斯停止戰爭，於是在其大帝國境內，無不交通暢達，商業繁盛，突破以前各自為謀之陋習。當斯時也，希臘之商人，有聯隊相率直抵中亞細亞及印度洋之岸，以貿易者；其大哲及學者，曾游歷古代文明發源之中心點，如埃及等處者，迨其返國，即將所聞所見，錄著成帙。尚有好探險，喜遊歷之士，並愛其鄉，遂以文化溝通國內及國外殖民地，以及地中海各部。希臘之開拓殖民地也，以其有裨於其人口之過剩；且同時亦欲擴强其在地球上之權威，勢力及財富；並播其祖國之文明，以與東方文明相融洽。

希臘人民，無論其在何地留居，終不離其優良之社會生活，及其高尚之習慣。雖地方上之紳士，住於城市或鄉村者，咸喜戶外之運動，或在體育館中鍛煉其身體。且常趨市場，在交易之談話中，互各交換其個人之思想及見解，故市場亦為總會之一種。哲學教師

之教導其學生，詩人之朗誦其近作詩歌，希臘人民之參與美術展覽及關於美藝新作品之盛會，欣賞之餘，輒加以大聲之贊許，或低聲之美歎。

希臘建築之風範

主要之點

九十、希臘典型之一斑　由於波斯之戰爭，而引起希臘人赤誠之愛國心，乃奮起謀政治之修革，學術之邁進，以冀鞏固其國本，使之安如磐石。雅典居於特殊之地位，故遂爲各種學術之集中點；而建築學與雕刻藝術在各種學術中，亦爲重要之一部。當代希臘藝術家之偉搆，自是值得後人歌頌者；蓋此項建築物，至今雖存留於殘斷塌圮之狀態中，然仍不失巍巍之壯觀者，其文化精神之偉大，亦足稱矣。希臘之於此種精美之柱子搆築，分三種典型，或稱三種式例，即陶立克，伊華尼及柯蘭新(Doric, Ionic and Corinthian)。

〔附圖四十〕

九十一、　圖四十(a)爲陶立克式，(b)爲伊華尼，(c)爲柯蘭新。陶立克式古意儁然，而其結構之謹嚴莊肅，遠超秀美之觀感。伊華尼式較爲簡單，而配襯均勻。而柯蘭新式則特別注重美觀，試自其花帽頭髮藥等圖案觀之，自可想見其美妙矣。

綜合柱子結構之各部，名曰典型，或曰式例；此中包含三個主要部份：(a)坐盤(Stylobate or base)，(b)柱子(Column)，(c)台口(Entablature)。圖四十(a)垂直線之括弧，右邊所註 a 爲坐盤，b爲柱子，d e f 爲台口之主要部份，d係門頭線(Architrave)，e係壁線(Frieze)，及f係台線(Cornice)。

九十二、　在圖四十(a)中所見之陶立克式柱子，有圓形之柱幹或卽柱子(Shaft)，及 c 花帽頭 (Capital)，係以餟形線脚(Echinus)拼成，突出柱身之外，而蓋置於柱之頂巔，加於餟形綫上之方頂，曰帽盤(Abacus)。

陶立克式柱子其根際無坐盤者，柱身連花帽頭在內，其高度等於柱身對徑之四倍以至六倍；柱幹自底部向上收小，故其外線之上口向內收進，中間略有弧形，是謂凸肚形 (Entasis)。壁緣間之方塊裝飾物 g 名排檔 (Triglyph)，而於排檔兩旁空白 h 爲排框(Metope)，x 者示刻於柱幹之槽，名曰指甲凹槽(Flutes)；普通一根柱子有二十條凹槽。第四十圖所示希臘柱子之式例，其坐盤之厚度相同；然因各種柱子根據式例比數之不同，故柱之高度遂亦因以各異。

九十三、　希臘伊華尼式例，見圖四十(b)，其高度略逾柱幹對徑之九倍，卽包括坐盤，柱幹及花帽頭之高度。柱幹雕刻指甲凹槽二十四條，而以 e 字之筋肋小線脚分間之，柱之中段亦爲凸肚形。坐盤有線脚圍繞，花帽頭則以四個螺渦及花飾等組成之。台口係以門頭線，璧緣及台口線三者集成；復將整個台口分成五份，而五分之四爲門頭線及璧緣之地位，其餘一份爲台口線。

希臘柯蘭新式例，見圖四十(c)，其高度等於柱幹對徑之十倍。花帽頭之高度，等於柱幹對徑一又三分之一高。台口亦係門頭線，璧緣及台口線三者組成。鐘形之花帽頭，四面用兩道反葉，而四角之葉則捲成螺渦形。

（待續）

讀者呼聲

為吾營造界進一言

康建人

西人嘗謂一國文化程度之高下，可由該國肥皂消費數量之多寡測之；吾則謂一國建築事業之發達與否，亦可以覘出該國經濟之盛衰。緣建築事業乃建設中一主要項目，經濟繁榮，建設自必發達，建設發達，則建築工程自必增多，此蓋極明顯之事理也。

吾國建築事業，過去曾有一相當發達之時期，此係革命成功，全國統一，工商業指數上漲之所致。但近年以來，外受強鄰之侵侮，內因政治之紛擾；而世界商戰激烈，外貨傾銷，美國實行通貨澎漲，白銀外流，加以天災頻仍，農村破產，國民購買力減低，因此工商凋敝，在在顯示不景氣之現象，遂使吾建築營造事業，竟至一蹶不振！其遭遇之惡劣，實為前所未有者也！

處此風雨飄搖之中，吾營造界果坐而待斃乎？抑或更整飭吾陣容，起而奮鬥乎？營造業致敗之原因，雖不無蒙受外界之影響，但揆之事理，其內在的原因，實亦不可忽視！外界之牽連，特一爆發之導火線耳。吾人研治病症，不能不尋源追本，欲求營造界之癥結亦如是；玆分別述之於後：

一、組織之墨守成法　無論何業，其各部組織之健全與否，直接影響於其業務之發展。蓋有嚴密合理化之組織，始能收指臂之効，而減除工料之浪費，職工之舞弊，使工作進行迅速，業務發達自亦可期。反觀吾營造業之組織，渙然如一盤散沙：既無確定之職業，又缺合作之精神，上下工作人員，人自為政。尤以職位流動，雇主雇員之間關係較疏，遂致有廠主在，則聊以塞責，廠主去則散漫之現象立見；羣龍無首，互相觀望，致浪費工料，延遲日期，其意外損失之大，為數不貲！忠實工作人員，雖不能謂為絕無；但一般情形，大都散漫不堪，毫無責任心之可言。營造業內部之雜亂，非一二人所能顧及，而世界進步又與時俱化，吾營造界亦曾深悟墨守成規與故步自封，為吾人莫大之阻礙與缺點乎？

二、錯誤之競爭觀念　處此自由主義之時代，競爭自為不可免之事實；而競爭原係推進社會事業進步之發動機，其結果可使工作求精，價格公道，名譽亦即隨之而俱來，此實係應得之酬報與權利，其理甚為明顯。然競爭須為正當的合理的，即應以本身之事業及名譽作為一種限制。顧吾營造業對此不明，致有乖僻與牽強附會之處。當亟思得標之際，即不顧一切，估算不及血本之價格，或竟出以倒貼之賠額，而業主貪心自必惟便宜是務，即委承造。但建屋非易，非由一磚一瓦，一椽一石，相疊而成，如許勞心勞力之結果，反致賠累，世上果真有若是之戇人乎？於是在可能範圍之內，或不免有偷工減料情事，以冀抵補。諺云：「一分行情一分貨」，以估價之低與偷工減料相平均，業主豈真便宜哉？而整個營造界遂不免「城門失火，殃及池魚」，而蒙不白之冤矣！即或業主精明，監工嚴厲，而事實上承包者亦決無能在成本費下完成之能力。於是工程中輟，價款逃匿，乃屢見疊出；但有時此種現象，亦非營造廠之存心不良，乃其競爭觀念之錯誤耳！兩敗俱傷之愚，未有甚於此者！

三、建築承攬契約之不平　營造廠承包工程之承攬，一般情形，直如一賣身契！條件內容，祇從定作人利益着想，於承攬人毫無保障。其不公平處：如限制承攬人資格，須有殷實舖保，及保證金等；而於承攬人造價之支付，並無保障，定作人存款如何，更無從證明。他如條件之苛刻，與不合情理處，尤使吾人束手！在此種契約束縛之下，營造廠祇得如命人緘口，無話可說。一方如主，一方如奴，在工程進行中，言論之自由，更遑論矣。營造廠雖明知其不合，但歷來之情勢如此，不得不然！

四、建築師監工員之不能合作　在工程過程之中，建築師監工員與營造廠之關係至為密切。以事務之進行而論，建築師與監工員因職權之關係，自得指揮並監督營造廠之工作，冀使進行順利而迅速，達到完滿之目的；既無高下之分，亦非營造廠應無理由的接受其管理也。現今吾國人格高尚之建築師，值得吾人敬仰者，固大有人在，然害羣之馬，實亦未能謂為必無。按建築師以其理論，以指導營造廠工程；但營造廠從工程中所得之經驗，其實亦可助理論之發展，而未容忽視。然而往往有若干建築師，毫不顧及營造廠有提供之意見，不問合理與窒礙，輒一任己意，實不無濫施職權之嫌，因之缺乏合作精神；然受損失者，又必歸之於承造者！至於或有醉翁之意不在酒者，則不堪聞問矣。

五、變態之心理　營造廠因格於情勢關係，對業主及建築師等，向抱委曲求全之態度，以冀減少阻礙。日久積深，馴至養成習慣，而類乎自賤之風氣，結果即不期然而存此種變態心理，實為莫大之錯誤觀念。蓋無論何人，均有其獨立之人格，乃屬神聖不可侵犯者。且在法理上言，權利義務，相對而立：一方工作，一方即得予以相當之酬報，必公必平，無慚無愧。何須於正當工作之外，諂媚他人。

此外，營造廠尚有一種普遍之惡習：即不問自己之能力，將來有無盈餘，而外表之豪華，即先盡行舖張，揮霍無度，外強中乾；然建築一業，究非致富捷徑，如此不顧實際，徒鶩虛聲，則其不失敗也幾希？

綜核上述，積弊已深，實有亟行改進之必要。盲瘤之疾，惟有對症發藥，謹貢一得之愚，望吾營造界勿河漢斯言：

一曰、須嚴訂組織　為整個營造界前途發展着想，實有拋棄陋習，而以科學合理之目光訂立規程之必要。職權分明，俾各有專責；勵行獎懲，使人人均有上進之機會。抑且組織嚴明，舞弊自少；職責既定，統制自易，於是分工合作，羣力邁進，結果自可事半功倍。

二曰、團結之迫切須要　營造廠各自為謀，無團結之精神，無庸諱言！有識者未嘗不言團結，而問其能舉團結之實者乎？無有也！優勝劣敗，無團結之實者，終必萎落澌滅，吾營造界之無能脫逃此不景氣之漩渦，此亦一大因也！團結之在今日，為當前第一急務，已盡人皆知。而團結精神之養成有四：曰、有公共觀念；曰、對外界說之分明；曰、有規則；曰、去忌嫉心。必完備不缺，始能言團結；團結始能生力量。然何人總其成？負此責？則曰：建築協會與各地營造業同業公會是也。指導同業之組織，維護同業之利益，不受外界之傾擠侮慢，以及如何提高智識，使明瞭所處地位；如何以科學方法、改進建築途逕；如何改良國產材料，提倡國貨，均爲協會與公會所應負之偉大工作與使命。但正如上述，力量產自團結，吾願營造廠之已入會者，應以誠意愛護其團體；未入會者，迅謀加入，以增厚其力量。吾尤願協會與公會能充分發揮其功能，盡其責任，而獲得會員之信仰心也！

三曰、對內對外之認識 社會之需要如何，趨向如何，於業務上發生密切關係。營造界應有相當之瞭解，正確之目光，不能毫無觀察力。旣不能墨守成規，亦不能好高騖遠，不顧實際，而盲目競爭。不然，時代進步，世事變化，優勝劣敗，情勢使然，必致陷於淘汰之列，無以自拔！至於協會及公會所訂之行規及決議案，都應爲大衆利益着想，而各會員亦應各遵守。例如承包工程契約，可由公會及協會於雙方利益均予顧全之下，訂定標準格式，卽有特殊情形得自增減，惟須以公會及協會所訂定者爲標準，不得違背其主要原則，致不合情理。至於工程進行期內，業主及其所委任之建築師等正當之指示，承造人自應遵從照辦；如其指點悖謬，或違背其契約規定，或使損我之利益者，則可不必猶豫，卽以正當之態度，採取有効之步驟，據理力爭。通達明理之人，對此必易澈悟，卽遇稍爲倨傲者，經此折衝，亦知公理所在，不敢輕易侮損。或曰：如此情形，必致影響日後營業，反不如稍爲忍耐，免多枝節之爲愈。殊不知侮損之門一開，自侮然後人侮，對方得寸進尺，終至無法矯正。與其坐受損失，曷若報以正當之對付？固非挑釁行爲也！惟須切記者，吾人當盡力工作，不取巧，不疏忽，務期工程完滿，則其未來之營造業，自得蒸蒸日上，何影響之有耶？

最後余大聲疾呼：今日何日？非二十世紀優勝劣敗適者生存之時期乎？吾營造界現處之地位，非日在風雨飄搖之中乎？今日而欲生存，欲競爭，舍具有實力以奮鬥則不爲功。今後中國建設事業之發展，又正期於吾營造界之努力！吾營造界對此應有深切之認識，幡然覺悟，知昨日之非而勉力自持，團結一致，邁步前進，以担負此偉大使命；庶幾或可因各盡所長，羣策羣力之故，由危崖深淵進而達於平坦大道也！

雅氏地板材料

歐美各國之時代裝飾家，當其承接一房屋時，必先選一合格之地板，以爲牆壁及傢具之背景；其對於地板選擇之重視，更甚於顏色，且耐久及安適，亦爲其所指定。

雅氏軟木總廠，爲美國著名之製造廠。其所出之各種舖地材料，均皆耐久，合宜及經濟；在四五十年前，已爲各界人士所贊許，因其耐久之性質，及不變之顏色，雖長用十五六年，亦始終如一。因此雅氏廠之出品，無論大小房屋（自小住宅之浴室至各式大廈）、均極合宜。

雅氏阿可磚（Armstrong's Accotile），係用石綿，樹膠，松香，土瀝青及色素，製合而成，爲雅氏出品最廉之一種，用以舖在商號，店舖，辦事處，走廊，陽台及銀行之招待室，最爲合宜。此項材料，近用於滬地者，有三處异大工程，如大新公司六萬四千方呎，成都路巡捕房四萬方呎，及徐家滙學校之小禮堂及走廊等，不勝枚舉。

雅氏橡皮地板，（Armstrong's Rubber Tile），爲一種最耐久之地板材料，其成分爲橡膠及各種化學原料所製。適用於銀行之招待室，辦事處，走廊及摩登住宅之入口踏步，會客室，步梯及浴室等。

雅氏油地毯(Armstrong's Linoleum)，爲最普遍及銷行最廣之出品。爲軟木，胡蔴子油，樹膠，松香及色素所合製。此種地毯，美國之商號及辦公室，百之九十五均採用之，醫院及學校亦佔多數；良以其經久耐用，花樣繁多，故能銷行最廣。

該廠出品，有平色十六種，雲石紋色十四種，及柳條色十一種，並有凸花等多種，以上各種花色，均可割開，拚成各式花樣，故本外埠建築師，裝飾家，莫不樂於採用。

以上出品，經理者爲上海南京路六十六號吉時洋行建築材料部，電話爲一六八五一至三云。

度量衡定位及換算表

建築工程人員因從業關係，費時於度量衡制之計算，實屬可觀。有時因制度不同，單位殊異，輾轉計算，更感煩瑣。本刊有鑒及此，特歸各制單位，彙錄如下，以備參考。

英制長度表

12吋=	1呎								
3呎=	1碼	=	36吋						
5½碼=	7桿	=	198吋	=	16½呎				
40桿=	1浪	=	7,920吋	=	660呎	=	220碼		
8浪=	1哩	=	63,360吋	=	5,280呎	=	1,760碼	=	320桿
1碼=	0.0005682哩								

根脫鍊
(Gunter's Chain)

7.92吋	=	1 令				
100 令	=	1 鏈	=	4桿	=	66呎
80 鏈	=	1 哩				

繩束

6尺	=	1 托	120 托	=	1	束長

英制面積表

144 方吋	=	1 方呎		
9 方呎	=	1 方碼	=	1296 方吋
100 方呎	=	1 方		

英制地畝表

30¼ 方碼	=	1 方桿		
40 方桿	=	1 方路得	=	1210 方碼
4 方路得 }	=	1 英畝	=	4840 方碼
10 方鏈 }	=	160 方桿		
{ 640 英畝	=	1 方哩	=	3097600方碼
{ 102400 方桿	=	2560 方路得		
		1 英畝	=	43560 方呎

公制長度表

10	公厘	(mm)	=	1	公分	(cm)	= 0.3937 吋
10	公分	(cm)	=	1	公寸	(dm)	= 3.937 吋
10	公寸		=	1	公尺	(m)	= 39.37 吋
10	公尺		=	1	公丈		= 393.7 吋
10	公丈		=	1	公秉		= 328呎 1吋
10	公秉		=	1	公里		= 0.62137哩

公制面積表

100	方公厘	(mm²)	=	1	方公分	(cm²)	= 0.155方吋
100	方公分		=	1	方公寸		= 15.5 方吋
100	方公寸		=	1	方公尺	(m²)	= 1550 方吋
100	方公尺		=	1	公畝	(a)	= 119.6方碼
100	公畝		=	1	公頃	(ha)	= 2.471英畝

公制體積表

1000	立方公厘	(mm³)	=	1	立方公分	(cm³)	= 0.061 立方吋
1000	立方公分		=	1	立方公寸	(dm³)	= 61.022立方吋
1000	立方公寸		=	1	之方公尺	(m³)	= 35.314立方呎

公制與舊制比較表

(一) 長度

1 毫	=	0.0032	公分	1 尺	=	0.32	公尺
1 厘	=	0.032	公分	1 步	=	1.62	公尺
1 分	=	0.32	公分	1 丈	=	3.2	公尺
1 寸	=	3.2	公尺	1 里	=	576	公尺

(二) 地積

1 毫	=	0.006144	公畝	1 分	=	0.6144	公畝
1 厘	=	0.06144	公畝	1 畝	=	6.144	公畝
1 頃	=	614.4	公畝				

(三) 容量

1 勺	=	0.010354	公升	1 斗	=	10.354688	公升
1 合	=	0.103546	公升	1 斛	=	51.77344	公升
1 升	=	1.035468	公升	1 石	=	103.54688	公升

(四) 重量

1 毫	=	0.003730	公分	1 錢	=	3.7301	公分
1 厘	=	0.037301	公分	1 兩	=	37.303	公分
1 分	=	0.37301	公分	1 斤	=	596.816	公分

專載

中國建築師學會，近為統一建築工程上之應用文件起見，擬訂保證書，工程合同，及建築章程等，制定發行，用意至善。現已由該會召集全體會員大會，討論此事。本刊前得該項保證書等原文一件，已將保證書及工程合同等原文，並附註意見，錄登上期（三卷十一，十二期）本刊。茲復將建築章程原文，並附具意見，錄刊如下，以窺全豹。

原文

建築章程

一 釋義
二
三
四
五
六
七 圖樣與施工說明書

第一章 釋義

本工程之契約包括合同，建築章程，施工說明書，圖樣，以及簽訂合同前後所加入之各項附屬文件。各該文件皆須由業主及承包人雙方簽字蓋章。凡遇有遺漏簽字者，應由建築師證明之。

圖樣包括本契約所附之施工總圖，及一切隨後陸續所發給之各項詳細分圖。

本契約內所需工作係指人工或材料，或二者而言。

分包人係指承包人以外之各項其他包商。凡與業主直接立有契約，訂明承包另一部份之工程者。

小包係指與承包人立有契約，按照圖樣說明書承辦本工程內一部份之工作者，與業主無直接契約之關係。凡專供材料而不施工者不能稱為小包。

凡函件或通告無論面交，簽送，或掛號郵寄與對方負責人，均為本契約內之附屬文件。對方如有異議，應於收到後五日內提出反對理由，否則即作為默認。

第二章 圖樣及說明書

圖樣與施工說明書，意在互相說明工程上之一切構造法及材料等等。二者有同等之効力。凡有載明於此而未載明於彼者，均應遵照辦理。設遇二者有不符之處，則由建築師解釋之，得依任何一項為標準。如有不甚明晰之處，應隨時向建築師詢明。

如遇圖樣及施工說明書均未載明，而為完成某部份工程所不可缺者，承包人亦應遵建築師之通知辦理，不得藉詞推諉及增加價格。

圖樣上一切尺寸皆以註明之數碼為準。未註有數碼之處應向建築師詢明，或依詳圖為標準。凡工程之某部，見於各種縮尺不同之圖樣上者，皆以最詳之分圖爲依歸。

八　詳圖　工程上應有詳細分圖之處，於工作進行時由建築師陸續繪就發給承包人照做。該項詳圖須以簽本契約時之施工總圖爲依據，大略相符。惟於必要時建築師有改良及變更原圖之權。如該項詳細分圖發出後，承包人認爲與原來總樣不相符合，將發生額外工作或材料時，得於五日內提出異議，聲明應加工料。否則該項分圖卽認爲與總圖相符，將來承包人不得要求加賬。

承包人於各項詳細分圖需用時，應預先通知建築師早爲預備。建築師接到是項通知後，至遲應於三星期內發給承包人應用。

九　廠樣　爲工程上或分包人之需要起見，建築師得令承包人供給各該需要部份之足尺工廠大樣，由建築師核准或修正後再行工作。但該項工廠大樣如與原說明書及圖樣有不符之處，承包人應先行聲明之。否則雖經建築師之核准，仍應由承包人負其責任。

十　圖樣著作權　建築師所發給之圖樣說明書及模型等專爲各該工程之用，其所有權及著作權皆屬之建築師。一俟工程完竣除簽字之一份由各方保存外，其餘一切圖樣說明書及模型等建築師有全數收還之權。各該圖樣等未得建築師之許可，不得移用他處，更不得抄襲或翻印。

十一　建築師供給承包人之圖樣，總圖以三份爲限，詳圖視需要之多寡發給之。

第三章　業主之權益與責任

十二　付款之責任　工程至合同內訂定領欵期限時，業主負照章付款之責任。

十三　更改圖樣權　工程進行時業主有通知建築師更改圖樣及說明書或變更施工步驟之權。如該項更改有涉及造價之增減時，悉依第二章第八條辦理之。

十四　代辦材料權　業主得建築師之同意，有代承包人採辦說明書內所指定之材料，供給承包人應用之權。該項材料之價格得於應付款項內直接扣除之。惟該項材料之數量應先得承包人之同意，其價格如契約內訂明材料單價者照該單價核算之，如未訂明單價者應得承包人之同意照市價核算之。

十五　監工員　業主得建築師之同意，得自聘監工員常駐工場督察及指揮工作之進行。

十六　扣留款項權　業主根據第七章第四十九條之規定，有扣留到期款項之權。

十七　停止契約權　業主根據第九章第五十六及五十七條之規定，有停止本契約而自行備料施工或另招他人繼續工程之權。

第四章　建築師之職權

十八　建築師之地位　本契約成立後。建師築卽處於公正人之地位。其職務爲根據本契約之範圍，盡力之所及，督促雙方履行本契約至工程完竣爲止。處理一切事務，皆以公正不偏袒之態度出之。

十九　供給詳圖　建築師視工程進行之需要負及時供給各項詳細分圖，及解釋圖樣上與說明書上各種疑問之責任。

督察工程

二十　建築師有督察工程之進行，核准各項材料之是否合用，審查各項工作之是否合法之責任。惟工程自身優劣之責任，仍由承包人負之，建築師不代負責。如業主以為有聘請常駐監工員之必要時，則此常駐監工員須受建築師之指揮，其薪金由業主付給之。

指揮工匠

二十一　建築師有支配工匠，指揮小包及工頭之權，對於工場內工人，無論其為承包人或其小包所雇用，均有直接指揮之權。如某工匠或工頭經建築師認為不能滿意時得令承包人或小包撤換之。

變更及代定材料

二十二　建築師有審核工程上所用一應材料之責任，及按第八章第五十條之規定，臨時變更說明書所指定材料之權。遇有承包人未能採辦或訂購說明書內所指定之材料時，建築師商得業主之同意，得代為訂購之，承包人仍應負一切責任。惟該項材料如契約內訂明材料單價者，其代定之價格不得超過之。如未訂有單價者。應先得承包人之同意。

解決爭執

二十三　工程至領款期限時，建築師負證明該工程之是否到期，及簽發領款憑證之責任。（參觀第七章第四十八條）

二十四　建築師有解決及處理一切關於工程上之疑問與爭執及關於承包人與分包人間，或業主與承包人間一切糾紛之責任。建築師於解決該項疑問或爭執事件時應於最短時期內處理之。

各項疑問爭執，凡有關於設計或構造技術上之問題者，建築師之處理為最後之裁決，無論何方不得再持異議。惟其他非屬於技術之各種爭執及糾紛，無論何方對於建築師之處理認為不滿時，皆有照第十二章各條之規定提出仲裁之可能。

第五章　承包人之責任

承包人負完全責任

二十五　承包人對於本工程應負一切完全責任。在工程未交卸以前，一應已成未成之建築物及材料皆歸承包人負保管之責。不論何種原因而有損壞或遺失時，皆由其負責。

工程上如有差誤或遺漏，無論其為承包人或其小包或其工人之過失所致，皆由承包人負完全責任。

遵守法律及條例

二十六　承包人除應遵守本契約所載明之各項規定外，並應遵守工程所在地一切管理建築之規程，以及火警或衞生規則，警察條例，保險公司章程，與其他一切法律，並應照章向當地官廳呈報承包本工程事宜。如發現本契約之規定有與官廳條例相抵觸處應即書面通知建築師修正之。

各項執照費捐稅雜費水電裝費

二十七　凡因本工程而發生之各項稅捐執照等費用，如營造執照，築籬圍地執照，拆卸執照　接管執照等等皆由承包人負担。

凡工程上一應材料應繳之關稅雜捐，與應用器具之租費運費，以及電費水費電話費接管費接溝費等等，均由承包人負責理楚。惟如水電等項之接費裝費等於工程完竣時業主有繼續使用之必要時，得轉移於業主，由業主償還之。

該工程地基上之原有地租，糧稅，以及非在本工程地基內之他項費用，如築路費，土地受益費，人行道修造費等等，皆由業主自理之。

二十八　承包人於簽訂合同前應至工程地詳細察勘一周，以期明瞭該地形勢。如於簽訂合同後發見該地有特殊情形而使工程上有額外費用時，不得藉口作加價之要求。

工程障礙物

二十九　本工程鄰近如有一切公家或私有之陰溝水管及電話電燈等線桿，凡足以阻礙本工程之進行者，應由承包人商准該管局所公司或私人設法暫時移置，完工後修復原狀並負担一切費用。

三十　保護工程　承包人於工程進行時對於鄰近房屋或產業應加意防護，如因本工程而使其有損壞及抱坍時承包人應負修理及賠償之責。

預防危險　承包人並應備辦一切預防公衆危險之設備如籬笆路燈記號及急救藥品等，如仍發生大小危險事故均由承包人負責處理。

三十一　橋架　工程進行時承包人應備具穩妥之橋架竹笆等物，以便建築師業主及其監工員等隨時至各處察看工程之用。並應備一相當房屋置有應用器具爲建築師在工場辦公之用。必要時並應備一臥室爲業主所聘任之監工員住宿之用。在可能範圍之內應裝設電話一具。

三十二　模型及照相　工程之重要部份如建築師以爲有先製模型之必要時，承包人應依其指示及方法製成模型以憑核准。如有需要各項攝影以示工程全部或一部之進行者，亦由承包人負責辦理之。

三十三　負責代表　承包人如自身不能常駐工場時，應派富有工程經驗之代表，常川駐在工場管理工程進行，全權代表承包人應付建築師之指揮及囑付，該代表如建築師認爲不克勝任或不能滿意時，得令承包人撤換之。

三十四　穿鑿挖掘及包糊　承包人負襄助其他分包人各種工作之義務。倘有必須穿鑿挖掘以湊合其他分包人之各項工作或工程內各部之處，應得建築師同意之後立即辦理。事後並應依建築師指示之方法修補之。承包人或各分包人之工作，如因有過分延遲或錯誤致發生不須有之穿鑿時。則所有該項穿鑿及修補之費用皆由致誤方面負担。如有露出之管子等建築師認爲必須包糊者，皆由承包人照建築師之指示辦理之。

三十五　保持清潔　工程進行時承包人對於工場內一應材料及廢料雜物垃圾等之堆置，應保持整潔之態度，凡不再需要之物應隨時運離。完工之後應將一應傢賸雜物等完全出清，並將房屋內外一應門窗地板牆垣玻璃揩拭潔淨。

三十六　承包人之担保　本工程簽訂契約之前如業主認爲必要時，得令承包人供給相當担保以保證其誠意履行本契約內之一切責任，以及因本契約而發生之一切應付款項。該保證之格式或爲經業主認可之殷實商號或个人，或爲現金或有價證劵，或產業契據，如係商號及个人担保，應另立保證書，或在本契約內簽章證明。如係現金，證劵或契據，應由業主與承包人雙方同意另訂辦法。

三十七　工程保證及竣工以後之修理　契約內所載歷期及末期造價款項之付給，不能爲業主對於該工作完全滿意之憑證。完工一年之內如房屋查有劣工窳料，及走動損壞，伸縮括拆，裂縫，剝落，滲漏等情事發生，經認爲確係工作不良材料欠佳所致者，承包人及其保證人仍負修改及賠償之完全責任。如對於該問題發生爭執時仍適用本章程第十二章之規定。

三十八　約束工人　承包人負約束場內工人之責任。一切吸烟賭博等惡習皆絕對禁止。如發生大小違法事故及滋鬧械鬥等情，皆由承包人負責。

第六章　人工及材料

三十九　人工材料　除另有規定外，承包人應承辦本工程全部材料人工，以及爲完成本工程所需之一切物品工具。所有材料除另行規定者外皆係新料。遇必要時建築師得令承包人證明各項材料之確實來源，品質，及價格。凡各材料皆應先將樣品送呈建築師核准。將來工場上所用材料皆應與此樣品完全符合。所有人工皆須上等熟練工人。遇有特殊工作時，應聘各該項之專門人才充任之。

工場內材料之堆放應遵建築師之指示或當地官廳之規定辦理，已完工程之任何部份不得過分使之載重以免危險。

劣工窳料 四十 本工程之無論某一部份如查有與圖樣或說明書不相符合處，無論其已否完竣均應拆卸重做。並將所有次料立即運離工場。如因該項拆卸而有損壞其他分包人之工作者，亦由承包人負賠償之責。

如承包人屢經警告而仍不實行拆卸或將次料運離，則業主得代爲辦理，所有費用由承包人担任，得在未付造價中扣除之。

材料所有權 四十一 除本契約另有規定外，工場上所有材料，無論已否建造成物，無論何人不得擅自運離。一應多餘之各項材料，及工程進行上所需用之橋架頂撐等輔助材料，須至各該項工程完成後方得運離。

材料測驗 四十二 一應材料如對於其力量，成份，性質等有疑問經建築師認爲有施行試驗之必要時，承包人應立即遵囑將該項材料送往指定或相當機關施行測驗，所有費用歸承包人負担。

查驗工程 四十三 工程之任何部份，不論在預備時期或進行時期，如建築師或當地官廳以爲須加以特別檢驗者，承包人應預備一切及予以種種便利以便該部份之檢驗。所有應行檢驗部份應俟檢驗手續完備方可繼續進行工作，否則如因此而發生拆卸等情皆歸承包人負責。如因特種理由或業主之要求，建築師得令承包人將某部份工程施行第二次檢驗，如查出該項工程確與本契約所規定者相符，則所有檢驗費用，及承包人之損失皆歸業主負担。否則由承包人自理。

材料更改 四十四 本契約所規定之材料設因臨時市面缺貨不能購辦，承攬人以爲有他種材料可以替代應用者，應卽書面通知建築師並附以該替代材料樣品，經建築師審查認爲可用，出有許可證方得代用。所有該項材料與原規定者價格如有差次皆照數核算扣除或加給之。

專利品 四十五 凡工程上所用各項材料如有屬於專利品者，則應繳之專利品費用由承包人照付。如因侵佔專利權而發生訴訟等事亦由承包人負責理楚。

第七章　造價及付款

付款之意義 四十六 業主以契約內訂定之包價按規定之辦法分期撥付給承包人，至付足全部造價爲止。但業主逐期付給承包人之欵項，不能視爲彼時工場內一應材料及已成建築物等之代價。

包價之固定 四十七 契約內規定之總包價包括完成全部建築所需之工料器具開支雜費及承包人之盈餘等等在內；一經簽訂卽爲定案。將來無論工資及材料之變動，金銀匯兌之漲落，國家稅則之更改，雙方均不得藉詞要求增減。說明書內如有對於某部份工作註明須用款若干或單價若干者，祇包括該部工作之材料及人工而言，所有因該部工作而應有之器具開支雜費盈餘等皆應包括於總包價之內。如經證明所用之款不及註明之數則此項餘款應在總包價內扣除。

付款手續 四十八 每屆領欵期限承包人須先具函向建築師報告請求領款，由建築師查核無誤，然後依下列辦法簽發領款憑證，由承包人憑此證向業主領取款項。

如契約規定領款數目以所做工程之價値爲比例者，承包人須於先期訂定本工程內各部份之數量與價値造具表冊送呈建築師備案。此各項數量價値之總數，應與包價相符合。遇必要時建築師得要求承包人呈驗他項文件以證明此表冊之無誤。

每屆領款時承包人應於期前十日根據此表册之類別分析彙報，由建築師核發領款憑證。

如契約內規定領款期限以工程做至某種地步付款若干者，承包人應於屆期時擷備照相證明該步工程之確已完成，連同領款請求書呈建築師查核。由建築師核發領款憑證。

如契約規定僅將材料運至工場即可領款者，則於具呈請求書時建築師得令承包人呈驗購貨發單以憑核定。

建築師簽發領款憑證後業主應於工程合同規定之日期內按數付給承包人。如業主延遲付款，則承包人得要求業主按當地通常或法定利率償還之

扣留付款 四十九 工程已屆領款期限如發現有下列各項情事之一者，則雖已簽發領款憑證，業主或建築師仍得扣留一部或全部之款項，至承包人將該事處理滿意爲止。

(甲) 工程有不妥處經建築師通知更改而延不履行者。

(乙) 建築師收到任何方面對於承包人因本工程之種種行爲而有所抗議者。

(丙) 承包人虧欠各小包或材料款延不付清者。

(丁) 承包人有應賠償其他分包人之損失而延未履行者。

(戊) 對於未付之款預料其不足以完成全部工程者。

第八章 工程變更及造價增減

變更工程 加賬減賬 五十 本工程進行時，業主有增加，減少，及修改其中任何部份之權。所有一切添加之工程仍當按本章程及工程說明書之規定進行。凡一切工程之變更除由建築師出有修正圖樣者外，皆當以書面出之。凡因是項更改而使造價隨之有所增減時，皆當於該修改工程未進行前按下列各辦法由雙方同意議定之，並由雙方簽訂工程更改證書證明之。

(甲) 按契約內所載明之單價按數核算之。

(乙) 由承包人將所修改之工程估一價額，經業主承認之。

(丙) 按承包人對於該項更改工程之實支工料款加預定之餘利核算之。採用是項辦法時承包人應按指定之格式呈報工料款項以及一切有關之單據以憑核算。

如事先未經議有確數，承包人受業主之通知即行進行工作者，建築師得按上列三項辦法擇最適宜於當時情形者核算價格發給領款憑證，業主即當照付。

如工程進行中業主有臨時口頭囑咐承包人更改工程之任何部份，有業主之自僱監工員或建築師之證明者，亦得以修改工程論。

除上列之各種方式外，凡承包人未經任何方面之通知而自行更改，致有增加工料時，業主概不負責。

拆改工程 五十一 任何工程如已經價契約做就，而業主尚須拆除或更改，承包人應於未拆前通知建築師，並估計損失開具價格由建築師核准。再由雙方簽訂工程更改證書，方可更改。

不能修改工程之減價 五十二 如有所做之工作發現與契約不符或不能使建築師滿意，而經建築師認爲難能修改或補救者，業主可照原訂之價自內酌核

扣減以償業主之損失，由建築師秉公核算，而於包價內扣除之。

五十三　所有一切加賬減賬等糾紛皆應於末期付款前理楚之。除三十七條之規定外雙方皆不得於付末期款後再行提出。

第九章　建築期限及契約中止

完工日期

五十四　完工期限由契約訂定後，除本章第五十五條所規定之展期外，如承包人於期前或過期完工，皆依契約所訂明之賞金或賠償金按數付給或扣除之。

完工日期應以按照本契約規定之全部工程經合法造竣，得建築師之證明爲準。在未完工前雖工程之全部或一部由業主預行使用亦不得以完工論。惟如因特殊情形使一部份之工作不得不延緩，而其原由非由於承包人之過失所致者，建築師得酌量情形，保留其延緩之部份而作完工之證明。

接收

業主接得工程完工之證明後應即擇定日期通知承包人及建築師會同到場接收工程。屆期由承包人將工程上一應鑰匙及保管責任點交業主執管，並將本章程第十章六十條所規定之保險單移轉於業主。該項接收手續應於完工後三十日內行之。如業主因故不能於三十日內接收工程，則可商得承包人之同意請其代爲保管。保管期內所有開支由業主償還之，一切責任仍由業主自負之。

驗收

如業主對於本工程完工後以爲有舉行驗收手續之必要時，得於接收前或接收後通知承包人及建築師舉行之。

工程由業主接收以後如再發現不良工作或與本契約不相符合處，仍按第五章三十七條規定辦理。

展期完工

五十五　工程進行時凡遇下列事故因而停工，則完工期限得酌量延長之，皆於事故發生後隨時由承包人具函向建築師報告停工日數及原因，經查核無誤於完工後一總核算之。一切例假皆由承包人於事先預計包括於工程期限內，不另計算。

(甲)　雨工——凡雨雪冰雹皆屬之，晨雨作一日，下午始雨作半日。夏季陣雨乍晴乍雨者不計，屋面做好之後不計。如有疑問以當地正式機關之天文報告作準。

(乙)　冰凍——凡天氣嚴寒至華氏三十度之下即作爲停工論。惟如訂契約時註明施用禦寒建築法者不計。

(丙)　天災——凡地震，雷擊，颶風水災以及其他非人力所能抵禦之變故皆屬之。

(丁)　失火——凡失火延燒除照第十章第五十九條之規定外所有完工日期應由業主及承包人雙方另行議定之。

(戊)　兵災——如戰事發生有使材料不能運輸時作停工論。

(己)　工潮——如屬於團體性之罷工風潮，罷運風潮等皆屬之。惟如因承包人自已之措置失當致激成工潮者不論。

(庚)　工程阻礙——如因業主所僱其他分包人之過失，或忽略差誤出於業主或建築師，或因等候公斷等原因致使工程停頓，皆由建築師酌量核定展期日數。

(辛)　工程更改——如受業主之囑咐工程有所變更或增減，除按第八章第五十條之規定增減價格外，並應預先訂定應行增減之日期。如當時未有是項訂明者，皆按價格增減之數目與原訂造價總數及建築期限酌量核算之。

業主之自已施工權

五十六　工程之任何部份如承包人不能切實按照本契約所規定者辦理，經業主或建築師正式警告後三日內仍不予更正，則業主可以自備工料施工或另招他人承包是項工程。所需款項即在未付給承包人之款項項內除之。惟此項行爲，及所扣款項之數目，皆應先得建築師之同意。

業主停止契約之權

五十七　如承包人於工程進行中不能招集足數歷練工人，及一切應用材料，致工程過分延緩，或不能按期付款於各項小包，或有意違背本契約之重要條文，或屢次違反當地法律，經建築師正式警告後三日內仍不能恢復工作及遵守契約與法律辦理；或承包人業已宣告破產；或承包人已將財產及管理權讓予第三者；或已由法院派定清算人清理債務；則業主可以不問承包人有無他項補救辦法，逕行函告承包人停止本契約效力。所有承包人未領款項亦即停止付給。所有未完工程及工程地所有一應材料工具皆由業主自行接管，並用種種方法使工程繼續進行，至完工時一併核算之。如業主用以完工之款及一切因此而發生之額外費用超出倘未付給承包人之分期造價之數，即向承包人或其保人於一个月內如數取償。如較少於未付之分期造價，則所餘之款應由業主於完工六个月後發給承包人。所有業主用以完工之一切款項應詳列簿冊由建築師證明之。

承包人停止契約之權

五十八　如非由於承包人之行為或過失，當地官廳勒令停工至三个月以上者，或已到領款期限經建築師簽發領款憑證而業主於二十日內不能照付者，承包人得正式通知業主及建築師。如再經七日內仍不能將該項問題解決，則承包人得自由停止工作，或逕行停止本契約效力。所有已做之工程得照所值向業主取償。所有一切因此而所受損失皆憑仲裁決定由業主賠償之。

五十九　業主及承包人無論何時何方，若未得對方之同意，不得將本契約全部或一部份權利讓予第三者。承包人非得業主及建築師之同意更不能將到期或未到期之分期造價抵押予他人。

第十章　災害及保險

火險

六十　工程進行時，工場內一應材料及已做工程，應由承包人向殷實可靠之保險公司投保火險，數目視工程之進行逐漸增加如數保足。保單悉交建築師代為執管，可以公開檢閱。如遇火災發生即由業主及承包人仝向保險公司領取賠款。並由雙方會同建築師核計雙方所受損失之多寡支配之。如承包人不顧投保是項火險，則業主可以單獨投保其關於自身有關係部份之火險；保費由承包人負担，權利歸業主享受。如雙方皆未保險而遇火災，則業主所受損失應由承包人賠償之。

工場如遇火災，本契約仍繼續有效，惟完工日期應另定之。

天災及兵災

六十一　工程在未交工以前，所做工程及場內一應材料如因颶風，地震，水災以及一應天災而受有損失，如證明確非因承保人保護不周有以致之，則所受損失皆由業主負担。其損失之多寡由業主承包人雙方會同建築師估定計算，惟業主負担之數至多以已付之分期造價為限。如所受損失超出已付造價時，超出之數由承包人負担。如遇發生戰事恐慌，應由業主及承包人雙方估計所有之價值會同投保兵險。否則如受戰事損失，依照上項天災等一律辦理。如雙方不能同意，則任何方面可以單獨投保，其權利歸投保者單獨享受。

損害賠償保險

六十二　承包人應保有歸於第三者之損害賠償險，以資賠償因本工程而發生對於工人或公衆之一切受傷及死亡之損失。如當地有保護勞工條例則應查照該項條例辦理。保險單於必要時應繳建築師保管。如承包人未保是項保險，則如有損害歸承包人負責。

同時業主亦可投保是項損害賠償險，以資保障其自身之利益。

第十一章　分包人及小包

承包人與分包人之共同責任

六十三　如承包人有使分包人，或分包人有使承包人因本工程而受有損害時，則此項損害由致損者負責向受者料理清楚。若業主因上項損害而被控，則一切訟事應由致害者代業主料理，如遇敗訴則一切損失歸致損者負擔。

小包

六十四　承包人如欲將本工程內某一大部份工作轉包於專門該項工作之小包，則應先將該小包之名號履歷及轉包工程價值於事先呈報建築師得其同意。建築師因充分理由對於該小包不滿時得拒絕之。

小包所做之工程及其一切行為，對於業主由承包人完全負責。

本章程內各條文間有涉及小包之處，不能謂業主與小包間已發生契約關係。

承包人與小包之關係

六十五　承包人對於小包無論簽有正式合同與否，應責令其遵守本工程契約之規定，如該部工作係本工程之重要部份則承包人與小包間之合同須先得建築師之同意，並酌量插入下列各條文。

(一)　凡本章程及圖樣說明書之所規定，承包人對於業主應負之責任，小包對於承包人應同樣負責。

(二)　小包如有向承包人要求加限展期或賠償損失等事皆按本契約之規定辦理。

(三)　凡契約上有規定業主對於承包人之優待條件者，承包人應同樣待遇小包。

(四)　業主每期付款時，承包人應將小包所做工程應得之數同時付給小包。總以小包已做工程及已領款項與承包人對於該項已做工程及已領款項有同等之比例，惟如小包已將其工程做好，而建築師非因該小包之過失而延不簽發領款證，則承包人仍應將該小包應得之款付給之，不得藉詞推諉。

(五)　工場如遇火災，有承包人領有賠款者，則小包受有損失時應照公平辦法支配之。

(六)　如遇仲裁時承包人應予小包以出席對質或呈驗證據之機會。如仲裁所爭執之點在小包工程範圍內者，則承包人所舉之仲裁員應得小包之同意。

以上各項雖為本契約所規定然業主對於小包不負任何責任，並無直接付款予小包及監視承包人付款予小包之義務。

第十二章　仲裁

仲裁請求

六十六　凡業主與承包人間一切因本工程而發生之爭執，及糾紛事項，皆按本契約之規定由建築師負秉公解決及調處之責。惟除對於建築技術上或力學上之問題以建築師之解釋為最後之決定外，無論大小事件，如業主與承包人雙方或任何一方對於建築師之判斷不能同意時，或對於其他事件發生爭執時，皆有提出請求仲裁之可能。

凡任何方面對於某一事件擬請求仲裁時，應於經建築師解釋調處後，或事件發生後，七日內正式具函通知對方及建築師請求仲裁。凡經雙方或一方提出仲裁請求後，建築師或對方皆當於三日內按下條之規定進行仲裁，絕對無拒絕仲裁之可能。

仲裁員

六十七　仲裁進行係由業主及承包人雙方公請仲裁員一或三人對於該爭執事件施以裁決。如仲裁員為一人時，則此人由雙方同意公請之。如為三人則先由雙方各請一人，由此二人協定再公請一人。如此二人於十日內不能同意公請第三人時，則此第二人可函請當地主管機關或中國建築師學會指派之。如請求仲裁方面於十日內不能請到仲裁員則失其請求仲裁之權利；如對方於十日內不能請到仲裁員，則由請求仲裁方面呈請當地主管機關或中國建築師學會代派之。

裁決

六十八 仲裁進行時，雙方應將關於該事件之一切證據及文件等供給仲裁員參考以憑裁決。必要時仲裁員並得令雙方對質或至工程地實施查驗。如任何一方不能將所有證據及文件等供給仲裁員，或經仲裁員通知到場時避而不到，則仲裁員可不强求，能逕行裁決之。如仲裁員僅為一人則其裁決即生效力。如係三人則任何二人同意之裁決即生効力。仲裁員之裁決應以書面通知有關係方面，雙方一經接到此項裁決書應絕對服從，並應避免因此而再生訴訟。如當地法律許可則此項裁決可呈請地方法庭備案以助執行。如仲裁員以為合於案情之需要，對於勝訴方面並得判予因仲裁而所受之損失，由敗訴方面賠償之。

仲裁費

六十九 仲裁員之公費由仲裁員自定之或於聘請仲裁員時約定之。並由仲裁員自行裁定由雙方分擔或由任何一方負担之。

第十二章 附則

七十 本章程由中國建築師學會於民國廿四年十二月二十日年會議決通過公佈施行。章程內各條文如有未盡善處得由中國建築師學會議決修改之。

七十一 （各工程如因特殊情形有不適用本章程之任何條文，可由業主及承包人雙方同意後添註於本條下）

意見

（一）條文中「承包人」與「業主」等名稱擬改為「承攬人」與「定作人」，以符法定。

（二）原文第六條：「……對方如有異議，應於收到後五日內提出反對理由，否則即作為默認。」擬改為「……對方如有異議，應於收到後五日內答覆，否則即作為默認。」

（三）原文第七條第一項：「……得依任何一項為標準。……」擬改為「得依任何一項為標準，惟以價值相去不遠者為限。……」同條第二項：「……不得藉詞推諉及增加價格。」擬改為「……不得藉詞推諉及增加價格，但以價格不巨而承攬人能接受者為度。」

（四）原文第八條第二項：「…… 至遲應於三星期內發給承包人應用。」擬改為「……至遲應於三星期內發給承攬人應用。」

（五）原文第十四條擬改為：「定作人得建築師暨承攬人之同意，有代承攬人採辦說明書內所指定之材料及數量，供給承攬人應用之數。該項材料之價格，得於應付款項內直接扣除之。其價格如契約內訂明材料單價者，照該單價核算之，如未訂明單價者，應得承包人之同意照市價核算之。」

（六）原文第十五條：「業主得建築師之同意，得自聘監工員常駐工場督察及指揮工作之進行。」擬改為「定作人得建築師之同意，得自聘監工員常駐工場督察工作之進行。」

（七）原文第二十一條標題擬改「工匠之更換」，條文擬改為「建築師對於工場內工人，無論其為承攬人或其小包所雇用者，如某工匠或某工頭經建築師認為不能滿意時，得通知承攬人撤換之。」

（八）原文第二十四條：「建築師有解決及處理一切關於工程上之疑問與爭執及關於承包人與分包人間，或業主與承包人間一切糾紛之責任。……」擬改為「建築師有解決及處理一切關於工程上之疑問與爭執，及關於定作人與承攬人間一切糾紛之責任。……」

（九）原文第二十五條第一項之末擬加「惟材料之非屬承攬人範圍內者，概不負責。」

（十）原文第二十七條第二項擬改爲：「該工程地基上之原有地租，糧稅，關稅等之於簽約後增加者，以及非在本工程地基內之他項費用，如築路費，土地受益費，人行道修造費等等，會由業主自理之。」

（十一）原文第二十八條末擬加：「惟地下發生特殊情形而須變更建築計劃；因計劃之變更而價格增減，則由建築師依據單價增減之。」

（十二）原文第三十七條：「……完工一年之內如房屋査有劣工窳料及走動損壞，伸縮括拆，裂縫，滲漏等情事發生……」擬改爲「完工後担保期內如房屋査有劣工窳料，以致走動損壞，伸縮括拆，裂縫，滲漏等情事發生……」。

（十三）原文第四十七條第一項：「……國家稅則之更改……」擬改爲「……除關稅之更改外……」

（十四）原文第四十八條第二項：「……每屆領款時承包人應於期滿十日根據此表冊之類別分析彙報…」擬改爲「……每屆領款時承攬人應於期前三日根據此表冊之類別分析彙報…」

（十五）原文第五十五條（甲）款：「……屋面做好之後不計…」擬改爲「……外牆門窗玻璃配好之後不計……」

（十六）原文第五十八條：「……或已到領款期限經建築師簽發領款憑證而業主於二十日內不能照付者……」擬改爲「……或已到領款期限經建築師簽發領款憑證而業主於十日內不能照付者……」

（十七）原文第六十一條第二項末加「兵險保費由定作人負担之。」

（十八）原文第六十三條：「……則此項損害由致損者負責向受者料理清楚。……」擬改爲「……則此項損害由致損者負責向受損者料理清楚。……」

（全文完）

附楊錫鏐建築師來函

逕啟者：日前奉大札，對於建築師學會所擬之標準建築章程，蒙賜高見，詳加修正，無任感謝。昨晚（按係十二月二十三日）該會年會時，曾由弟將尊見多項，提出討論。玆將結果詳錄於下，知關錦注，特此奉覆：

（一）「定作人」「承攬人」名義問題，査民法二編二章八節所稱之定作人與承攬人之名義，係指一切情形而言，非專指建築一項，故不得不用一兼括之名稱；而在建築界內依習慣及歷史，皆以業主爲較明瞭而簡單。且如稱爲業主，與法律並無牴觸之處；一旦涉訟法庭，即知此業主卽爲法律中之定作人，可毫無疑義。猶之英美法中稱定作人爲Employer（與雇主同）。同時英美建築章程中，均曾稱業主爲Owner，故似可不必削趾就履也。

（二）二十八條「察勘地勢」，如於簽約後發現地下有特殊情形，而應有增加工作應行加價一層，已照改。

（三）簽訂合同與投標估價之圖說，當然應行相符，似可不必特爲表明，以啓社會忌疑之心。惟爲免除流弊計，曾決議於制定投標規則時，規定投標圖說應俟得標者簽約後再行送還。

（四）合同（三）條單價核算法，貴會主張加賬照算，減賬九折計算，深具充分理由。當初議時衆意大約一致贊成，在章程內確切註明之。惟有某君發言，謂本章程之印行將遍及社會人士，宜於簡略而不宜過於繁瑣，使普通業主不深明詳情者，有懷疑之態云云。致多數會員於表決時否決之，弟个人深以爲憾。或可於將來制定單價表格式時，另列增減二種價目，以爲補救；然亦有待於全體會員之同意始可也。

（五）章程七條之「按例應有之物」一句，原意本爲零星材料或預備材料等等，譬之陰溝說明書上鮮有註明「上覆陰溝眼」者，然承包人當然不能使之露空。水落一項，如未註用鉤鉤牢，當然不能加賬。諸如此類，凡爲完成一項工程而萬不能缺少者，始歸入之。此外額外添出，缺之亦不爲少者，當然不必列入此條內，故以爲不必更改。

（六）二十四條之「承包人與分包人間」數字誤係 執事誤爲小包，請一檢第一章釋義，即可明瞭。

（七）二十五條之材料問題，准照改正。

（八）增加關稅一項，經詳細討論，各會員意見皆互有出入。卒以關稅一項，即使增加，亦屬全部材料之一二種，而又爲該一二種之百分之幾，如與金銀滙兌之漲落相落，不可以道里計。匯兌漲落當然係承包之所負責，則關稅之增減（亦有可能），似亦與之性質相同。且如一經訂定，則將來一有增減之時，因定貨時日之不同，數量之疑問必將發生無數糾紛，故亦照原草案通過。

（九）担保期定爲一年，已爲世界各國之普通習慣。十年前滬上常有包工合同担保至十年二十年者，殊爲不合。且如遇業主之固執者，每每要求長時期之保證，則當時之建築師與承包人必處於爲難之地位，故不若訂定之爲一律也。

（十）五十五條之「屋面蓋好」一句，完全除去，意即完工之前，凡有雨工皆照算。

以上諸條，皆經表決通過。間有與 貴會意見相出之處，則以敝會與 貴會之立場不同，爲公道計，敝會各會員以爲如此爲妥。特行函覆，並祈 鑒原爲幸。此致

上海市建築協會 台鑒

楊錫鏐啓

十二月二十四日

琅記營業工程行營業概況

上海天潼路二八八號琅記營業工程行，專營暖氣裝置衛生設備及開鑿自流井等工程，開設十有餘年，業務極爲發達。經理王士良君，曾在大學機械工程科畢業，並得實業部工業技師執照，學識經驗，兩俱淵博，服務成績，深得業主及建築師之信仰。最近政府方面巨大工程，如上海市中心區上海市圖書館，體育館，運動場，游泳池，與郵政局，實業部，津浦路局大禮堂及南京無線電台，所有衛生設備等工程，均由該行承接，業務發展，可見一斑。該行在王君主持之下，領導得人，宜其日見進展也。

原刊缺第八十三至八十六頁

上海之水泥業

(一)導言　水泥爲近代新興之工業，亦爲現代建築工程中三大要素之一。在水泥未發明以前，代用品爲石灰與泥沙調和而成之混合物，俗稱「三合土」，遠不若水泥之堅緻美觀，且用於水閘堤岸等處，每易被水冲潰。自水泥業發明後，世界建築術爲之一新。我國以前水泥，均由外洋輸入。迨至光緒末葉，始有啓新洋灰公司接辦英商開平礦務局附設之水泥廠；嗣後華商水泥公司及中國水泥公司亦相繼成立。惟因事屬初創，出品未精，且產量有限，而同時國內需要日增，故外貨輸入仍旺。迨歐戰突起，歐美無暇東顧，國產水泥業，曾一度勃興；迨歐戰結束，各國東亞市場恢復，水泥進口又呈活躍氣象。民十年以後，進口額與年俱增，每年漏卮在二百萬兩以上；二十一年後，全國經濟恐慌，日益深刻，本市地產業建築業，更一落千丈，二十三年七月，政府復提高海關進口稅率，進口額乃銳減，惟本年輸入額，較去年同期，又形增加。國產水泥，近年來亦與外貨同陷不景氣中，自最近財部頒布新貨幣政策以來，市面似可趨恢復之途；若地產業能漸呈活躍，則建築業自必隨之發達，水泥業前途，當有轉機也。

(二)沿革　查我國水泥廠，以英商開平礦務局附設之水泥製造廠爲濫觴，時在前清光緒二年（西歷一八七六年），此爲我國境內水泥製造工業之嚆矢。旋以內部管理欠善，出品銷路備受阻滯，致虧損甚鉅，迨光緒卅三年（西歷一九〇七年），該廠無意經營，乃由華商承盤，更名爲啓新洋灰公司。翌年，清政府繼起創設廣東士敏土廠於廣州。宣統二年（西歷一九一〇年），湖北省亦成立大冶水泥廠，嗣以營業失利，遂於民國三年歸併於啓新洋灰公司，改稱華記湖北水泥公司。歐戰爆發後，外洋水泥輸入絕跡，國內水泥業乃漸呈蓬勃氣象。民國九年劉鴻生君等，發起組織上海華商水泥公司於龍華，成立於同年十二月，次年六月，向前農商部註冊，至民國十二年八月開始出貨。繼起者爲南京龍潭之中國水泥公司，成立於民國十年八月，同年十二月註冊，十三年夏出貨；後又收買十二年創設之無錫太湖水泥公司全部機器，並建新廠。十八年，廣東省政府因建築粵漢鐵路，需用大量水泥，乃於廣州附近創設西村士敏土廠。吉林省籌備已告就緒之東北洋灰公司，因九一八事變而宣告中止。嗣後國內新創者，卽無所聞。及至最近，聞政府及實業領袖多人，擬在南京組織大規模之水泥公司，並擇定棲霞山爲廠址，定名「江南水泥公司」，資本爲二百四十萬元，不日卽將興工建築。倘將來國人能一致提倡，則國產水泥，足敷自給，而每年數百萬元之漏卮卽可杜塞。

(三)種類及原料　水泥約可分三種：㈠天然產水泥，㈡火山頂水泥，㈢柏查蘭水泥。我國水泥廠所產，皆係第三種柏查蘭式，本篇所述製造程序，亦卽偏於此式。

至於製造水泥之原料，計有三種：㈠粘土，以不含多分之鐵質及礦質爲佳。查上海公司採用之粘土，係採自松江佘山；中國則採自該廠附近。㈡灰石，以未含鎂或僅含微量者爲宜。上海採用係來自長興陳灣山；中國則就附近採用。㈢石膏，我國各廠所用石膏，多向德國漢堡或墨西哥訂購。查我國湖北應城縣亦有出產石膏，但因來源時告斷絕，致須仰給於外洋。此外如燃料之煤，亦屬重要，各廠需用煤之重量，約合製成品三分之一。廠家所用之煤，多半爲開灤，烈山，中興，及紅奇等處之煤屑。中國及上海二廠因距離煤礦較遠，致運費損失不貲；啓新廠則就近採用，故該項成本較低也。

查上海公司全年約需粘土三萬噸，灰石約十萬餘噸，石膏約二千餘噸；中國公司年需粘土約四萬噸，灰石約十餘萬噸，石膏約四千噸，以上三廠共需燃料每年約八九萬噸。

(四)製造程序　製造水泥可分爲燥濕二法，製時以原料之性質而異。如中國，上海等公司製造，皆採用半濕法。其法係原料運廠後，將灰石倒入軋石機使碎，粘土則傾入洗泥磨打成泥漿，然後由運送機輸入泥斗，再陸續投入混和機；灰石壓碎後，即入管磨使成細粉，乃輸入灰石斗而達混和機，以某種比例，與泥漿混合攪勻後，如未達預定比例，酌加灰石或泥漿，使合比例。迨經適切混合後，即運至泥漿池，再放入旋轉窰燒之。在泥漿未放入以前，須用煤粉末之高溫，煤係在窰內燃燒，故須磨成細粉，先將碎煤運至乾燥房烘乾，乾後用管磨成細粉，利用焱風吹入窰中，燃燒時，泥漿由窰之後端漸漸放入，煤粉則由前端吹進，故泥漿由後端轉至前端時，溫度即逐漸增高，迨至前端溫度最高，泥已成熟料後，即由前端小孔落地，然後裝入冷卻筒，同時將磨細之石膏粉送至木斗，由此放入球磨，與熟料配和；俟磨勻後，即成水泥，惟須再將水泥過篩，粗者重磨，細者放入地窰中貯藏，然後送入裝桶機，分別裝入。查啓新公司出品，每袋可盛水泥一百八十七磅半，每桶可裝二袋，計為三百七十五磅；上海及中國兩公司則專以桶為單位，每桶容量，約為二百八十一磅半。

(五)供求情形

據查我國水泥每年銷量約五百餘萬桶，而現有各廠年產約在三百萬桶，不足之數，仰給於香港，安南，德國，俄國及大連小野田水門汀會社及淺野水泥會社，政府有鑒於此，最近乃聯合實業家多人，擬在京組織大規模水泥公司，預料將來我國水泥，當能自給矣。

(六)上海華商各廠現狀

本埠經營水泥事業者，僅有上海華商水泥公司，龍潭中國水泥公司，及啓新洋灰公司三家，(查啓新洋灰公司，製造廠雖在唐山，但因每年在滬營業達在二家以上，故就調查所得，略加申述。)三廠均係華商集資創辦，採用機器製造，中國及上海每廠僱用工人，約自二百餘名至四五百名，啟新共有工人千餘名。廠中設備，約可分為㈠生料磨部，㈡窰房，㈢熟料磨部，㈣燃料磨部，㈤原動力部等五大部。惟中國水泥公司所用石料，係就附近採鑿，故特設備採石部。玆將各廠概況，列表如左：

	上海華商水泥公司	中國水泥公司	啟新洋灰公司
設立年月	成立於民國九年十二月，次年六月，向前農商部註冊，十二年八月開始出貨	成立於民國十年八月，同年十二月註冊，十三年夏開始出貨	成立於清光緒三十三年
製造廠及發行所	上海龍華江邊[illegible] 上海四川路三十三號	江蘇省句容縣龍潭山附近虎山 上海江西路四五二號	河北省豐潤縣唐山鎮 上海北京路八十七號
資本總額	初定一百廿萬元，十七年四月增至一百卅萬五千一百元，二十年四月復增至一百七十二萬八千六百元，廿三年再增至現額二百萬元	初定一百萬元，十七年增至現額二百萬元。	額定一千四百萬元，計分一百四十萬股，每股十元，實收資本為八百八十萬元，
組織性質	股份有限公司	股份有限公司	股份有限公司
董事	劉鴻生徐新六劉吉生等	榮宗敬陳光甫姚錫舟等	龔仙舟孫壽甫陳一甫等
經理	總理劉鴻生，副理華潤泉，營業主任謝培德	姚錫舟	總理袁心武，上海經理陳聘丞，副理劉子樹
商標	象牌	泰山牌	馬牌
每年產量	六十四萬桶	九十萬桶	一百六十萬桶
內部設備	㈠生料磨部，牙關軋石機及生料磨機各一座 ㈡窰房，五十呎長旋窰二座 ㈢熟料磨部，熟料磨一座及全部裝桶機 ㈣燃料磨部，煤粉磨一座 ㈤原動力部，Babcock 鍋爐四具，氣壓機三具，一五〇〇K.W.交流電機一座，一九六〇H.P.蒸汽透平一座，一〇〇〇H.P.柴油引擎一座	㈠牙關軋石機一座，生料磨三座 ㈡四十五呎及六十七呎長旋窰各一座 ㈢熟料磨三座及裝桶機二部 ㈣煤粉磨二座 ㈤Babcock鍋爐六具，氣壓機四具，一千基羅瓦特透平發電機二座，七百匹馬力蒸汽機一座	一百呎圓筒旋窰二座，又百五十呎及二百二十呎各一座，及他窰共為七座，磨碎機，熱磨機，裝桶機，煤粉機等共十餘座，六千三百基羅瓦特發電機三座，二萬八千基羅瓦特發電機一座

（七）生產力 據查上海，中國，啓新三廠生產能力，每年可產水泥三百十四萬桶，計上海六十四萬桶，中國九十萬桶，啓新一百六十萬桶。但就以上三廠每年產量觀之，僅在其生產能力之下。茲將各廠最近三年產量列表如左：（每桶合一百七十公斤）

	上海華商水泥公司	中國水泥公司	啓新洋灰公司
廿一年七月至廿二年六月	四四、九六三桶	六七、六五〇桶	一、四三、三五〇桶
廿二年七月至廿三年六月	四三、二六二桶	七四、九三三桶	一、五七、二五〇桶
廿三年（全年）	九五、三〇三、七三〇公斤	（全年）一〇七、六五五、四二八公斤	（七八兩個月）二四九、三一三桶

至於本年十個月之產量，上海每月平均約五六百萬公斤，中國每月平均約八九百萬公斤；啓新每月平均約一千四五百萬公斤；較之去年，均見減縮。

（八）銷路 上海水泥公司銷路區域，以本埠爲大宗，約佔總銷數百分之七十，他如江浙皖等大商埠約佔百分之三十。中國水泥公司出品，大都行銷於上海，南京，安徽，江西，江蘇，浙江諸大商埠。啓新洋灰公司因全國各大商埠均無分行或經銷處，故其銷售範圍較廣，幾遍及全國。據查該公司上海總批發處每年銷售於江蘇，福建一帶者，約七十萬桶左右，而以本埠爲大宗；天津總事務處每年在河北，河南，山東，山西一帶銷售數量約有五十萬桶；漢口總批發處每年銷於安徽，江西，湖南，湖北方面者，約二十萬桶；奉天總批發處銷於東三省一帶者，年約二十萬桶，但自九一八事變後，東北市塲被奪，而華北方面亦受日貨傾銷影響，銷路漸呈呆滯之象。

至言本年銷售數量，上半年尙稱不惡，下半年起，因市面益呈蕭條，銷路日蹙，故銷數逐月減退。據查上海水泥公司上半年每月平均約銷六百萬公斤，最近三月來每月平均恐不及五百萬公斤。中國水泥公司，上半年每月銷量平均約一千萬公斤，下半年起，每月平均銷量約僅八九百萬公斤。

（九）營業概況 華商各廠營業情形，以民國二十一年最旺，蓋其時本埠建築事業蓬勃，市價騰昂 每桶僅征統稅六角。自二十一年底起，每桶改徵統稅一元二角，成本增高，同時外貨輸入激增，且貶價傾銷，國產水泥銷路頓受阻滯，營業日就式微。迨二十三年七月，政府增高進口稅率（計每百公斤水泥進口稅增至八角三分關金），外貨輸入突減，國產水泥需要漸殷，時呈供不敷求之象，各廠營業轉好。本年最近數月表，因市面蕭條益甚，各廠營業。又趨下游。

水泥賣出，市價劃一。以上三廠，且聯合組織國產水泥營業所於上海四川路三十三號，專司水泥交易事務，並議定市價，各廠皆派職員常川駐所，以便顧客接洽，凡本埠躉批成交，均向營業所或廠中直接訂購 貨款當時結淸或分大小月底繳付。至零星購買，則向五金號接洽如欲在外埠設立經理處，可與廠方簽訂合同，惟須有殷實商號之舖保，或繳若干保證金。經理處向公司辦貨，以不超過所繳之保證金爲原則，貨款按月結淸，所有關稅運費，概歸經理處自理：公司除給予特別折扣外，並酬以相當佣金。

（十）最近市價 邇來因市態冷落，建築停頓，各廠出品，形成供過於求之勢，市價頻趨下跌。查上海出品之象牌，本年二月間每桶售價尙在七元左右（連統稅在內），迨最近竟慘跌元餘，現僅售五元七八角之間。

中國之泰山牌，售價與上海相仿，亦一律下跌。

至於啓新之馬牌，目前每桶連統稅在內，售六元六角左右，每袋銷售二元餘，均較前降低。

聞最近各公司鑒於幣制改革後。原料漲價。且外貨來源中斷，故自本月起。每桶水泥漲價一元三角云。

（轉載二十四年十二月十八，十九，二十日申報）

本刊所載材料價目，力求正確；惟市價瞬息變動，漲落不一，集稿時與出版時難免出入。讀者如欲知正確之市價者，希隨時來函詢問，本刊當代為探詢詳告。

磚瓦

(一) 空心磚

十二寸方十寸六孔	每千洋二百三十元
十二寸方九寸六孔	每千洋二百十元
十二寸方八寸六孔	每千洋一百八十元
十二寸方六寸六孔	每千洋一百三十五元
十二寸方四寸四孔	每千洋九十元
十二寸方三寸三孔	每千洋七十二元
九寸二分方六寸六孔	每千洋七十二元
九寸二分方四寸半三孔	每千洋五十五元
九寸二分方三寸三孔	每千洋四十五元
四寸半方九寸二分四孔	每千洋三十五元
九寸二分四寸半三寸二孔	每千洋二十二元
九寸二分・四寸半・二寸半・二孔	每千洋廿一元
九寸二分・四寸半・二寸・二孔	每千洋廿元

(二) 八角式樓板空心磚

十二寸方八寸八角四孔	每千洋二百元
十二寸方六寸八角三孔	每千洋一百五十元
十二寸方四寸八角三孔	每千洋一百元

(三) 深淺毛縫空心磚

十二寸方十寸六孔	每千洋二百五十元
十二寸方八寸半六孔	每千洋二百十元
十二寸方八寸六孔	每千洋二百元
十二寸方六寸六孔	每千洋一百五十元
十二寸方四寸四孔	每千洋一百元
十二寸方三寸三孔	每千洋八十元
九寸二分方四寸半三孔	每千洋六十元

(四) 實心磚

九寸四寸三分二寸半紅磚	每萬洋一百四十元
八寸半四寸一分二寸半紅磚	每萬洋一百三十二元
十寸・五寸・二寸紅磚	每萬洋一百二十七元
九寸四寸三分二寸紅磚	每萬洋一百〇六元
九寸四寸三分二寸三分紅磚	每萬洋一百廿元
九寸四寸三分二寸二分拉縫紅磚	每萬洋一百八十元

(五) 瓦

(以上統係外力)

一號紅平瓦	每千洋六十五元
二號紅平瓦	每千洋六十元
三號紅平瓦	每千洋五十元
一號青平瓦	每千洋七〇元
二號青平瓦	每千洋六十五元
三號青平瓦	每千洋五十五元
西班牙式紅瓦	每千洋五十元
西班牙式青瓦	每千洋五十三元
英國式灣瓦	每千洋四十元
古式元筒青瓦	每千洋六十五元

(以上統係連力)

以上大中磚瓦公司出品

新三號青放	每萬洋五十三元
新三號老紅放	每萬洋六十三元

輕硬空心磚

		每塊重量
十二寸方十寸四孔	每千洋二八八元	卅六磅
十二寸方十寸四孔	每千洋二三六元	廿六磅
十二寸方八寸二孔	每千洋一七七元	十九磅半
十二寸方六寸二孔	每千洋一三三元	十七磅
十二寸方四寸二孔	每千洋八十九元	十四磅

十二寸方三寸二孔	每千洋七十元	十二磅半
九寸二分方八寸二孔	每千洋九十三元	十二磅
九寸二分方六寸二孔	每千洋七十元	九磅半
九寸二分方四寸半二孔	每千洋五十四元	八磅三
九寸二分方三寸二孔	每千洋五十元	七磅三

硬磚

三寸二分四寸五分九寸半	每萬洋一〇五元	六磅
二寸二分四寸一分八寸半	每萬洋八十五元	四磅半

以上長城磚瓦公司出品

鋼條

四十尺四分普通花色	每噸一四〇元
四十尺五分普通花色	每噸一二六元
四十尺六分普通花色	每噸一三二元
四十尺七分普通花色	每噸一三六元
四十尺一寸普通花色	每噸一三六元
盤圓絲	每市擔六元六角

泥灰石子

象牌　水泥	每桶洋六元三角
泰山　水泥	每桶洋五元七角
馬牌　水泥	每桶洋六元五角
拔灰	每擔洋一元二角
黃沙	每噸洋三元
石子	每噸洋三元半

木材

洋松　八尺至卅二尺再長照加	每千尺洋九十五元
一寸洋松	每千尺洋九十七元
寸半洋松	每千尺洋九十八元
洋松二寸光板	每千尺洋八十一元
四尺洋松條子	每萬根洋一百六十元
一寸四寸洋松一號企口板	每千尺洋一百〇五元
一寸四寸洋松副頭號企口板	每千尺洋九十五元
一寸四寸洋松二號企口板	每千尺洋八十五元
一寸六寸洋松一號企口板	每千尺洋一百十五元
一寸六寸洋松副頭號企口板	每千尺洋一百元
一寸六寸洋松二號企口板	每千尺洋九十元
一二五四寸洋松一號企口板	每千尺洋一百五十元
一二五四寸洋松二號企口板	每千尺洋無市
一二五六寸洋松一號企口板	每千尺洋一百六十元
一二五六寸洋松二號企口板	每千尺洋無市
柚木(頭號)僧帽牌	每千尺洋六百元
柚木(甲種)龍牌	每千尺洋五百三十元
柚木(乙種)龍牌	每千尺洋五百元
柚木(旗牌)	每千尺洋五百三十元
柚木(盾牌)	每千尺洋四百八十元
硬木	每千尺洋一百六十元
硬木(火介方)	每千尺洋一百五十五元
柳安	每千尺洋一百八十元
紅板	每千尺洋一百三十五元
抄板	每千尺洋一百三十五元
十二尺六寸三寸八皖松	每千尺洋五十六元
十二尺二寸皖松	每千尺洋五十六元
一二五四寸柳安企口板	每千尺洋一百八十五元
一寸六寸柳安企口板	每千尺洋一百八十五元
一二五四寸企口紅板	每千尺洋一百四十六元
二寸一寸半建松片	市尺每千尺洋五十二元
九尺四分建松板	市尺每丈洋三元六角
九尺八分建松板	市尺每丈洋六元五角
六尺半五分青山板	市尺每丈洋三元

本松毛板	市尺每塊洋二角四分
本松企口板	市尺每塊洋三角六分
六尺半二分杭松板	市尺每丈洋一元七角
七尺半二分甌松板	市尺每丈洋一元七角
六尺半八分皖松板	市尺每丈洋四元二角
九尺八分皖松板	市尺每丈洋五元二角
六尺半五分皖松板	市尺每丈洋三元六角
台松板	市尺每丈洋三元
七尺半四分坦戶板	市尺每丈洋二元二角
七尺半三分坦戶板	市尺每丈洋二元
六尺二分機鋸紅柳板	市尺每丈洋三元二角
六尺三分毛邊紅柳板	市尺每丈洋三元五角
六尺二分俄松板	市尺每丈洋二元
六尺半二分俄松板	市尺每丈洋二元二角
七尺半毛邊二分坦戶板	市尺每丈洋一元四角
六尺半五分機介杭松	市尺每丈洋三元三角
白松方	每千尺洋九十元
紅松方	每千尺洋一百十元
麻栗方	每千洋一百三十元
堅克方	每千洋一百三十元

五　金

(一) 釘

美方釘	每桶洋二十元〇九分
平頭釘	每桶洋二十元八角
中國貨元釘	每桶洋六元五角

(二) 牛毛毡

五方紙牛毛毡		每捲洋二元八角
半號牛毛毡	(馬牌)	每捲洋二元八角
一號牛毛毡	(馬牌)	每捲洋三元九角
二號牛毛毡	(馬牌)	每捲洋五元一角
三號牛毛毡	(馬牌)	每捲洋七元

(三) 其　他

鋼絲網	(27"×96" 2¼lbs.)	每方洋四元
鋼版網	(8"×12" 六分一寸半眼)	每張洋卅四元
水落鐵	(每根長二十尺)	每千尺五十五元
牆角線	(每根長十二尺)	每千尺九十五元
踏步鐵	(每根長十尺或十二尺)	每千尺五十五元
鉛絲布	(闊三尺長百尺)	每捲二十三元
綠鉛紗	(同　上)	每捲洋十七元
銅絲布	(同　上)	每捲四十元

水木作工價

木　作	(包工連飯)	每工洋六角三分
水　作	(同　上)	每工洋六角
水木作	(點工連飯)	每工洋八角五分

中華郵政特准掛號認爲新聞紙類

內政部登記證警字第二五五四號

建築月刊
THE BUILDER

第四卷第一號
（三週紀念特大號）

民國二十五年一月發行

刊務委員會	竺泉通 江長庚 陳松齡
主編	杜彥耿
廣告	藍克生 (A. O. Lacson)
發行	上海市建築協會 南京路大陸商場六二〇號 電話九二〇〇九號
印刷	新光印書館 上海聖母院路聖達里三一號 電話七四六三五號

定價

每月一册　全年十二册

訂閱辦法	價目	郵費 本埠	郵費 外埠及日本	郵費 香港澳門	郵費 國外
零售	五角	二分	五分	一角八分	三角
預定全年	五元	二角四分	六角	二元一角六分	三元六角

廣告刊例
Advertising Rates Per Issue

地位 Position	全面 Full Page	半面 Half Page	四分之一 One Quarter
底封面外面 Outside back cover.	七十五元 $75.00		
封面及底面之裏面 Inside front & back cover	六十元 $60.00	三十五元 $35.00	
封面裏面及底面裏面之對面 Opposite of inside front & back cover.	五十元 $50.00	三十元 $30.00	
普通地位 Ordinary page	四十五元 $45.00	三十元 $30.00	二十元 $20.00
小廣告 Classified Advertisements	每期每格一寸高三寸半闊洋四元 - $4.00 per column		

廣告槪用白紙黑墨印刷，倘須彩色，價目另議；鑄版彫刻，費用另加。
Designs, blocks to be charged extra.
Advertisements inserted in two or more colors to be charged extra.

（本期特大號另售國幣一元）

本廠最近承造之兩工程

New French Police Station "Poste Mallet"　上海愛多亞路麥蘭捕房

新林記營造廠

上海山海關路懋益里二十九號　電話三二七八四號

本廠承造一切大小鋼骨水泥工程以及橋梁碼頭堆棧銀行等無不辦事認眞工作迅捷如蒙委託竭誠歡迎

SPECIALISTS IN GODOWN, HARBOR, RAILWAY, BRIDGE, REINFORCED CONCRETE AND GENERAL CONSTRUCTION WORKS.

School Lagaene　上海喇格納路法工部局喇格納小學

SING LING KEE & CO.

GENERAL BUILDING CONTRACTORS

Telephone 32784　　Lane 153 House 29 Shanhaikwan Road

上海市建築協會附設
私立正基建築工業補習學校招生

民國十九年秋創立 ○ 上海市教育局登記

宗旨 利用業餘時間進修建築工程學識（授課時間下午七時至九時）

編制 參酌學制設初級高級兩部每部各三年修業年限共六年

招考 本屆招考初級一二三年級及高級一二年級（高級三年級照章並不招考）

各級投考程度為

初級一年級　高級小學畢業或具同等學力者
初級二年級　初級中學肄業或具同等學力者
初級三年級　初級中學畢業或具同等學力者
高級一年級　高級中學工科肄業或具同等學力者
高級二年級　高級中學工科畢業或具同等學力者

報名 即日起每日上午九時至下午五時親至（一）牯嶺路本校或（二）南京路大陸商場六樓六二〇號上海市建築協會內本校辦事處填寫報名單隨付手續費一元（錄取與否概不發還）領取應考証憑証於指定日期入場應試

考科 各級入學試驗之科目　（初一）英文・算術　（初二）英文・代數　（初三）英文・三角（高一）英文・解析幾何　（高二）微積分・應用力學

考期 二月九日（星期日）上午九時起在牯嶺路本校舉行（二月九日以後隨到隨考）

校址 牯嶺路派克路口第一六八號

附告 （一）凡在高級小學畢業執有證書者准予免試編入初級一年級肄業投考其他各級必須經過入學試驗
（二）本校章程可向牯嶺路本校或大陸商場上海市建築協會內本校辦事處函索或面取

中華民國二十五年一月　日　校長　湯景賢

建業營造廠

JAY EASE & CO.

GENERAL BUILDING CONTRACTORS

本廠承造之中國旅行社西京招待所

本廠最近承造工程之一覽

英工部局西人監牢A/B……上海華德路
英工部局西人監牢R/D……上海華德路
招商局鋼骨水泥貨棧一二三號……廣州
宋濆章先生住宅……上海金神父路
中央大學農學院……南京
新住宅區闢園合作社第一部工程……南京
張治中先生住宅……南京
中國銀行經理住宅……南京
總理陵園藏經樓……南京
西北農林專科學校大樓……陝西武功
中國旅行社西京招待所……西京

總事務所 上海九江路一一三號 電話一四八八四號 電報掛號二一四四號

分廠 南京 西安 廣州 電報掛號二一四四號

創新建築廠

總事務所 新大沽路五二六弄四號 電話 三三一八八

分事務所 愛多亞路中匯大樓三○二號 電話 八一一三三

承造一切建築工程

積二十餘年之經驗

本廠歷年承造本外埠工程，不下百數十處，以故**經驗豐富**，**技術優良**。

最近承造英國博德運**蜜蜂牌毛絨廠**廠房於楊樹浦路，業已竣工。

現在建築中者，計有英商怡和洋行委託之定海路**啤酒廠**．及中央銀行委託之市中心區**虬江碼頭**等工程。

EXPERIENCED *in all TYPES of ENGINEERING STRUCTURES*

NEW BREWERY

We have been entrusted with many important projects, among them the recently completed

PATONS & BALDWINS'

KNITTING MILLS

At Yangtszepoo

At the present time we are undertaking the constructions of the

NEW BREWERY

at Tinghai Road

for

Messrs. Jardine, Matheson & Co. Ltd.

and

Wharves, Godown, Office & Steel Sheds.

at Chiukiang Creek

for

Messrs. The Central Bank of China.

CHANG SING & CO.

GENERAL BUILDING CONTRACTORS

Head Office
Lane 526, JA 4 Taku Road
Shanghai
Tel. 33188

Town Office
Room 301-3 Chungwai Bank Bldg.
147, Avenue Edward VII
Tel. 81133

馥記營造廠

總事務所
電話 一七三三
一七三三
上海四川路三三
電報掛號一五二

分事務所
南昌 勵志
南京 體 記 大
陶 園 新

總廠
上海戈登路三五五

分廠
重慶 新街口
河南 重慶 九江
廣州 杭州 青島
南京 貴溪 鎮江
邵伯 淮陰 劉澗
等處

第三堆棧
上海 閘北 廣林
上海 浦東 廈寧

分事務所分廠電報掛號七四五

本廠承造各埠建築達數十處都千萬餘金略舉如下備資參考

本埠工程

公和祥碼頭及棧房……浦東
交通大學工程館……徐家匯
四行念二層大樓……跑馬廳
西式住宅市房……梅白格路
儉德儲蓄會……福生路
上海牛皮廠……白利南路
義泰興碼頭……浦東董家渡
公和祥碼頭……兆豐路
寶隆醫院……白克路
公共宿舍……聖母院路
七層公寓……國富門路
七層公寓……海格路
中華碼頭……浦東周家渡
劉公館……亞爾培路
大新百貨公司……南京路

外埠工程

總理陵墓第三部工程……南京
陣亡將士公墓全部……南京
財政部辦公處……南京
中山紀念堂……廣州
宋部長官邸……南京
新村合作社……南京
英領事署……廈門
中國銀行……南京
海軍船塢……青島
浙江大學……杭州
導淮船閘……邵伯—淮陰—劉澗
航空學校……南昌
兵工分廠……鞏縣
美豐銀行……重慶
浙贛路貴溪橋……貴溪
中正橋……南昌

VOH KEE
CONSTRUCTION CO.

安記營造廠

上海梅白格路祥康里六九號

電話 三五〇五九

上海療養院

啓明建築師設計

The Shanghai Sanitarium. Chang, Ede & Partners, Architects.

本廠承造各種大小工程歷有年所經驗宏富工作精良並兼代客設計事宜久蒙各界贊許倘承

委託無任歡迎

由本廠承造

AN-CHEE CONSTRUCTION CO.

ENGINEERS & CONTRACTORS

Lane No.97 Mm 69, Myburgh Road. Tel 35059

23705

美炎洋行

河南路五〇五號 電話九四八五八號

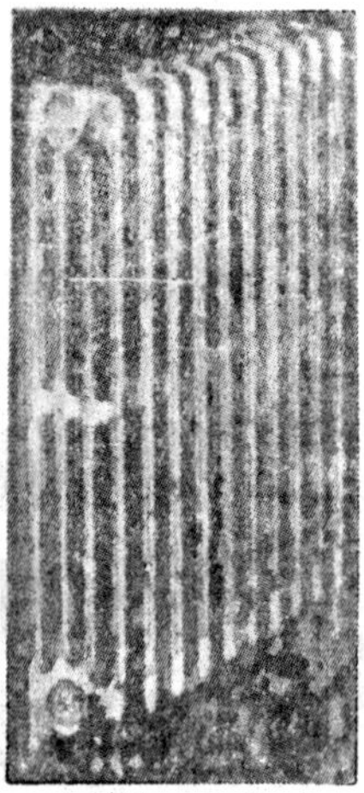

本行經理中國通用牌汽帶德國赫脫爐子及其他各種建築材料價廉物美牢固可靠承賜估價不另取費

HART BOILERS
GENERAL RADIATORS
BUILDING MATERIALS

Estimates free. For Particulars, please apply to:-

SOLE AGENTS

GENERAL RADIATOR COMPANY

Tel. 94858 Room 407,505 Honan Road.

本廠承辦工程之一
華蓋建築師設計
葉揆初先生住宅

總辦事處
上海甯波路四十號
電話一四三九一號
電報掛號一〇一三

新建築物應採用之

鋼窗鋼門銅窗銅門

請向

中國銅鐵工廠採辦

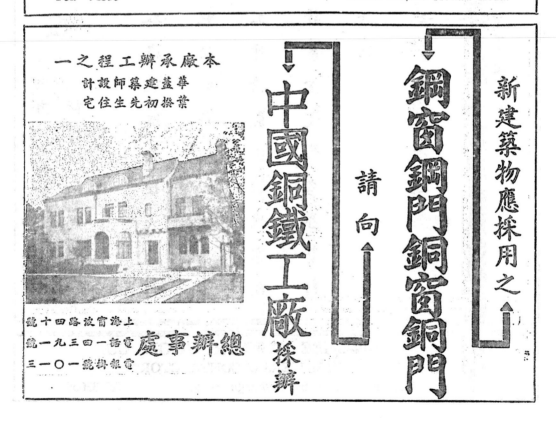

Sin Jin Kee
Construction
Company

▲本廠承造一切大小鋼骨水泥房屋工程各項人員無不經驗豐富工作認真如蒙委託承造或估價竭誠歡迎

本廠承造工程一斑

沙遜大樓 南京路

漢彌爾登大廈 江西路

都城飯店 江西路

新仁記營造廠

總賬房
愛文義路一四一二三號
電話二〇五二一

事務所
江西路一七〇號二樓(二五號)
電話一〇八八九

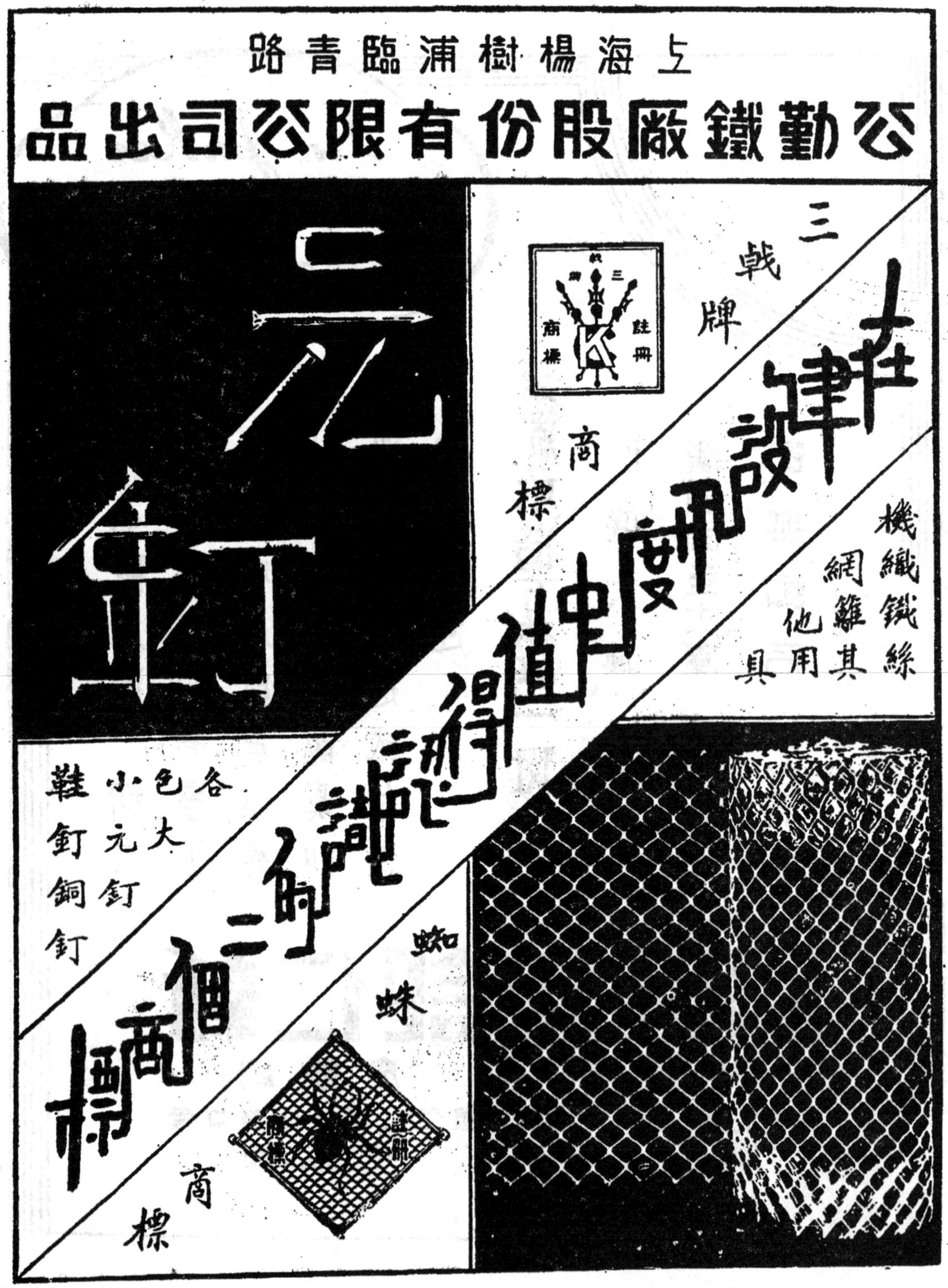
上海楊樹浦臨青路
公勤鐵廠股份有限公司出品
元釘
三戟牌商標
三戟牌 註冊 商標
K
在津設廠中值得認識的二個商標
機織鐵絲網籬其他用具
各色大小元釘
鞋釘銅釘
蜘蛛商標
註冊 商標

23708

仁昌營造廠

上海同孚路三一五弄一〇四號　電話　三五三八九

本廠專門承造銀行公寓堆棧住宅學校以及其他一切大小工程無不工作迅捷經驗豐富

新華一村

由本廠承造

SHUN CHONG & CO.

Lane 315, house 104, Yates Road, Shanghai.

Telephone 35389

23709

余洪記營造廠

上海四川路三十三號

電話

一九三〇一

本廠專門承造
各種中西房屋
以及銀行堆棧
廠房橋樑水泥
場岸碼頭鐵道
等一切大小鋼
骨水泥工程

AH HONG & CO.

General Building Contractors.

33 Szechuen Road. Telephone 19301

SHANGHAI

23711

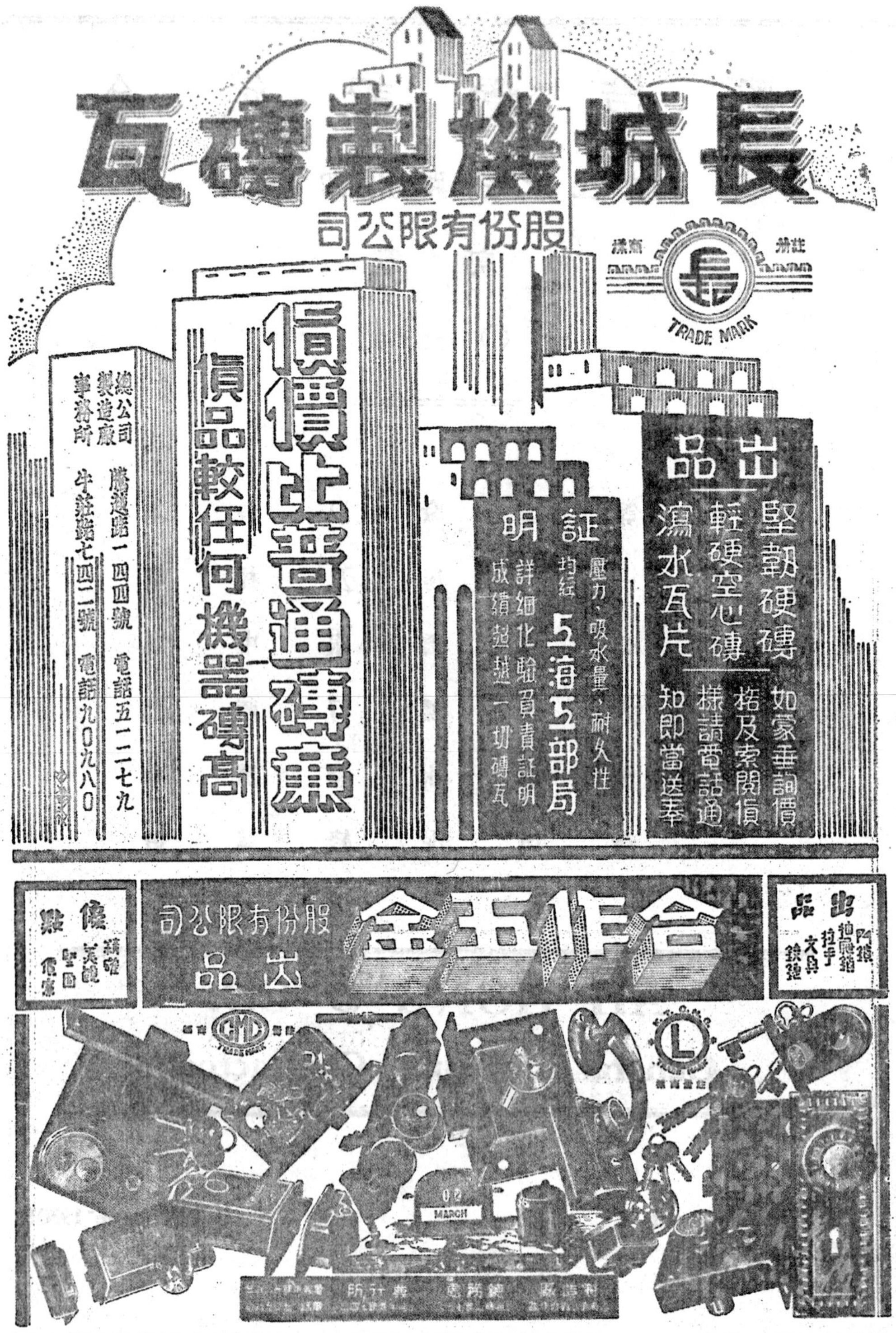
長城機製磚瓦
股份有限公司
註冊商標
TRADE MARK
價比普通磚廉
質品較任何機器磚高
總公司 製造廠 騰越路一四四號 電話五一一七九
事務所 牛莊路七四二號 電話九〇九八〇
證明
均經上海工部局 壓力、吸水量、耐久性 詳細化驗負責証明 成績超越一切磚瓦
出品
堅韌硬磚 輕硬空心磚 瀉水瓦片
如蒙垂詢價格及索閱價目請電話通知即當送奉
優點
精確 美觀 堅固 價廉
合作五金
股份有限公司
出品
出品
門鎖 插銷 拉手 文具 鉸鏈
TRADE MARK
MARCH

藝術之建築燦爛之油漆
飛虎牌油漆
振華油漆公司製造
總公司上海北蘇州路四七八號
本外埠各大五金號漆號均有出售

23713

註冊商標

狗牌　牛牌　熊牌　羊牌　猴牌

註冊名稱

瑪瑙石油漆　瑪瑙顆地板蠟　瑪瑙珠水牆粉

瑪瑙靈凡立水　瑪瑙德乾牆粉

上海

英商永光油漆有限公司出品

總經理

太古公司

電話八二〇二〇　法租界外灘二十一至二十三號

建築月刊
THE BUILDER
VOL. 4 NO. 2
第四卷第二號
光華大學
出品項目
各色琉璃瓦，西班牙瓦，紅缸磚，以及火磚，釉面或瓶釉面，面磚，釉面短磚，地磚等．所有出品，均儲大批存貨，以備各界採用，如業定製各色，異樣亦可照辦．
樣品及價目單，函索即寄．
CATHAY TILE WORKS CO.
OFFICE NO 910 KIUKIANG RD TEL 19995

23715

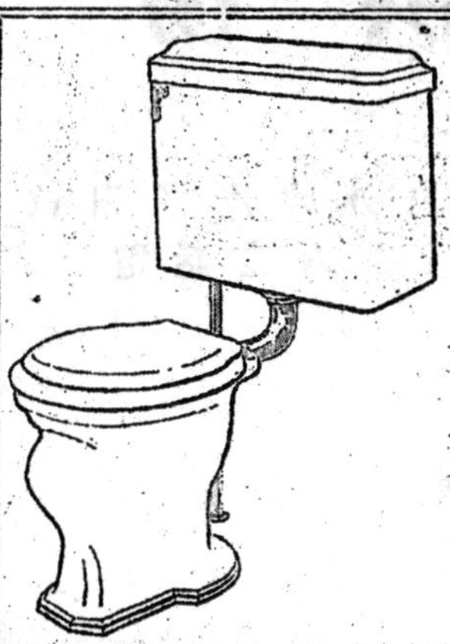

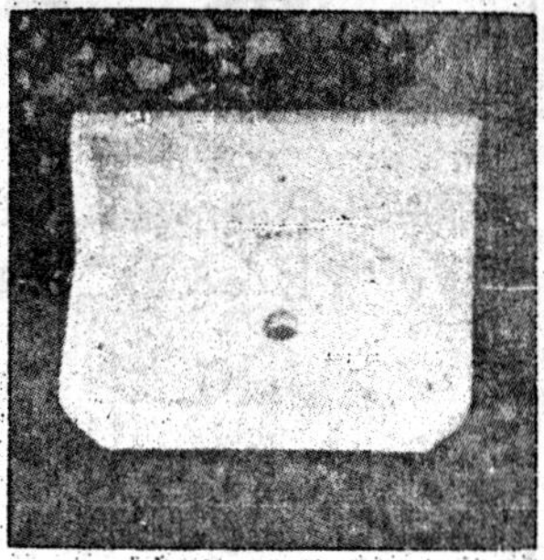

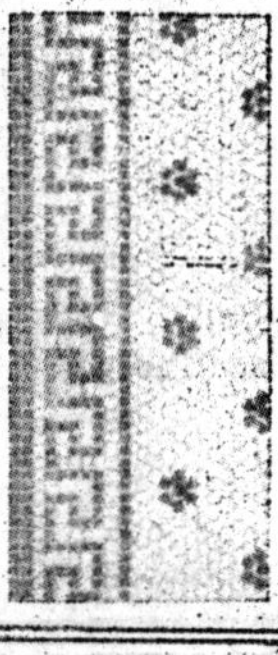

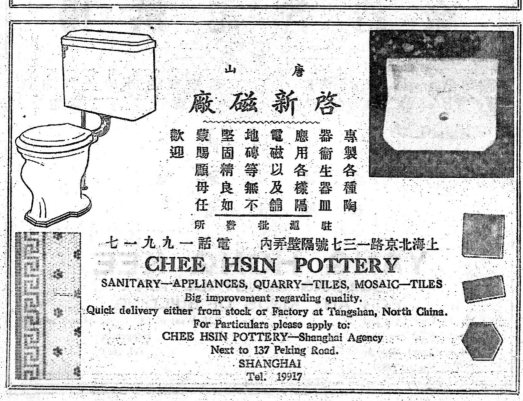

蘇家翰工程師設計

杭州東南日報社辦公處及工廠新屋

由本廠承造

楊洪記營造廠

——事務所——

杭州清泰門外烏龍廟西
電話二六〇三號

上海斜橋斜徐支路永慶里十一號
南市電話二二八八七號

本廠專門承造一切大小建築工程等

YANG HONG KEE

BUILDING CONSTRUCTION
FOR ANY KINDS OF BUILDING

No. 11 Yung Chin Lee
Branch of Zai Zee Road
(Near Za Chow), Shanghai.
Tel. Nantao 22887

22A West of Old Loong Miao Temple
Hangchow.
Tel. 2603

K. M. A. CLINKERS

A Brick That Will Last For Centuries.

SUITABLE FOR HEAVY FOUNDATION WORKS, DOCK BUILDING, BRIDGES, BUILDINGS & FLOORING.

RECENT TESTS

Compression Strength: 7715 lbs. per square inch. Absorption: 1.54%

開灤"克令夠"缸磚

磚質堅韌，經歷百年，完好如初。

此磚最適宜承受重量於椿基，建築船塢，橋梁及房屋地板等工程。

最近試驗成績

每平方寸壓力僅七七一五磅

吸收水份僅百分之一•五四

FACING TILES

右圖係示粗紋面磚混合淡黃或金黃之色彩，非爲磚料質地之表現也。

This is a very near representation in Colour of our mixed Buff or Gold colours, but they do not represent the texture of our rough face brick.

開灤礦務局

上海外灘十二號

電話一一〇七〇，一一〇七八，一一〇七九

THE KAILAN MINING ADMINISTRATION

3rd Floor,
H. & S. Bank Building,
12 The Bund, entrance Foochow Road.

Telephone 11070, 11078 & 11079 (3 lines)
Direct Telephone to Sales Dept. 17776.
Direct Telephone to Agent's Private Office 19304.

中國實業銀行公館馬路分行

中國實業銀行南京路分行

中國實業銀行總行圓路分行

上列三處建築工程由

裕盛營造廠承造

上海巨籟達路口聖母院路慶順里二弄十三號

電話七〇七〇五

事務所

上海南京路石路口餘興里五八號

電話九四四四三

The above illustrated buildings were built by

YUE SHUN, BUILDING CONTRACTOR

Lane 79, house 13, Route de Soeurs, Shanghai. Tel. 70705

長城機製磚瓦
股份有限公司
註冊商標
TRADE MARK
總公司 騰越路一四四號 電話五一二七九
製造廠 事務所 牛莊路七四二號 電話九〇九八〇
價比普通磚廉
質品較任何機器磚高
證明
均經上海工部局
壓力、吸水量、耐久性
詳細化驗負責証明
成績超越一切磚瓦
出品
堅韌硬磚
輕硬空心磚
瀉水瓦片
如蒙垂詢價格及索閱價樣請電話通知即當送奉
合作五金
股份有限公司
出品
優點
精確
美觀
堅固
價廉
出品
門鎖
抽屜鎖
拉手
文具
鉸鏈
註冊商標
TRADE MARK
TRADE MARK
註冊商標
12
MARCH

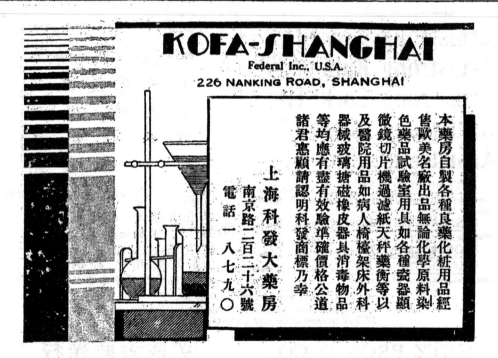

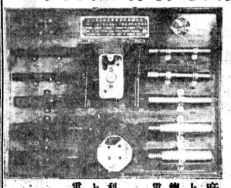

目錄

插圖

杭州東南日報社辦公處及工廠新屋 ……(1)
計擬中之上海跑馬廳公寓 ……(2)
武昌國立武漢大學體育館及游泳池全套圖樣 ……(5—15)
各種建築式樣 ……(16—20)
傢具與裝飾二幅 ……(41—42)
小住宅圖樣二幅 ……(43—44)

譯著

中國建築展覽會 ……漸(3—4)
建築史(六) ……杜彥耿(21—28)
蘇俄之新建築 ……朗　琴(29—30)
營造學(十一) ……杜彥耿(31—37)
中國建築展覽會會務彙誌 ……(38—40)
中國之建設 ……(45)
建築材料價目 ……(46—48)

第四卷第二號

廣告索引

開山磚瓦公司(封面)
大中磚瓦公司
英商開能達公司
啓新磁廠
楊洪記營造廠
開灤礦務局
裕盛營造廠
長城機磚公司
合作五金公司
孔士洋行
[illegible]石膏公司
[illegible]
信昌機器廠
吉時洋行
新成鋼管公司
科發大藥房
豐[illegible]行
中國建築雜誌
大陸實業製品公司
中國鋼鐵工廠
馥記營造廠
公勤鐵廠
新仁記營造廠
太古公司(底面)

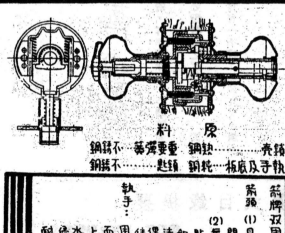

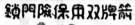

上海市建築協會發行

建築工程師胡宏堯著

「聯樑算式」出版預告 現已出版

聯樑為鋼筋混凝土工程中應用最廣之問題，計算聯樑各點之力率算式及理論，非學理深奧，手續繁冗，即掛一漏萬，及算式太簡，應用範圍太狹；遇複雜之問題，即無從援用。例如指數法之M=1/8 wl2，M=1/12 wl2等等算式，只限於等勻佈重，等硬度及各節全荷重等情形之下，若事實有一不符，錯誤立現，根本不可援用矣。

本書係建築工程師胡宏堯君採用最新發明之克勞氏力率分配法，按可能範圍內之荷重組合，一一列成簡式。任何種複雜及困難之問題無不可按式推算；即素乏基本學理之技術人員，亦不難於短期內，明瞭全書演算之法。所需推算時間，不及克勞氏原法十分之一。全書圖表居大半，多為各西書所未見者。所有圖樣，經再三復繪，排印字體亦一再更換，故清晰異常，用八十磅上等道林紙精印，約共三百餘面，6"×9"大小，布面燙金裝訂。復承美國康奈爾大學土木工程碩士王季良先生精心校對，並認為極有價值之參考書。因成本過鉅，不售預約，即將出書。實售國幣五元，外埠酌加郵費。

注意：發售處大陸商場本會。國內寄費二角。

聯樑算式目錄提要

自序

標準符號釋義

第一章 算式原理及求法

第二章 單樑算式及圖表

第三章 雙動支聯樑算式

第四章 單定支聯樑算式

第五章 雙定支聯樑算式

第六章 等硬度等勻佈重聯樑函數表

第七章 題例

附錄 (1) —— (9)

23726

杭州東南日報社辦公處及工廠新屋

New Office and Printing Plant for Tung-Nan-Jih-Pao, Hangchow.

Mr. K. H. Suhr, Architect.
Yang Hong Kee, Contractor.

薛家輪建築師設計
楊洪記營造廠承造

23727

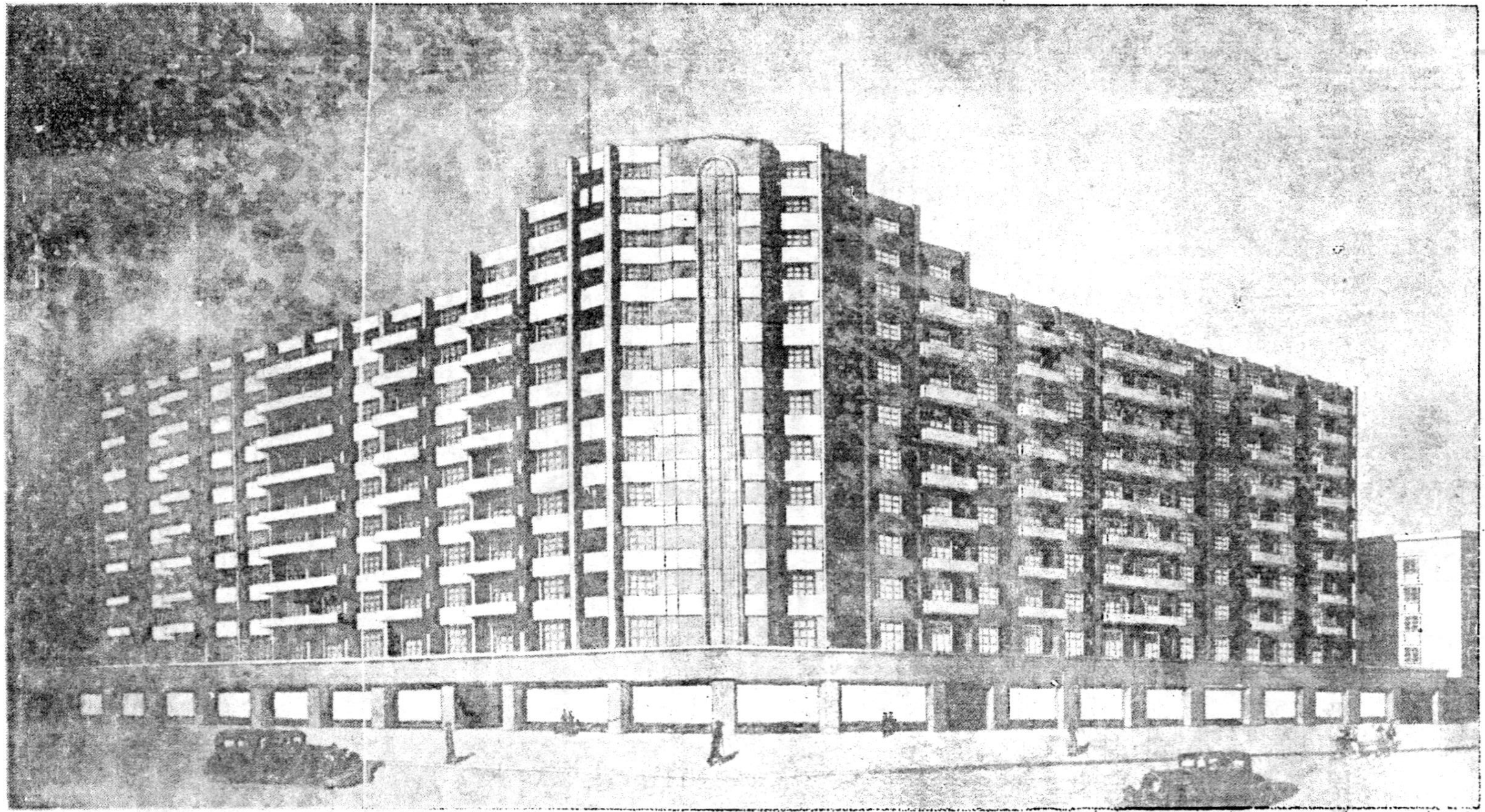

Proposed "Race-Course-Apartments" at Shanghai.

Mr. H. J. Hajec, Architect.

計擬中之上海跑馬廳公寓

海傑克建築師設計

中國建築展覽會

漸

最近葉恭綽先生等聯合本市各建築工程團體，及對於建築有興趣之個人及團體等，發起中國建築展覽會。擬於上海市博物館未開幕之前，假用該館新廈，作為會場，並定四月十二日開幕。展覽會期一星期。展覽品除由中國建築師學會關頌聲趙深先生負責徵集建築圖樣模型等外，北平中國營造學社亦將就其歷年所收集之各項宮殿寺樣畫稿圖版宋畫宋瓦等珍貴物品，運滬陳列。此種建築展覽，在本市尚屬創見，屆時必能引起社會人士聯袂往觀，共感切要，而建築事業對於社會文化及工商業等之偉大，因此將有進一步之認識。記者不文，深此機會當前，敢貢一得之見，以備該會之採擇。

先總理在所著「建國方略」中，曾謂建築工業為國際計劃中之最大企業，此語誠然。蓋常人或以為建築者皆胼手胝足，水木工人之事也。殊不知建築者，實集各種工業之大成。是故欲覘一國之隆替，莫不舉建築物為觀察之主材，如一般考古學家四出蒐覽古蹟，無非欲於斷碑殘碣中，攷查歷史之資料。又如吾人初臨異域，對於悠久之建築，輒欲先覩為快，若吾國之北平古宮長城等，均為各國攷古家所注意，而不惜遠涉重洋，來華觀光者。具有鄙視建築事業之偏見者，對此當能澈悟。而建築展覽會之舉辦，亦正欲糾正一般人士之謬誤觀念，藉此並引起其注意，使知建築之於居屋，工商業，交通，國防，歷史及文化等，均有密切不離之關係者也。

此次展覽會之會場，假用市博物館新屋陳列建築圖樣模型書畫圖版等，設過不敷，更可假航空協會新屋，作陳列建築材料與工具之需。並悉屆時將由市府柬邀各機關團體學校等前往參觀，故蒞會人數必衆。因之展覽出品，更不得不慎重出之。鄙意圖樣之陳列應分門別類，隔室排置。如居宅則凡中國式，英國式，法國式，美國式及摩登式西班牙式等分別之。又如醫院學校公署旅館事務院百貨商場等，均各分其種類式別陳列之，展覽品之不以類別而具有歷史性者，以時代劃分之。如此秩然有序，使參觀者得所遵循焉。

會場中有一不可缺少之陳列，厥為建築之系統圖是。所謂建築系統者，即自建築師之測量營造地面起，以至於設計草圖正圖，規訂建築合同，承攬章程，土木工程師之計劃鋼筋混凝土底基，及梁柱屋架等之結構，與夫管子工程師之設計冷熱水管浴室廚房之設備，與暖氣冷氣之設置。又如電氣工程師之計劃室內電燈電扇電鈴電熱等之裝置，他如衛管工程師裝飾工程師以至各業工人工作情形，與各種建築材料之供給圖表說明等，俾參觀者得以明瞭一屋之建築過程，至為繁複，非若一般人理想中之簡純易舉也。

本屆展覽會中有不少名貴展品，已如上述。尚有北平圖書館之圓明園照片模型，及書畫等類，咸屬稀世珍品，故編纂會刊，以資宣揚，實為必要。蓋會刊可將會內展品攝影刊載，並將展覽會籌備經過，名譽會長副會長暨會長副會長之題字或題詞，專家之著述，材料廠商陳列品之介紹，製造之過程，原料之採擇與其用途用法等之說明，展覽品之目錄等，均可盡量刊登，以廣宣傳，並作紀念。但編纂此冊，曾有數說，或曰與建築月刊合印，或曰與建築月刊及中國建築合印，或曰由會單獨印行。綜上數說，自以單獨印行為宜，蓋此次展覽，尚屬創舉，自不得不有一特獨之印刷物為之表彰，雖所費稍巨，庸又何傷。

建築展覽會會章第五條徵集展品範圍中，有徵集工具之一項。是必能引起參觀者之興趣。蓋每一工業之工具，可分手工與機器兩種。若甎瓦工之用機器和泥，製坯，燒煉以與用人力或牛力和泥，人工製坯，與土窯燒煉相照，又如木工之用發條鋸鋸大段樹木以成板片，復用圓鋸鋸成木條，再用斷鋸鋸成短段等過程。經此復從手刨車之刨光一側一面，平刨車之軋平，線脚車之刨線脚，鑿眼車筍頭車膠合車等之挨次動作，以及石工機器之剖石磨石鑿邊，及鐵工機器之刨，鑽，車，鉚，焊，油漆之敞，刷，噴，浸等工務使參觀展覽會者，在同時得參觀若干之工廠。然在此短促之時間中，佈置如許機器工具，事實上恐不可能；而或者去機器工具，單以手工具陳列，則殊不能引起一般人之注意；故工具一項，因格於情勢，暫可免去，俟下次展會早為預備，俾臻完善。但因噎廢食，亦非得宜，補救之法，可將建築材料商家列其出品時，請其將原料製法工具等攝照或實物陳列，並加說明；斯亦聊勝於無之辦法也。

建築展覽會係欲引起一般人士之注意，故只陳列圖樣，恐亦不甚瞭解。最好多置模型，如東方之中，印，日式之各部建築，雕刻，彩繪，近東之埃及，敍利亞，亞西利亞，波斯建築；與西方之希臘與羅馬之古典式復興式，與英法德等國之從希臘羅馬蛻變而成之各該國式例。取其全部，則用比例尺縮小數倍；取其局部則以同樣尺度用石膏或石灰製成模型，並於各該部份簽註說明，與歷史上蛻化之過程。又如吾國歷史上有名之阿房鹿臺等瓊樓玉宇，亦可參致古籍，計劃圖樣，作成模型。並至各該遺址發掘，或能掘得斷磚殘瓦，供會陳列，是亦於吾國致古學上大有裨益者也。依此搜掘，積數年之功，則於建築史上之史料，亦大有裨補。蓋吾國號稱五千年來之文化古國，然建築史尚付闕如，誠令人汗顏者也，是故直接負此責職之建築人，自應亟起直追，自此屆展覽會後，繼續邁進，以求貫澈其責任也。

中國建築展覽會俟展覽既畢，仍宜設法存在，請求市府於市中心區撥地助費，建築會場，成立建築館。陸續製造模型等展覽品，與收集關於建築之史料，則此館之重要性，當亦不在圖書館與博物館之下也。上海為中外人士薈集之所，而國際觀光者尤紛至沓來，初履斯地者，咸愕然於斯非東方之上海。欲糾此種觀念，惟有導其至市中心區及建築館各部陳設，使其領略中國文化之偉大，獲得國際間良好之觀感。尤有進者，國內工業學校與大學建築系及土木工程系學生，素乏實物之觀摩，影響學業至為重大，故建築館之設置，亦為當務之急也。

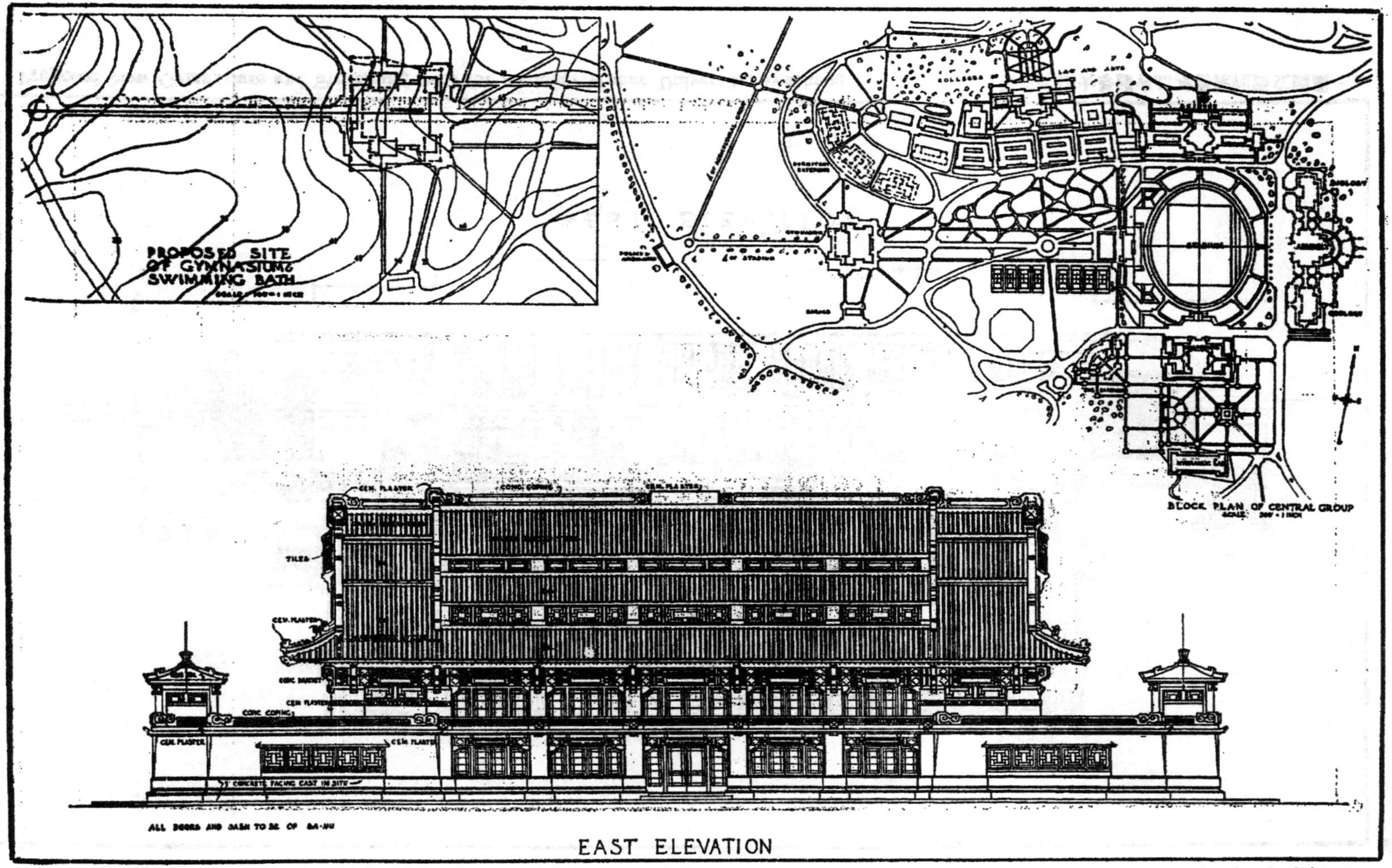

Proposed New Gymnasium and Swimming Pool for National Wuhan University, Wuchang.

Architect: Mr. F. H. Kales.

武昌國立武漢大學體育館及游泳池總地盤圖及東立面圖

凱爾建築師設計

23731

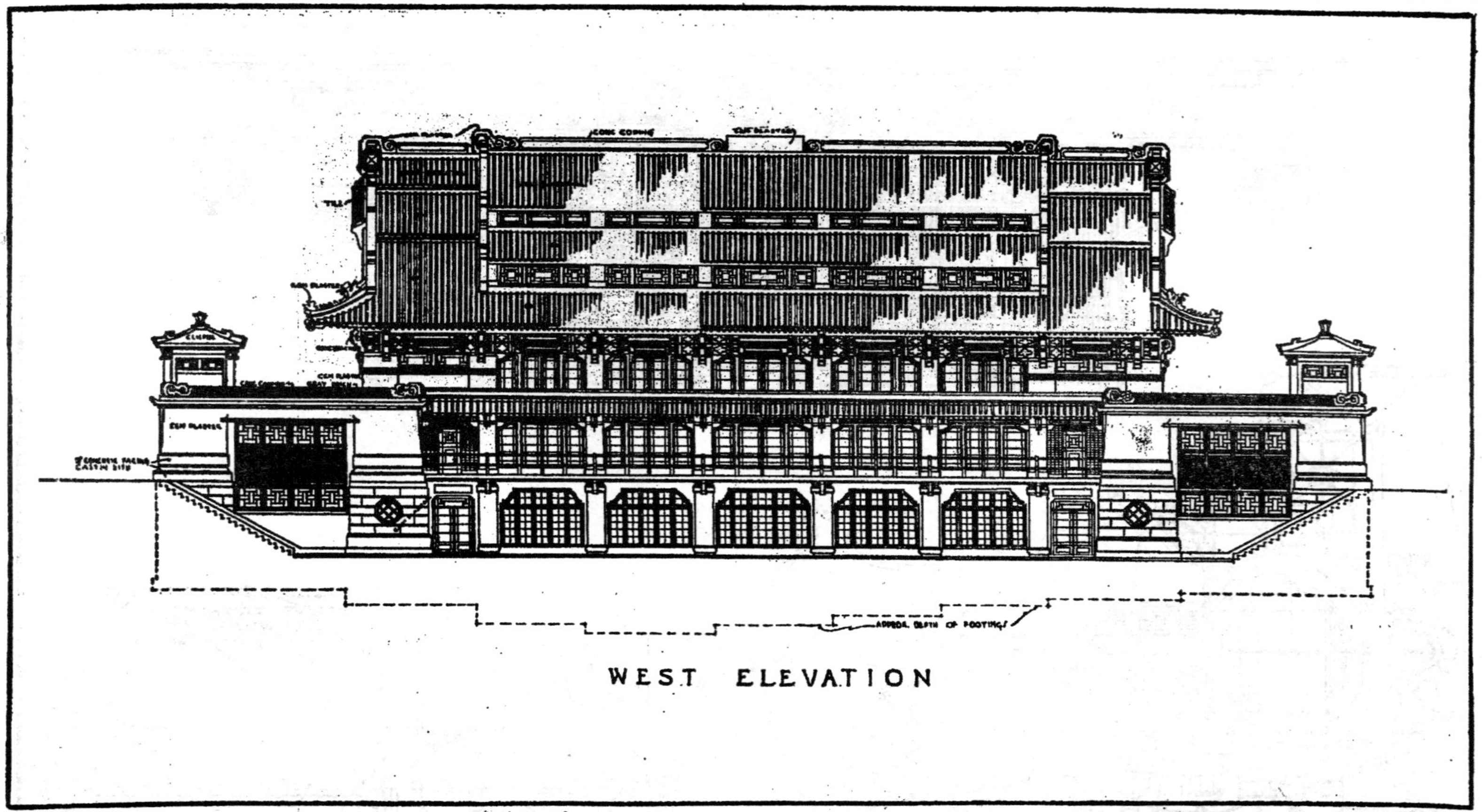

Proposed New Gymnasium and Swimming Pool for National Wuhan University, Wuchang. 國立武漢大學體育館及游泳池西立面圖

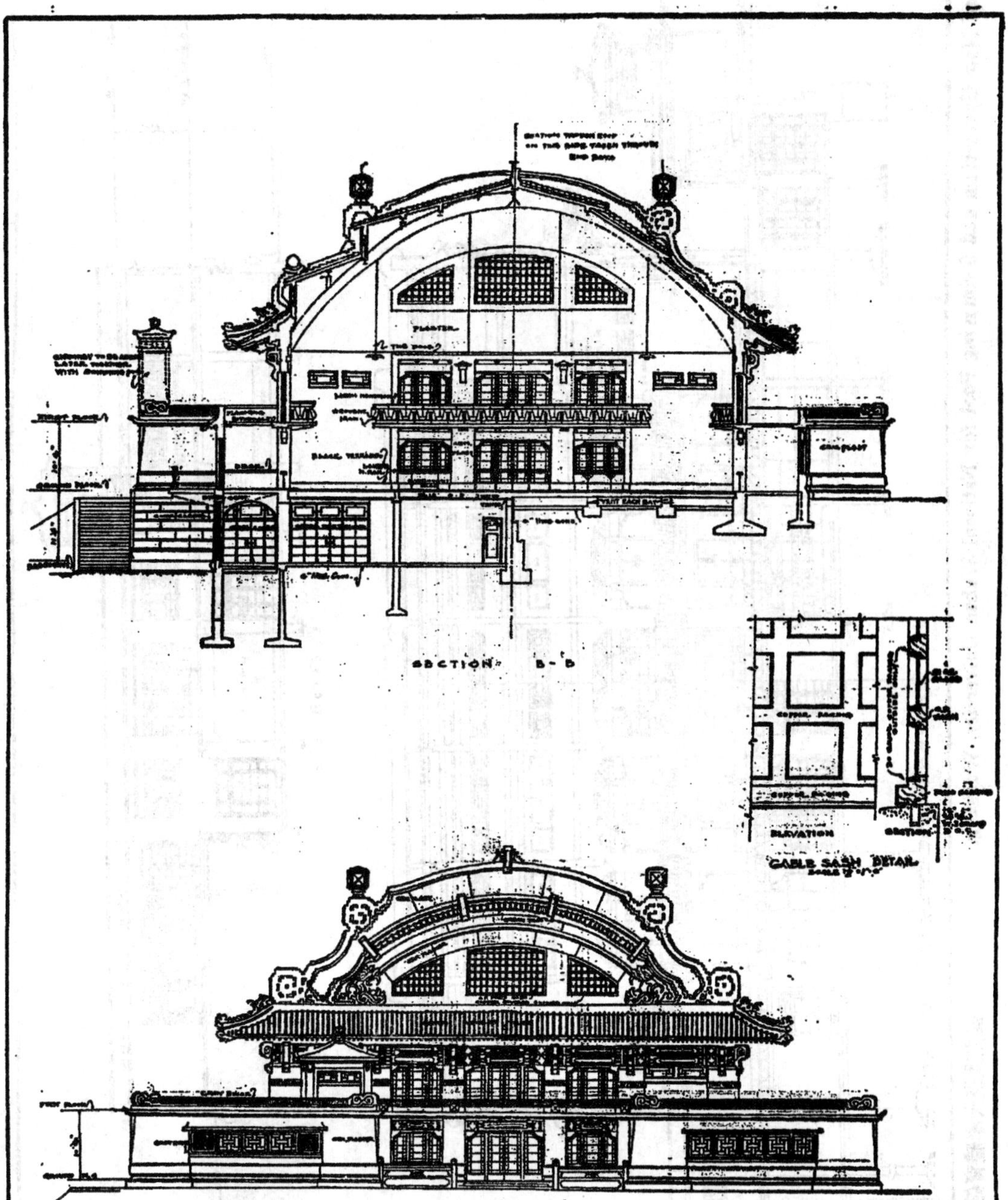

Proposed New Gymnasium and Swimming Pool for National Wuhan University, Wuchang.

國立武漢大學體育館及游泳池南立面及剖面圖

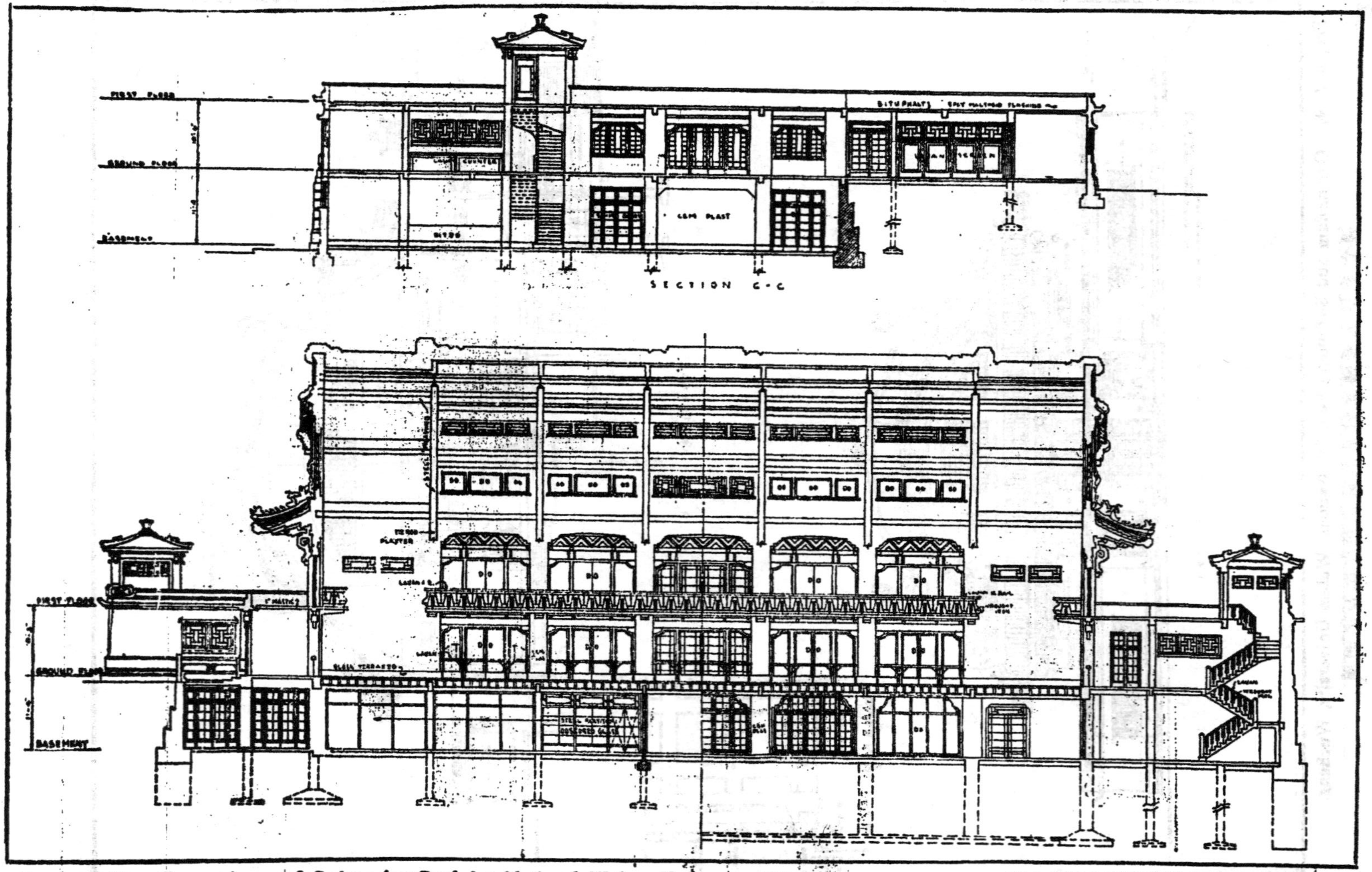

Proposed New Gymnasium and Swimming Pool for National Wuhan University, Wuchang.

國立武漢大學體育館及游泳池剖面圖

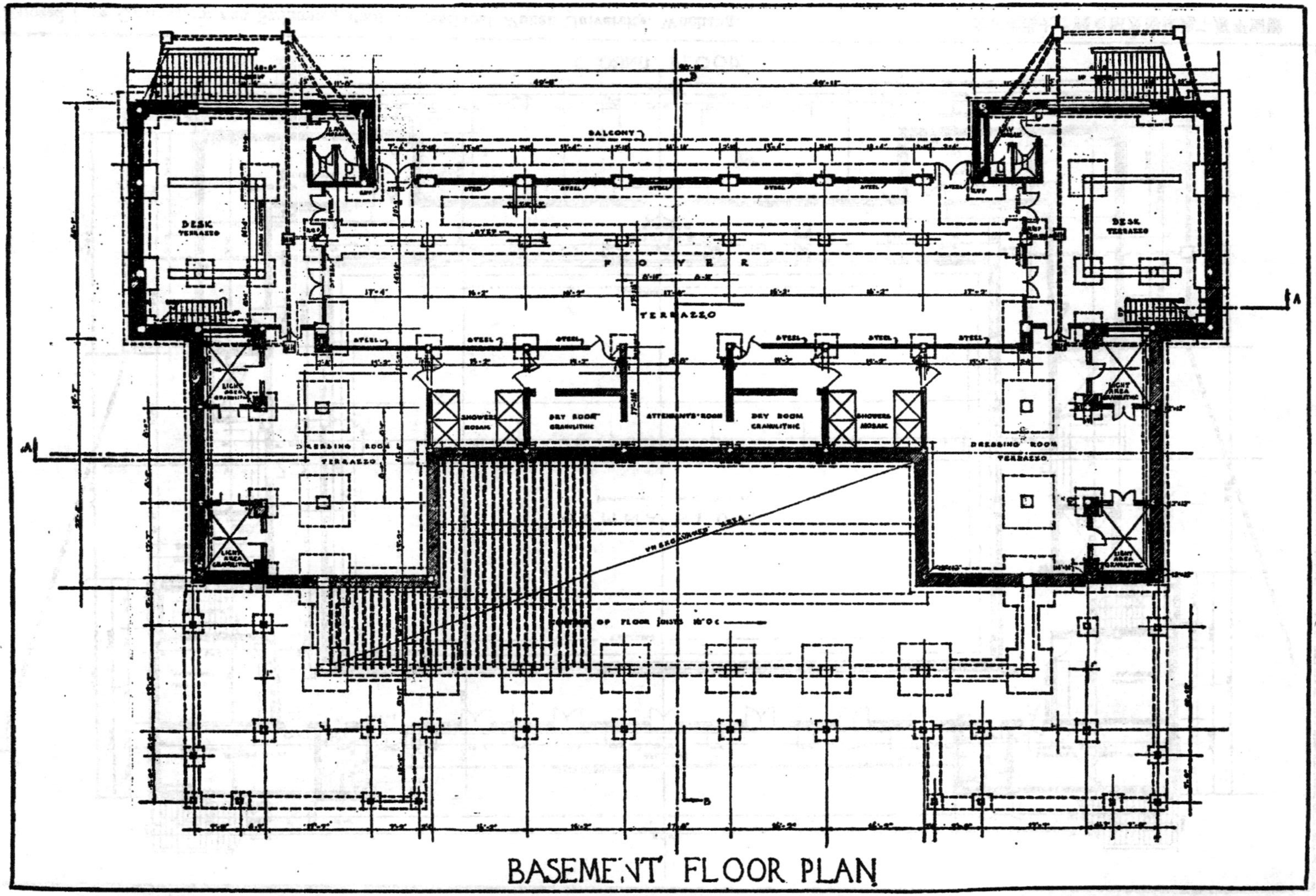

Proposed New Gymnasium and Swimming Pool for National Wuhan University, Wuchang. 國立武漢大學體育館及游泳池底層平面圖

23735

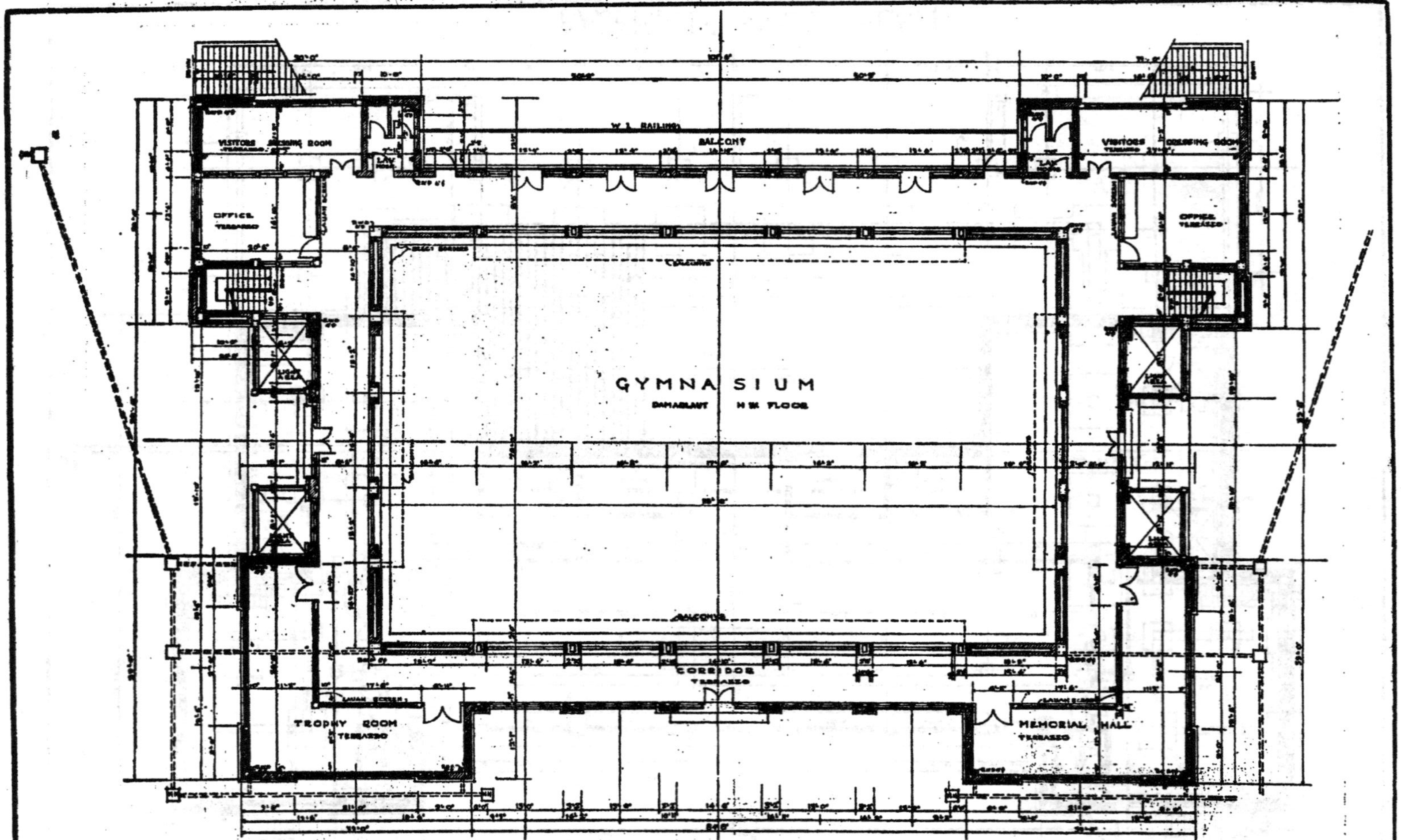

GROUND FLOOR

Proposed New Gymnasium and Swimming Pool for National Wuhan University, Wuchang.

國立武漢大學體育館及游泳池下層平面圖

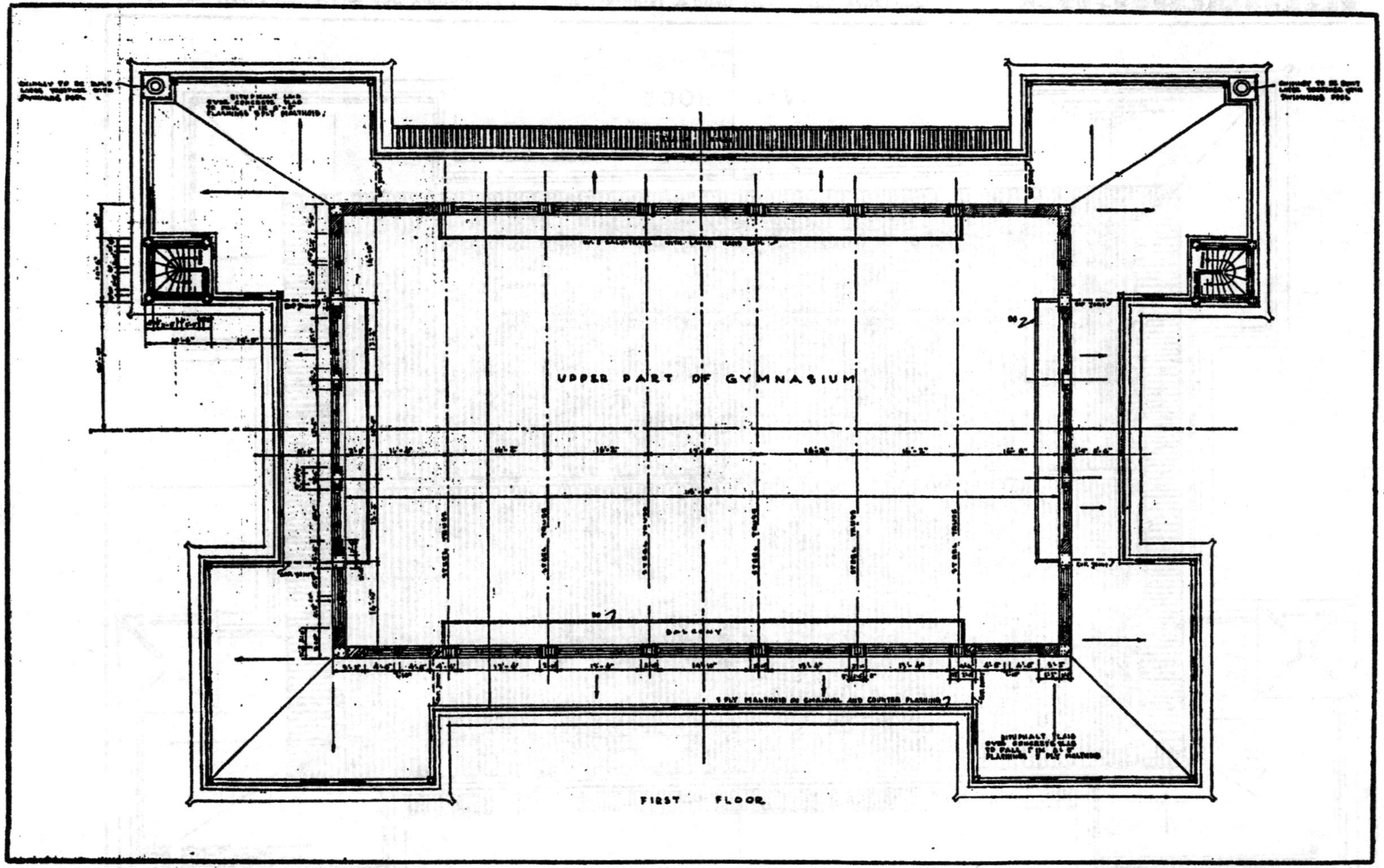

Proposed New Gymnasium and Swimming Pool for National Wuhan University, Wuchang.

國立武漢大學體育館及游泳池二層平面圖

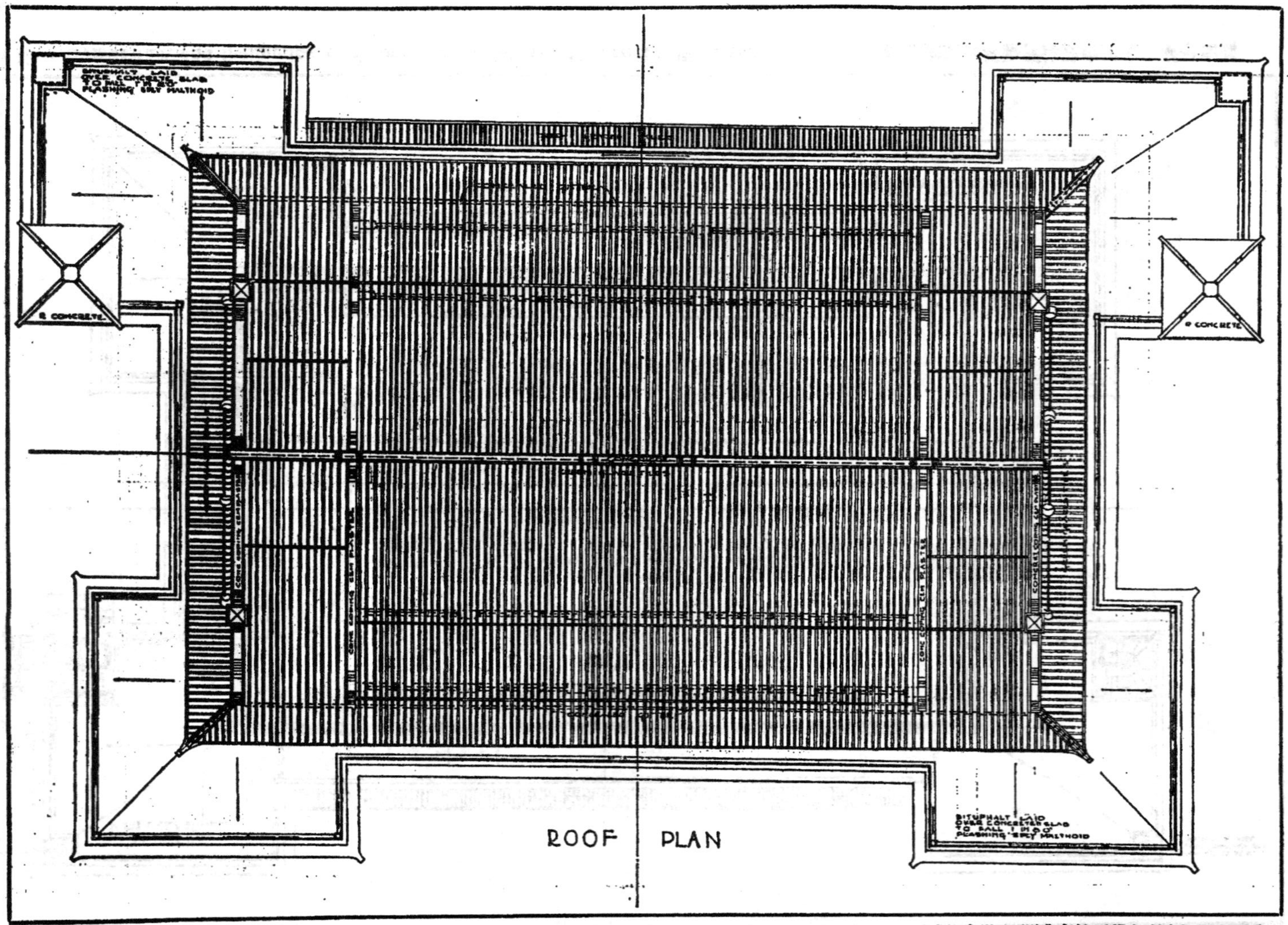

Proposed New Gymnasium and Swimming Pool for National Wuhan University, Wuchang. 國立武漢大學體育館及游泳池屋頂平面圖

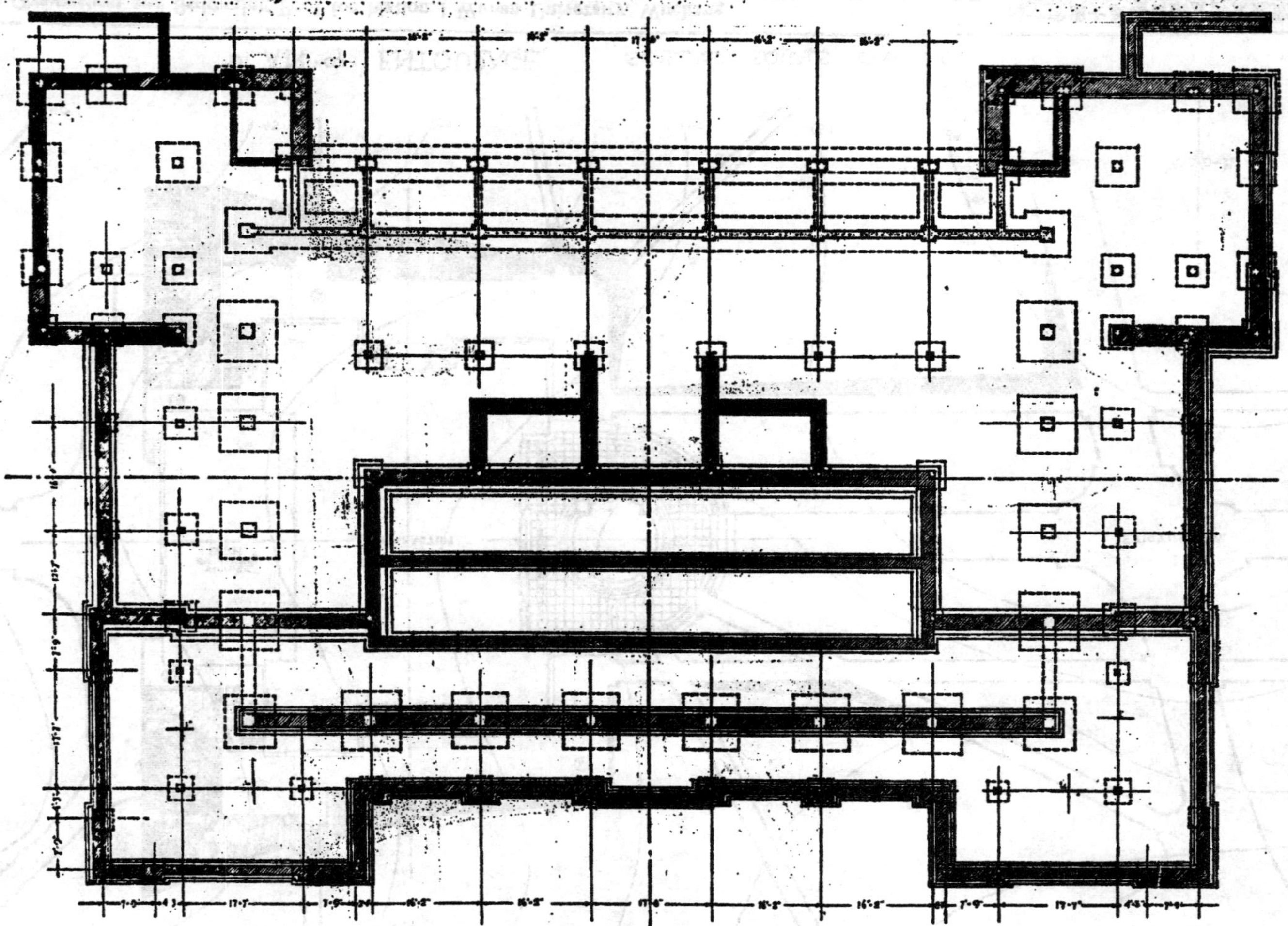

FOUNDATION PLAN

Proposed New Gymnasium and Swimming Pool for National Wuhan University, Wuchang. 國立武漢大學體育館及游泳池基礎圖

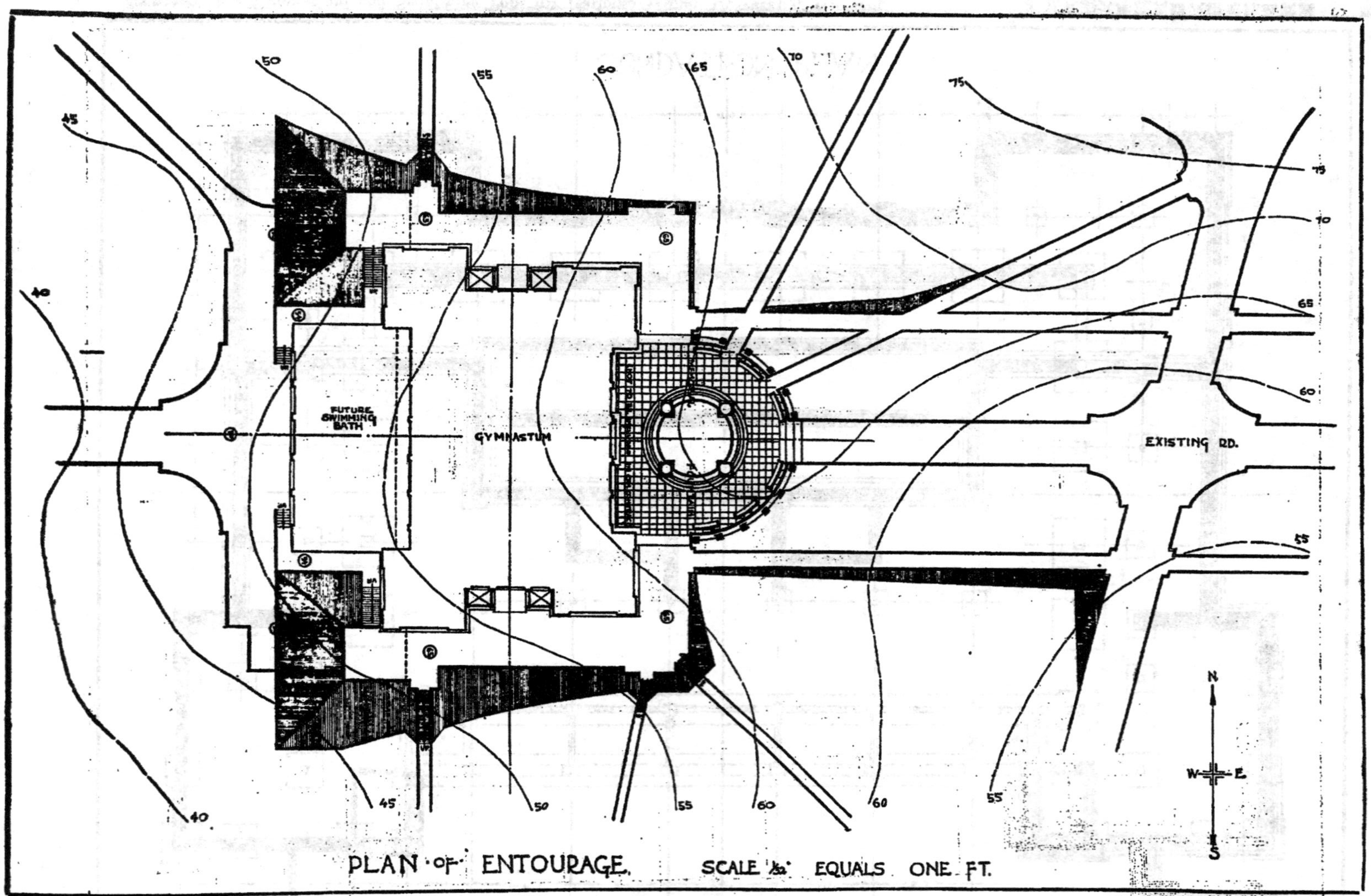

Proposed New Gymnasium and Swimming Pool for National Wuhan University, Wuchang.

國立武漢大學體育館及游泳池地盤圖

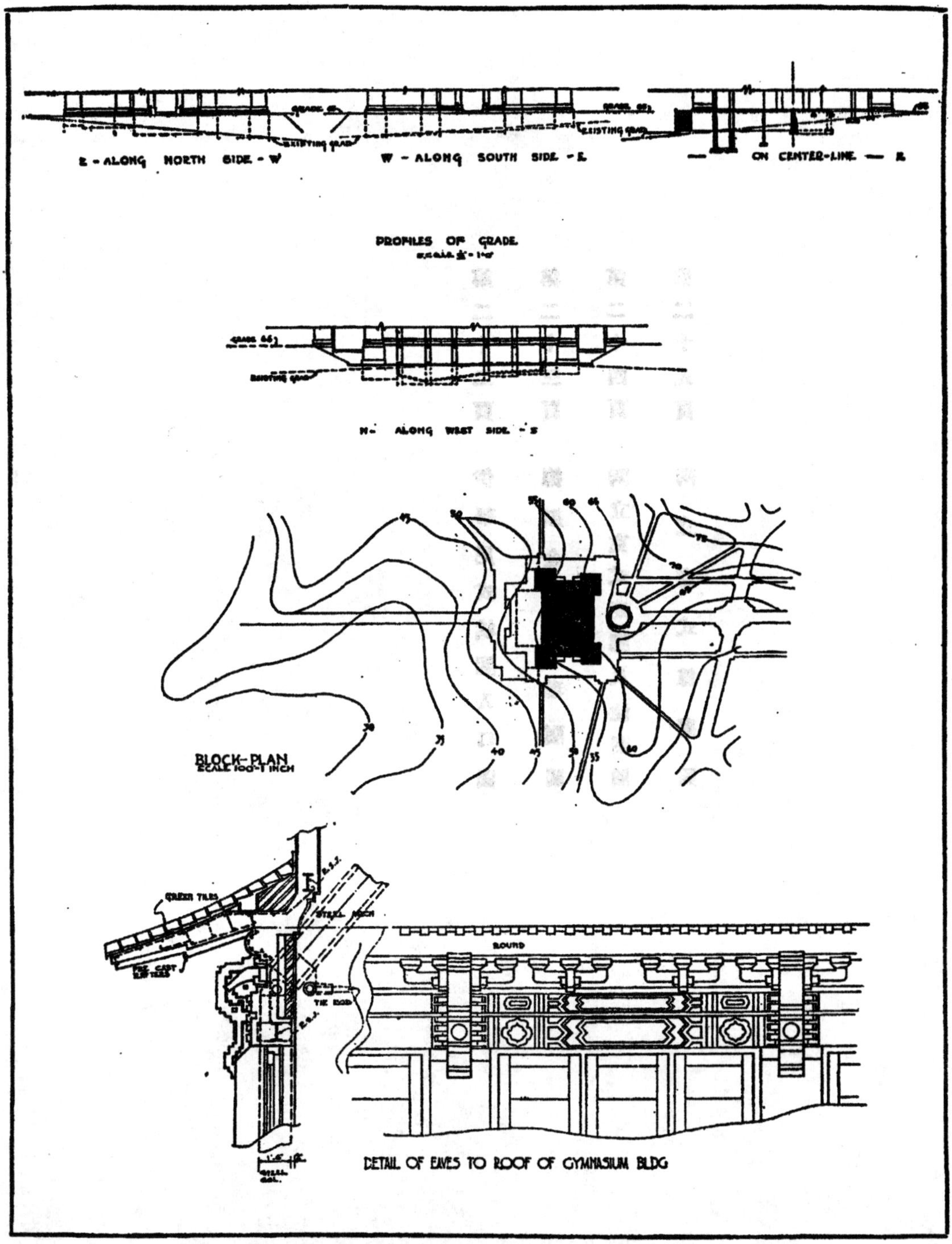

Proposed New Gymnasium and Swimming Pool for National Wuhan University, Wuchang.

國立武漢大學體育館及游泳池詳解圖

23741

第二十二頁　伊華尼式拱圈入口圖

第二十三頁　德斯金式聯環圈圖

第二十四頁　陶立克式走廊及法圈圖

第二十五頁　陶立克式樓廊圖

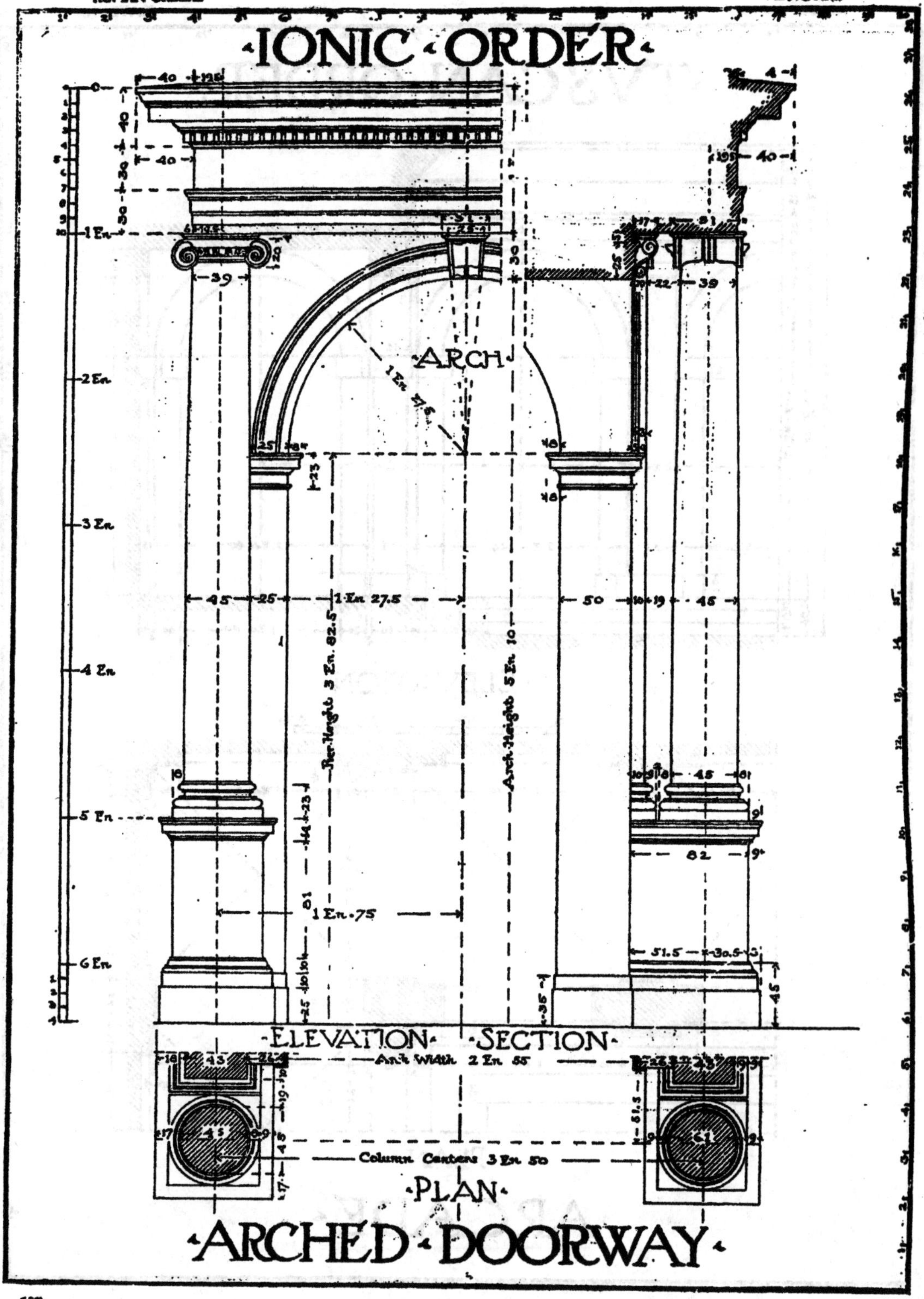
IONIC ORDER
ARCH
ELEVATION
SECTION
Arch Width 2 En 55
Column Centers 3 En 50
PLAN
ARCHED DOORWAY

23743

TUSCAN ORDER

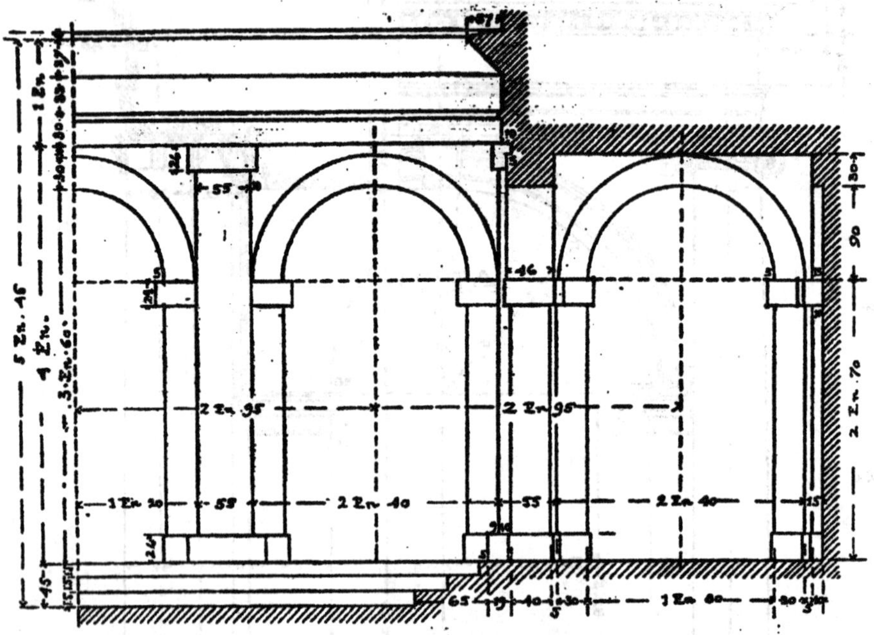

ELEVATION

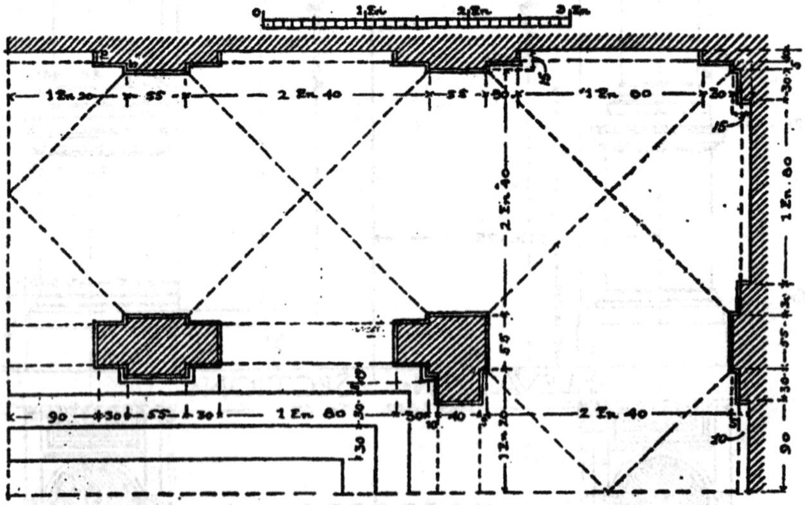

PLAN

ARCADE

23744

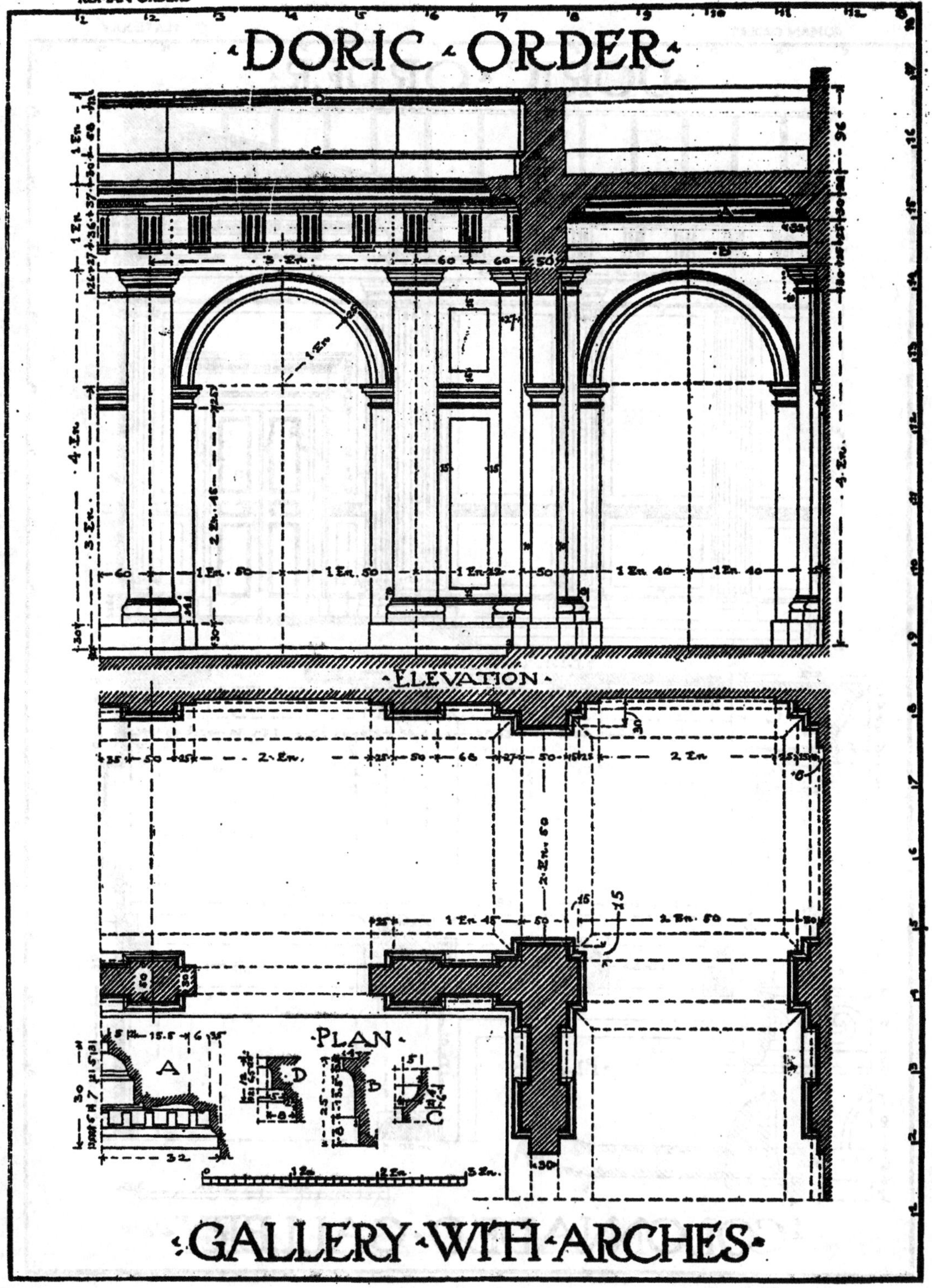
DORIC ORDER
ELEVATION
PLAN
A
B
C
D
GALLERY WITH ARCHES

23745

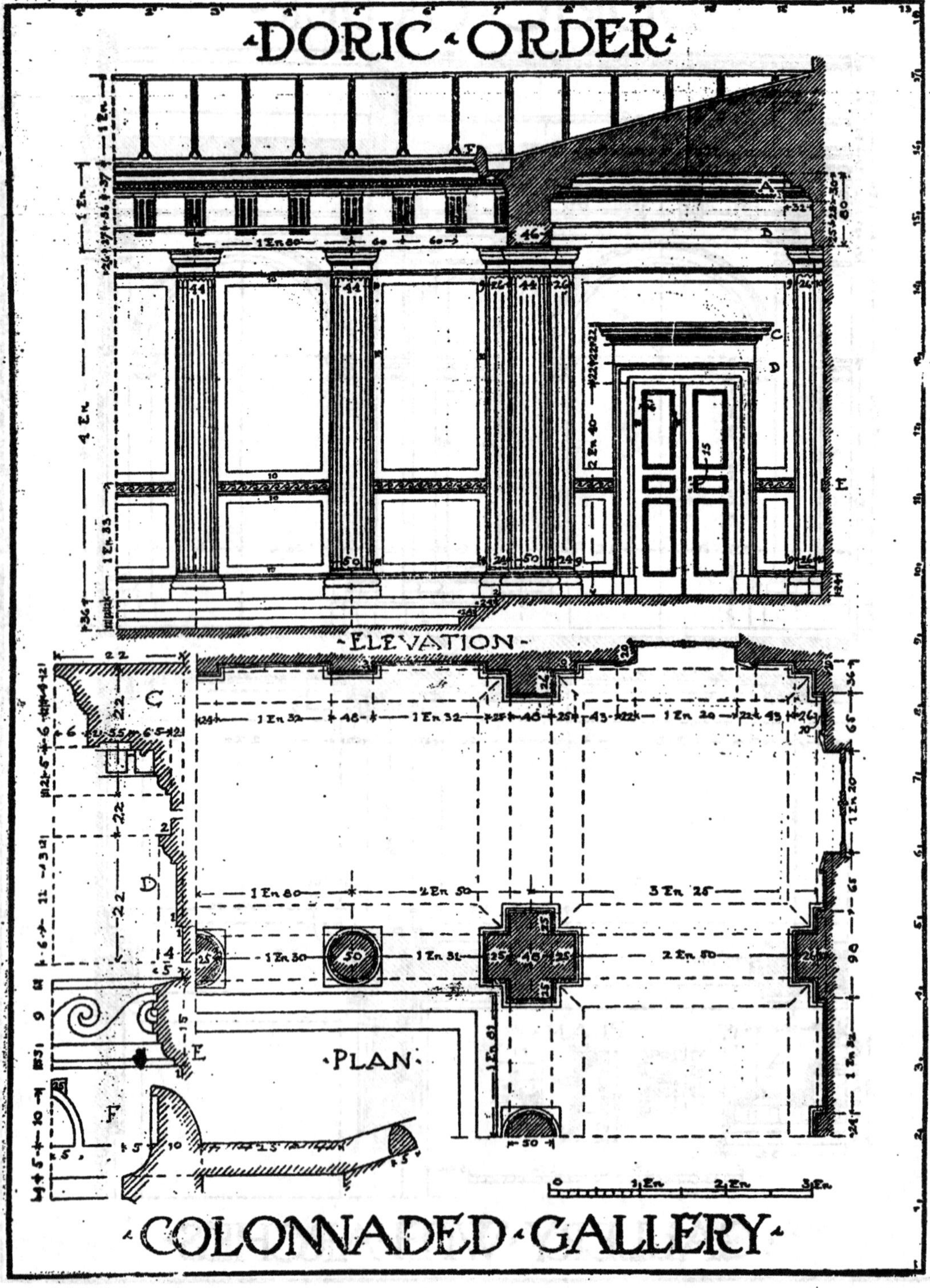

23746

建築史（六）

杜彥耿譯

希臘建築（續）

九十四、城市 當希臘文化之幕已啟以前，盤踞於山巔之宮殿，不旋踵間一一改作廟宇，供置當地之神偶；香火由是鼎盛，而山下之市場，亦漸趨熱鬧。山上則全成為宗教運動之總紐矣。離市塵不遠之海岸綫，亦有小漁村之集合，因之有如雅典之匹羅斯(Piraeus)（現為希臘雅典區商工業所在之重要海口），柯爾斯之里凱姆(Lechaeum)（希臘古城，位於柯爾斯灣爾長城銜接之處），以及亞格斯(Argos)之南伯拉(Nauplia)（一七一五至一八三四年希臘之首都）。因種種關係，自海口至市區，有長城之建築，所以防敵人之侵襲也。

九十五、 雅典為古城中最重要之一，亦可取作希臘古代文明之典型者。如四十一圖之衛宗(Acropolis)，為雅典宗教之中心點，其地較下面之城市，高出二百尺至三百尺。城內有昂大之雅典神像，潛阺殿(Parthenon)，英雄殿(Erechtheum)，殿外頭山門(Propylaea)等，建築美奐，允為山海間之崇宏建築物，不論自海上或山下矚目，無不形成巍觀之視綫。在衛宗城牆外面附近，復有酒歌劇院(Dionysus theatre)雲石建築之音樂廳(Odeum)，愛斯柯來布施廟(Temple of Aesculapius)以及其他有名之建築物。

在衛宗之西北有山名愛理斯(Aries)者，是為戰神之山，山後更有一山，其巔供置希臘主神之壇。雅典人民，大都麇居於此諸山之山麓下，中有園場，為公共房屋之所在。衛宗之東為今雅典運動

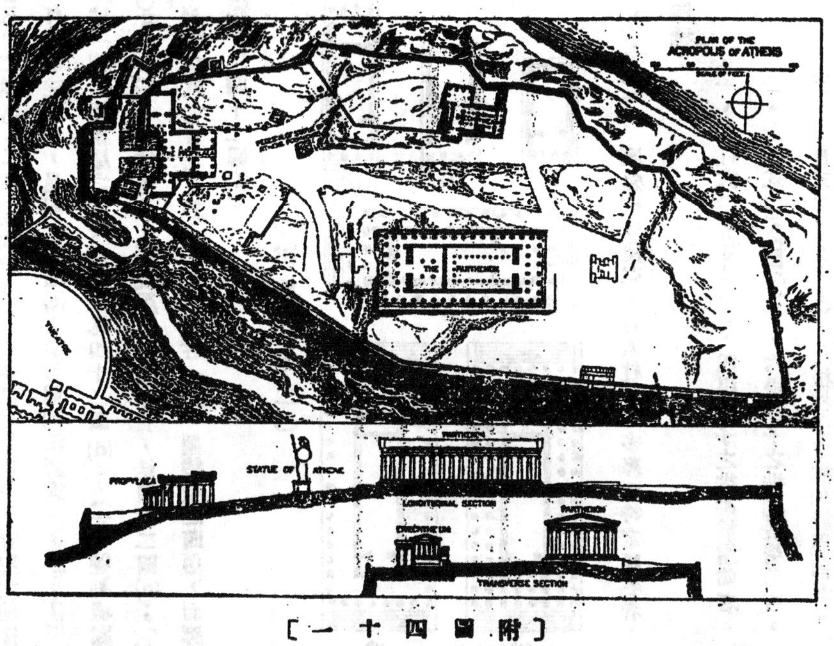

〔附圖四十一〕

場(Panathenaic stadium)，城牆北面外部爲雅典體育館，專科學校，音樂院及文藝講壇學院等。

此城於商業與社團既佔優越之地位，而其最主要之貿易市場，四週環爲廊廡，並有雕像等之陳列，如除宙之主及十二大神之畫像等。此間並有議院及愛普羅廟(Temple of Apollo)；廟之附近有雅典英傑之像，破子之供當地政府曉貼告示，與其他種種造像，廟宇，新壇及紀念建築物等等，雖名爲貿易場所，亦可謂爲美術之展覽院。按據全市之普遍情形言，則城內街道殊爲狹隘，彎曲，黑暗，地無舖築，房屋以木板釘成，或以未經燒煉之土磚築砌，長街兩旁之牆壁，咸簡實而不華；凡遇有街道較闊而整潔者，則必係富人之居宅在矣。

九十六、廟宇

希臘之廟宇，雖無一能與埃及最大廟宇之巨型建築相匹敵；但其術雕琢之純潔，各部支配之均勻與稱適，以及工作技藝之超越等，往往勝過埃及建築而有餘。

希臘廟之簡單者，內含一長方形之殿，曰 Naos or cella，殿中供設神像，殿外前面一楹廊曰 Pronaos，殿之後面附一小室，曰 Opisthodomos，藏置古物及法器者，最後爲後楹廊 Posticum；而廟之構築，即發於此。

等邊方形之廟，其設計有以屋外廊柱數目爲之支配於屋之前後及左右，以定式例者：如(一)無柱式(Astyle)；(二)二柱式(In antis)，屋前兩個柱子於兩半破子之間；而此破子係自殿之兩旁牆垣伸出，合抱形成屋前楹廊，見四十二圖(a)；(三)四柱式(Prostyle)，見四十二圖(b)；(四)兩向拜式(Amphi-prostyle)，寺院之前後，各有四根柱子者，見四十二圖(c)；(五)單列楹廊式(Peripteral)，廊柱一列，圍繞屋之前後左右，見四十二圖(d)；(六)雙列楹廊式(Dipteral)，廊柱雙列，圍繞屋之前後左右，見四十二圖(e)；(七)單列濶廊式(Pseudo-dipteral)，楹柱一列，圍繞屋之四週，而廊殊寬濶，見四十二圖(f)。

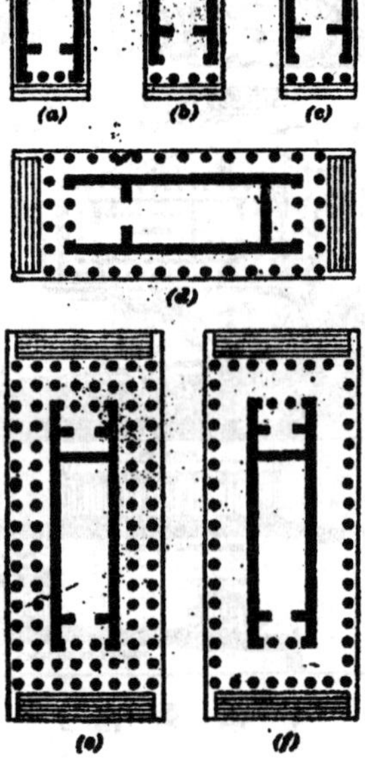

〔附圖四十二〕

九十七、廟堂前後楹廊，有依柱子之多寡而特定專名者，計有四種：

一、四柱式(Tetrastyle)，四根柱子之排列於屋前者。

二、六柱式(Hexastyle)，六根柱子之排列於屋前者。

三、八柱式(Octastyle)，八根柱子之排列於屋前者。

四、十柱式(Decastyle)，十根柱子之排列於屋前者。

牆之兩端所列柱子一排，從不超過十根；若祇柱子兩根，則普通均置於屋之前面。根據希臘廟宇之建築成例，兩旁列柱較前柱或後柱之數加一倍，而多一根角柱。

柱子之在屋之兩邊者，均屬另數；而在前面或後面者，咸屬整數；如前面柱子祇四根，則兩邊無柱子；前後兩端各有柱子六或八根，則兩邊柱子連角上一根為十三或十七根。

九十八、圓形之廟，約可分為(a)柱子一列，繞成圓形，而柱端蓋以台口，此外空無他物者，曰單列柱圓壇(Monopteral)；(b)圓形之殿，週繞列柱，附於牆壁。光線之透進殿內，方式殊多。如從兩柱之間透進，或無屋面之遮蓋，光自上頂射下；此種無屋頂——或有一部屋頂之廟，曰Hypaethral。亦有小型之廟，光綫祇自門戶照入；其他有自屋頂天窗及屋之兩端窗戶透進者。

九十九、希臘廟宇之在文藝興盛時代，有一特徵；凡普通建築之綫，均係橫綫；而其時好用弧綫，而垂直之縱綫，亦寓帯斜綫者，如聖母殿前之踏步，中間高而兩邊低者。試證之以例，則踏步中間高二寸六分，而兩邊為四寸三分。

希臘建築之規範

岱宗，劇院，住房及坟墓

一〇〇、有史以前亂石牆垣之斷片，得自希臘古建築之各部者，初不能明斷其準確之時期；而一方面欲求考古之得有實據，自應規劃時代。遂定神話時期，若巨大之石塊，堆叠不用灰沙鑲嵌，如四十三圖，是為偉大工作 (Cyclopean)

〔附圖四十三〕

之一，應劃入該時期。夫初領希臘者，厥為亞洲渡來之水手，古文家稱之曰「理想初民」(Pelasgi)。求早期民族完整之建築物，則以梅西耐 (Mycenae) 之愛脫雷斯 (Atreus) 地窖——見四十四圖——

〔附圖四十四〕

為神話時期存留至今之最完全之建築物。

此項建築物，由臆測而知為初期臨此之民族所建者。內含兩室，大而圓形者在外；入此圓形大室，必須經過寬濶之長衖，即圖中a字處。牆壁以長方形之石塊疊砌，殊為整齊。圓室之內部，如一巨大之石灰甕；而其結頂雖如拱圈，但其組砌實不合拱圈正式之方式。蓋其長方形之石塊，逐層疊砌，向外挑出，漸向結頂收縮。此石窖在希臘，為最古最完備而最大者；其他任何處所已經發掘者，咸不及此窖之偉大，計其直徑為四十八尺六寸，而其高度自平地以至結頂之最高點為四十五尺。

一〇一、岱宗　雅典建築之最足資研究者，厥為岱宗，如圖四十一之平面圖，與縱橫兩立面圖，以及第四十五圖之透視圖；圖示重行修建後之雄姿，頭山門外之石級，本用雲石舖置（圖中(a)字）；頭山門之建築式樣，採陶立克式，而用並蒂蓮雲石構築，面闊一七〇尺，中間爲六柱式之楹廊，兩邊兩廂如b及c，式例與大屋相同，惟較小耳。頭山門之設計者，爲南雪克氏（Mnesicles），建於紀元前四三七至四三二年。山門之左有小殿一座，名勝利殿（圖中d字）；山門之右爲四柱式建築之大好典型，見四十六圖。

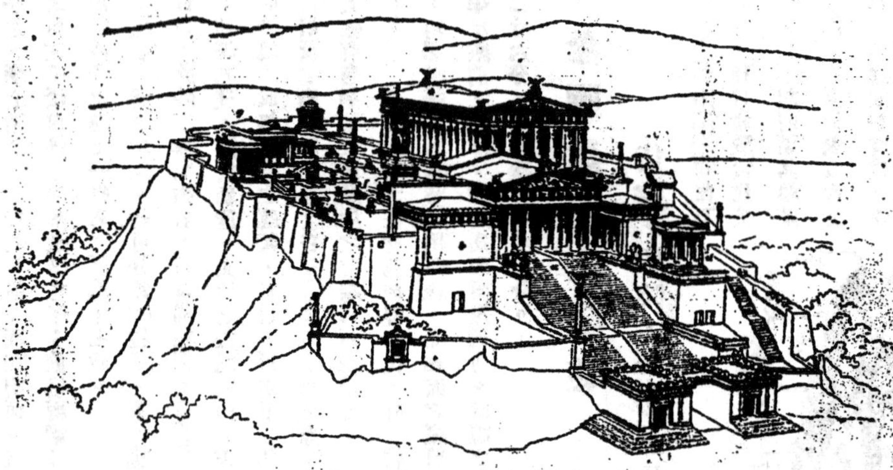

〔附圖四十五〕

〔附圖四十六〕

一〇二、立於山門之東南，倚山之巔，而奉爲古希臘建築之典型者，即聖母殿是。該殿之建築，極盡美奐美輪之能事，爲古今人所稱道不置者（四十五圖e）。此有名之陶立克式廟，係八字式，見四十一圖；約建於紀元前四三八年，設計者爲伊克慄納斯（Ictinus）與凱理客雷次（Callicrates）二氏。四十七圖所示，係聖母殿現在之狀態。四十

〔附圖四十七〕

〔附圖四十八〕

八圖爲猛廢整理後煥然一新之氣象。廟長二二八尺，濶一〇一尺，高度自地至人字山頭之頂尖爲六十五尺。屋坐於坐盤之上或亦卽三級踏步之礎基之上。柱之高自趾至頂計三十四尺，而直徑爲六尺。

聖母殿內之東西兩廊廡，均有六根柱子。此廟之建築，無論其平面，抑其立面，莫不整齊雄偉。正殿深九十八尺，濶六十三尺，中立

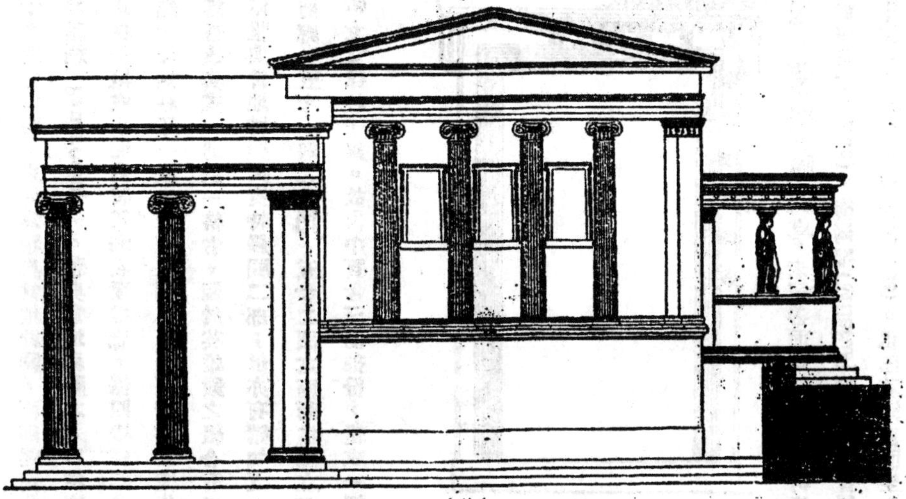

〔附圖四十九〕

一雅典聖母之巨像，高四十尺，殿後爲寶庫。殿及寶庫之內，均有柱子，或係支托木料屋頂而舖蓋雲石瓦者。惜此項屋面之材料，早已消失，雖覓取其他希臘古廟之尙存在者，亦已無屋頂足資攷證。更有一題，大有研究之價値者，卽大殿與寶庫中之光綫，如何使之透進？大殿之牆壁，其上部壁綠，均施雕刻，長五二四尺。此種雕刻，全出諸大雕刻家斐達（Phidias）及其助手之手，彼並雕刻人字山頭中之一族人物及台口挑框中之雕刻。

一〇三、圖四十五g之英雄殿，相傳爲披理葛兒（Pericles）時代所建，用代被波斯軍於紀元前四八〇年侵入雅典所燒燬者。殿之搆造，依照伊華尼式，位近岱宗北首圍牆，見四十一圖；殿分二部，見四十九圖立面圖；東部爲雅典當地神祠，西部連南北二端楹廊，爲賓特羅祠（Pandroseum）。雅典當地神祠之入口楹廊，爲六根伊華尼式柱子組成；而賓特羅祠北面楹廊，係四根伊華尼式柱子，南北二端，每端柱子一根。南面楹廊，以四個婦女立像作爲柱子，是亦較諸普通典式，別創一格者。關於英雄殿之組合有二說：一如上述，僅雅典當地神祠與賓特羅祠二部；但亦有謂如五十圖爲面北之入口楹廊，五十一圖之大門，五十二圖之南面楹廊立面圖及五十三圖之婦女立像柱子圖。故內中實含三個部份，組成一個英雄殿者。

〔附圖五十〕

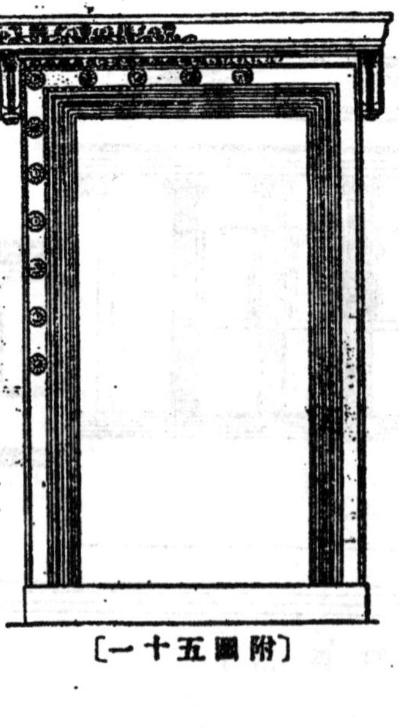

〔附圖五十一〕

一〇四、闌茜客臘次亭 未完善而屬於早期之柯蘭新式花帽頭，見於伊華尼(Ionia)，梅爾都(Miletus)地方之愛普羅，台地嫚寺(Temple of Apollo Didymaeus)。但已臻完善而至今猶完好之柯蘭新式花帽頭，獨以雅典之闌茜客臘次亭（Mounment of Lysicrates)爲最佳，見五十四圖。此小建築爲四方形之座a，圓形坐盤c，上建圓形之建築物e，包括六根柯闌新式柱子d，圓形牆e之上爲台口，並極平度之圓屋頂，施以裝飾，結頂以鼎足之飾，支於三個魚尾如b。此紀念建築物之高度，計三十五尺，圓處直徑六尺。建於紀元前三三四年，所以紀爾菁客廉次之戰功也。

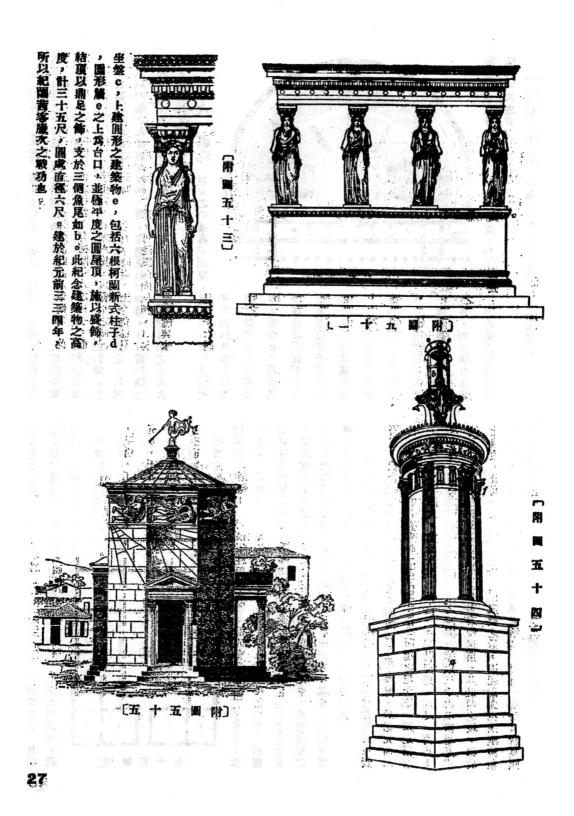

〔附圖五十三〕

〔附圖五十一〕

〔附圖五十四〕

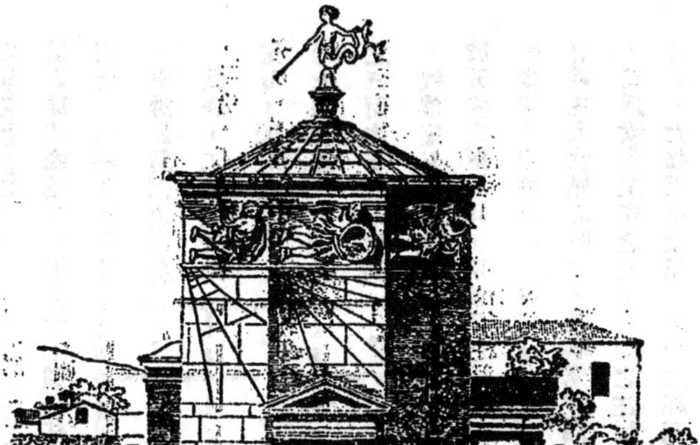

〔附圖五十五〕

一〇五、風塔 歷史上有名之風塔，見五十五圖。該處曾爲雅典古時之小市館，而此塔爲全館觀測時計及氣候者。此塔之平面係八角形，附以兩個突出之挑台，有柯爾新式之柱子，而無坐盤者。柱子之上爲台口及人字山頭。石刻水槽，以資水之滴漏計時（猶吾國古時之銅壺滴漏以計時），名爲水時計，至今仍能見之。結頂則冠以古銅之人首魚身海神之像，可隨風向而旋轉。日晷設於牆之上部，更上則爲淺浮雕人像，象徵風雹等義。此極饒興味之希臘古屋，建於紀元前之一世紀。

一〇六、劇院 巨大之希臘露天劇院，見五十六圖。此劇院初本包括兩部：曰圓形之舞台a，音樂台b，看台c。看台之平面多過半圓形，每級看臺逐步升高，係依照山之坡度開鑿山上之石而成者。希臘最初劇院，祇有歌唱，後始有戲劇；故於上述看臺及舞臺兩部之外，加出後台d及前台e，以資表演戲劇。台之高度，初不一致；而希臘之劇場面積殊大，其最者竟有六百尺之大。

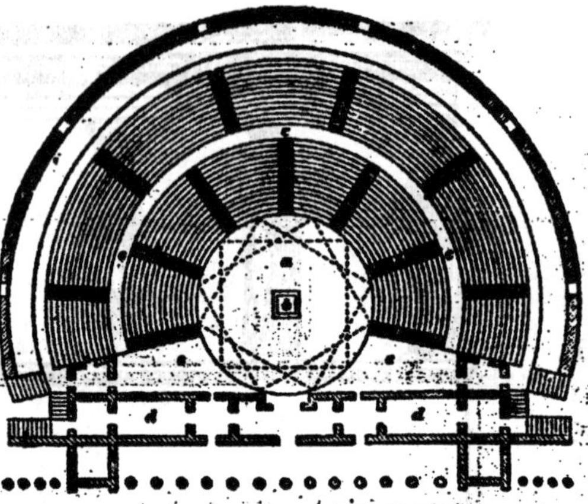

〔附圖五十六〕

一〇七、住屋 希臘住屋，分作兩部：一爲男子部(Andronitis)，一卽婦女部 (Gynaikonitis)。後者之室，居於屋之後背或樓上。第五十七圖係住屋之平面圖，所示大門之內a爲川堂，曰 Prothyron，兩邊係看門之門房，臥房，工房或營業室b，天井之中央c壇上供設家神，天井之三面均有柱f排列，奴僕室及倉庫則設於天井之兩邊d，兩根半柱形成大門。進入客堂e曰 Prostas，爲平時家人用膳之所。臥室f曰 Thalamos，係主人之臥室，對面g爲主人女兒之臥室，經客堂腰門入後，係做工室h曰 Mesaulos，是爲女僕工作之室。更大之住屋，尚有第二重天井。希臘房屋之屋面，大都係平屋面，室中光線則自天井經門窗射進者，花園普通房屋之後，經中間h一室之後牆，闢一門戶，以資通行者。

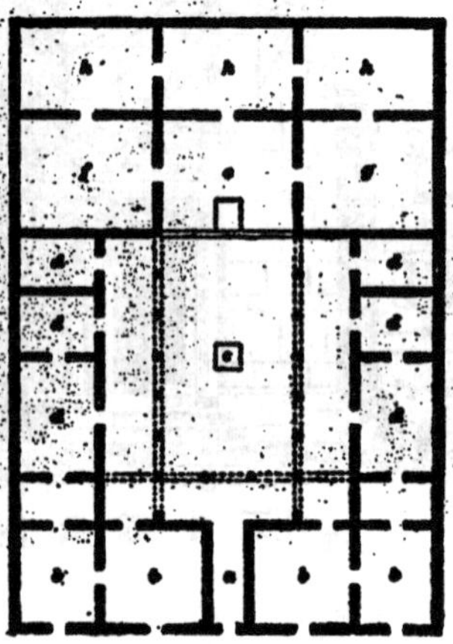

〔附圖五十七〕

一〇八、坟墓 雖希臘多數之普通坟墓，無甚建築價值足資研究；然希臘之殖民地凱拉(Caria)蘭薩(Lycia)等處，於紀元前三五二年，在海里卡納蘇斯(Halicarnasus)所建之紀念墓，殊足稱者，蓋建築既極偉大，允爲世界七奇之一。其勒脚長一百尺，濶八十尺，爲一座長方形建築之基礎；屋之四圍，繞以三十六根伊華尼式柱子，台口及踏步式逐步退敗之金字塔狀屋頂。其壯麗之坟，卽於此結頂，計高一四〇尺。此建築係凱拉之后，因紀念凱拉王默沙羅斯而建者。所有雕刻，盡爲希臘美術之結晶，現有一部份可於英國博物館中見之。

（希臘部份未完）

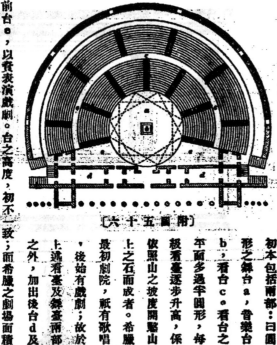

蘇俄之新建築

明琴

有西人卡德氏者(Huntly Carter)，近遊蘇俄，對於其地之建築，頗多評述，特爲迻譯如后。

蘇俄自稱大革命後，建築之地位已演成特殊之形式。廣大之國土，中世紀式之建築，已一變而爲二十世紀適合及推進新實業經濟社會制度生活之建築。偉大之建築，新型之城市，紛然並起，遍地皆是。古舊之城市，如莫斯科，克扶(Kiev)，德弗列斯(Tuflis)等，現經改造，幾不可辨識。但有少數建築之寶藏，仍保留原狀，追憶舊有之文化及其衝突，並表現過去已死及消滅之政治，經濟及社會生活。

今日之建築，出現一種新的獨一性；利便與宏大先創造而退後。房屋之建築充分增加生產性與繁榮性，並謀經濟之恢復與滿足日常生活之迫切需要，以達於社會主義者共和國之目的。現時之建築方針，具有極大之企圖，各種特殊之建築，均能適合特殊社會之智能的與情感的需要。此均由蘇聯當不斷努力追求而得，如徵詢，研究，全國或國際集議會議，展覽，公開討論及取決。

建築原理之啓示

在莫斯科時，曾訪問蘇俄最著名最活動之建築師許殺甫氏(Hr. A. V. Schussev)，藉以知悉新建築之計劃與原理，並稍予注意古典式建築之理由。其建築之原理，可備述如下：

建築必須表現蘇維埃主義之哲學與美學。

建築必須表現文化，智能與觀念。

建築必須在創造新社會中佔一重要之部份。

建築必須在羣衆之意志上留有創造與教導之效果。

建築必須助理排除混亂紛爭而代以有秩序狀態。

基於上述之原理，故切實研究歷史上之大建築，以適合現時之社會與文化 許氏並云希臘及哥德時期之建築，及亨利八世之皇宮建築，係爲適合新式商人階級之建築，並云其所主持之現在建築中之梅蘭華戲院(Meyerhold)，即應用前述之原理者也。

偉大戲院之興建

梅蘭華戲院建於三個建築之原址，即戲院院屋，訓練學校，及梅蘭華有名之古代Zon戲院是。此院在凱旋廣場(Triumphal Square)佔有極優越之地位，處於林蔭公路與高爾基街之相交點，由政府斥資建造，需費二千五百萬羅布，足容觀衆二千三百人。興工於一九三四年五月，將於本年十月完成云。

戲院係爲馬戲劇場之設計，座位之佈置均爲斜傾，伶人當衆表現，觀者圍坐四週。有兩旋轉升降之戲台，一大一小，相互交換佈景，俾劇情不致中斷。有伶人梳裝室兩間，一在底層，一在其上。日本式之音樂隊，則在另一樓廳，其上則為大規模之光線照射設計。各處均有播音器及放映電影之設備。並聞將增設圖書館，閱覽室，博物館，屋頂花園，日光浴室及其他娛樂設備等，以期將戲院成為公衆及文化之中心。建築全部均為蘇維埃之產物，如石類，鋼筋混凝土，大理面石等，均由蘇維埃之專家及工人製造。此種工人在大革命前均在機器廠工作，現則為建築師與工程師矣。

關心戲院與舞臺之進化者，對於該戲院之設計，明白啓示與已往之式樣有頗多相同之點。自最早之希臘時期及至最近之德國，均各有採取。院屋正面作 Pompeiian 狀。牢浮彫則代表紅軍軍容，尚有其他古典式及近代式彫刻設計等。但據許氏云，並無傳統古典派之設計，亦無屬於意大利古典學派者，全院之建築，均為最高現實主義及同時代建築之嘗試云。

裝飾之注重

已往之建築師，認為房屋之功能與效用，與房屋之外表並重。現在政府對此加以否認，以為房屋之裝飾極關重要，藉此足以提高文化之水準，發展大衆之愛美觀念，並使快樂之情感與建築相諧和。牢浮彫代表梅豔華麗物之情景者，係示社會主義者之現實主義，吾人觀其裝飾，即可概知房屋之功能矣。

上海市建築協會 建築月刊發行部啓事

本刊出版以來，業將四載，讀者遍國內外，咸認為建築工程界不可多得之期刊。茲因屢接讀者函詢，要求補購以前所出各期，俾窺全豹，故特將本刊一二三卷未售罄各期，露佈於下，幸補購諸君注意焉。

一卷一，二期再版合訂本（售一元）
二卷二期至二卷十期（每期五角）
二卷十一，十二期合刊（售一元）
三卷一期特大號（售一元）
三卷二期至三卷八期（每期五角）
三卷九，十期合刊及三卷十一，十二期合刊（各五角）
〔以上每冊外埠另加郵費五分，本埠每冊二分〕

營造學（十一）

杜彥耿

第三章

第一節　石作工程

定義　石作工程者，係以石料建造房屋之一種技藝；然因工作之艱，費用之鉅，故石工衹於出面部份做光，並使成整方，後背則用較小之石片填滿，或用甎砌襯。甎作工程與石作工程，其難易之判分：前者係用整塊同樣大小之甎疊砌，故凡牽頭之鑲搭簡易，所費亦省；石工則不然，蓋石塊之採自石礦，其大小初不一致，倘欲與磚工之灰縫，同樣整齊劃一，以是工作艱鉅，所費亦不貲。惟有將大小石塊合湊成壁，則既美觀，復省事。但必須於事前慎思熟慮，方不致僨事；尤須注意者，如同一高度之牆，石牆必較甎牆為厚，因石塊不如甎塊之整一也。

石工雖不若甎作之簡易，因石塊面積較甎為大，故以之作巨塊突出之台口石暨石柱，石壁，石梁等，無不雄偉壯觀，堅固耐久。

概要　石之用於建築者，以水成岩石為多；因其組合之關係，石有屑夾，故若依石夾之勢流，破裂殊易；然其抵壓力則殊強。火成岩石之拉力與剪力薄弱者，其設置應如下述諸款：

一、用以抵抗壓力。

二、其頂面須與外來之壓力成直角，或近乎直角。

三、遇推力之來自側面時，應砌相當斜度，俾本身重量與推力之結合力，不致越出其支座中央三分之一以外，庶可無發生拉力之危險。（見二三四圖）

四、遇垂直之離心力（如支持大料之末端等），則其壓力重心，亦須在牆之中央三分之一以內，庶免牆垣發生拉力之弊。

〔附圖二三四〕

五、台口石及挑出牆外之滴水石下口刻鑿綫脚等石材之有石夾者，不可使之與牆面垂直；蓋石夾受上下兩牆之壓擠，即行斷碎，而挑出於牆外之部份，不免有墜落之危險。基上原因，石夾應置與牆成直角。（見二三五圖）

石作之術語

關於石作之各種術語及其解說，分列於下：

絕頂石 石之置於房屋最高部份，如山頭頂尖之石兩面瀉水者。如二三六圖。

[附圖二三六]

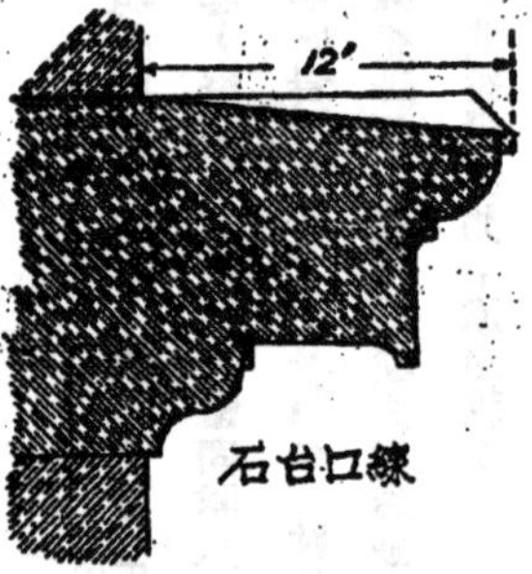

[附圖二三五]

門頭綫 在建築式例中之梁或過梁，如二三七圖，梁之跨越於兩柱之間，而梁之下口有綫脚盤繞者，是謂門頭綫；義與木門或木窗之有門頭綫盤繞於框之四週者同。

圈穹綫 圈石之面，刻有綫脚週繞全個圈拱者。如二三七圖。

欄杆 豎直之欄杆石起綫，或車圓遊起綫者，如二三七圖。

坐盤 牆或柱子根際之礎盤。如二三七圖。

層平面 石之每層平面直接受壓制者，其平面之舖砌，應極平坦。石工對於此點，每不使平坦，任其空隙，殊屬不合，因外口雖兩石疊接之縫口緊密，但內裏不實，以致重量之壓制不勻，而石之外口易於碰碎。

蓋頂石 一皮石頂蓋於台口石之上，如壓簷牆者，以資觀瞻，兼使牽壓台口之外傾。見圖二三八及二三九。

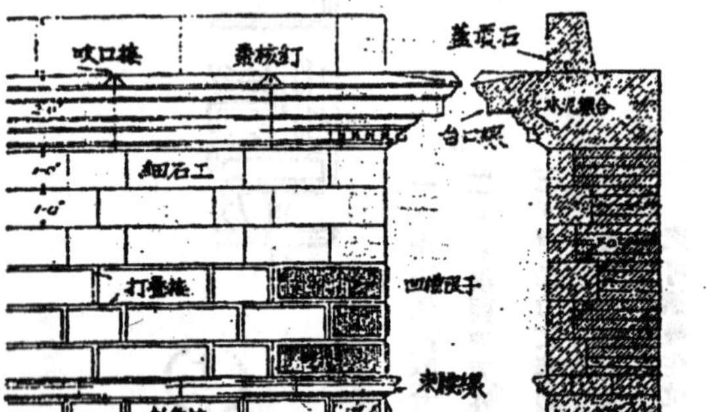

[附圖二三八及二三九]

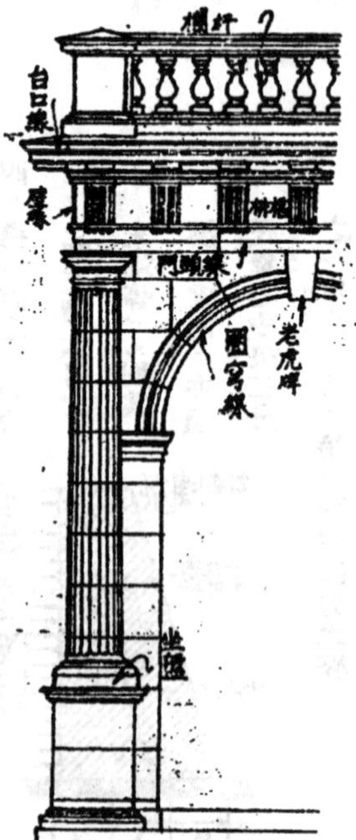

[附圖二三七]

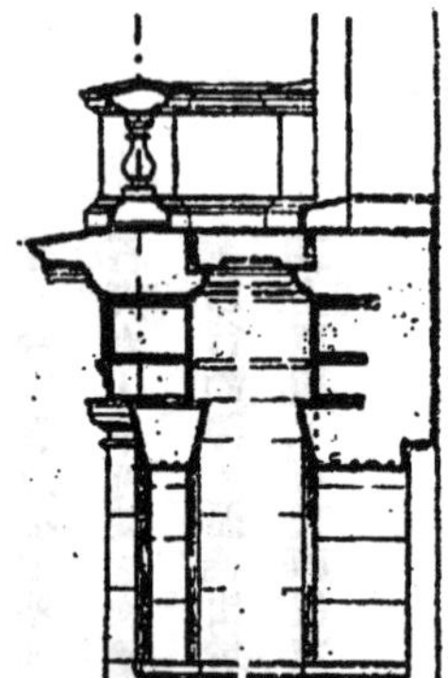

剖面圖

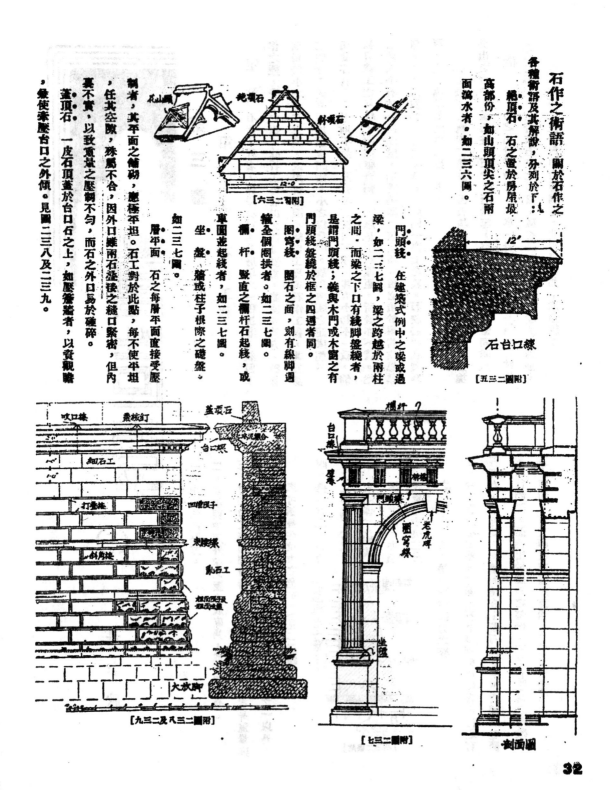

控石 自牆面至牆背整塊之長石，砌於牆內，俾資控制者。如圖二四〇及二四一。

結飾 三根以上刻綫脚之石條，其交叉點置一花飾，以遮掩交點之紛亂，並增美觀。如二四四圖。

[附圖二四〇]

[附圖二四一]

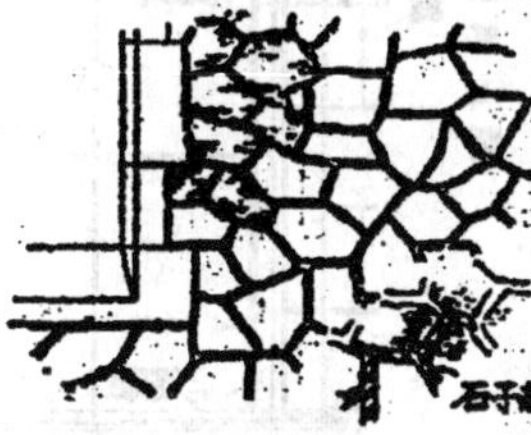

[附圖二四二]

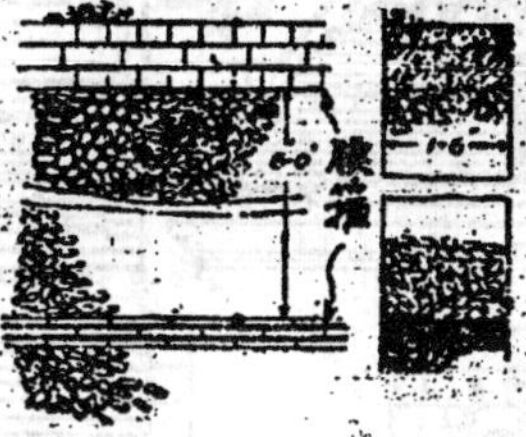

[附圖二四三]

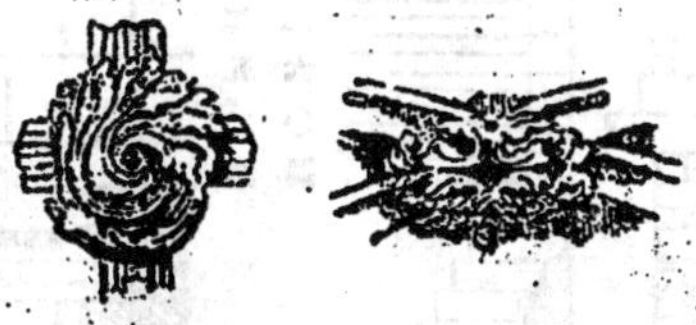

[附圖二四四]

塔尖 六角形之尖頂塔，座於四方平面之上，餘出四個三角地位，置四座塔尖。如二四五圖。

深平頂 在室內或檻廊之浜子平頂，結構頗深，並有古典式之古口綫者。如二三七及二四九圖。

柱子 一根圓形之墩子。如二三七圖。

花牛腿 支托壓頂線或火斗面等之凸出物，面上施以花飾。如二五〇圖

壓頂 居於最高部份之石工，背部可以瀉水，俾水不致由牆頂沿入室內牆垣，如二三六圖。壓頂之面平坦者，只可用之於斜坡之處，如山頭牆等處。二四一圖及二五三圖示壓頂之瀉水坡度。

挑頭 石之自牆面挑出。用以支托上部建築物者。如二五八至二六〇圖。

二四五圖　二四六圖　二四七圖　二四八圖

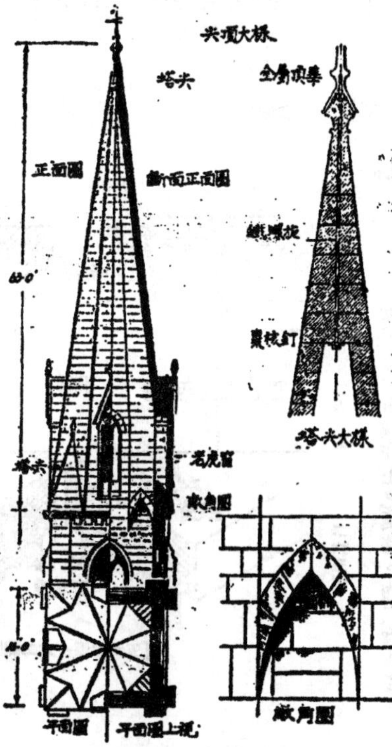

[附圖二四五至二四八]

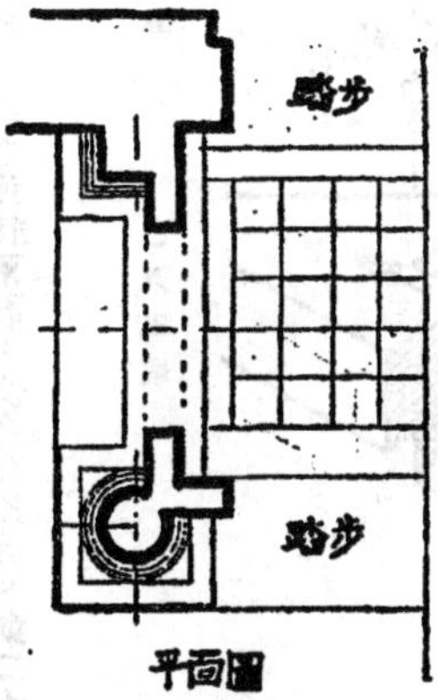

[附圖二四九]

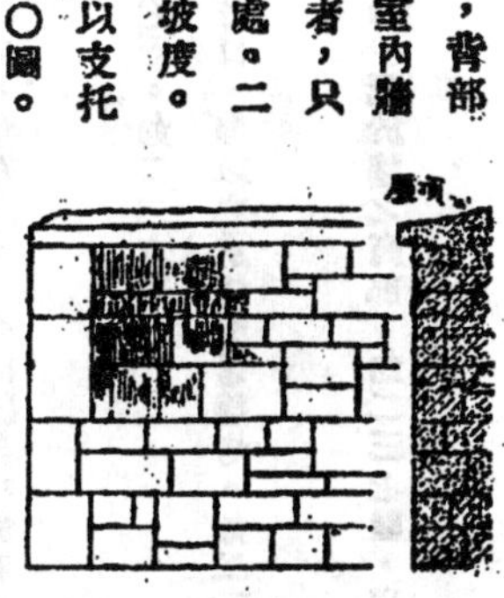

[附圖二五三]

23759

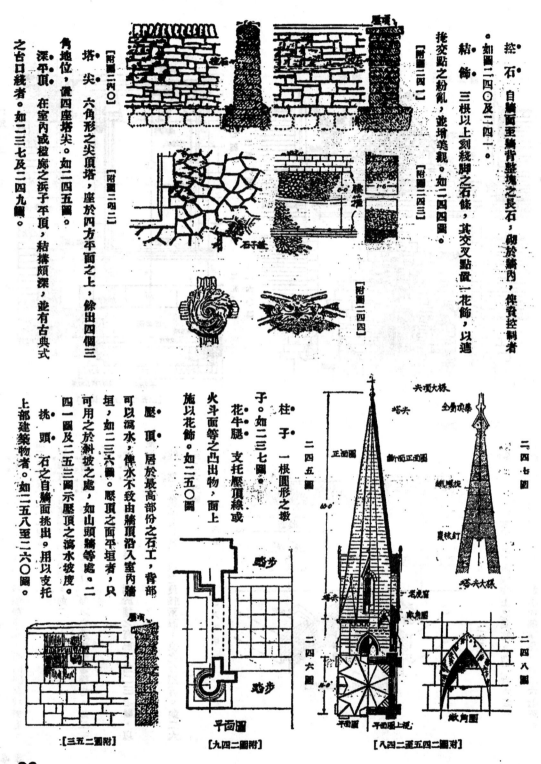

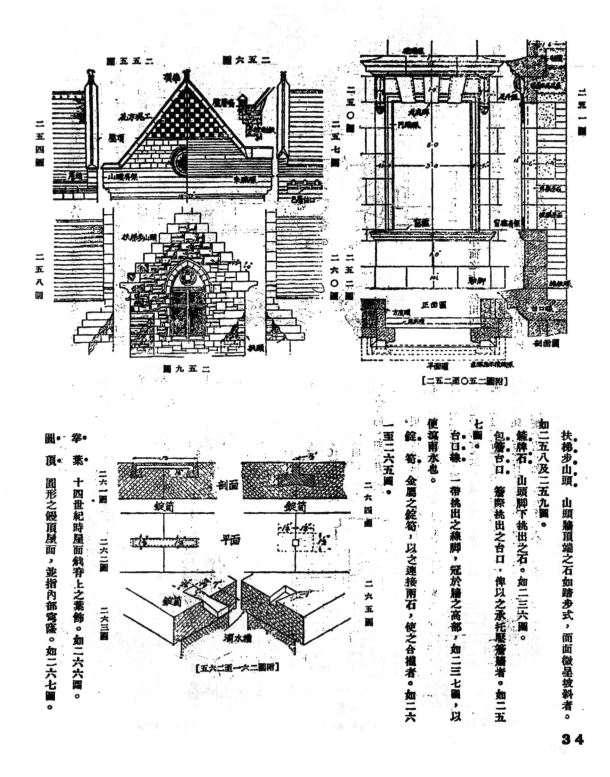

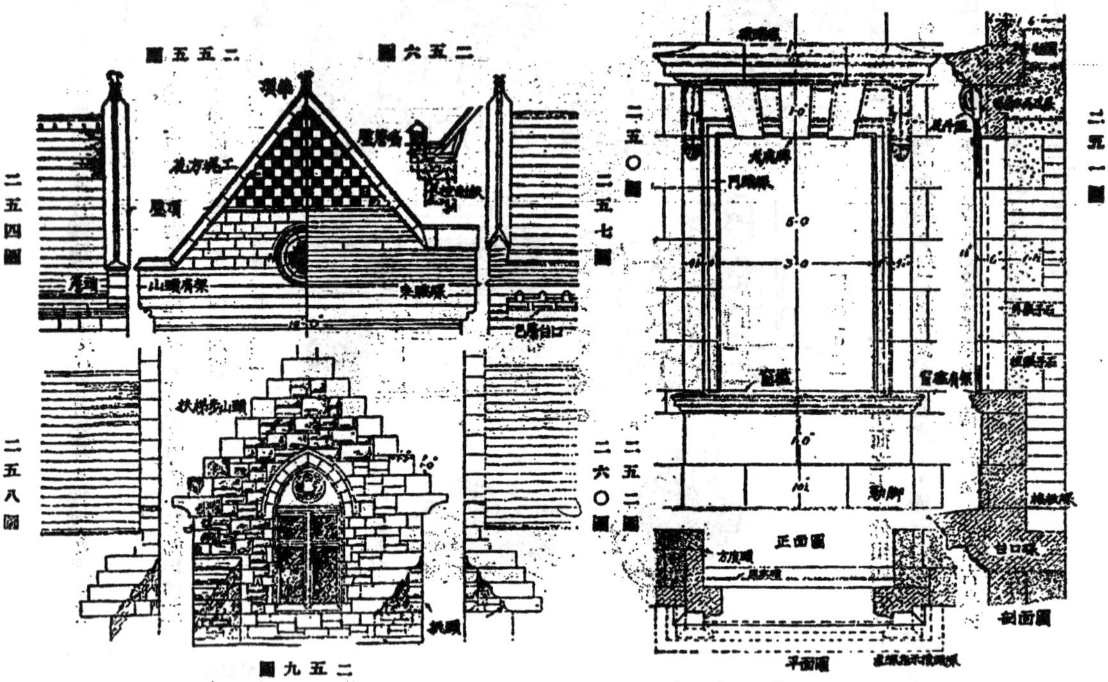

[附圖二五〇至二五二]

扶梯步山頭　山頭牆頂端之石如踏步式，而面微呈坡斜者。如二五八及二五九圖。

錠牌石　山頭脚下挑出之石。如二三六圖。

包簷台口　簷際挑出之台口，俾以之承托壓簷牆者。如二五七圖。

台口線　一帶挑出之線脚，冠於牆之高部，如二三七圖，以使瀉雨水也。

錠筍　金屬之錠筍，以之連接兩石，使之合攏者。如二六一至二六五圖。

[附圖二六一至二六五]

拳葉　十四世紀時屋面戧脊上之葉飾。如二六六圖。

圓頂　圓形之饅頂屋面，並指內部穹窿。如二六七圖。

卷葉
[附圖二六六]

圓頂
[附圖二六七]

花方塊工 石工之組鏇，形成各種花樣。如二五五圖。

圓蓋 屋面之頂形圓，如半個地球或近半個地球形者。

老虎窗 窗之自屋面開闢者，如二四五圖。

鏨 石面用斧鏨平之工作。

滴水石 石之挑出於牆面之外，石面起線脚，下口鑿水落線者，以資水沿至下口，即行滴去，不致沿及牆面。

台口 門頭線，壁線及台口線組成之台口，根據古典作法，台口往往在檐廊之外。見二三七圖。

凸肚形 柱子中段微形膨脹之狀。

頂華 絕頂石面之鎗頭狀花飾。如二五九及二五五圖。

大方脚 意與磚作工程相同，蓋牆之根際較牆身爲濶，俾資基礎鞏固。如二三八及二三九圖。

壁緣 在台口之中部，根據古典式，此間常有雕刻之設施

花山頭 三角形之山頭，稍加花飾者，如二三六圖之絕頂石

石子縫 亂石牆之牆面，灰縫中嵌以細小之石卵子。如二四二圖。

滴水 獸狀之雕刻物，裝於簷口，雨水自獸嘴中滴出。如二六八圖。

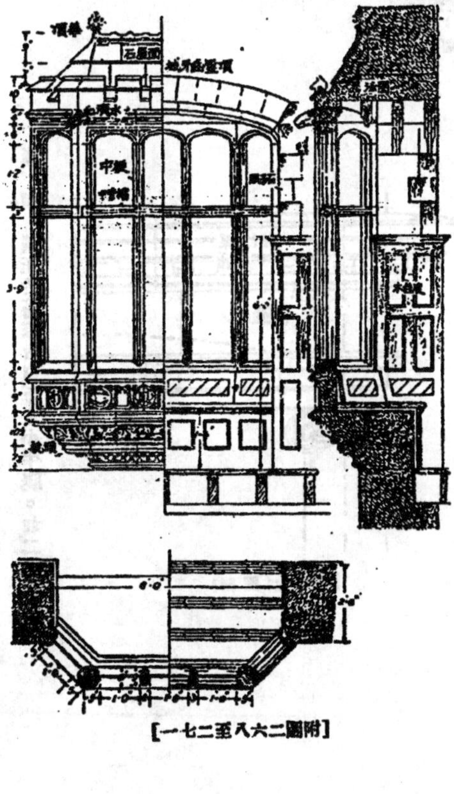

二六九圖

二七〇圖

二六八圖

二七一圖

[附圖二六八至二七一]

薄漿 澆於石作牆垣縫隙中之灰沙薄漿。

緊石 石之濶度約佔牆之厚度四分之三，以之牽繫搭砌；設石之濶度與牆之厚度同，是爲整塊之控石。

瀉水線 橫於門堂或窗堂之上，俾雨水不致沿及門窗，而從石口滴去。如二七二及二七五圖。

擋頭石 門或窗兩旁豎直之石條。見二七六至二八一圖。

斜頂石 山頭石之三角形而長者，見二三六圖。

二七五圖
二七四圖

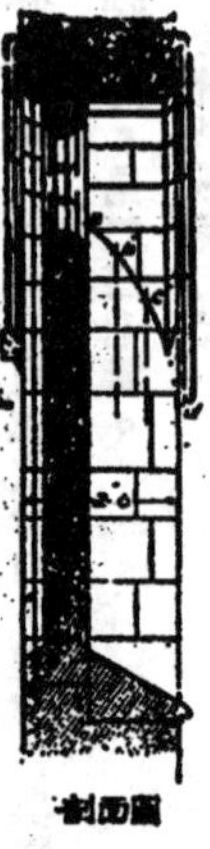

二七三圖

二七二圖

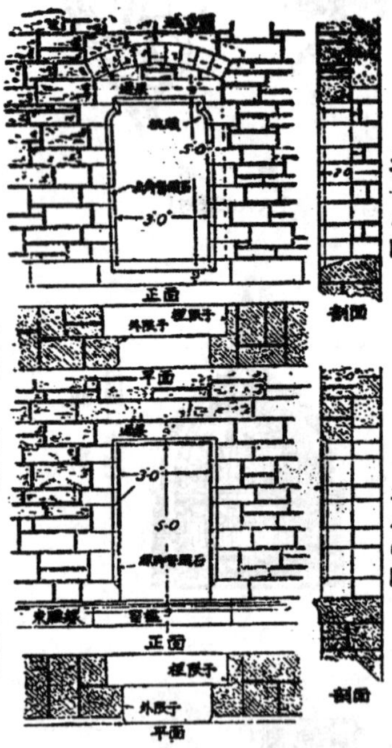

二七六圖　二七七圖　二七八圖　二七九圖　二八〇圖　二八一圖

[附圖二七六至二八一]

出線　門窗左右及頂上凸出之塑形或滴水石。如二八二圖。

出線
[附圖二八二]

腰箍　小塊之亂石，以之壘砌牆垣，勢無牽頭之組搭，故間隔以大塊之石，或砌甎三四皮，以爲牽制，而增加牆之强固。如二四三圖。

過梁　跨越門或窗空之横梁。

挑頭檔　中古時代軍事建築，用以承托挑出護堞牆之挑頭，或卽牛腿之距離。

排檔　在排檔間之框子，如在陶立克式台口門頭線與台口線中間一帶排檔排框間隔之雕飾。如二三七圖。

纛頭　襯托於簷際台口下之小牛腿。如二八三圖。

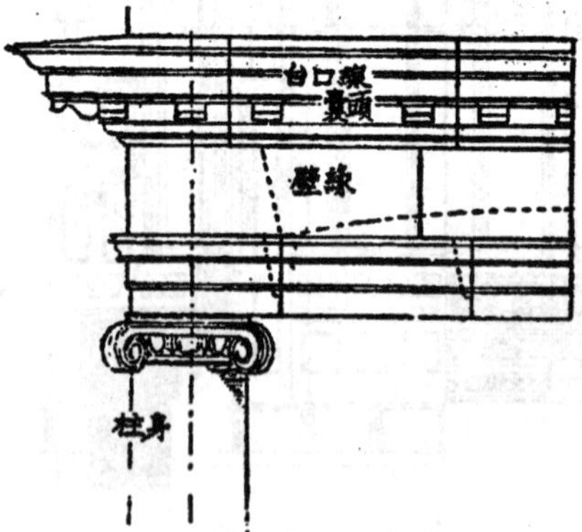

[附圖二八三]

線脚　起伏之線條，突出於建築物之外，俾資美觀，又循古典式之建築法度者。

古典式線脚

線脚之種類甚多，然其宗綜不出希臘及羅馬之典型。玆將各種線脚，分別列後：

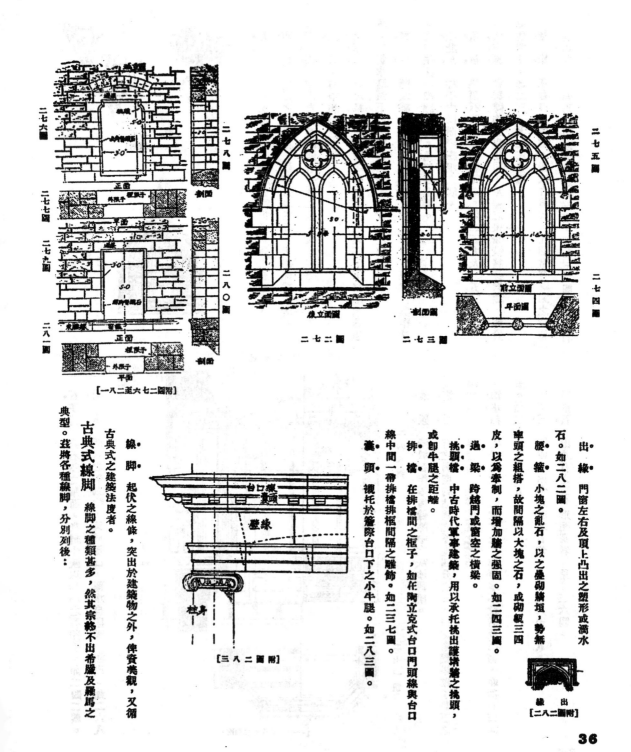

二八四圖 二八五圖 二八六圖 二八七圖 二八八圖 二八九圖 二九〇圖 二九一圖 二九二圖

(一)小方線　爲一種狹小之方線，以之分劃一叢線脚，希臘與羅馬兼用之，如二八八圖。

(二)小圓線　半邊圓之小圓線，如二八九圖，用以連接線脚者；但其最著之用處，在分柱子之身幹與花帽頭之線脚。

(三)凹線　凹進之線，如二八五圖，根據希臘法式，其凹度爲橢圓形之四分之一；依據羅馬法式爲九十度之弧線。

(四)泥水線　此線脚依據希臘法式爲一段橢圓上下方線。羅馬式如二八七圖上下方線，中間圓線。

(五)肫脯線　係由兩重凹線幻成，希臘式爲兩個四分之一之橢圓線，上下口爲方線。羅馬式如二八四圖，一如上述：惟係兩個四分之一之圓線。此種線脚，最多用爲接頭線，蓋頂線。

(六)胃足線　與肫脯線同樣由兩根凹線幻成；惟上下倒置，而凹線稍長，如二八六圖。

(七)秋葉凹　一根橢圓線，上下方線，如二九〇圖。

(八)坐盤圓線　一根半圓形之圓線，下端如鳥嘴之尖角，上口一方線，如二九一圖。

(九)鳥喙線　此線脚僅用之於希臘式，係以一根四分之一之橢圓形線，下端爲凹線，如二九二圖。

設計規劃一叢線脚之爲台口，束腰等線，須多加參攷，兼顧其地位之稱適，而決定底線，連接線，支托線及蓋頂線等用爲底線者；如坐盤圓線，秋葉凹線或倒置之肫脯線。或相似之線脚，俾底盤放大，而基礎穩固。

連接線　小方線及小圓線爲用於連接線之最著者。

承托線　泥水線，鳥喙線及肫脯線，均爲挑出之線脚，以之承托上部建築物之重量者。

蓋頂線　蓋頂線之上，絕無他物置於其上，如肫脯線，凹線等。

上述各項線脚之支配，初非不易之定例；設計者仍可參酌情形，加以變更也。

(待續)

中國建築展覽會會務彙誌

中國建築展覽會，茲定期於四月十二日起在上海市中心區博物館及航空協會新廈，分別舉行。本會亦承邀為團體發起人之一，茲將該會籌備經過及歷次會議紀錄等，分誌於下。

▲首次發起人會議

該會於二月二十八日下午七時，在八仙橋青年會九樓，舉行首次發起人會議。出席者有葉恭綽，黃伯樵，陸東孫，顧闕洲，張繼光，李錦沛，莊達卿，趙深，沈怡，梁思成，裘燮鈞，董大酉，吳秋繁，李大超，姚華孫，陶桂林等三十餘人，由葉恭綽主席，陳端志紀錄。首由主席報告：略謂建築展覽會，原為建築界本身之任務，本人僅為發起之贊起而已。年來國內建築事業，不可謂不發達，惟在建築工程上，對於社會文化，對於工商業，未見有若何巨大貢獻表現出來，此為社會需要太急，各人忙於自己業務，未遑籌思精研。去歲北平營造學社，曾擬以該社歷年研究所得，與上海各界聯合舉辦一建築展覽會，嗣以時間關係，未曾實現，現在擬趁市博物館未開幕前，即假該館館舍聯合各界，舉行一中國建築展覽會。至於如何進行？仍請諸位通力合作，共籌妥善辦法，尚希諸位多多發表。次討論㈠通過章程案，決議修正通過。㈡推舉職員名譽會長吳市長，名譽副會長曾養甫，沈怡，會長葉恭綽，副會長李錦沛，張效良，常務委員朱桂辛，莊達卿，陶桂林，趙深，李大超，湯景賢，董大酉，黃首民，杜彥耿，張繼光，裘燮鈞，姚華孫，梁思成，劉士能，盧奉璋等十五人。徵集組主任關頌聲，副主任趙深，陳列組主任林徽因，副主任胡經椿。宣傳組主任徐蔚南，副主任杜彥耿。事務組主任李大超，副主任陳端志，鄭師許。其他發起人均為委員。㈢由出席之發起人，再行徵求個人或團體加入發起人案，決議通過。㈣決定常務會議日期案，決議每星期五下午四時在青年會九樓舉行。至十時許始散。

▲章程

第一章 總則

第一條 本會定名為中國建築展覽會。

第二條 本會聯合本國建築師，材料商，及對於建築上有興趣之個人及團體，共同發起組織之。

第三條 本會徵集中國古今建築之模型，圖樣，材料，工具等，公開展覽，藉以表揚中國建築演化之象徵與偉大，並以引起社會上對於中國建築之認識與研究為宗旨。

第四條 本會設於上海市。

第二章 徵集

第五條 徵集範圍分：(一)模型，圖樣，(二)材料，(三)工具等三種，除由發起人各省搜集送會外，並向各界公開徵集。

第六條 徵集日期，自三月一日起至三月三十一日止。

第七條 關於運送出品之一切費用，概由出品人自理，其路途過遠，費用過大者，得由本會酌量補助之。

第三章　展覽

第八條　展覽地點假上海市博物館。

第九條　展覽日期，自四月九日起至十五日止，必要時得延長若干日。

第十條　陳列手續，先由本會估計出品所佔面積之多寡，通知出品人，自四月一日起開始布置；其有不便，出品人不能親自到會者，得於三月底以前預爲聲明，由本會代爲設計陳列。

第十一條　展覽終止後，仍由各出品人於三日內收拾退回；其有委託本會以陳列品捐贈其他機關者，本會亦可代爲辦理。

第四章　經費

第十二條　本會經費，除酌收參觀券資外，由發起人認籌。

第十三條　本會經費不足時，得請政府或團體補助之。

第五章　職員

第十四條　本會設名譽會長一人，名譽副會長二人，會長一人，副會長二人，委員若干人，常務委員十五人，由發起人公推之。

第十五條　本會設徵集組主任一人，副主任一人，陳列組主任一人，副主任一人，宣傳組主任一人，副主任一人，事務組主任一人，副主任一人或二人，辦理會務。均由委員中互推之。

第十六條　本會視事務之繁簡，設幹事若干人，由會長指定之，必要時得商請市博物館，或其他機關調用職員。

第六章　會期

第十七條　本會發起人全體大會，於展覽前後各開一次，常務委員會，每週舉行一次，均由會長召集。

第七章　附則

第十八條　本章程經發起人會議通過之日施行。

▲第一次常委會

該會於三月六日下午四時，在八仙橋青年會九樓，召開首次常務委員會，出席者葉恭綽，黃首民，杜彥耿，湯景賢，陶桂林，董大酉，李大超，裘燮鈞，莊俊等十二人，由葉恭綽主席。首由主席報告進行各點。次即討論：㊀決定陳列品範圍案，決議以房屋爲主，其他爲副。㊁如何普遍徵求陳列品案，決議：除由本會分函各團體及個人徵求外，另託下列四團體設法徵集。甲•工程師學會，請裘委員燮鈞接洽。乙•建築師學會請趙委會深接洽。丙•建築協會請湯委員景賢接洽。丁•營造廠同業公會請張委員效良接洽。㊂決定經費概算，及籌措方法，除請市府撥助一千元，四團體分任一千二百元外，尚餘八百元，由發起人自由認捐。㊃擴大徵求發起人案，決議：除請四團體負責徵求外，全體常委及正副主任，皆爲當然徵求員。㊄南京廣州天津四處出品如何徵求案，決議，由本會委託建築師學會代爲徵求。六時許始散會。

▲第二次常委會

該會復於三月十三日下午四時，在青年會召開第二次常務委員會，討論各點如下：

(一)對於出品者應否給予紀念品案，決議：給予紀念狀，式樣由下次會議決定。(二)編輯紀念刊案，決議：交編輯組計劃後，分送各委員指正。(三)各大報出特刊案，決議：由編輯事務兩組辦理。(四)出品應送何處案，決議：逕送博物館收到時概出正式收據。(二)展覽日期應否改定案，決議：自四月十二日至十九日。(六)推定人員切實徵集工具案，決議：由杜彥耿，董大酉二先生向營造廠同業公會，建築協會，建築師學會接洽。

（七）陳列設計應否另推人員負責案，決議：由董大酉先生負責計劃。

▲第三次常委會

中國建築展覽會，於三月二十日下午四時，假八仙橋青年會召集第三次籌備會，到李大超，葉恭綽，陳端志，盧樹森，黃首民，鄒師許，徐蔚南，杜彥耿，莊俊，湯景賢，董大酉等二十餘人，公推主席葉恭綽，紀錄陳端志，行禮如儀。首由主席報告上屆會議紀錄，及各方接洽經過情形，旋卽開始討論提案，㈠在會期內舉辦關於建築上之學術演講，應如何計劃案，（議決）：地點假青年會，時間爲下午五時至六時，推請盧樹森董大酉負責主持。㈡規定陳列室租費案，（議決）全部面積約有五十餘室，每方一百二十平方尺，租費爲國洋十元，由杜彥耿詳細計劃。㈢應否另請專員駐會辦公以便接洽事項，卽由辦事處職員電話詢問各負責人員。㈣通過本會概算書草案，（議決）通過。㈤紀念刊物如何編輯案，（議決）由編輯組，向建築師學會及建築協會商議，提交下屆常會討論。㈥捐助本會經費，須於一星期內送交事務組案，（議決）通過，㈦以後外界接洽事項，規定每日下午五時至六時案。（議決）通過。議至五時許散會。

▲第四次常委會

中國建築展覽會籌備委員會，於三月二十七日下午四時假八仙橋青年會，開第四次常會，出席董大酉，趙深，杜彥耿，盧樹森，董大酉，李大超，湯景賢，葉恭綽，裘燮鈞，徐蔚南，陳端志，李錦沛，黃首民，陶桂林，主席葉恭綽，行禮如儀。

報告事項：㈠陳列組已將陳列用具，雇工趕做。㈡編輯組擬將紀念刊單獨出版。㈢開幕日，申報及大晚報，擬出特刊，申報一大張，大晚報半張，已由事務組接洽，並定四月九日發稿。㈣材料商租地，已有二十三家。㈤出品方面，北平圖書館已運到，營造學社亦已起運，廣東方面，據杜委員來信，亦有出品，從海道運來。

討論事項：㈠徵集出品何日截止案，（議決）四月七日截止，登報公告。㈡董委員大酉，辭東列組主任職案，（議決）慰留。㈢設計紀念章圖案，並規定質料及數量案，（議決）由董委員大酉設計，假定製二百枚。㈣規定門票價目案，（議決）除請柬優待券外，每張收費五分。㈤籌備開幕典禮案（議決）由事務組辦理，函請公用局於會期中行駛專車，並減低票價，以利各界參觀案。（議決）推李大超委員辦理。㈦申報及大晚報均出特刊，並託本會供給材料案，（議決）出出席各委員，分別徵集，於九日前彙交編輯組。㈧會場中可否代售關於建築之書籍照片案，（一議決）可以代售，提取百分之十手續費，議畢，六時散會。

▲參加建築材料展覽室廠商一覽

該會除在博物館陳列建築圖樣模型等展覽品外，並在館之貼近航空協會新廈，另闢建築材料陳列室，徵求各建築材料廠商參加展覽，截止本刊付印時止，已經登記參加者，有下列數十家，極爲踴躍云。

瑞昌銅鐵五金廠　泰山磚瓦公司　興業
鑄鐵廠　中央鐵工廠　中國石公司　豐
源行　公勤鐵廠　元豐公司　振華油漆
公司　開山磚瓦公司　中國水泥公司
啓新洋灰公司　中國鑑業公司　新和興
鋼鐵廠　永固造漆公司　新中工程公司
華新磚瓦公司　益中福記瓷電公司　大
東鋼窗公司　大中磚瓦公司　興業瓷磚
公司　長城磚瓦公司　合作五金公司
新成鋼管廠　奚德記　全新陶磁廠　利
用五金廠等

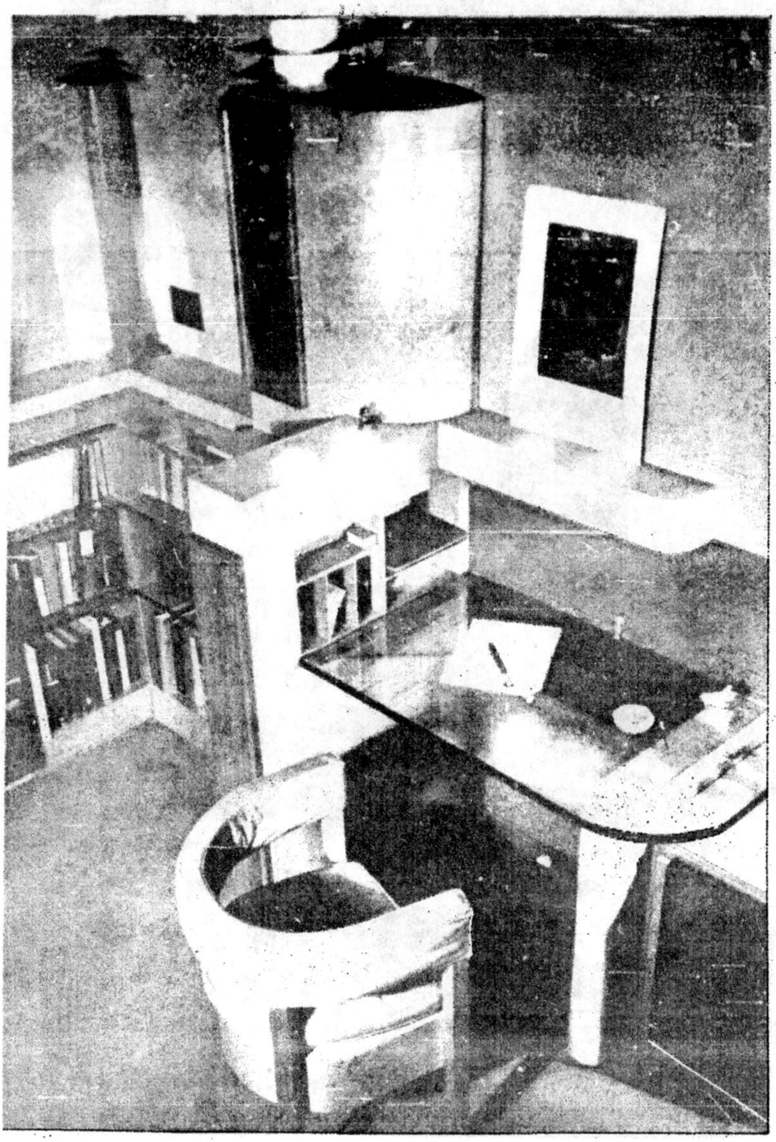

傢具与裝飾

室中佈置，經濟便利，一如輪中頭等艙之臥室。桌面及書架均用厚玻璃鋪設，尤足引人注意！

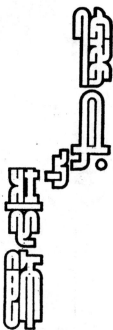

此為公寓中之一室。室中圓玻璃鏡表現室內之性質，並藉此令人有增大室中地位之觀念。兩邊各為壁龕，光線自頂端浜子玻璃射入。佈置適宜，足資借鑑。

23768

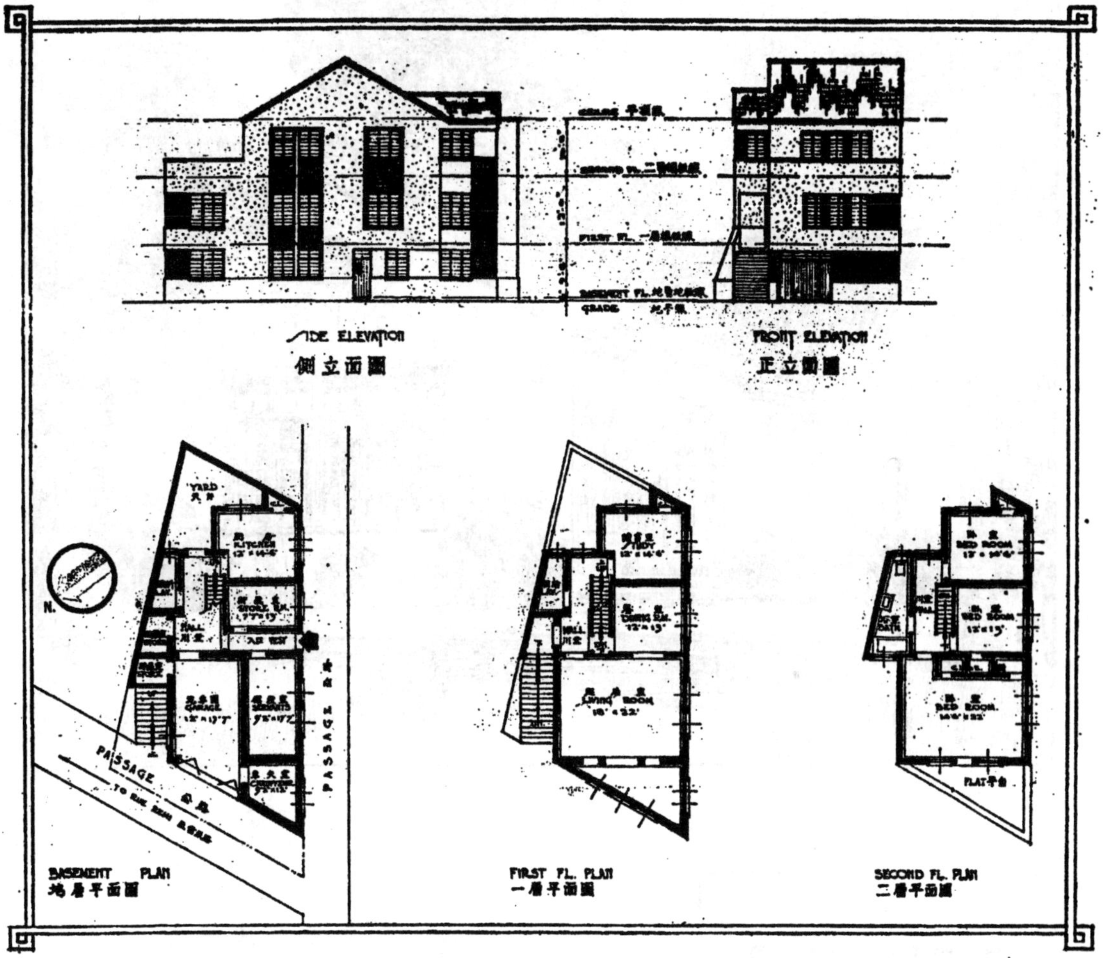

此所住宅佔地僅二分四厘五毫餘，分三層建築。地層內含廚房，汽車間，僕役室及貯藏室等。一層內有起居室，餐室及讀書室等。二層則有臥室三間，浴室一間，臥室中均有壁櫥。此屋佔地雖小，然諸室咸備，足敷中等家庭之居住。

上海市建築協會服務部設計

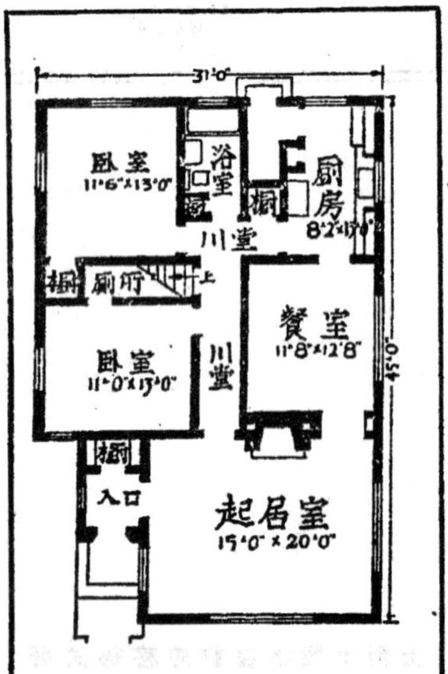

此屋係由西班牙式所改進，及增飾，頗得大衆之歡迎。屋內住室廣大，光線充足，屋頂配合得宜，倍形悅目。灰粉牆，屋頂，廣濶之窗戶等，會集於前，大門入口美觀異常，使全部設計生色不少。

屋之內部，沿川堂爲衣櫥，起居室三面皆窗，壁爐附焉；貯藏室在氣樓內，可由川堂之扶梯直達。

中國之建設

△橫渡南昌牛行間之中正鐵橋，全部建築費二十八萬元，現兩岸橋基已竣工，全部年底可以完成。

△灤河大鐵橋橋梁工程，四月底可以完成，北甯改築榆關車站，由工務處負責，鋪道工程擬六月底完成，票房，水塔，旱橋，定年終竣事。

△浙贛路梁家渡鐵橋距南昌六十里，該地毘連公路，現兩路局及公路處籌擬九十萬元，興工加寬橋面，下月完工後，即可通行汽車及行人。

△錢塘江大橋橋墩打樁工程及引橋鋼梁工程，現正積極進行，現鐵道部限令明年三月完成通車，故刻正嚴飭包商日夜趕工云。

△江蘇省建設廳現擬籌築丹句，青武，湖溧及金溧四線公路，俟省府核定經費，即行開工，約五月中可通車。

△蔣院長電省府，於千五百萬川省善後公債內撥五百萬修築川滇及雅安康定兩公路，公路局現已派工程師測勘內江至昆明段路線。

△成渝鐵路已決定年內開始建築。

△天津至塘沽之津塘汽車路，即興築土路，由兵工分兩端興工，限二旬完成。全路有水泥橋樑十六座，歸津市工務局負責建築。

△粵漢鐵路韶坪段業已於三月十七日正式通車。

△豫河局趕築蘭考，陳橋武陟等緊急工程。

△滬杭甬鐵路杭甬段曹娥江大橋，曾於民元建築鋼骨水泥橋墩一座，旋因歐戰中止，以迄於今。聞現所有應用材料及機器等，均已由鐵道部購料委員會次第運往，故已於昨日正式開工，限明年國慶以前完成。

△威海衛管理公署，修理劉公島碼頭，工程甚鉅，約五月底可完工。

△粵漢路擬展築黃埔支線。

△津濟間公路，魯省已完全竣工，冀省各段，已由省府令津靜滄三縣政府，負責徵工辦理。

△吾國幅員廣大，對於道路建設，雖年來經朝野人士之努力，頗有突飛猛進之勢。然據最近調查，全國僅有公路八萬四千餘公里，與總理建國方略規定，全國應築碎石路一百萬英里(合一百六十萬公里)，相差甚遠；尤以西南各省地處邊陲爲甚。當局知開發西南交通之重要，首先趕築湘黔公路，以期逐漸推進，現湘黔路已告完成。更續築黔滇公路，並整理川黔路之貴北段及湘黔路之貴東段。

△隴海路局建築之連雲港發電廠，現已完成。該廠之水塔與公事房，亦已於黃窰路邊興工建築，水塔高約數丈，係用鋼鐵水泥築成。聞該路局擬建水塔三座，其餘兩座，不久亦可開工。

△明清公路現已開工建築，路線將由明光延長至臨淮關云。

△崑山至太倉之崑太公路，業已完成，定四月一日通車。

23771

本刊所載材料價目，力求正確；惟市價瞬息變動，漲落不一，集稿時與出版時難免出入。讀者如欲知正確之市價者，希隨時來函詢問，本刊當代為探詢詳告。

磚瓦

(一) 空心磚

十二寸方十寸六孔	每千洋二百十元
十二寸方九寸六孔	每千洋一百九十元
十二寸方八寸六孔	每千洋一百六十元
十二寸方六寸六孔	每千洋一百二十五元
十二寸方四寸四孔	每千洋八十元
十二寸方三寸三孔	每千洋六十五元
九寸二分方六寸六孔	每千洋六十五元
九寸二分方四寸半三孔	每千洋五十元
九寸二分方三寸三孔	每千洋四十元
四寸半方九寸二分四孔	每千洋三十二元
九寸二分四寸半三寸二孔	每千洋二十元
九寸二分．四寸半．三寸半．二孔	每千洋十九元
九寸二分．四寸半．二寸．二孔	每千洋十八元

(二) 八角式樓板空心磚

十二寸方八寸八角四孔	每千洋一百八十元
十二寸方六寸八角三孔	每千洋一百三十五元
十二寸方四寸八角三孔	每千洋九十元

(三) 深淺毛縫空心磚

十二寸方十寸六孔	每千洋二百三十五元
十二寸方八寸半六孔	每千洋二百八十九元
十二寸方八寸六孔	每千洋一百八十元
十二寸方六寸六孔	每千洋一百三十五元
十二寸方四寸四孔	每千洋九十元
十二寸方三寸三孔	每千洋七十二元
九寸二分方四寸半三孔	每千洋五十四元

(四) 實心磚

九寸四寸三分二寸半紅磚	每萬洋一百三十六元
八寸半四寸一分二寸半紅磚	每萬洋一百二十元
十寸．五寸．二寸紅磚	每萬洋一百十四元
九寸四寸三分二寸紅磚	每萬洋九十五元
九寸四寸三分二寸二分紅磚	每萬洋一百〇五元
九寸四寸三分二寸三分拉縫紅磚	每萬洋一百六十元
十寸五寸二寸青磚	每萬一百十九元
九寸四寸三分二寸青磚	每萬一百元
九寸四寸三分二寸三分青磚	每萬一百十元

(以上統係外力)

(五) 瓦

一號紅平瓦	每千洋五十五元
二號紅平瓦	每千洋五十元
三號紅平瓦	每千洋四十元
一號青平瓦	每千洋六十元
二號青平瓦	每千洋五十五元
三號青平瓦	每千洋四十五元
西班牙式紅瓦	每千洋四十五元
西班牙式青瓦	每千洋四十八元
英國式灣瓦	每千洋三十六元
古式元筒青瓦	每千洋六十元

(以上統係連力)

以上大中磚瓦公司出品

新三號青放	每萬洋五十三元
新三號老紅放	每萬洋六十三元

輕硬空心磚

		每塊重量
十二寸方十寸四孔	每千洋二八八元	卅六磅
十二寸方十寸四孔	每千洋二三六元	廿六磅
十二寸方八寸二孔	每千洋一七七元	十九磅半
十二寸方六寸二孔	每千洋一三三元	十七磅
十二寸方四寸二孔	每千洋八十九元	十四磅

十二寸方三寸二孔	每千洋七十元 十二磅
九寸三分方八寸三孔	每千洋九十三元 十二磅
九寸三分方六寸三孔	每千洋七十元 九磅半
九寸三分方四寸半三孔	每千洋五十四元 八磅三
九寸三分方三寸二孔	每千洋五十元 七磅三

硬磚

二寸二分四寸五分九寸半	每萬洋一〇五元 六磅
二寸二分四寸一分八寸半	每萬洋八十五元 四磅半

以上長城磚瓦公司出品

鋼條

四十尺四分普通花色	每噸一四〇元
四十尺五分普通花色	每噸一二六元
四十尺六分普通花色	每噸一三二元
四十尺七分普通花色	每噸一三六元
四十尺一寸普通花色	每噸一三六元
盤圓絲	每市擔六元六角

泥灰石子

象牌水泥	每桶洋六元三角
泰山水泥	每桶洋五元七角
馬牌水泥	每桶洋六元五元
拡灰	每擔洋一元二角
黄沙	每噸洋三元
石子	每噸洋三元半

木材

洋松 八尺至卅二尺再長照加	每千尺洋九十五元
一寸洋松	每千尺洋九十七元
寸半洋松	每千尺洋九十八元
洋松二寸光板	每千尺洋八十一元
四尺洋松條子	每萬根洋一百六十元
一寸四寸洋松一號企口板	每千尺洋一百〇五元
一寸四寸洋松副頭號企口板	每千尺洋九十五元
一寸四寸洋松二號企口板	每千尺洋八十五元
一寸六寸洋松一號企口板	每千尺洋一百十五元
一寸六寸洋松副頭號企口板	每千尺洋一百元
一寸六寸洋松二號企口板	每千尺洋九十元
一二五四寸洋松一號企口板	每千尺洋一百五十元
一二五四寸洋松二號企口板	每千尺洋無市
一二五六寸洋松一號企口板	每千尺洋二百六十元
一二五六寸洋松二號企口板	每千尺洋無市
柚木(頭號)僧帽牌	每千尺洋六百元
柚木(甲種)龍牌	每千尺洋五百五十元
柚木(乙種)龍牌	每千尺洋五百元
柚木(旗牌)	每千尺洋五百五十元
柚木(盾牌)	每千尺洋四百八十元
硬木	每千尺洋一百六十元
硬木(火介方)	每千尺洋一百五十五元
柳安	每千尺洋一百八十元
紅板	每千尺洋一百三十五元
抄板	每千尺洋一百五十五元
十二尺六三寸八皖松	每千尺洋六十六元
十二尺二寸皖松	每千尺洋五十六元
一二五四寸柳安企口板	每千尺洋一百八十五元
一寸六寸柳安企口板	每千尺洋一百八十五元
一二五四寸企口紅板	每千尺洋一百四十六元
二寸一半建松片	市尺每千尺洋五十三元
九尺四分建松板	市尺每丈洋三元六角
九尺八分建松板	市尺每丈洋六元五角
六尺半五分青山板	市尺每丈洋三元

本松毛板	市尺每塊洋二角四分
本松企口板	市尺每塊洋二角六分
六尺半二分杭松板	市尺每丈洋一元七角
七尺半二分甌松板	市尺每丈洋一元七角
六尺半八分皖松板	市尺每丈洋四元二角
九尺八分皖松板	市尺每丈洋五元二角
六尺半五分皖松板	市尺每丈洋三元六角
台松板	市尺每丈洋三元
七尺半四分坦戶板	市尺每丈洋二元二角
七尺半三分坦戶板	市尺每丈洋二元
六尺二分機鋸紅柳板	市尺每丈洋三元四角
六尺三分毛邊紅柳板	市尺每丈洋三元五角
六尺二分俄松板	市尺每丈洋二元
六尺半二分俄松板	市尺每丈洋二元二角
七尺半毛邊二分坦戶板	市尺每丈洋一元四角
六尺半五分機介杭松	市尺每丈洋三元三角
白松方	每千尺洋九十元
紅松方	每千尺洋一百十元
廣栗方	每千洋一百三十元
啞克方	每千洋一百三十元

五金

(一) 釘

美方釘	每桶洋二十元〇九分
平頭釘	每桶洋二十元八角
中國貨元釘	每桶洋十六元五角

(二) 牛毛毡

五方紙牛毛毡		每捲洋二元八角
半號牛毛毡	(馬牌)	每捲洋二元八角
一號牛毛毡	(馬牌)	每捲洋三元九角
二號牛毛毡	(馬牌)	每捲洋五元一角
三號牛毛毡	(馬牌)	每捲洋七元

(三) 其他

鋼絲網	(27"×96" 2¼lbs.)	每方洋四元
鋼版網	(8'×12' 六分一寸半眼)	每張洋卅四元
水落鐵	(每根長二十尺)	每千尺五十五元
牆角線	(每根長十二尺)	每千尺九十五元
踏步鐵	(每根長十尺或十二尺)	每千尺五十五元
鉛絲布	(闊三尺長百尺)	每捲二十三元
綠鉛紗	(同 上)	每捲洋十七元
銅絲布	(同 上)	每捲四十元

水木作工價

木作	(包工連飯)	每工洋六角三分
水作	(同 上)	每工洋六角
水木作	(點工連飯)	每工洋八角五分

內政部登記證警字第二五五四號

建築月刊
THE BUILDER

中華郵政特准掛號認為新聞紙類

第四卷第二號

民國二十五年二月發行

定價

每月一冊　全年十二冊

訂購辦法	價目	郵費 本埠	郵費 外埠及日本	郵費 香港澳門	郵費 國外
零售	五角	二分	五分	一角八分	三角
預定全年	五元	二角四分	六角	二元一角六分	三元六角

刊務委員　竺泉通　陳松齡　江長庚

主編　杜彥耿

廣告　藍克生 (A. O. Lacson)

發行　上海市建築協會　南京路大陸商場六二〇號　電話九二〇〇九號

印刷　新光印書館　上海聖母院路聖達里三一號　電話七四六三五號

廣告刊例
Advertising Rates Per Issue

地位 Position	全面 Full Page	半面 Half Page	四分之一 One Quarter
底封面外面 Outside back cover.	七十五元 $75.00		
封面及底面之裏面 Inside front & back cover	六十元 $60.00	三十五元 $35.00	
封面裏面及底面裏面之對面 Opposite of inside front & back cover.	五十元 $50.00	三十元 $30.00	
普通地位 Ordinary page	四十五元 $45.00	三十元 $30.00	二十元 $20.00

小廣告　每期每格一寸高三寸半闊洋四元

Classified Advertisements - $4.00 per column

廣告概用白紙黑墨印刷，倘須彩色，價目另議；鑄版彫刻，費用另加。

Designs, blocks to be charged extra. Advertisements inserted in two or more colors to be charged extra.

中華郵政特准掛號認爲新聞紙類
內政部登記證警字第二五五四號

永光油漆為維持裝璜之金鑰

公勤鐵廠股份有限公司

上海楊樹浦臨青路

23779

馥記營造廠

承造之國立浙江大學農學院實驗室

總事務所
一七三
電話 一七三
上海四川路…
電報掛號一…

分事務所
南昌 …
南京 …館
…陶圖

總廠
上海戈登路三…

分廠
[illegible]
河南 重慶 九江
廣州 杭州 青島
南京 貴溪 鎮江
邵伯 淮陰 劉澗

第三堆棧
上海閘北…
上海浦東…

分事務所分廠電報掛號七…

本廠承造各埠建築達數十處都千萬餘金略舉如下備資參考

本埠工程

公和祥碼頭及棧房	浦東
交通大學工程館	徐家匯
四行念二層大樓	跑馬廳
西式住宅市房	梅白格路
儉德儲蓄會	福生路
上海牛皮廠	白利南路
義泰興碼頭	浦東董家渡
公和祥碼頭	兆豐路
寶隆醫院	白克路
公共宿舍	聖母院路
七層公寓	國富門路
七層公寓	海格路
中華碼頭	浦東周家渡
劉公館	亞爾培路
大新百貨公司	南京路

外埠工程

總理陵墓第三部工程	南京
陣亡將士公墓全部	南京
財政部辦公處	南京
中山紀念堂	廣州
宋部長官邸	南京
新村合作社	南京
美領事署	廈門
中國銀行	南京
海軍船塢	青島
浙江大學	杭州
導淮船閘	邵伯—淮陰—劉澗
航空學校	南昌
兵工分廠	鞏縣
美豐銀行	重慶
浙贛路貴溪橋	貴溪
中正橋	南昌

OH KEE
CONSTRUCTION CO

建築月刊
VOL. 4
NO. 3
第四卷
第三期
光華大學
出品項目
各色琉璃瓦，西班牙瓦，紅缸磚，以及火磚，釉面或無釉面，面磚，釉面短磚，地磚等，所有出品，均儲大批存貨，以備各界採用，如蒙定製各色異樣，亦可照辦，
樣品及價目單，函索即寄。
CATHAY TILE WORKS CO.
OFFICE NO. 210 KIUKIANG RD. TEL 19925

大中機製磚瓦股份有限公司

製造廠浦東南匯縣下沙鎮

本公司因鑒於建築事業日新月異材料選擇尤關重要特聘專門技師購置德國最新式機器精製各種青紅磚瓦及空心磚等品質堅韌色澤鮮明自應銷以來已蒙各界推爲上乘樂予採購茲略舉一二以資參攷其他惠顧諸君因限於篇幅不克一一備載諸希鑒諒是幸

大中磚瓦公司附啟

曾經購用敝公司出品各戶台銜列后：

本埠

國立中央實驗館	兆豐花園	和興公司承造
鹽業銀行	北京路	趙新泰承造
開成造酸公司	軍工路	王錦記承造
中匯大廈	愛多亞路	久記承造
南成都路巡捕房	南成都路	新蓀記承造
四行念二層大樓	靜安寺路	馥記承造
工部局巡捕房	平涼路	新蓀記承造
中新第九廠	東京路	協盛承造
揚子飯店	雲南路	潘榮記承造
百老匯大廈	百老匯路	新仁記承造
雷斯德工藝學院	熙華德路	久泰錦記承造
博德運絨綫廠	定海路	創新承造
中央巡捕房	福州路	新申承造
中華書局總廠	澳門路	湯秀記承造
上海市立醫院	市中心區府南左路	陸根記承造
國立上海商學院	西體育會路	陸根記承造
建設大廈	福州路	陶桂記承造
永安公司新廈	南京路	陶桂記承造
怡和啤酒廠	定海路	創新承造
三菱銀行大廈	四川路	金洪記承造
明星公司有聲攝影場	楓林橋	自建
哈同大廈	抛球場	陳永興承造

外埠

金陵大學	南京	利源建築公司承造
航空學校	杭州	新金記康號承造
中國銀行	青島	錦生記承造
太古堆棧	廈門	嘀閩治港公司承造
中央政治學校電政	南京	大昌公司承造
江蘇銀行	南京	鈕永記承造
中國國貨銀行	南京	成泰承造
永利硫酸錏廠	浦口卸甲甸	新金記康號承造
連雲港發電廠	海州	方記建築公司承造
國立戲劇研究院	南京	陸根記承造

所出各品儲有大批現貨以備各界採用如蒙定製各色異樣磚瓦亦可照辦備有樣品如蒙索閱卽當送奉

駐滬批發所

上海英租界牛莊路七三一弄四號　電話九〇三一一

DAH CHUNG TILE & BRICK MAN'F WORKS.

Sales Dept. House No. 4, Lane 731, Newchwang Road, Shanghai.

TELEPHONE 90311

23782

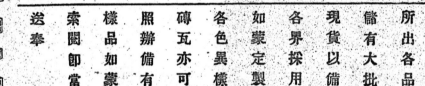

全球建築師

對於現代大廈均用現代金屬

圖示上海靜安寺路國際大飯店下四行儲蓄會之正門，經鄔達克建築師證明，係用鋁合金所製。

鋁之外部用途之一

樸素明亮之建築物上。裝用鋁合金之窗嵌版。至爲悅目。蓋此種輕巧嵌板。除其美術價值外。對於建造之成本。亦可省費多多。採用適度之鋁合金。可兼調和與實用，堅韌與輕巧而有之。不致汚及四圍材料之顏色。鋁之外部用途。可謂無窮。除其耀然之光輝外。復不坼裂。不翹曲。不分離。其抵抗寒暑與銹蝕之特質。已成確然之事實。惟於此有甚重要者。即選用適度之鋁合金是也。本公司當欣然貢獻一臂之助焉。

ALUMINIUM UNION LIMITED

請用鋁以爲隨意之設計

鋁爲有韌性之金屬。最合建築家與營造家之需。鋁能範鑄，能捲起，能壓鑄，能輾捲，能抽細，能釘合，能用火管鍛接或局部鍛合。故能適應種種創造的設計之需要。凡欲得實用材料以實現藝術化之想像者。鋁之爲用，可謂無窮。

鋁之其他用途

▲內部用 欄杆 坐椅 花沿條
門 桌 電器附件 階上方眼格
升降機門及飾件 扶手 銘刻嵌板
電燈附件 窗柱 旋梯柱 壁柱
吊飾物 暖氣管

▲外部用途 噴水器 籬欄 旗杆脚
大門 繫舟樁 拱側 市招 屋
頂蓋索 遺像 窗框

鋁能表示現代設計之秀雅與氣勢

歡迎垂詢詳情

鋁業有限公司

上海北京路二號

上海郵政信箱一四三五號

如圖爲上海國際大飯店之扶梯欄杆，係鋁合金所製。

(一)

ELGIN AVENUE BRITISH CONCESSION
TIENTSIN
SURFACED WITH K.M.A. PAVING BRICKS

23785

本廠承造各埠建築達數十處都千萬餘金略舉如下備資參考

總事務所
電話 一七三三六 一七三三七
上海四川路三三號
電報掛號一五二七

分總事務所
南昌勵志社
南京 薩記大樓 陶園新村

總廠
上海戈登路三五五號

分廠
重慶新街口
河南 廣州 南京 邵伯 重慶 杭州 貴溪 淮陰 九江 青島 鎮江 劉澗 等處

第二堆棧
上海閘北廣林街
上海浦東慶甯寺

分事務所分廠電報掛號七四五〇

本埠工程

公和祥碼頭及棧房……浦東
交通大學工程館……徐家匯
四行念二層大樓……跑馬廳
[illegible]式住宅市房……梅白格路
[illegible]德儲蓄會……福生路
上海牛皮廠……白利南路
[illegible]泰興碼頭……浦東董家渡
公和祥碼頭……兆豐路
寶隆醫院……白克路
公共宿舍……聖母院路
十層公寓……國富門路
十層公寓……海格路
中華碼頭……浦東周家渡
[illegible]公館……亞爾培路
大新百貨公司……南京路

外埠工程

總理陵墓第三部工程……南京
陣亡將士公墓全部……南京
財政部辦公處……南京
中山紀念堂……廣州
[illegible]部長官邸……南京
[illegible]村合作社……南京
美領事署……廈門
中國銀行……南京
海軍船塢……青島
浙江大學……杭州
導淮船閘……邵伯—淮陰—劉澗
航空學校……南昌
兵工分廠……鞏縣
美豐銀行……重慶
浙贛路貴溪橋……貴溪
中正橋……南昌

VOH KEE
CONSTRUCTION CO.

Armstrong Products

For Floors

ACCOTILE　RUBBER TILE
CORK TILE　LINOTILE
LINOLEUM

For Walls

LINOWALL

A decorative and durable wall covering.
Distinctive designs for every type of interior.

Masonite Products

1. TEMPERED PRESDWOOD for Furniture, Concrete form, Floors, Wall Panneling, Cabinet Making, etc.
2. STANDARD PRESDWOOD for all Interior Walls & Ceilings.
3. QUARTER BOARD for Walls and Ceilings.
4. INSULATION BOARD for Interior Finishes, insulation and sound absorption.

本行經售：—

雅氏舍土瀝青地磚
雅氏橡皮地磚
雅氏軟木地磚
雅氏油牆毯
雅氏油地氈

本行經售各種用於牆壁及地板之材料，美觀耐久，各式俱備，設計新穎，不同凡響。如蒙採用，定能滿意。

(1) 美生油板 可作家具，水泥壳子，地板，牆壁及衣櫥之用。
(2) 美生光板 用於內牆及平頂
(3) 美生二分板 用於牆壁及平頂
(4) 美生隔絕板 用於內牆。以隔絕聲響。

經久耐用・經濟美觀
備有大批現貨
如蒙委託估價或索取樣品概不取費

Durable, Artistic, Economical.
Estimates and Samples given without obligation.
Skillful workmanship and under Foreign Supervision.
Stock Carried.

EXCLUSIVE AGENTS:–

独家經理

GETZ BROS. & CO.

美商吉時洋行

66 Nanking Road .... Tel. 16851-3

南京路六十六號　電話一六八五一至三

勝利鋼窗廠

上海寧波路四十七號
電話一九〇三三

Administration Building
Nanking-Shanghai & Shanghai-Hangchow-Ningpo Railways.

京滬滬杭甬鐵路管理局大廈

Office & Printing Plant for Tung-Nan-Jih-Pao, Hangchow.

本廠專製鋼窗鋼門紗窗紗門以及天棚書架等如蒙委託估價或承索樣品無任歡迎

左列兩大工程之全部鋼窗均由本廠承辦

◉杭州東南日報社新屋

Steel windows for the illustrated buildings
are being supplied by us.

Estimates free — Samples supplied. — For particulars apply to:—

Victory Manufacturing Co.

Manufacturers of Steel Windows, Doors, etc.

47 Ningpo Road.　　Tel. 19033

本會贈閱「聯樑算式」啓事

本會建築叢書之一胡宏堯建築工程師所著「聯樑算式」一書，現已出版，開始發售；目錄內容，詳見本期廣告。茲為促進讀者興趣，接受外界　卓見起見，特將該書提撥十册，分贈本刊讀者，作為準備批評該書之參考。茲將應徵辦法，規定如左：

一、凡屬建築月刊讀者，自問對於聯樑算式之學理及應用，確有研究，深具心得者，均得依照規定，投函應徵。（該書目錄詳見本期廣告）

二、應徵者應具函蓋章，將姓名，籍貫，學歷，經歷，及詳細地址等，逐一明白書就。本會接函後，當交出版委員會審查；如認為合格，卽將該書掛號寄奉。（來函應書明「應徵」字樣）

三、應徵者錄取人數，以十名為限。屆時本會當將合格者名單，在建築月刊公佈徵信。

四、應徵合格者，在接得該書後，應於一個月內（以本會寄書之日起算）將批評該書之意見，掛號寄至本會。文末並請署名蓋章，以便核對。

五、投寄之意見，須作實際的探討與客觀的批評，不宜為抽象的敍述或其他敷衍之評語。

六、投寄之意見，由本會出版委員會與該書原著者共同審閱後，擇尤在建築月刊發表外，並酌給酬金及獎品。

七、應徵者合格與否，本會自有選擇之權，凡不合格者，恕不奉覆。

八、應徵期限，本埠本年六月十五日截止，外埠六月三十日截止。

23788

23789

「阿脫拉司A」護木水治過之木材
必不致形成如此火災

如圖所示之大火災。其木材如先用『阿脫拉司A』護木水治過。必可遇火不燬。蓋就免受火災言。據正式嚴密之試驗。此種護木水。確能使木材禦火。此種試驗報告書。函索即寄。不取分文。須知『阿脫拉司A』對於木材確有充分之保護力。除避免火災而外。且能驅除白蟻蛀樹鑽蟲。防止木材乾腐，木耳滋生。又可使木質纖維堅硬。耐用經久。施用甚易，因其十分濃厚。和水而用。殊為經濟。『阿脫拉司A』毫無臭味，且有無色者。以便木材治過後。其表面可以任意施油髹漆。關於此種禦火災之護木水。請即日來函詢問詳細情形可也。

阿脫拉司A防腐劑有限公司獨家製造

愛立士　康德　英格蘭

中國經理處　孔士洋行　上海四川路一一〇號

ATLAS·A

Powerful WOOD PRESERVATIVE

裝總：分一加侖及五加侖兩種

水質濃厚　十分經濟

註冊商標

建築上之超等材料

三寶牌石膏粉

本廠特聘留德化學專家　採購湖北應城所產上等石膏　用德國精良機械　製造成粉　品質潔白細密　具有天然結晶性　堪與舶來品並駕齊驅　極合各種建築之用

說明書化驗單樣品請向營業課函索

上海分銷處　愛多亞路中匯大樓四四五號　應城石膏公司上海辦事處　電話八三七五〇號有線電報掛號〇七六二

製造廠　漢口宗關水廠隔壁　電話三三五六五號

營業課　漢口特三區鼎安里三號應城石膏股份有限公司　電話二四五五五號　有無線電報掛號二〇一九

應城石膏股份有限公司　石膏物品製造廠謹啓

SLOANE·BLABON

司隆百拉彭

印花油毛氈毯

此為美國名廠之出品。今歸秀登第公司獨家行銷。中國經理則為敝行。特設一部。專門為客計劃估價及鋪設。備有大宗現貨。花樣顏色。種類甚多。尺寸大小不一。

司隆百拉彭印花油毛氈毯。質細耐久。終年光潔。既省費。又美觀。室內鋪用。遠勝毛織地毯。

美商　美和洋行　上海江西路二六一號

目錄

第四卷第三號

中國建築展覽會特輯

插圖

名譽會長及會長肖像……(1)

會場：上海市博物館及中國航空協會新廈攝影(2)

展覽品攝影……(5—8)

文字

座談追述……杜彥耿 (3—4)

專載……(9—10)

中國建築展覽會參觀記……談紫電(11—12)

插圖

建築中之上海河南路福州路角五洲藥房七層大廈……(13—16)

萬國博覽會會場圖樣……(17—18)

徐筱農墓鳥瞰圖……(19)

各種建築典式……(20—24)

傢具與裝飾……(41—42)

小住宅圖樣……(43—46)

譯著

建築史(七)……杜彥耿(25—32)

上海之房地產業……(33—36)

營造學(十二)……杜彥耿(37—40)

清代建築略述……關野貞 (47)

建築材料價目……(48—50)

廣告索引

(封面)開山磚瓦公司
大中磚瓦公司
鋁業有限公司
遠門鋼公司
立興洋行
開灤礦務局
馥記營造廠
吉時洋行
勝利鋼窗廠
中國通藝社圖書部
孔士洋行
應城石膏公司
英和公司
科學儀器館
中國製釘公司
泰記石棉製造廠
啓新磁廠
公勤鐵廠
新仁記營造廠
泰昌營造廠
大美地板公司
中國銅鐵工廠
新成鋼管公司
長城機磚公司
合作五金公司
英豐洋行
太古公司

China Architectural Exhibition

Mayor Wu Te-Chen
(Hon. President) →

名譽會長吳鐵城

Mr. Yea Kung-tso
President, formerly
Minister of Railway
↓

會長葉恭綽

Page 2: Above is the new Museum Building of the Municipality of Greater Shanghai, where architectural drawings, models, pictures and architectural books were exhibited. Below is the new building of China National Aviation Association where bazaars for building materials occurred.

Page 5: Upper two are the interior views of the museum. Center a model of an ancient temple and the model of wooden structure under the eaves. Below is a group of ancient tiles and antifixaes were made about 1000 B.C. and a detail of ornaments.

Page 6: Models of typical Chinese structures.

Page 7: Model of a gatehouse and perspective drawings designed by prominent Chinese architects.

Page 8: Drawings of Metropol Hotel, Power Plant, seaside cottage, office and apartment buildings, the master-pieces worked by prominent Chinese architects, and a model of concrete mixer with elevator.

23793

上海市博物館　陳列建築圖樣模型照片等藝術作品處

中國航空協會　陳列建築材料處

座談追述

杜彥耿

四月十五日中午，梁思成先生邀宴於功德林素食處，到者有朱桂辛，葉恭綽，沈君怡，李大超，關頌聲，董大酉等二十餘人，俊彥畢集，席間所談，有足紀述者，特錄之如后。

朱桂辛先生謂組織中國營造學社之初，曾有人說現在世界日趨新異，何必去做那開倒車翻古案的工作。但我（朱先生自稱下做此）以爲前人的歷史，可資現在的借鑑；昔日的建築，未嘗不可作現在的參攷。是故營造學社十年以來的工作，已由清代營造則例，推溯到明、元、遼、金、宋而將屆五代。如此進展，以達上古，則於中國建築史之探索，似有裨益。而中國式建築及建築圖案等等，搜求攝影，摹繪及製版印刷，以供建築師設計新建築時之參考，亦已有相當成績。惟利用古建築圖案，全憑建築師之採取適宜，假借得體，庶不致盲從則例，束縛自己的創造力。

在那樹木蓊鬱之中，露出紅樓一角，這種環境是何等幽雅而有詩意？但只有中國式的建築方克臻此。若以新式的立體建築物代之，非但無何美感，更覺如公墓中豎立着一塊方正的墓碑，全失去自然的風姿。但中國式房屋也要配置適當，若把許多房屋擠在一處，不予舒展的地步，亦失其宜。故如北平故宮三殿，以太和殿爲最高，其餘一切建築均不能高過此殿，便是此意。

人謂歷史上惟暴君大興土木，窮極奢華，殊不知惟暴君才有力量成偉業。如秦始皇築長城禦外寇，隋煬帝鑿運河利交通。讀阿房宮賦「六王畢，四海一；蜀山兀，阿房出」，秦始皇併呑六國，四海一統，把蜀山之木伐盡，阿房宮始成，祇此寥寥四語，已把始皇的雄業，活躍紙上；但因他是暴君，便把這種創造的魄力忽視了。

沈君怡先生謂近來土木工程師越俎代謀，把建築師的職務如房屋設計等。也兼了去，實屬不當。比如一座橋樑，橋礅橋面例須由工程師設計計算，惟橋欄杆與欄杆柱子以及橋燈等式樣，應由建築師設計，庶幾堅固美觀，兼可顧及。他如鐵路車站票房等，亦應由建築師設計，不能使鐵路工程師兼代擘劃。此點最好由工程師學會，建築協會，及建築師學會喚起各該會員之注意，劃清界限，勿相混淆。但現時建築人才缺乏，國內設有建築科的學校，祇有中央，東北與勷勤等三大學，所以造就建築人才，亦爲當務之急。

私人住宅式樣最多，亦最饒人興趣去研究的好材料；希望建築師學會及建築協會在刊物中多多披露。關於私人住宅之建築圖樣及攝影等，應宜別出心裁，產生一種新的式樣，不要如現在般的完全洋式或不倫不類的式樣。

中國式的花園，也是很值得注意的。倘若長此以往，無人提倡研究，中國式的花園勢將絕跡，而中國園林之學，也將失傳了。

都市中之建築，關於安全，衛生，光線，空氣，火警等，當地政府固有建築章程之頒訂，惟於美觀，則不能有所規定。故新建築之請求營造執照者，雖覺其式樣不美，但因與定章尚無不合，也祇能給照與建，無可限制。然一旦完成，市中常留一惹人討厭的建築物，非但損及市容，有礙觀瞻，且示人以文物幼稚之反感。此點最好也由建築團體努力革進，晚人以美觀得體之建築式樣，以供從業者之參攷。若由當局劃定區域，在某區建造某一種式樣，也覺呆板難行。

關頌聲先生謂上海市博物館內的紅柱子，其色彩太爲鮮明，應改黯淡之色；蓋鮮紅色頗易奪人視線，若不設法改淡，館中陳列物品，將被鮮紅的柱子障蔽不顯。

董大酉先生謂市博物館建築費規定爲三十萬元。現在有人非議，認爲建築所費太巨，應加撙節，俾將餘資購置內部陳設。但余（董先生自稱）信苟能在建築費中節省若干，亦必早被移作別用，不復再有餘裕矣。

建築材料的圖案，很爲重要。吾人每因一圖案的採求，往往翻遍參考書籍，費時不少。例如門鎖的式樣，要適合門與這一室的環境。比如要一圓的圖案，偏偏找尋無着，祇得以方的代之，削足適履，至感痛苦。

葉恭綽先生因事先行，梁思成先生等的高論，因在另一席入座，未獲聆教爲憾。

紐約旅館將闢置中國室

朗琴

美國房屋內部設計專家，現任紐約Waldorf-Astoria旅館裝飾顧問之史密斯氏(Mr. Rutledge Smith)，近漫遊滬上，據云在華將有數星期之勾留，並擬赴北平一行，從事考察中國建築及屋內裝飾之術，以備於回國時，建議該館當局，闢置巨大之中國式居室，或爲餐室，或爲屋頂花園，或餐室及舞場，現尚未定，但必能獲得美滿之結果。據云該旅館每隔數載，必將較大之數室備供公衆使用者，更換佈置，修飾一新，藉以引起旅客之興趣。史氏並云來華後，對於中國建築觀感一新，影象迥異，蓋雖因業務關係，常赴歐洲考察，但至東方尚屬初次也。中國建築現已達於簡單而宏偉之最大功能；若時間許可，將詳加研究，尤注意於房屋內部及傢具之裝飾。如該旅館能實現設置中國室、所有應用器具，將由華採購運美，以便倣造後適合巨大公共居室之用。史氏對於中國建築之平頂最爲注意，紐約有頗多專家致力於此，史氏自云回國後當能愼重聘擇矣。

按史氏初爲紐約B. Altwan之採辦員(爲當時世界最大之商行)，後入該行之藝術設計部工作，極感興趣，迨後逐漸成爲紐約當地最著名之採辦員，及房屋內部設計專家。不久即代表該行，赴國外採辦貨物，下至民間玩具雜耍，上及王室珍貴物件，俱在搜羅之列。史氏自離該行後，單獨執行其室內裝飾之業務。紐約富戶慕名往聘者，紛至沓來，然史氏僅貢獻其意見或擬具改進計劃，並不簽訂合同或出售何種貨品也。紐約孟哈頓銀行及其他大廈之內部設計，胥出史氏之手云。

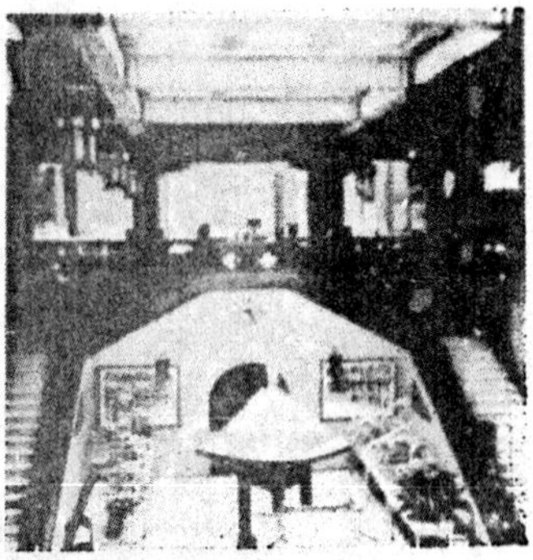

博物館內景之一

中國營造學社陳列之古建築模型在樓下。上海市政府各建築模型在樓上後廳。

博物館內景之二

館內畫棟雕樑，雷皇富麗。

中國營造學社陳列之河北薊縣獨樂寺觀音閣模型，此模型曾費木工一二九〇工，雕刻工一八〇工。閣建於遼統和二年，即公元九八四年，距今九五二年。

河北薊縣獨樂寺觀音閣下檐角材模型

一、周代山文瓦當
二、周代旋文瓦當
三、周代旋文瓦當
四、漢代關字文瓦當
五、秦代鳥文瓦當
六、周代山文瓦

清式金線點金彩畫圖

23797

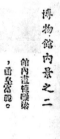

北平天壇皇穹宇模型

建於明嘉靖九年，初名泰神殿，後改今名，清代因之；珍藏皇天上帝及列聖之神版於此，其制形圓，南向，金頂，單檐，內外環轉，各八柱，塗金飾轉枝蓮，門當在南，三面為垣，基高九尺，徑五丈九尺九寸，面鋪青石，圍石欄板四十九，三出陛各十三級，覆瓦為純青色。

祈年殿模型

北平永定門內天壇祈年殿，即明代大殿，建於永樂十八年，為合祀天地神祇之所，每歲舉行祀穀大典。清乾隆十六年修葺後，更名祈年殿。光緒十五年燬於火，二十二年就原遺基重敘修成，其制形圓，南向，金頂，檐三重，內外柱各十有二，龍晴柱四，頂覆純青琉璃瓦。其構造及配合之精妙，在當時未藉科學而能為此，無愧乎全世界認為偉大工程之一也。

角樓模型

北平宮牆四角設置禁衛之角樓

千秋亭模型

北平故宮神武門內欽武殿前分築二亭，左名千秋，右名萬春，式相同，咸豐八年七月毀於火，現亭當為焚後重建者。此亭上圓下方，隱象天地，含蘊深刻，耐人尋味；而藝術價值，亦殊不容漠視。

風月亭模型

北平南海風月亭，建於光緒二十五年。

牌樓模型

北平萬壽山排雲殿前四柱七樓牌樓，樓上匾雲輝玉宇四字。排雲殿建於光緒十八年，牌樓適在殿前，想係同時所造，供慈禧六十萬壽者。

宮門模型

南京國際聯歡社透視圖

基泰工程司設計

南京體育場大門透視圖

基泰工程司設計

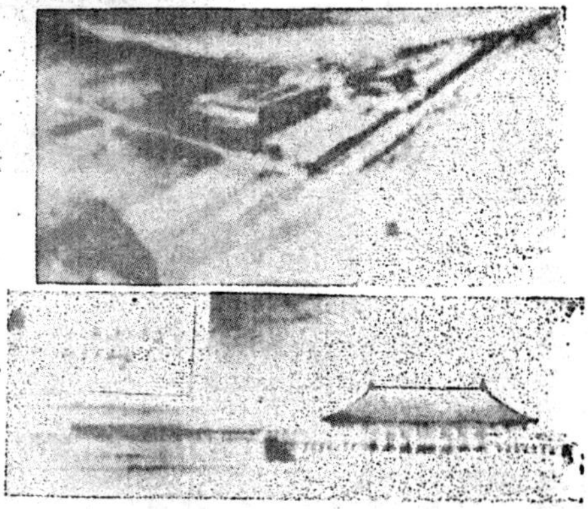

南京中央博物院

興業建築事務所設計

南京故宮博物保存庫鳥瞰圖

華蓋建築事務所陳列

南京首都飯店透視圖
華蓋建築事務所陳列

首都電廠
華蓋建築事務所陳列

浦東同鄉會鋼筆畫透視圖
奚福泉建築師陳列

吳淞海濱健樂會彩繪透視圖
華蓋建築事務所陳列

西藏路公寓彩繪透視圖
華蓋建築事務所陳列

拌水泥機模型
馥記營造廠陳列

專載

中國建築展覽會呈行政院 蔣院長文

竊本會爲喚起國民注意本國建築事業及供給專門學術參考起見，特假上海市博物館及上海中國航空協會舉行中國建築展覽，并假上海基督教青年會舉行建築演講。聘請名人及專家擔任，自四月十二日開始至十九日止，凡八日，綜計出品：分模型，圖樣，材料，工具，書報五類，凡二千餘件，觀衆聽衆共三萬二千餘人，足徵建築問題已引起國民深切之觀感。本會竊度時勢，默察未來，知我國建築技術，方值承先啓後之期，而事業亦正逢擴張發揚之會；顧有基本數點，所不得不急事調整，以利其發展者，敢爲 鈞院陳之：

一、各學校宜急注重建築教育也 近世科學進步，技術精晉，專賴專門教育爲之基礎。建築之學，事非例外；近年國內因各項新建設，年耗數千萬金，從事建築，統計需要建築師，監工，當逾數千，而國內養成此類人才，年不逾百，全國公私大學之設建築科者，現僅首都中央大學與廣州勷勤大學等三數處，篳路藍縷，設備更多未完。其中級專門職員之養成機關，更未之見，供需之不應如此，無惑乎建築成績之不良，因此影響于一般建設之成績也。擬懇請 鈞院，責成中央及地方教育當局，推廣建築教育，擴充訓練設備，或於中央設立建築學院，專精從事，俾成材較衆，得應事實之急需。

一、國產建築材料亟宜倡導也 查全國公私較新式之建築，用料取之外國者，殆占十分之七以上，每年漏卮，不下三數千萬元。自十七年國民政府成立以來，至今當已數萬萬元，實爲驚人之巨額，若不急圖補救，將致日言建設而貧弱益增，可爲憂灼。按與建築有關之事業，如鍊鋼，製鐵，製銅，造林，製木材，製油漆，顏料，玻璃，陶器，水泥，磚瓦，石以及諸般裝飾，直接間接均與國民生計有關，亦卽利權消長所繫。默察一般心理，未嘗不知漏卮之可懼；但國內產物，實未足供其需要。有時國產雖屬可用，而經營不善，拙於運銷，遂致無從取給，而工師與建築業畏難取便，轉成習慣，因愈以杜塞國產發展之途；因果相乘，江河日下，設值非常之際，危險更不堪言。應請 鈞院速通行京外各機關，凡有新建築，務須儘量採用國產材料，並飭下財政實業鐵道三部，及各省市政府，于設計經營運費捐稅各方面，竭力扶助上列各項事業，使之產生成立發展，並監督其產量品質，使之敷用合用，庶利益可少外溢，而運用亦得自如。

一、建築材料之標準規範應速制定也 查建築材料規範，所亟應制定者，不外品質與尺寸二點。目下國內市場上建築材料，品質之標準，或依從他國之定制，或由商號所自擬；等次旣極混亂，名稱亦復紛歧，尺寸號次，更欠劃一。如南京，上海，北平諸大都市，雖略有規定，然亦各自爲政，並不統一，建築材料品質之標準及名稱尺度，乃若有而實無。坐是之故，不特建築工程之進行，時遭困難，且人民生命財產之安全，亦缺保障；倘政府將各種建築材料，如水泥，木料，鋼鐵，磚瓦，五金，玻璃，油漆等等，一一釐訂品質標準，審定名稱，劃一尺寸號次，則各地制度統一，劣貨次貨，自難頂替欺蒙，而出品商及計劃人與業主，亦均得各蒙其益；卽工業上之危險，亦因載重掽撞，任拉力等品質標準之嚴格限制，而日益減少，可斷言也。應請　鈞院卽飭內政實業兩部，從速訂定，以示刷新，而資應用。

一、國內各古代名建築應請飭下各省市政府認眞保護也

查我國建築，在世界上素具特長，雖時代習慣現有變遷，而可資模範者，仍屬不少。類如敦煌雲崗之石窟，龍門之造象，棲霞之舍利塔，類皆表現民族之精神，成爲文化之結晶，且爲探討我民族藝術之重要材料。近年我國著力現代建設，於往古著名建築：未遑多顧，重以民間未知愛護，毀損實多。粵稽泰西，古代羅馬競技之場，希臘敬神之廟，雖頹垣危柱，而其民族遠大精神寄焉。故建築遺物之保存，不僅爲博物之助，實以昭民族之德。抑我國建築學上之當前問題，爲應如何產生一種新作風？既不徒事摹仿歐西，更不因循自限，而求所以適應國民習慣，與現實生活，並經濟現狀之途。則我國固有建築之優點，尤急待研究與參攷，應請　鈞院飭行內政教育兩部，中央古物保管委員會，暨各省市政府，對歷代著名建築及其遺物，飭官民認眞防護，講求有效之措置，勿得視爲具文，庶文化經濟前途，交受其益。

一、各機關關于建築之職務宜一律用建築專家並多予建築師以工作機會也

查建築師與普通工程師相似，而實不同；蓋建築之要素，在安全適用美觀三者，夫工程師（Engineer）對建築之責，唯在結構安全而已。建築師（Architect）則不然，必更兼求合用堅固與美觀焉。夫結構安全，固亦要點，但時勢衍進，事類頻繁，建築物之必適合其專門用度，已無疑義；而地位經濟之考慮，資金節省之策劃，重以建築本屬藝術，其格局方式，卽所以昭示民族文化。故建築師之服務，不但供企業者之需，於工務行政，尤必賴建築師運其學識經驗，監導一切，以冀人民福利之增進。今各地公私建築，日新月異，而詳加研考，則衙署等於住宅者有之，圖書館類尋常辦公廳者有之，于合用堅固美觀之三大要件，罕能兼顧。又或迷信外籍建築師，設計監工，唯外人是求　其是否適合我國之用，及經濟與否，固未之計。其相因而至之多用外料，阻抑專才等，事實從爲必然之勢；而各機關之主管建築者，因乏才之故，往往以外行或淺學者，勉司工務行政，致一切措置，多失其宜，監督指導，更說不到；故每年雖耗巨量建築之費，而實未能予本國專門人才以充分展施技能之機會，且亦無以促進建築事業之進步與改良。擬請　鈞院通令全國，以後凡關于管理建築之職務，應一律用專門建築人才，不得仍以非此項專門者充數，其公家建築，更宜給本國建築師以工作機會，勿輒用外籍建築師，俾得琢磨上進，蔚爲通才；于一切新事業之發達，所關非小。

以上五者，經本會大會一致通過，認爲均屬切要之圖，且于勵行新建設之今日，尤有貢獻　左右，以供采擇之必要。故謹爲如上之陳述，敬請　鑒核施行，不勝盼幸，謹呈。

行政院院長蔣。

中國建築展覽會參觀記

談紫電

葉恭綽先生及本會等四團體發起之中國建築展覽會，業於四月十二日至十九日如期舉行，會場假上海市中心區最新落成之市博物館及中國航空協會新廈。展覽品共二千餘點，分模型，圖樣，書籍，攝影，材料，工具六部，除材料部份陳列於航空協會外，餘均在博物館內；加以該館建築，富麗堂皇，爲之生色不少。

開幕之日，春光明媚，江灣道上，觀者絡繹於途。記者參與斯盛，觀覽一過，殊覺珠璣滿目，大有美不勝收之慨。然則斯會之發起，非特足以引起社會上對於建築之認識，抑且促進一般建築對於居住問題有所改良。茲將會場一瞥，述其梗概，以告讀者。

由博物館大門入，首映入吾人眼簾者，爲北平中國營造學社之「河北薊縣獨樂寺觀音閣」模型；該模型用木雕製，置於大廳中央，製作殊工細，據云曾費一千二百九十工人工，一百八十工雕刻工，耗値一千六百元有奇，其偉大可以想見。兩旁壁間張掛「山西應縣佛宮寺遼釋迦木塔」正面圖及斷面圖巨幅，及「江蘇吳縣羅漢院雙塔」，「圓明園盛時鳥瞰圖」，「河北趙縣安濟橋現狀實測圖」，「山西大同善化寺大雄寶殿復古圖」，又「善化寺普賢閣」等圖樣，以及歷代斗拱模型多種。案上陳列製釉原料，製琉璃坯子原料，白坯子，黑色琉璃六樣合角獸，明代綠色琉璃魚，琉璃瓦帽釘，銅門獸面，周代厥文瓦當，又山文瓦當，秦代鳥文瓦當，漢代闕字文瓦當等名貴古物殊夥。兩側遊廊則陳列「山西大同雲岡石窟」，「河北趙縣安濟橋」，「山西汶水文廟大成殿」，及「獲縣北門外石橋欄干」等照片數百幀，均屬中國營造學社出品，乃繞右廊上梯級，則上海市政府各新建築之模型，如市府新廈及各局，市醫院，博物館，圖書館，體育館，運動場，游泳池，平民村及龍華塔等模型，照片，圖樣，無不燦然並陳。樓上右翼所陳列者，爲中國建築師學會之公署，工廠，紀念物，銀行，學校等照片及圖樣。前廊陳列車站兩路辦公大廈，航空協會新廈，陳英士紀念塔，無名英雄墓等模型；旁則陳列各種建築書籍數百種，如本會所藏之英文建築百科書全部，本刊自創刊號至四卷二期止全部，莊俊建築師之「內部裝飾」「古典式派」「中國建築」等西文圖書，中國建築師學會之「中國建築雜誌」，中國營造學社出版之「營造彙刊」「清式營造則例」「欽定四庫全書簡明目錄」，及該社手抄本「撫郡文昌橋志」，「瀛橋圖說」「石橋分法」，「大木小式做法」「大式瓦作做法」等，咸屬不可多得者。左翼則爲本會之各種圖樣及照片，舉凡公寓，銀行，商店，紀念館，戲院，學校，住宅等，靡不俱備焉。又有工具模型如挖泥機，打樁架，拌水泥機等，以及馥記營造廠之導淮邵伯船閘，浙贛路貴溪橋，青島海軍船塢等照片，至是乃自樓循石級下，入下層後廳，則爲北平故宮各種建築模型及彩繪圖片等，如四柱七樓牌樓，千秋亭，皇穹亭，風月亭，扇式亭，隆恩殿，祈年殿，宮門，紫禁城角樓等，入其中，幾疑置身舊京；該項模型，爲基泰工程司出品。尚有中央大學建築系及復旦大學土木工程系之學生作品，則於樓下左側，另闢一室陳列焉。

出博物館，越草地至貼近之中國航空協會新廈，該處陳列者全爲材料部份，參加廠商如大中磚瓦公司，開山甎瓦公司，長城機磚公司，合作五金公司，新成鋼管公司，公勤鐵廠等，達四五十家之多，共陳列四室，材料如磚瓦，鐵鋼，鋼窗，油漆，五金，泥灰等，無不應有盡有。

綜觀此次展覽，出品自以中國營造學社爲最豐富，惟趨重於古代建築方面；而本會及中國建築師學會之出品，則以現代建築爲多。大會方面，對于平民化之建築，似欠注意，此不能不令人引爲憾事者也。

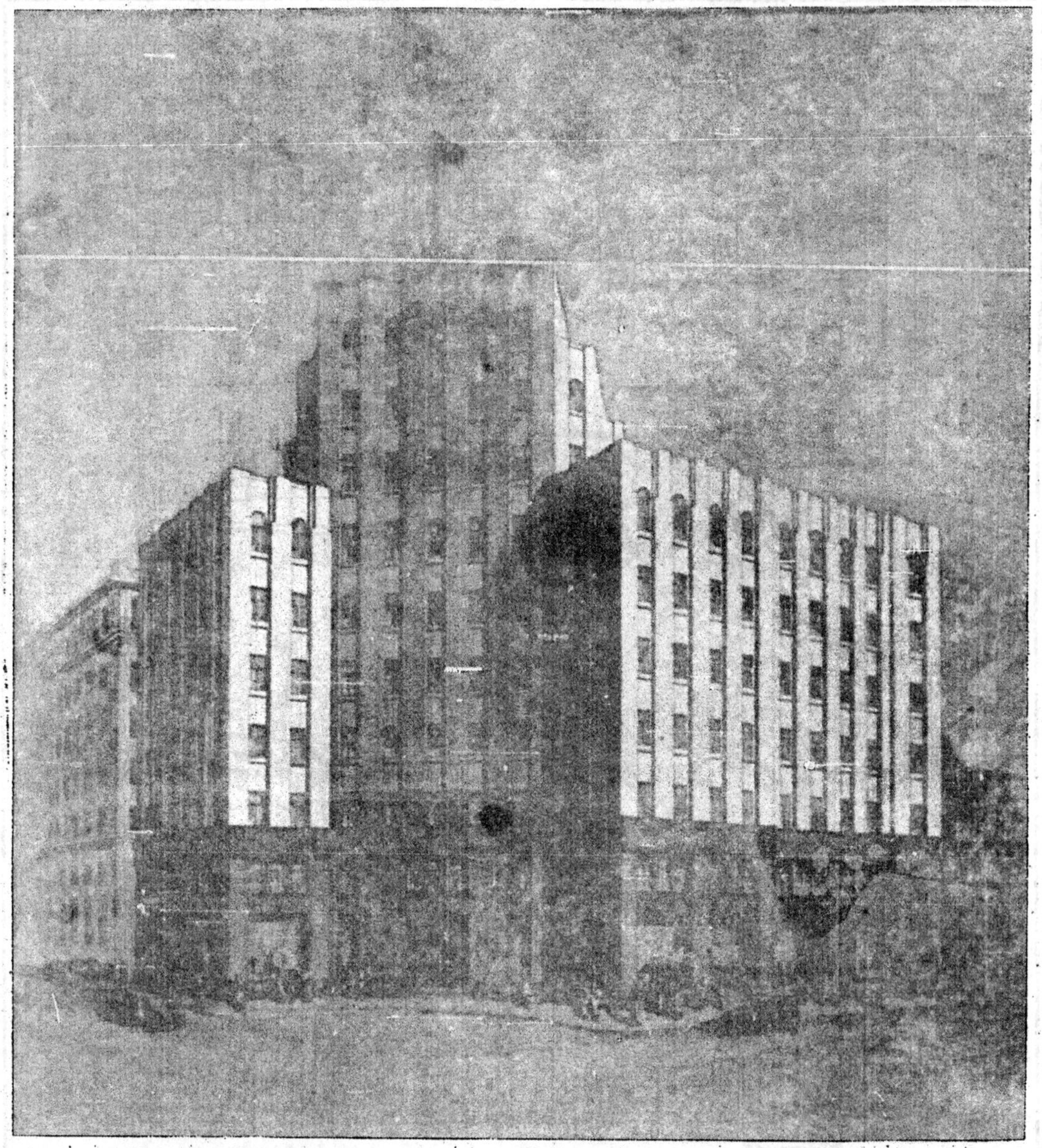

New Building for The International Dispensary Company, Ltd., on corner of Foochow and Honan Roads, Shanghai.

Atkinson & Dalles, Ltd., Architects.

建築中之上海河南路福州路角五洲藥房七層大廈

通和公司設計

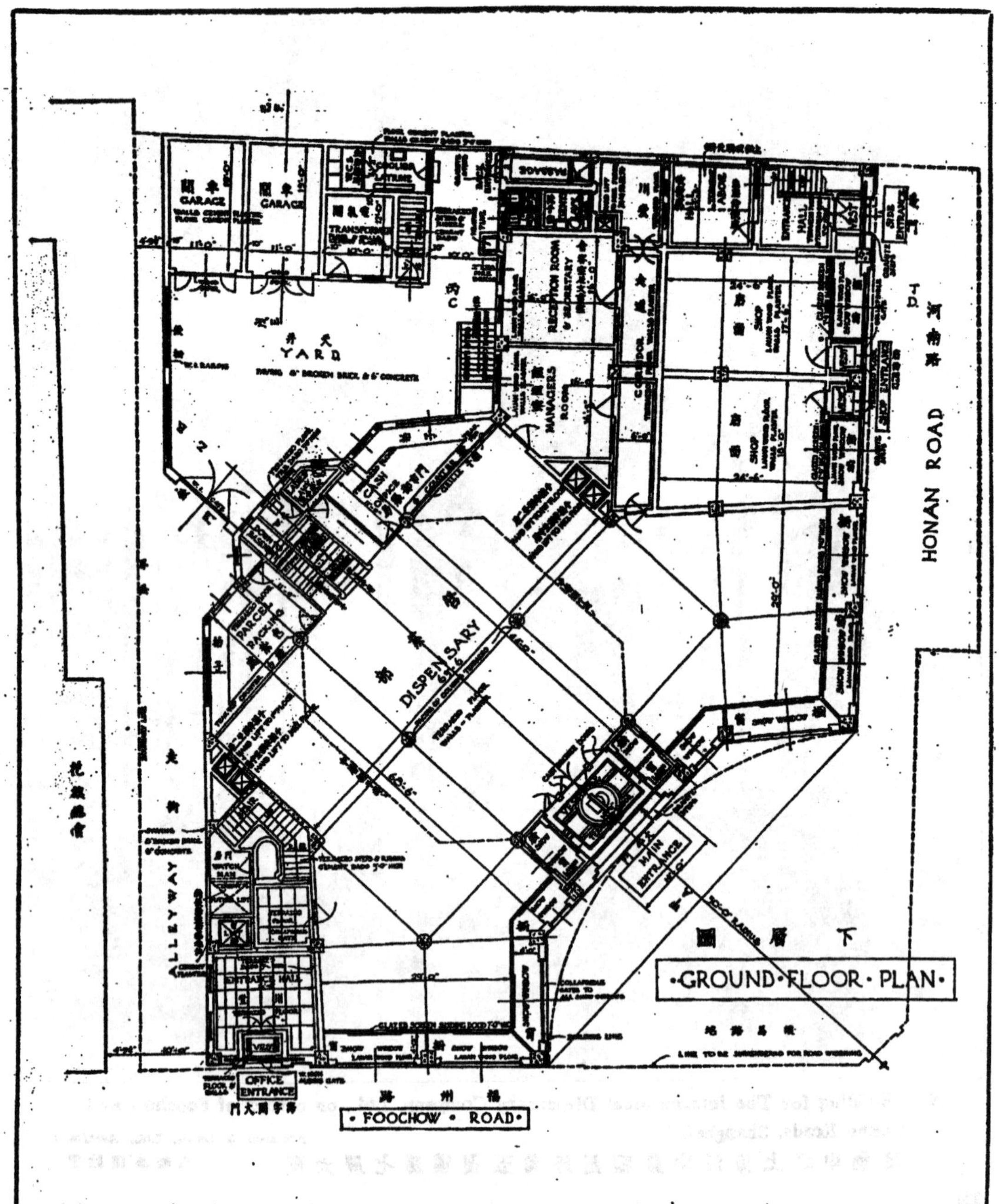

New Building for The International Dispensary Co., Ltd.

建築中之五洲藥房七層大廈

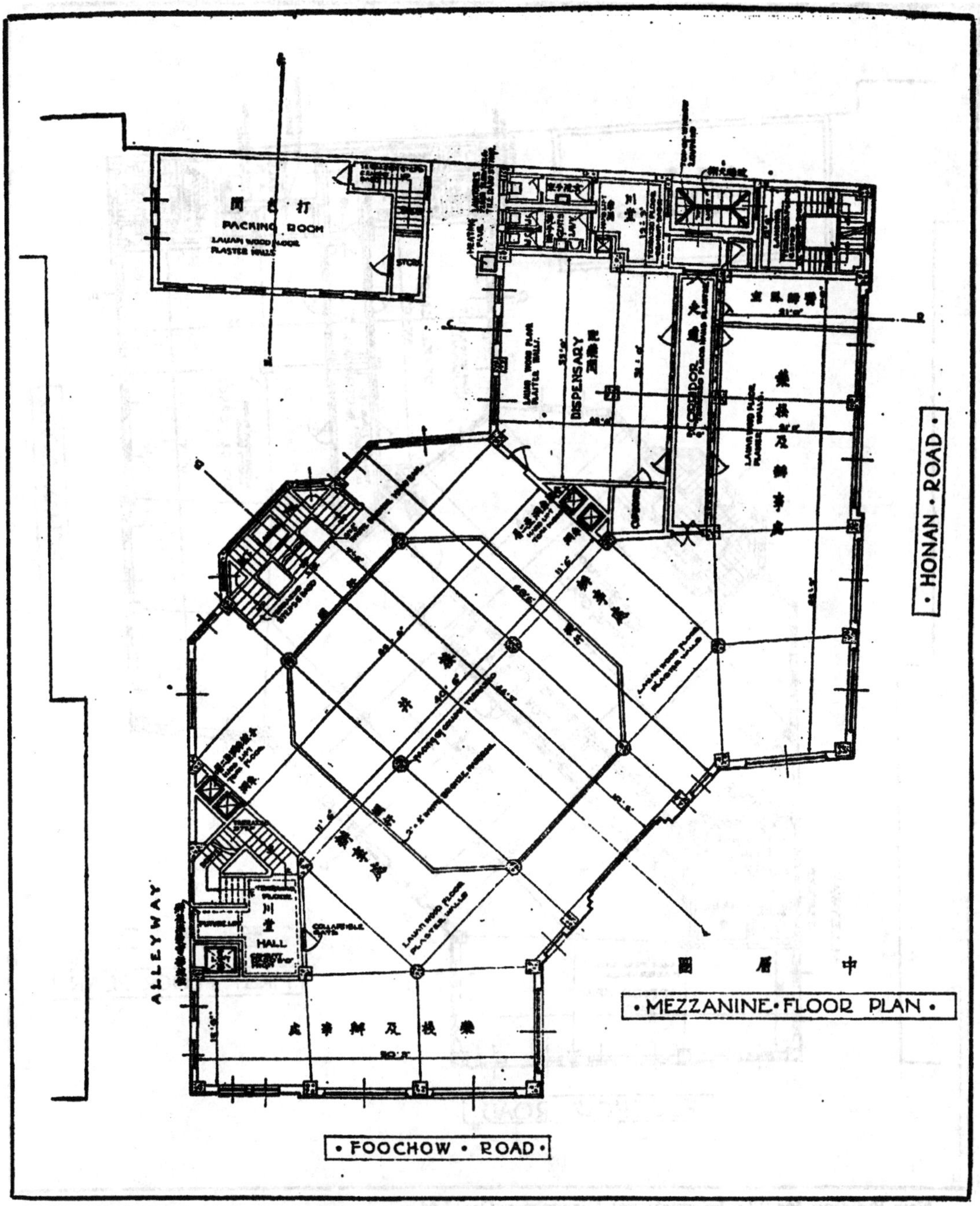

New Building for The International Dispensary Co., Ltd.

廈大層七房藥潔五之中築建

15

23807

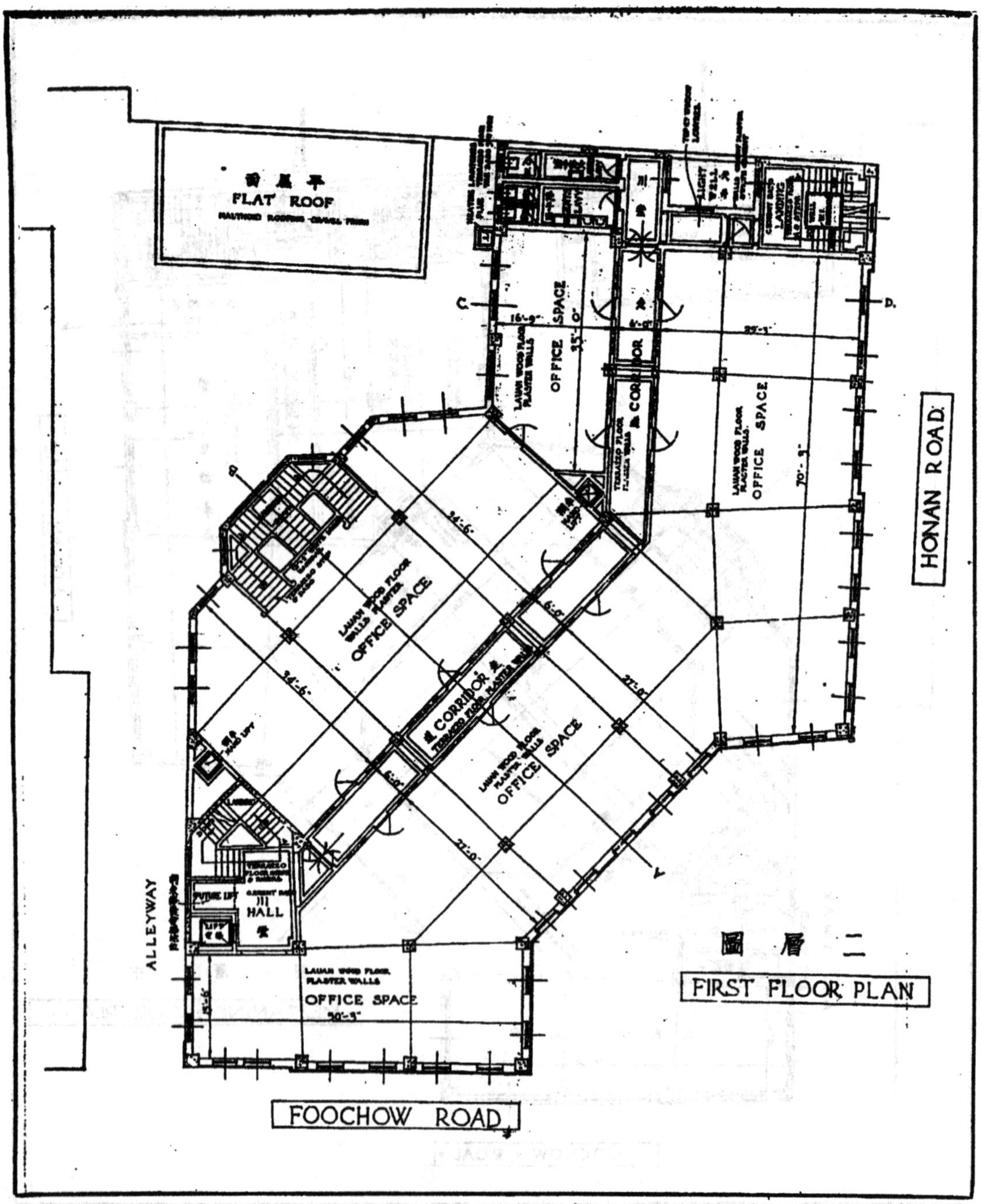

New Building for The International Dispensary Co., Ltd.

建築中之五洲藥房七層大廈

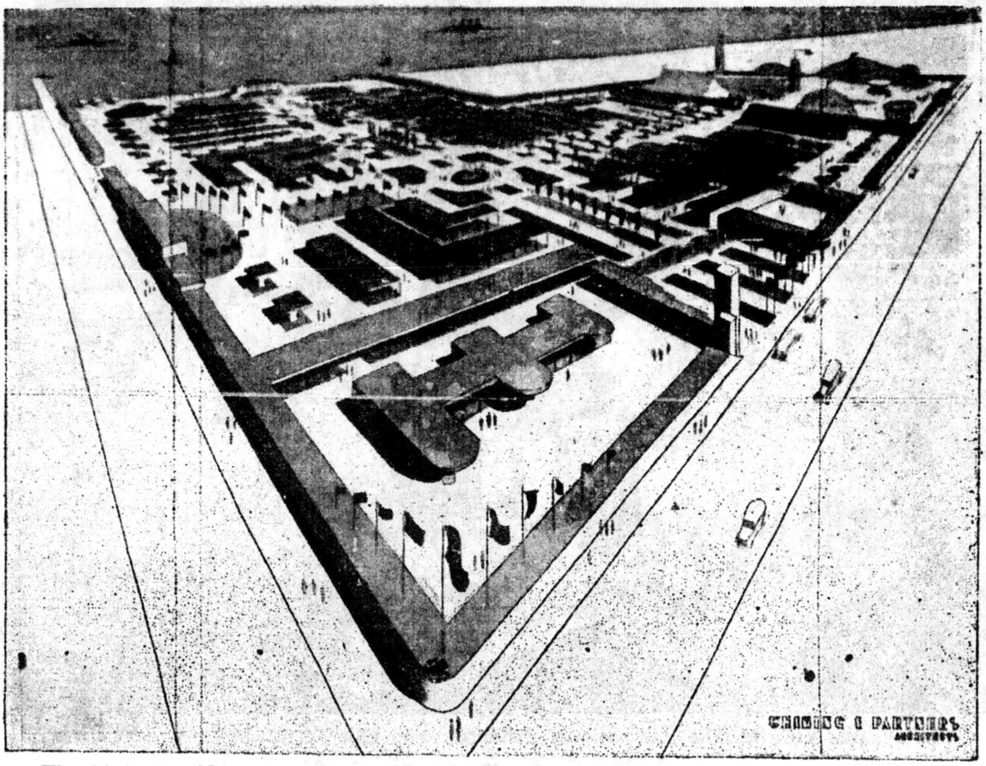

The Bird's-Eye View of the International Exhibition Ground.

萬國博覽會會場鳥瞰圖

喧傳已久之萬國博覽會及市場，將定期於本年七月至八月，在上海楊樹浦路一六九〇號舉行。自二月中旬起，即有數百工人工作於楊樹浦路及關路之間，建造會場房屋帳幕及棚舍等，規模當甚偉大。會場佔地二百萬方尺，預計建造看台帳幕及棚舍等一千所。鄰近並有極大之空地，以備於必要時擴充建築云。茲將會場房屋圖照，錄刊如後。

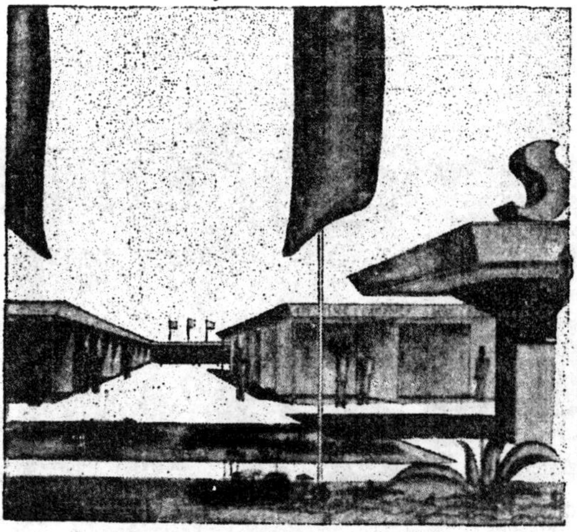

會場近景之一

View of the Exhibition Ground.

The Outside View of The International Exhibition and Fair of 1936.

萬國博覽會會場外觀

Another View of the International Exhibition Ground.

會場近景之又一圖

The Bird's-Eye View of Late Mr. Zee's Tomb. 徐筱農墓鳥瞰圖

第二十六頁　柯蘭新式鐘塔圖
第二十七頁　德斯金式守衛處圖
第二十八頁　伊華尼式大門入口處圖
第三十頁　伊華尼式圓形廟宇圖

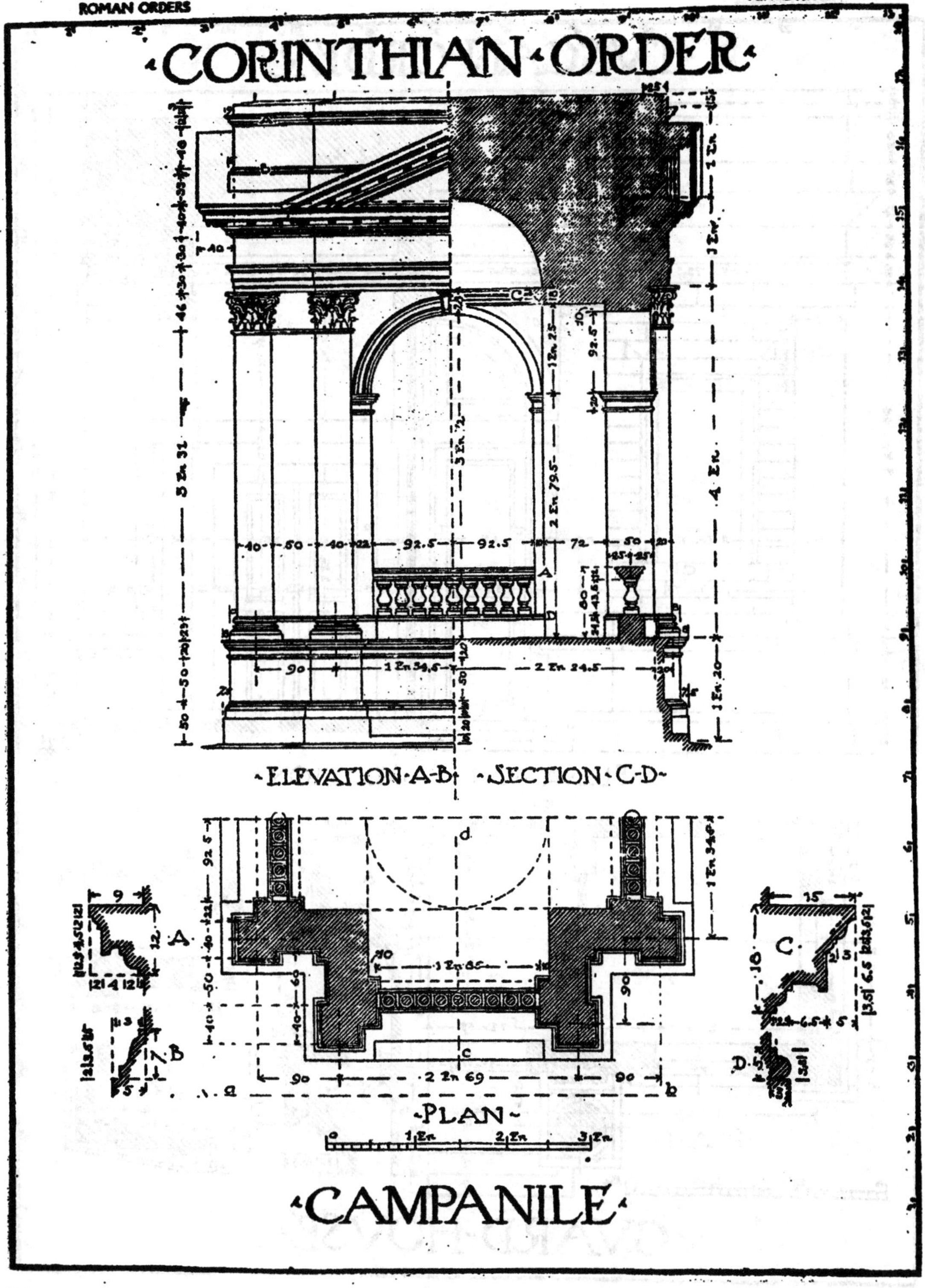
CORINTHIAN ORDER
ELEVATION A-B
SECTION C-D
PLAN
CAMPANILE

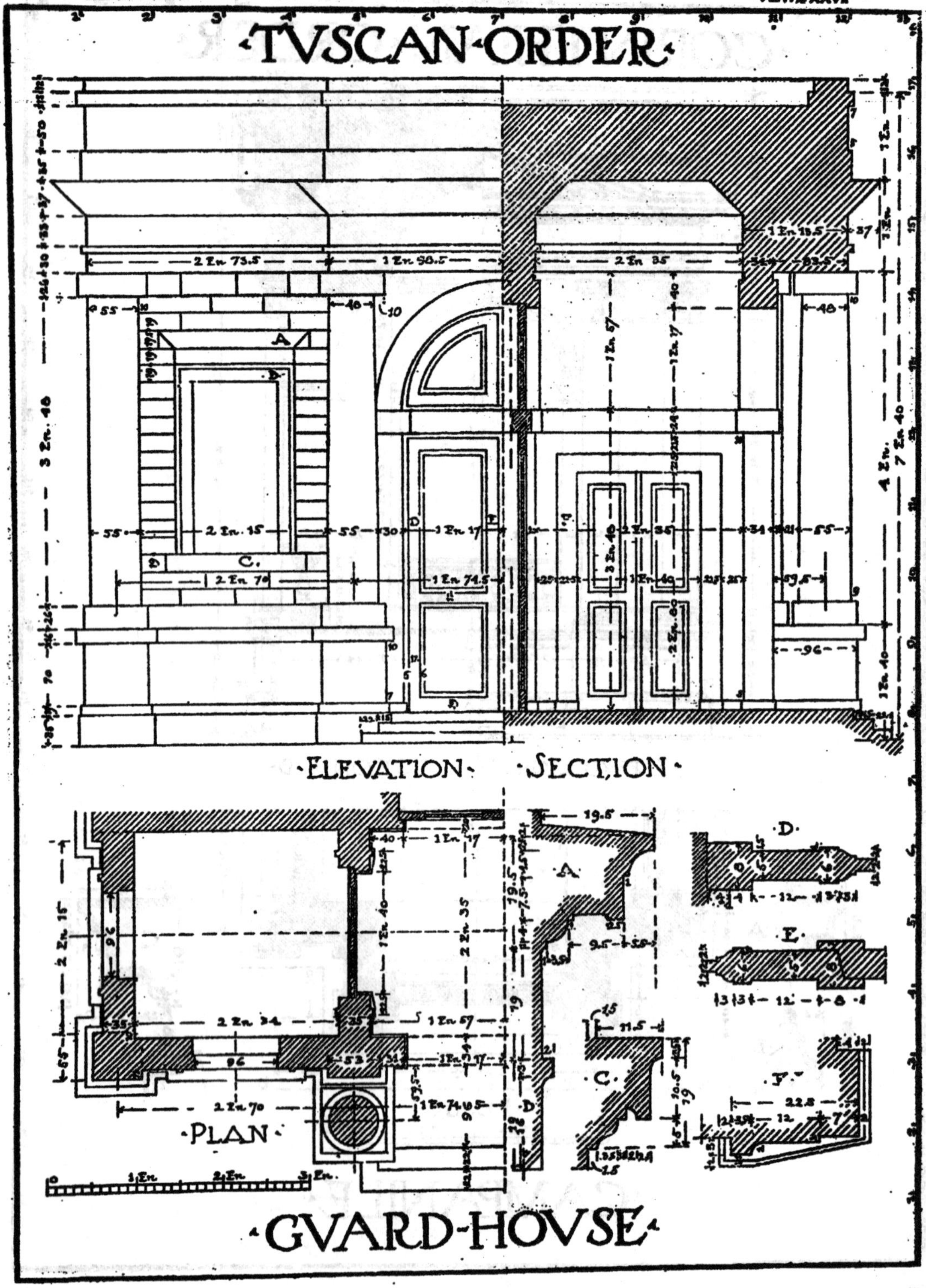
·TVSCAN·ORDER·
·ELEVATION·
·SECTION·
·PLAN·
A
B
C
D
E
F
·GVARD·HOVSE·

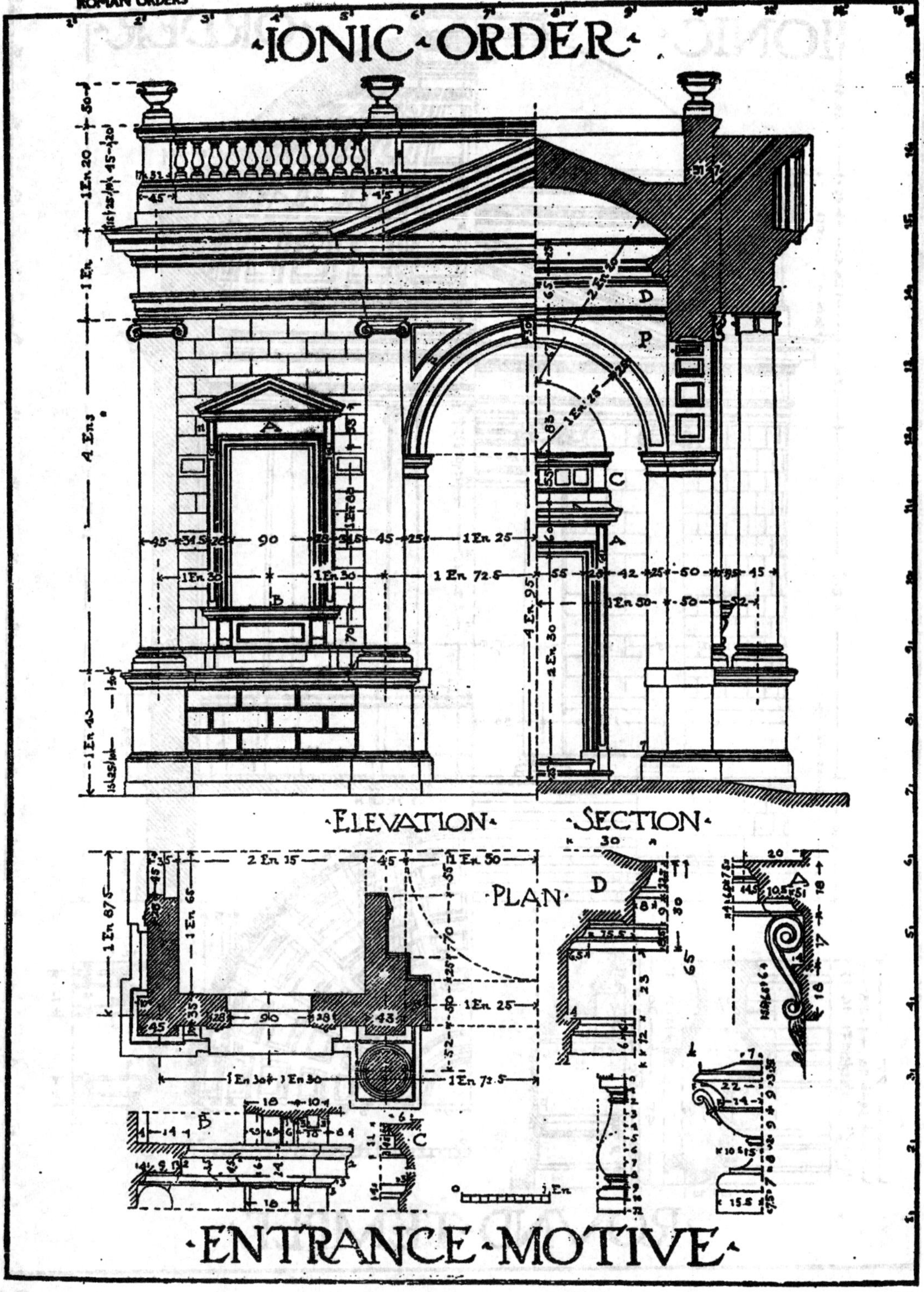

23815

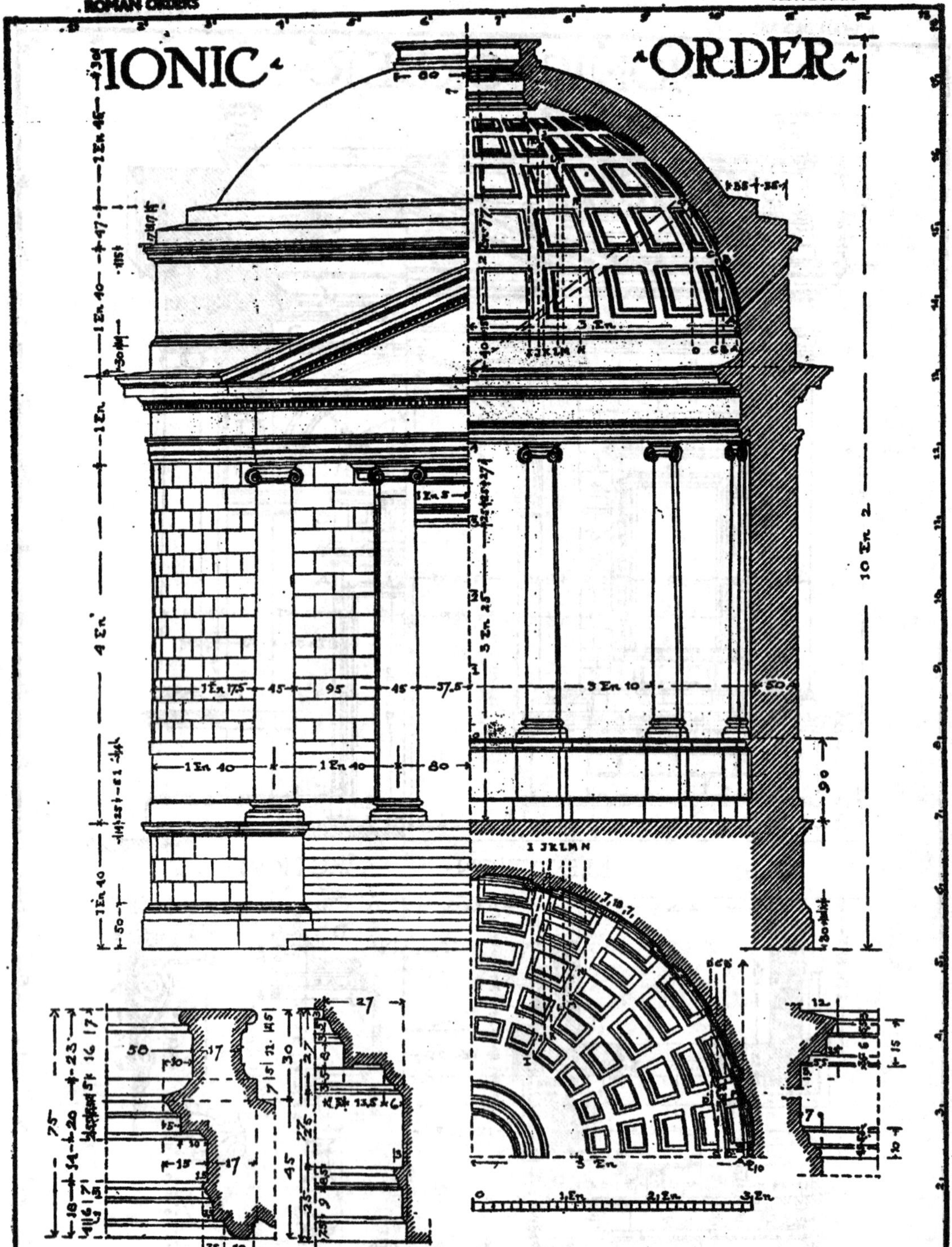
IONIC ORDER
ROVND TEMPLE

23816

建築小史（七）

杜彥耿譯

希臘建築（續）

建築詳解

平面，牆垣，屋頂及其他

一〇九、平面　希臘房屋之平面，殊爲單調；普通咸爲長方形，惟圓形之小廟及闌茜客臘衣亭，風塔，英雄殿等，則當例外。然因其地盤之配置適稱，故在設計上亦爲重要之根據，從而發揮之，則屋之外廓支以美觀適合之柱子，墊以佈局莊嚴之臺基，冠以整飾美麗之台口。

一一〇、牆垣　因古希臘石或雲石工人在技藝上智能上立於無說勝之地位，故即謂雲石之正確計算，佈置，搭縫，以至完成，中間不用灰沙，是亦爲一種缺點。不若現時之叠砌牆垣，在兩石之中間夾置石片或混凝物，是爲古代希臘所不知；蓋若輩築砌牆垣，統以與牆同樣厚度之整塊大石堆叠；有時遇龐大之構築，則所需之石塊大小，亦屬碩大無比。

一一一、屋頂　有許多廟宇，無疑的係無屋頂——或即露天者；但亦有披斜之屋頂，用木構架，而覆以雲石或陶瓦。希臘建築，並有人字山頭之發明，幾爲若輩廟宇建築式例之最著者；而依人字山頭之形勢，可斷其所用之屋頂矣。人字山頭者，係三角形之建築物，以台口線圍繞三角形及屋之頂尖部份。圖五十八爲希臘人字山頭之典式，即示在伊琴那（Aegina）之朱匹忒廟；（Temple of Jupiter），設加以修葺，遂成圖中所示之完整形狀矣。

〔附圖五十八〕

一一二、門窗堂　方頭之門堂或窗堂，上架過梁，堂子之兩邊及上端，繞以簡單之線脚，如門頭線及略向外突之撓頭線等，靡不運用匠心，鈎心鬬角之作。圖五十九示希臘窗堂之式。

〔附圖五十九〕

一一三、線脚　希臘之線脚，殊爲精美。釋弧橢圓之線，多於渾圓；雕刻或其他花飾之於小方線或凹線，完全摒棄；而其他線脚之需要花飾雕劃者，要以地位之需適，與佈局之均配爲準。

線脚之分類，計九種，如圖六十。玆將其名稱列下：

〔附圖六十〕

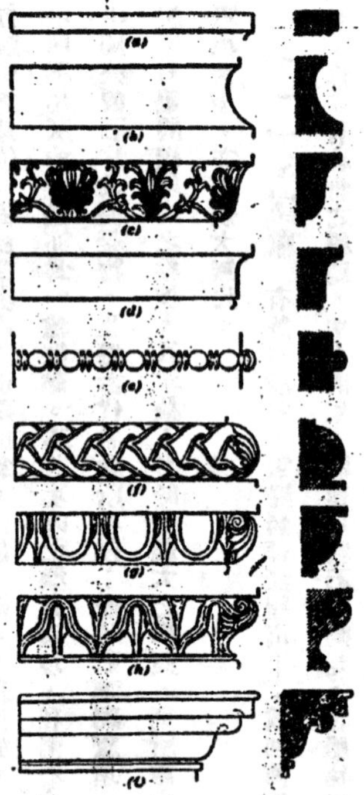

（一）小方線(Fillet)，或卽狹帶條，如圖(a)。

（二）秋葉凹(Scotia)，或卽凹線，如圖(b)。

（三）膔脯線(Cyma Recta)，或卽兩重凹線，如圖(c)。

（四）凹線(Cavetto)，如圖(d)。

（五）小圓線(Bead)，如圖(e)。

（六）坐盤圓線(Torus)，如圖(f)。

（七）泥水線(Ovolo)，或卽蛋形線，如圖(g)。

（八）胃足線(Cyma Reversa)，如圖(h)。

（九）鳥喙線(Hawk's beak)，如圖(i)。

上列各種線脚之中，小方線與秋葉凹爲分劃相對之部份，及爲承托之線脚，爲收頭之線脚，爲堵阻之線脚。膔脯線及凹線爲收頭及線脚之最高部份，如蓋頂及楪頭線等。小圓線及坐盤圓線可爲束腰，承托及分隔者。泥水線及胃足線爲挑出之線，以之承托上部建築物。鳥喙線普通用於陶立克式花帽頭，兼亦者稱於哥德式線脚。

希臘建築則例

一二四、陶立克式　希臘建築之三部曲，前已述之；惟須更爲分解其各部之配置與三要體之結合者，蓋卽坐盤，柱子與台口是。六十一圖(a)爲希臘陶立克式之在雅典密湼發廟（Temple of Minerva)，由此式可見其配襯與組合之一斑焉。例如a花帽頭之高度，連脰在內不足柱子根際對徑之半。脰者係線脚之分柱身與花帽頭者。在脰上之花帽頭係集橢圓形之泥水線b，帽盤c及花帽頭下面之環箍b三四條相合而成。關於柱身之大小，自根至頂，中間微弧，而頂端與根際之直徑，相差爲三分之二或五分之四；柱身普通分雕二十根指甲凹槽，其凹進之程度，爲半圓或半橢圓形，或他種凹圓，而兩凹圓之會合處，起一鋒口者，如六十二圖a及b，是爲凹槽之斷面，a爲半圓，b爲半橢圓。此項凹槽，隨柱身越脰而達襯托花帽頭之環箍而止；其收頭有切平或成凹線之頭子者。臺基咸

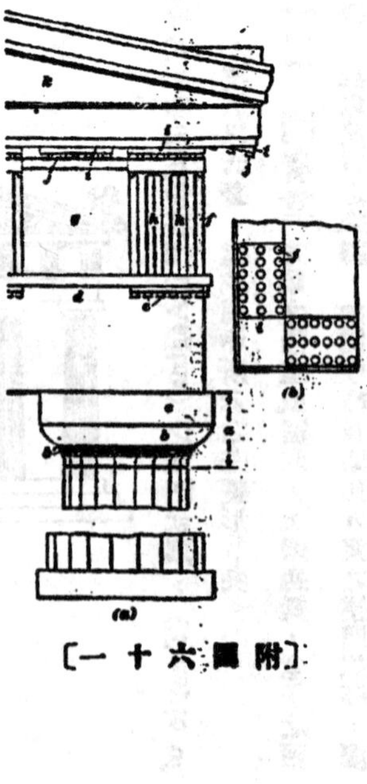

〔附圖六十一〕

分三級，而其高度常為柱身直徑三分之一之高。

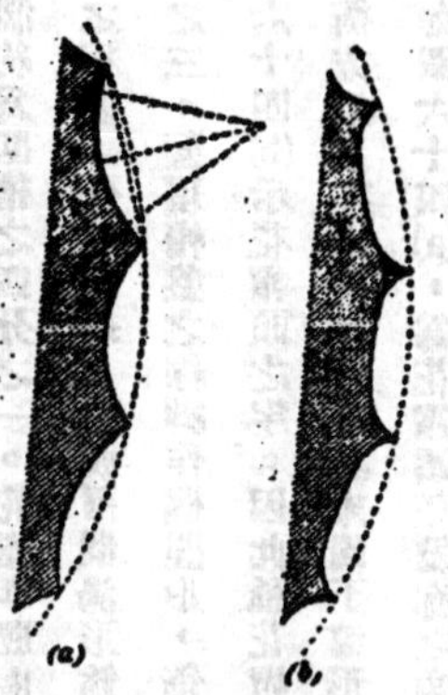

〔附圖六十二〕

一一五、台口如圖六十一(a)，其高度約較柱子根際對徑之一全徑加十分之七五，或需二根柱子對徑以上。台口之五分之四之高度，幾為門頭線與壁緣相對分，餘五分之一為台口線。門頭線係平面者，高佔門頭線全部五分之四或六分之五，而五分或六分之所餘者為方線，如圖中之d，方線之下有排鬚六個附焉，如圖中e，排鬚聯繫之寬度，係照上面排檐之寬度相同。壁緣微向外突，並分垂直之排檐，如圖中f，而劃分排檐，位於排檐之間者，是為排框，如圖中g。排檐之寬度，每及柱子面寬之半；然排框則全係正方者。每個排檐之中，有垂直之整槽兩條，如h，及半邊之槽兩條。因兩邊排檐之微凸，故中間排框遂陷落，如落堂之浜子。

一一六、台口線自排檐之面突出，伸出之度，一如台口線本身之高度；而台口線又可依其立面分劃四個平均部份，即方口，挑出方線脚及頂上之線脚為一份，中間平面挑出者佔兩份，尚餘一份為在台口線底之一條方線，台口底之囊頭亦即附着於此方線之下，如圖六十一(a)中之i，而成台口底向內斜上成一約八十度之角度，囊頭之寬度與其下面排檐之寬度同；在排框對上之台口底，亦置囊頭一，並於囊頭貼圓餅三排，每排六個為飾，如圖中之J。圖六十一b係台口底之平面圖示仰視之囊頭者。

一一七、陶立克式廟殿之人字山頭在六柱式建築者，自台口至頂巔為一根半柱子對徑之高：而三角之斜坡約為十四度。人字山頭之有線脚加冠其上者，係用朧腑線或泥水線之類之線脚，加至三角檔(Tympanum)，如六十一圖(a)中k之下脚升籠底轉灣。飾座(Acroteria)則置於人字山頭兩根以及頂巔。

台口線之在陶立克式廟簷者，有時須承托一帶遮蓋瓦片末端接縫之瓦當(Antefixae)。

〔附圖六十三〕

六十三圖(a)為立面圖，b為剖面圖，示希臘台口之用半柱(Pilaster)支托者。半柱者，如一方柱自廟之牆面突出，上有帽頭a，所襯托之線脚則為鳥喙線。

一一八、伊華尼式　坐盤之在此則例之下者，普通分為三部份，而其總高約爲柱子根際對徑之五分之四。希臘伊華尼式柱子連坐盤及花帽頭之高度，逾九個柱子之對徑，見六十四圖a，而花帽頭與指甲凹槽分劃之處，有圓線並雕刻算盤珠飾，花帽頭之高度，自四分之三以至八分之七。坐盤分作三部份，每部份之高度，幾均相等，最下之一部爲坐盤圓線，上冠小方線或無小方線，中間之一部爲秋葉凹，上下口各冠襯一小方線，上面之一部，則全爲線脚。

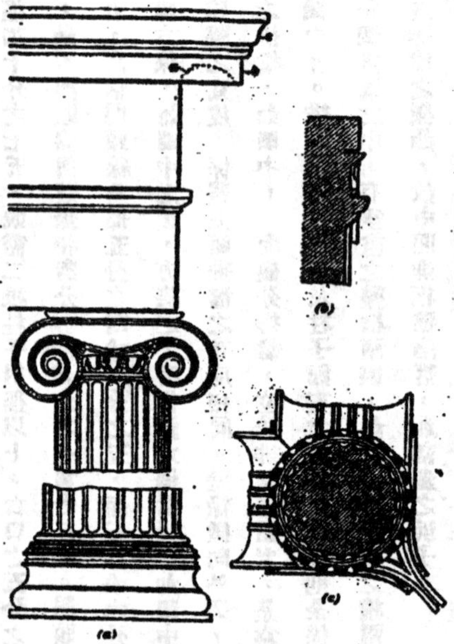

〔附圖六十四〕

一一九、六十四圖(a)之柱子，自根際至上面花帽頭之底，差度爲六分之五。柱身雕二十四根凹槽，間隔以方條。凹槽之形爲半橢圓，而方條之濶約爲凹槽之四分之一。花帽頭壓圈之上，有雕刻之橢圓線，冠蓋之線條，分展兩邊，幻成兩個渦形飾，其對徑佔花帽頭高度之五分之三。蓋頂帽盤之線脚作橢圓形，每施以蛋飾或舌飾等之雕刻。圖六十四(b)示花帽頭之半。因此種花帽頭之式例係在平面圖，乃爲平衡方形，其出面渦捲及其末端下瀉形成枕狀，或如古時軍帽之狀，如圖六十四(a)，爲花帽頭在盌廊之角柱上者；更有角柱花帽頭之渦形飾，兩者合成一角，向外突出成四十五度之角度，而使角之兩面均有渦形飾者，如六十四圖(c)。

一二〇、台口之高度，等於柱身底盤對徑之二倍餘，如六十四圖(a)，以其面高，可分爲五份，門頭線及壁緣佔其四，餘一份則爲台口線。台口線之下面有托線，如圖中點線a，方線b及蓋頂線c，均自壁緣之面突出；而其突出之程度，稍逾台口線本身之高度。有時門頭線較壁緣稍出，如六十五圖(a)，爲雅典密涅發波利斯廟(Temple of Minerva Polias)伊華尼式台口之則例。在門頭線最下口之方線，其外角與柱子下脚相齊，如六十五圖(a)，整個門頭線

〔附圖六十五〕

之高度可分爲九，七份爲方線，餘兩份爲雕飾之腰線，所以分門頭線與壁緣者。半柱下之坐盤如圖(c)，花帽頭如(d)。

〔附圖六十六〕

圖六十六示在雅典英雄殿之盛飾伊華尼式花帽頭，(a)為立面，(b)為剖平面之仰視圖，(c)為縱斷面圖，(d)為側立面圖，(e)為斷面，壓頂線即係渦形飾之面者。伊華尼式之礅子，較陶立克式為奢。壓頂線之角側成六角形；其角度之則例，為小於十四度。

一二一、柯蘭新式

希臘柯蘭新式柱子，等於十根柱子高之對徑，而柱子之歷際與其最大部份之根際，為六分之五之比。柱身二十四根半橢圓形之指甲凹槽，自坐盤直透花帽頭下，花帽頭之高，等於一根柱子之對徑又十分之七五。圖六十七為紀念關蕃客臘次之事柱花帽頭，柱身及台口見圖a，柱子之坐盤及礅子之蓋頂線見圖(b)，台口底之仰視平面見圖(c)，桶形之花帽頭下襯一帶葉子，高等於花帽頭之六分之一，在下層一帶葉子之上為反葉，高等於花帽頭之三分之一，此外三份為舞飾，包含小葉捲鬚等之在蓋頂方盤之下者，蓋頂方盤係由小方線及凹線所組合，而後者與上部橢圓線，復藉第二根小方線以阻隔。方盤之平面為正方，但其角或切成八字角式，須視其等配之需要與否耳。柱下之坐盤如圖(b)，包括坐盤圓線a，以小方線分隔秋葉凹b，上覆冠一橢圓形之線脚c，上下各冠襯小方線。在d則為礅子上之蓋頂線。

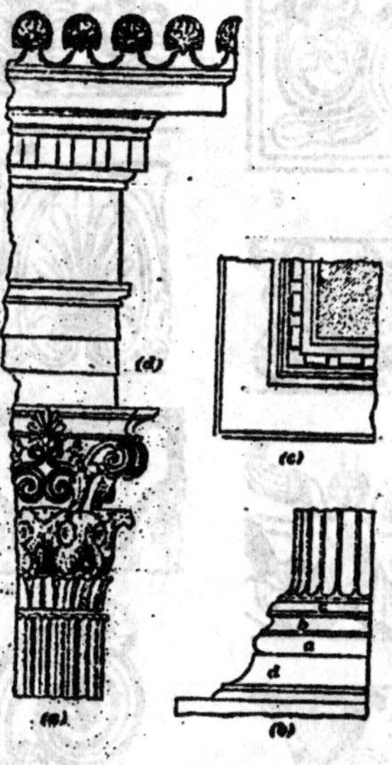

〔附圖六十七〕

一二二、柯蘭新式之台口

高約等於二根柱子之直徑又七分之三。門頭線如六十七圖(a)，分作三個均等部份，而向裏稍斜者。壁緣係平面者，較門頭線稍突出。台口線底下因須挖剷陷子，故襯托於底下之線脚，特須放高，並有排鬚，蛋飾，舌飾等之雕飾。台口線普通於蓋頂線上加一方線，更上則為手掌飾面之冠當。圖六十八示希臘柯蘭新之又一式例。(a)為花帽頭，(b)為斷面，(c)及(d)為同樣之花帽頭與斷面圖。圖六十九示柯蘭新花帽頭之在雅典風塔者，其特點在花帽頭之無捲渦。

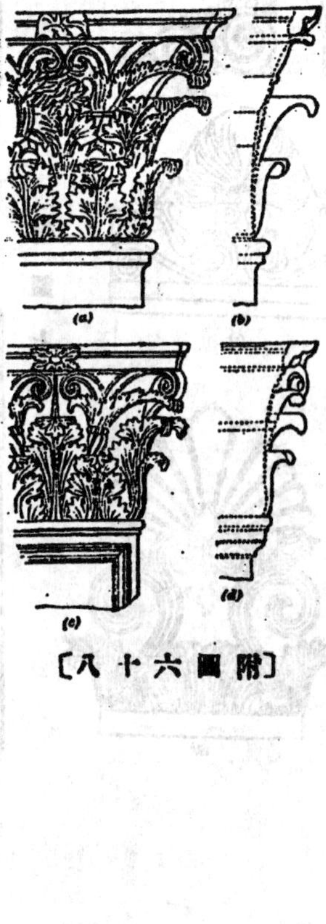

〔附圖六十八〕

一二三、花飾

希臘之花飾，頗合格調，殊少不純粹處。其長條之花飾如迴紋，反葉，手

〔附圖六十九〕

〔附圖七十〕

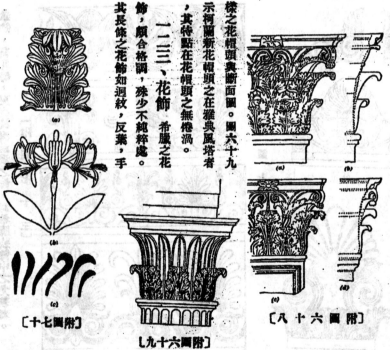

〔附圖七十二〕

〔附圖七十一〕

〔附圖七十四〕

〔附圖七十三〕

葉飾，荷花等，更有波濤漩渦之飾，爲希臘裝飾中之尤著者。

圖七十(a)示寬闊之反葉，用於雅典風塔之花帽頭者；(b)爲手掌飾之變態；(c)爲反葉之以油漆畫飾者。

一二四、各種希臘之鑲邊飾或長條之飾畫，圖七十一爲手掌飾之一，如(a)(b)(c)及(d)。(e)與(f)爲雕於線脚上之花飾，如於橢圓形線及蓋頂線等處者。(g)爲在關茜客臘次紀念建築物上之一種漩渦飾。

一二五、圖七十二示葡萄，蔦藤及鬈鬚狀之花飾。有時並與反葉相依襯，如(a)及(b)，間有人體者如(c)，亦有他種自然物者如(d)。圖七十三示四種花飾之式例，更替爲用，習見於希臘各處；與七十四圖之七種式例，同爲著稱者。

〔附圖七十五〕

〔附圖七十六〕

一二六、圖七十五(b)及(c)係埃及之荷花飾蛻變而成，(a)稱希臘菱蘭。

圖七十六(a)及(b)之手掌飾，大都刻於瓦當或豎立之花飾，普通用於希臘廟之屋簷，如圖四十八所示。

圖七十七示希臘油漆花飾之式例，(a)爲手掌飾與菱蘭相間

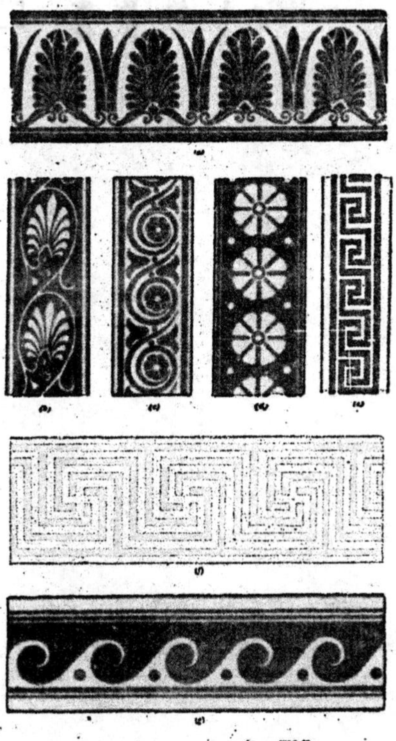

〔附圖七十七〕

〔附圖七十八〕

者，(b)及(c)為鑲邊飾，(d)(e)及(f)為迴紋，圓花之飾，(g)為波濤狀之鑲邊飾。

一二七、圖七十八為油漆之蛤殼飾，(b)及(f)為手掌飾，(c)及(d)為聖母殿平頂之彩繪，(e)為施於坐盤圓線雕刻上之彩繪。

一二八、希臘廟殿建築，在雕刻線脚上，習施彩繪；但於伊華尼式例，則施精緻之淺浮雕刻，如圖七十九。

〔附圖七十九〕

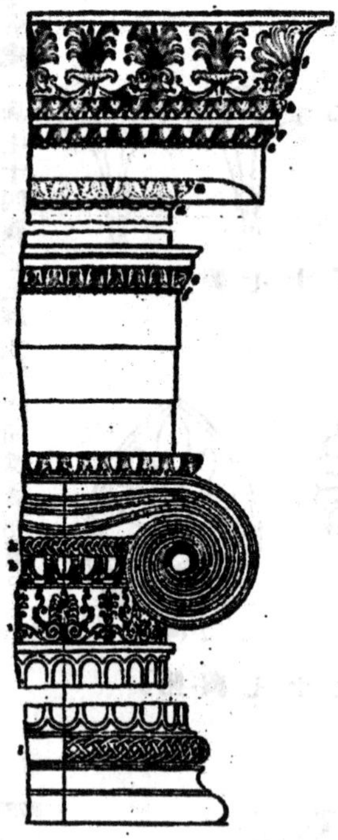

圖七十九示多種雕刻之適用於伊華尼式例者，如壓際之手掌飾i，在蓋頂線者如j，a b及c之葉與箭飾，g之蛋及箭飾以及在方盤與花帽頭下口線脚h。e d f及h之小圓線雕刻算盤珠飾，是為此種式例中之普通者；在輪桨或如髮辮狀之雕飾，如k及l者，殊少引用。

（希臘部份完）

上海之房地產業

一．上海之房地產及其特徵

不論就政治言或經濟言，上海均可分成爲兩大區域，一爲上海市府所轄之市區，包括南市，閘北，江灣，吳淞等十七區；一爲外人租借之租界，內分公共租界與法租界。公共租界又分爲中北東西四區，法租界又有新舊之別。市區與租界所佔之面積，據二十一年八月市公安局調查結果，前者爲一一八七、七四一畝，後者爲四八、六五三畝，分別計之如下：公共租界中區二、八二〇畝，北區三，〇四〇畝，東區一六、一九三畝，西區一一四五〇畝，新舊法租界一五、一五〇畝。市區面積雖較租界大二十餘倍，但其繁華重要反遠不若後者，蓋上海一切重要工商業均麕集於租界之中，故本文所論之房地產業主要亦限於租界。

上海不僅爲中國唯一之商埠，而且亦爲遠東工商業之中心，其地位僅次於倫敦紐約，故其人口愈趨愈密，原不可免之結果，公共租界之人口，一九〇〇年爲三五二、〇五〇人，一九三〇年增至一、〇〇七、八六八人，相隔三十年卽增百分之一八六，約達二倍。法租界之人口增加率則更速，計自一九一五年之一四九、〇〇〇人增至一九三〇年之四三四、八〇七人，卽十五年間增加百分之一九二。近數年來，因內地政治經濟日趨不安，上海人口尤呈猛烈之增加，據一般估計，市區租界人口合計，已自一九三〇年之三百十餘萬人增至一九三五年之三百四十餘萬人矣。

都市工商業之繁興，與其人口之增殖，兩者實係有密切之關係；因工商發展，需人必夥，人口增加，亦必擴大對工商業之需要。然此二者又有一共同作用，卽促進都市地價房租，不斷增長—卽房地產業飛黃騰達，今姑以公共租界之地價一項爲例，並列表如次（以每畝計算，單位爲兩）

	一九〇三年	一九三〇年	一九三三年
中區	一三、五九九	一〇七、八八二	一三二、五四一
北區	四、八一九	三七、八八三	四一、六八二
東區	三、五一九	一一、八六四	一五、二八五

從前表我人可知：自一九〇三年至一九三三年三十年間，各區地價（除東區略低外）約增高十倍，自一九三〇年至一九三三年四年之間，中區地價約增百分之二十三，北區百分之十，東區百分之三十，平均百分之二十，其速率實足驚人！

上海市區及租界內之地產（連建築物在內），其價值究爲若干，因房地產之價值上落甚大，且統計機關未能統一，迄今尚無一致之數字，有人於一九二一年估計爲五十萬萬元，普益地產公司於一九三三年估計爲三十萬萬元（內地價十萬萬，舊建築十五萬萬，最近八年來新建築五萬萬），兩者或均有偏誤。至公共租界內之地價總值（房屋不在內），工部局方面曾有較詳之評定，今引錄於下，以供參考（單位兩）：

	一九〇三年	一九三〇年	一九三三年
中區	三〇、〇八六、三六六	一四四、七四二、一四八	三八五、八三一、八七一
北區	九、七二四、五三四	八五、三三九、五三三	九三、八二一、一二五
東區	三、三四二、〇八一	二七、三三一、七三三	一五四、四七一、九九九
合計	四三、一四三、二〇一	四三七、一〇三、九三四	五三四、二〇四、六六五

上海房地產之價值雖無確實之統計，但其為數之巨，已可從前列各項數字推見一斑。對此巨大之上海房地產，有一顯著之特徵，為吾人所不應忽視者，卽其敏捷自由之流動性是也。前年五月間上海房產公會呈市參議會意見書中，曾明言及此，今節錄如下：

「上海房地產主與內地完全不同，內地業主必有餘財，方能置產，貽之子孫，世守其業，且契稅較重，移轉較少。上海則完全營業性質，以三四成之墊本，卽可購置產業，向中外行商押抵六七成之借款………」

考上海之房地產所以能作為完全之營業對象，迅速流轉於市面者，實有二因，一為工商業之一般發展，使土地房產之固定財產亦日趨商品化，一為手有餘財之投資者，亦爭以房地產為出路。因此，上海房地產又獲得其第二特徵。卽成為金融界中流轉最易之信用籌碼。回憶「一二八」以前，祇需手中持有「道契」，卽不愁資金無着，蓋一般銀錢業，對於該項道契，皆樂於承押。故當時上海之道契，幾與先進國家之公司債券無異，此實中國特有之現象也。

二・經營房地產之方式及其變換

上海之房地產業因具有前述兩大特徵，遂成為本埠營業之一重要對象。惟其經營方式，據上海地產大全所載，今昔頗有不同。昔時地產價格較低，買賣因之易於成交，同時從事該項投資者尚少，壟斷之象亦未發生，故目光遠大之輩，卽可出而單獨經營該項買賣。嗣後因小資本者變為殷富，地產一入其手，往往欲待善價，而不隨意出讓。同時資本較少者，亦集資而組織地產公司，房產一經購進，亦須待價而估，且因地價高漲，經營者遂不能再如昔日之簡易，資本較小者，祇能望洋興嘆。

地產交易既不若昔日之簡易，同時投資者之款項，尚須經營其他事業，於是抵押之風盛焉。蓋抵押在承押者方面，可得優厚之利息，在押戶方面，與其因急求售，難得善價，不如暫押一時，以應目前之需，同時仍不失將來高價脫售之機會。尚有一部份投機者，實力有限，卽將押得之款充作購買房地產之資金，待機脫手，此在前節論上海房地產之第一特徵時早已言及，玆不贅述。

此外租地造屋亦屬地產營業之一種，業此者類多具有卓識而乏資本之輩，其法乃以少數資本租得將來極有希望之地皮，建造房屋，以後卽將租金收入，充償租地造屋之資金，據說因此而獲利者頗不乏人。倘租地之期限較長，則不惟自身可以豐衣足食，且可遺之子孫。設有人欲謀得該地之所有權而另建新屋者，則更可居奇獲利。但此項辦法，近年來已難暢行，因近年地主，出租地皮之期限既短，同時課租亦重，使租地者無甚活動餘地。

至押造之法，（由承押者代造房屋，租金收入，償付押款本息）目下尚不多見，因其手續至繁，不若抵押之方便，今為此者，僅少數銀行或公司而已。彼等多係專營該業，並設有建築部份，對於繪圖營造經租等項，聘有專門人才，皆極內行，不致失算。除彼等而外，欲單獨經營地產押擔，實甚困難也。

地產交易，一年中一般可分衰旺二期，買賣或抵押當以春冬兩季為最旺。冬季則時屆年終，凡百營業例須結帳，其有虧損，或因經濟竭蹶者，不得不將所有之地產出售或出押，以圖週轉。春季則因銀根比較鬆動，拆息較低，有餘資者，多願意押，以增利息。惟年來因經濟恐慌日甚一日，求售者往往供過於求，此種地產營業之季節性，亦早隨金融季節性之喪失而中止其作用矣。

三·上海房地產之今昔

上海之房地產業，在「一二八」事變之前，曾實現一黃金時代，其原因除一般之投機作用外，更因當時之工商業確呈相當之繁榮。但此空前之蓬勃現象，轉瞬即為淞滬之戰所毀滅。嗣後上海協定於五月簽訂，外交漸趨平靜，地產之投機買賣雖復繼起，終不能恢復「一二八」以前狀態。價格且年有跌落，其間不容忽視者，即美國於一九三四年厲行購銀政策，使中國存銀滾滾外流，國內金融奇緊萬分，地價及其交易額，更趨萎落，大有不可收拾之勢。幸財部於去年十一月四日頒佈新貨幣政策，其頹勢始稍挽回。此近年來上海房地產業興替之大概也。

上海房地產業興替之詳細情況，與係年成交數額關係最切，據專家統計所得，最近六年來上海地產之成交額如下（單位元）：

民十九	八四、四五六、一〇〇	民廿二	四五、一五六、二〇〇
民二十	一八三、三六六、七〇〇	民廿三	三、九八〇、一五〇
民廿一	一三五、一七四、九〇〇	民廿四	一四、九八〇、四〇〇

觀前列數字，其昇降過程適與前言吻合。此外，近年來地產業日趨式微之現象，於一部份金融業之失敗，亦可得其反映。蓋失敗之銀行錢莊中，固皆有巨額之地產押款也。或謂去年春某爵士創議發行鎊券，以禦美國白銀政策之侵襲，其目的亦在挽救彼名下之巨額地產，然未成為事實。迨十一月初，新法幣實現，上海地產，始稍昭蘇。按前表觀察，廿四年份之地產成交額雖較前年增加二百餘萬元，但按月而言，主要皆由十一月後地產成交額之猛增所構成，詳細如下：

二十四年份上海地產成交額按月比較表（單位元）

一月	一，八五八，〇〇〇
二月	六六七，六〇〇
三月	一，六六一，〇〇〇
四月	三二六，〇〇〇
五月	四六七，九〇〇
六月	三八五，一〇〇
七月	三五一，九〇〇
八月	三一九，五〇〇
九月	一，一一八，一〇〇
十月	三七四，四〇〇
十一月	四，〇四一，〇〇〇

十二月	二，九三九，九〇〇

新法幣所以能挽救上海房地產之衰落，主要原因，卽籌碼較前鬆動，地產押欵容易周轉；此外尙有兩點，與新法幣無關，但對地產則極有影響，第一立法院對於地產押欵之淸理法，力謀改進與有效，第二財政部又迭令中國建設銀公司組織不動產抵押銀行，凡此二點，皆能使人心振奮。故其未來前途，或有相當希望也。

此外，關於上海之房地產，尙有一種新趨勢，我人須加注意，卽地產成交偏於法租界及公共租界西區，新屋建築，頗多外僑住宅，據調查統計所得，可列表比較如下：

二十四年上海房地產成交數區別表

區別	成交次數	成交額(元)
法租界	三八	五，五八八，〇〇〇
西區	二一	四，四二八，一〇〇
西區越界	一七	七六二，六〇〇
中區	三	二，五六五，〇〇〇
北區	四	五九二，〇〇〇
東區	八	五二四，六〇〇
合計	九二	一四，四六〇，四〇〇

民國二十二，二十三兩年上海各項新建築比較表(單位所)

類別	二十三年	二十二年	二十三年比廿二年
華商店舖	二，八〇九	三，五四五	減七三六
外僑住宅	一，二二一	二五七	增九六四
外商店舖	二三六	二〇四	增三二
其他	三〇五	一，一二四	減八一九
合計	四，五七一	五，一三〇	減五五九

(轉載申報)

營造學

(十二)

杜彥耿

第三章

第一節 石作工程(續)

線脚 圖二九三至三一〇各種線脚，係用於哥德式建築之圓柍，束腰線，勒脚拖泥及柱子頂端之花帽頭等處。

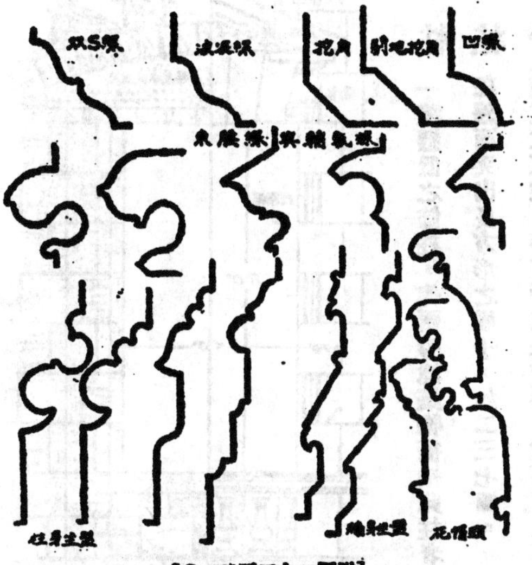

[附圖二九三至三一〇]

則例 則例者，凡古典式之柱子及台口，此外並不涉及其他建築物者，如陶立克式，柯蘭新式，伊華尼式等之柱子台口，各有其一定之式例，及適合之尺度。

凸窗 或稱六角肚窗，係從牆面突出，下托挑頭，如二六八至二七一圖。

壓簷牆 牆之建於簷口之上，如二五六圖，及城牙齒式壓簷牆，如二六八圖，古代建築用者頗多。哥德式建築則用為裝飾之一種。現代建築，凡水泥平屋面之外沿，咸築壓簷牆，以資圍護。

圓盆飾 盆狀之圓飾，內刻花彩，用以掩蓋線脚交叉之點，或阻斷線脚之處。

礅子 垂直之座子，為羅馬建築則例設立柱子於其上者，如二三七圖。

人字山頭 在窗上，門上，甃廊之上，或依則例之建築之一端，普通以台口線圍箍而成三角形，如三一一圖。

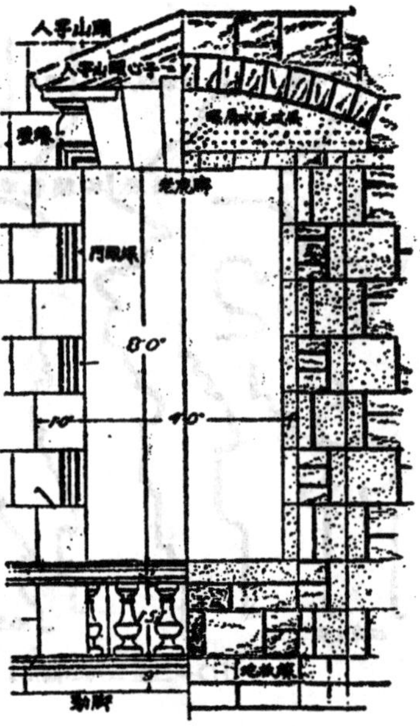

[附圖三一一]

壁柱 一種懸置之飾柱，俾兩旁建築物銜接此柱者。

半柱 在牆面突出長方形之墩子，如二三七圖。

礅子 垂直之支柱，作方形或長方形，常係獨立不與牆垣附麗者。

塔尖 教堂尖塔收頂，如金字塔狀之塔尖，如二四五圖。

勒脚 在牆根自牆面突出之牆基，如二五〇圖。

挑台 正屋之一隅，突出耳房而成通達正屋之大門口，如二三七至二四九圖。

限子 石之置於牆角，必取堅韌者，藉增牆之堅度；倘將石之角口做成斜角，並將石面鑿平或鑿毛，則非特堅固，尤兼美觀也。如二三九圖。

挑頭 連環圈最末一個法圈之圈脚，有時適遇橫過大牆，致無地位設置柱子或礅子；而圈脚亦不砌進牆內，致損美觀；又不能對向外擠力予以抵抗，故勢必於牆面挑出挑頭，以資擱置圈脚，如一七五圖。

窗檻及地檻 窗或門下之橫檻，普通均係統長一根石料，形方或起線脚，下口底面鑿水落槽，如三一二圖。

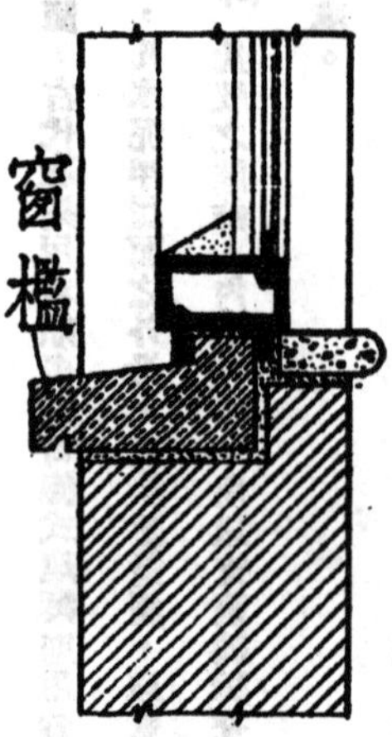

[附圖三一二]

石片 石工鑿時所留之殘片斷屑。

尖頂 尖銳之屋頂，加於塔上者，如二四五至二四八圖。該圖係十三世紀及十四世紀時之哥德式建築。

圈脚 法圈最末或最下之一塊石。

斂角圈 一個法圈砌於牆之陰角者，如二四五圖。

束腰線 平行之線脚，突出於牆面；最普通者，在窗檻之下或壓簷牆下。

連座 希臘建築踏步式之屋基，柱子建立於其上；最顯著者，如希臘陶立克式之柱子，即立於此踏步式之礎盤上。

控制鐵 H L 或T字形之鐵，藉以控制自牆面突出之六角肚者。

墊頭 襯於大料兩端底下，以資分散壓力者，如三一三圖。

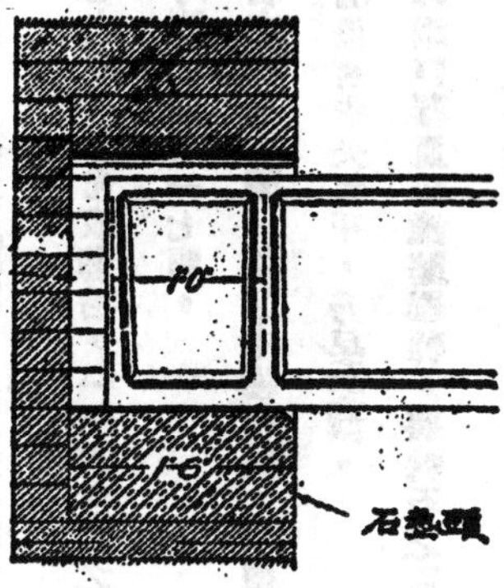

〔附圖三一三〕

小方線　陶立克式台口劃分門頭線與壁緣間之方線脚。

水落線　鑿於窗檻或壓頂石束腰線等下口之滴水槽，俾雨水沿至下口水槽時，卽行滴下，不致沿及牆身。

控石　與牆垣同樣厚度整塊之石，如二四一圖。

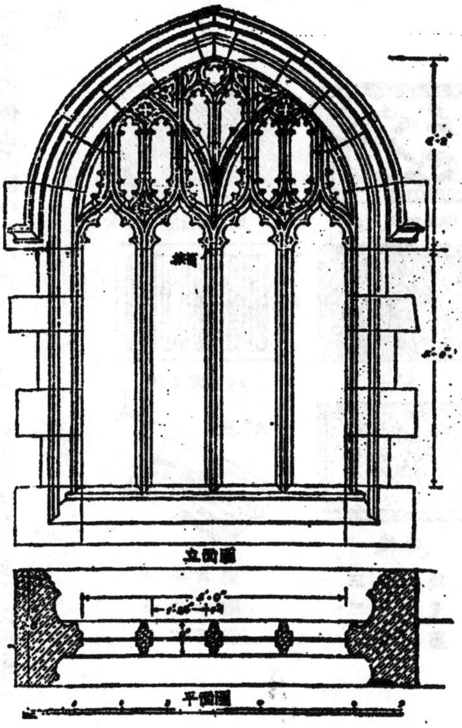

〔附圖三一四〕

尖窗柳葉心　石工鐫飾，鐫於尖頭窗中管檔以上，若哥德式窗，如三一四圖。

門頭圈心或人字山頭心子　石工之法圈，圈心卽門或窗上之蓋覆，並爲希臘建築則例人字山頭中心子，施以鐫刻人物花飾等者，見三一一圖。

穹窿　以石砌疊法圈而成拱形天幔者，如三一五圖。

〔附圖三一五〕

瀉水　石之置於頂部者，中間應脊起，兩邊傾瀉，形如鯽背，以便雨水向兩邊溜瀉，不致停留石面，是爲瀉水。義與窗檻，台口線等上背所鑿之瀉水同。

磉面臺階石　羅馬式蓋於磉子之面之蓋頂石，兼作臺階石；而石柱子亦卽立於其上。

人工　下述各節，均係人工之施於石作工程者，如打毛坯，鏨鑿，自然石面，半施人工錐鑿，打邊及平面之用斧錐光等工作之於硬石軟石者。其他如將石鑿成各種線脚，落堂浜子及磨光，做圓，鑿彎，上下彎穹等等。

鏨鑿　打毛坯之後，石面呈現粗糙之狀。如三一六圖。

自然石面，自石礦開出石面或毛石面　上述數種名詞，當係由石礦中開出之狀，亦即一石闢成兩石，其石面所呈之狀。

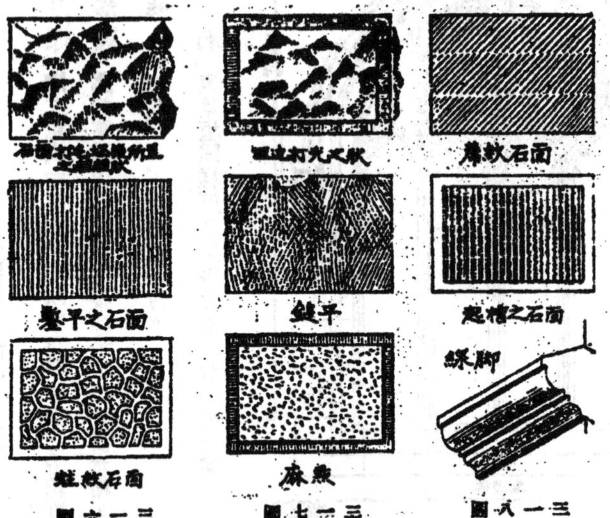

三一六圖 石面打鑿後所呈之粗糙狀　三一七圖 四邊打光之狀　三一八圖 蓆紋石面

三一九圖 鑿平之石面　三二〇圖 鏟平　三二一圖 起槽之石面

三二二圖 蛙紋石面　三二三圖 麻點　三二四圖 綫脚

打邊 石之中央鑿光或鑿毛，一任其自然之狀態，而四邊須打光者，約一吋闊，如三一七圖。

平面 石之採自石礦，其面本極粗糙，欲使之整齊美觀，則應四邊打光，隨後將中央鑿平，乃呈整深。

鏟平 以鏟口器皿或錐鑿器物，將軟石之面，無論任何方向鏟平之工作，如三二〇圖。

蓆紋石面 石面之錐鑿施平，不依一定之趨向，分條施工者，如三二二圖。

鑿平 石面用斧斤鑿平，必平整無疵；雖經日光照耀，亦必無高低不平或日影起伏之弊。而鑿鑿之方向，亦屬順勢，如三一九圖。

斧平 斧平之義，與鑿平相同，惟前者施之於硬石，後者施之於軟石。硬石斧平之程序，先將毛石用劈鑿將不整齊之邊口，略為打直，再以尖頭椎子，將石逐漸鑿平，頻將中核之石面斧平。鑿斧者，形如木匠所用之斧，但較小，而兩面快口者，見石工器械圖。（石工所用器械，將於本節之末刊出。）

麻點 石之出面或其層平面，略加鑿平狀如麻點者，如三二三圖。普通用於牆角限子石或勒脚石；惟四緣邊口，應用扁鑿打光，如圖。

（待續）

傢具与裝飾

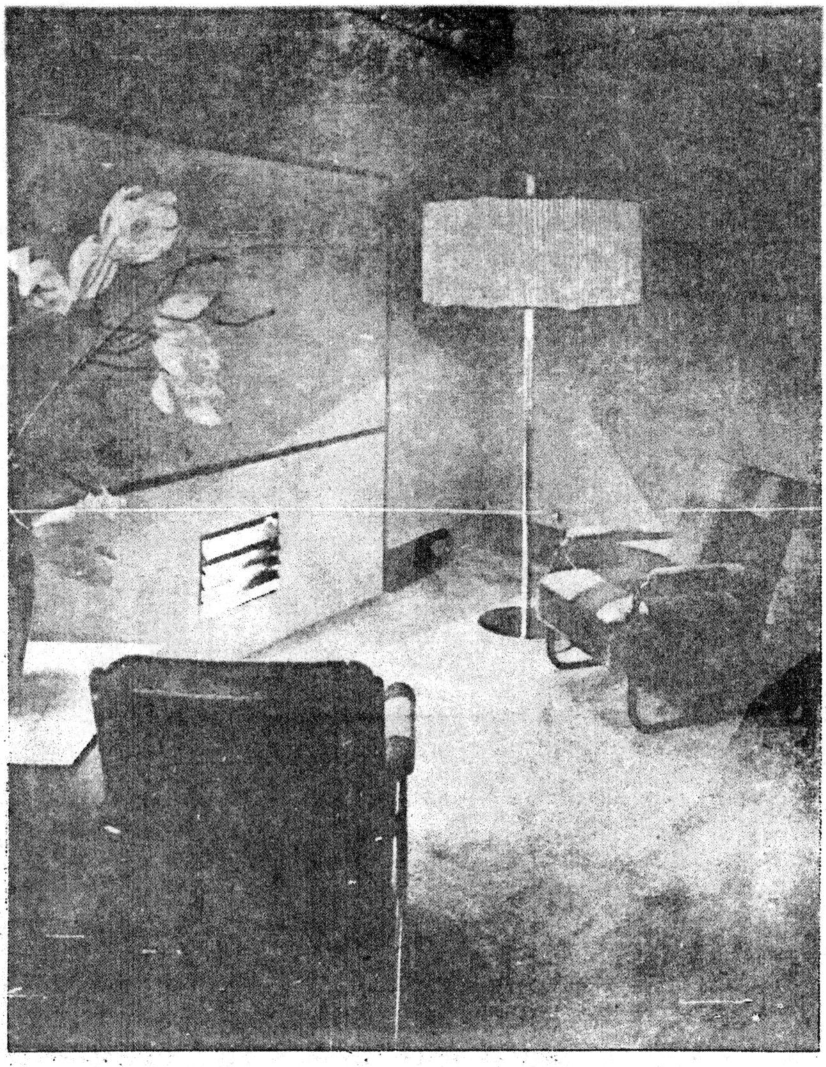

此爲倫敦廣播電台之辯論室。牆面用楓木築造，邊緣及壁爐則用銅製。椅用本色之羊毛與絨布織成。燈罩係爲白色，桌上置一花瓶，插以白色之花，尤爲生色不少。

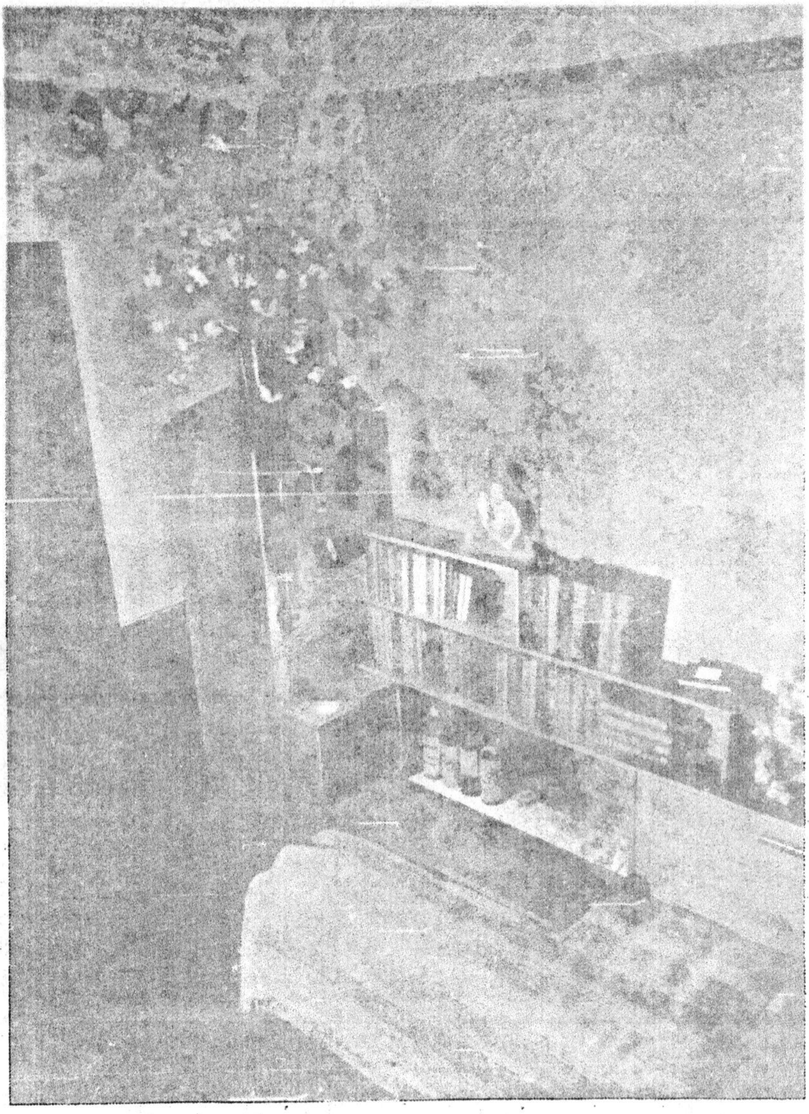

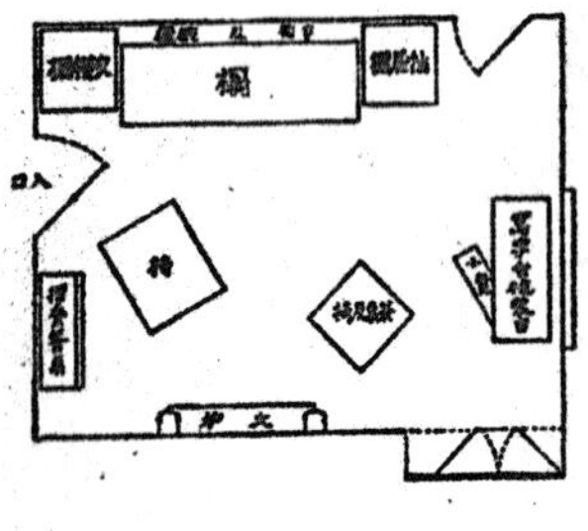

此室適合於職業界婦女或單身者之居住，一切應用器具，如睡榻，杯碟櫃，書架，靠背椅等，均用適合時季性之斑點淡黃色亞克木製造之。此外有一桌一牀，可以套入書架下杯碟櫃內。舉凡家庭所需，無不以最經濟之地位備具之。

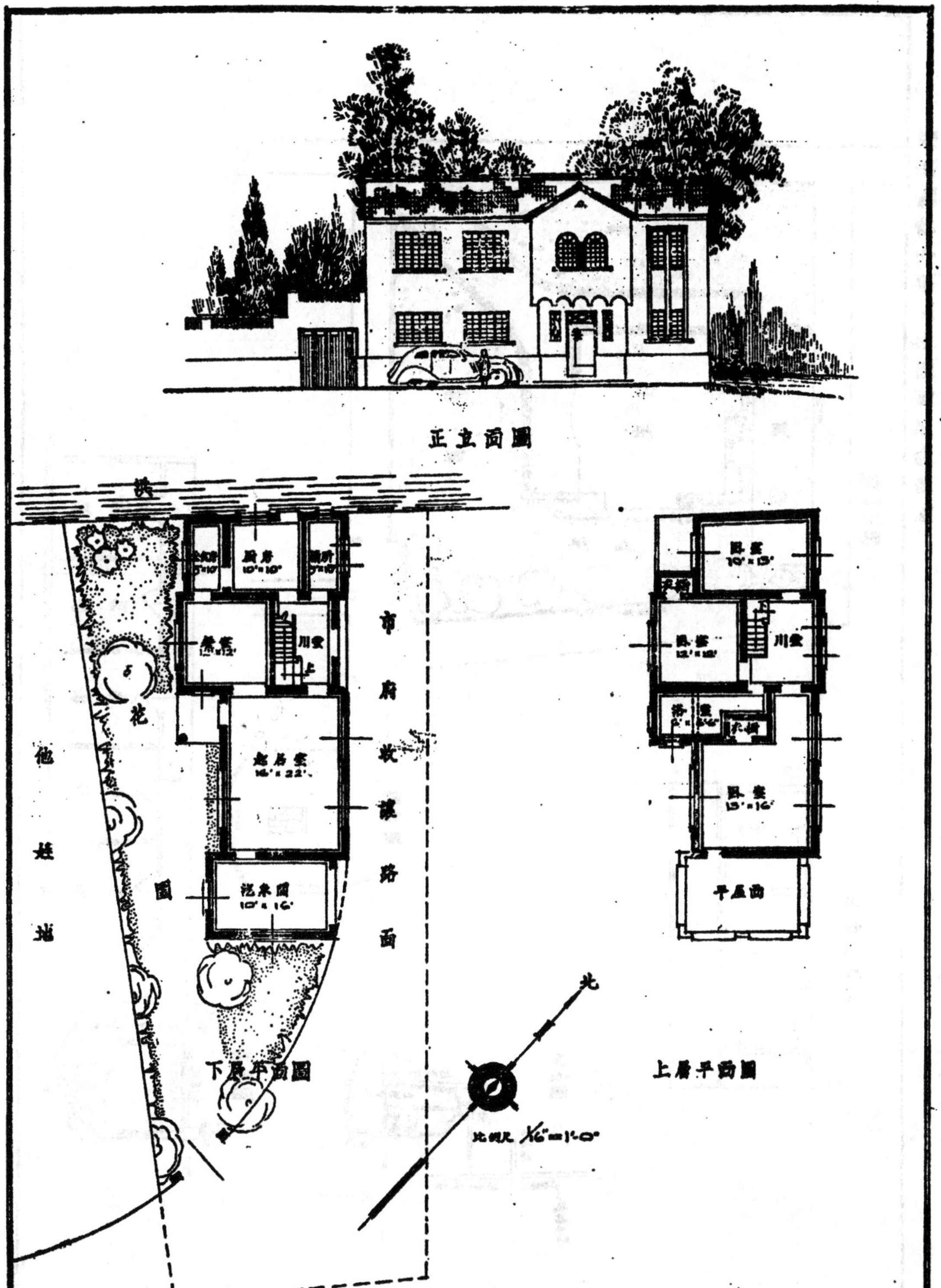

正立面圖

下層平面圖

上層平面圖

計劃中之滬西一住宅

本會服務部設計

23835

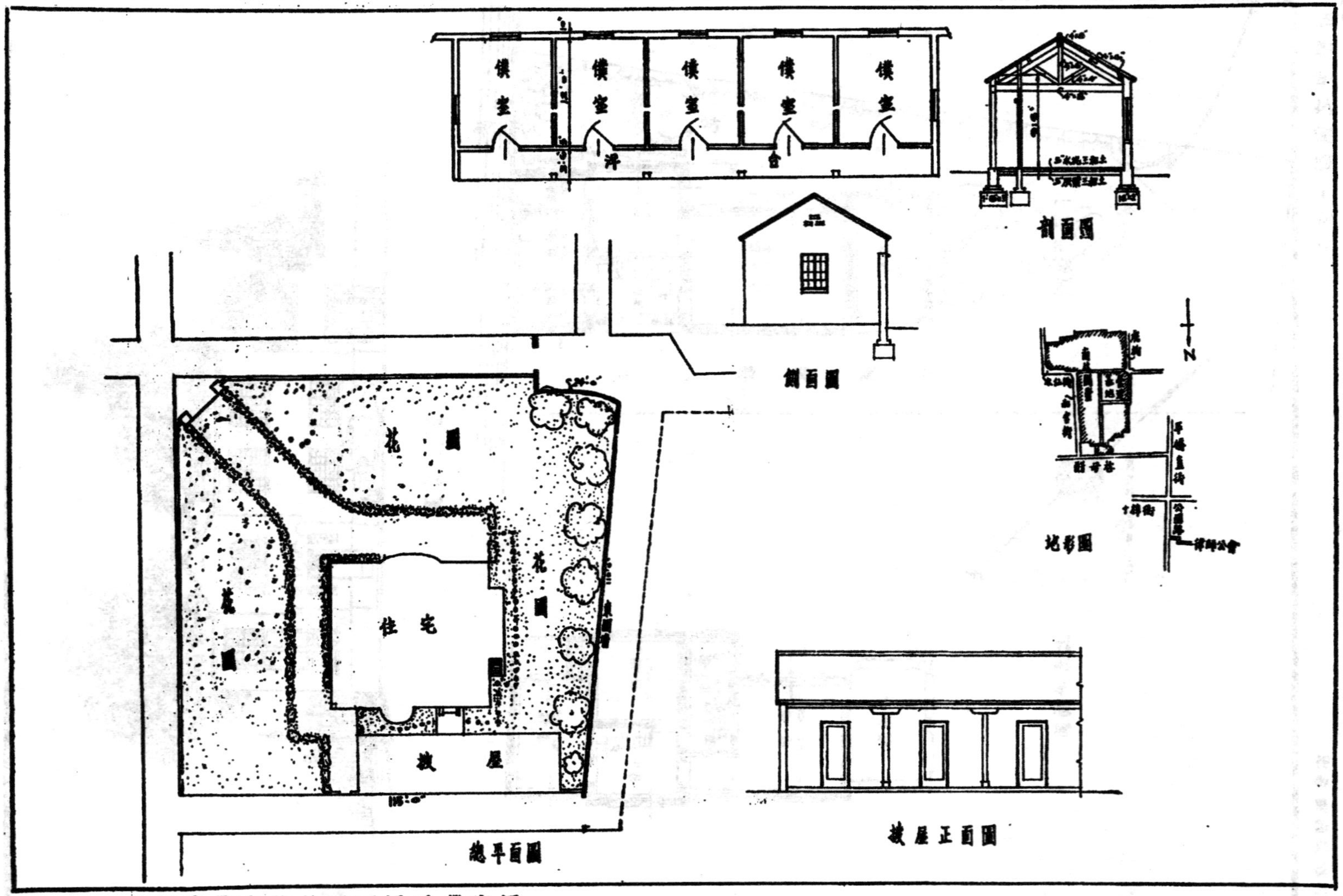

蘇州虎街小築總平面圖及僕室圖

虎榭小築各層平面圖

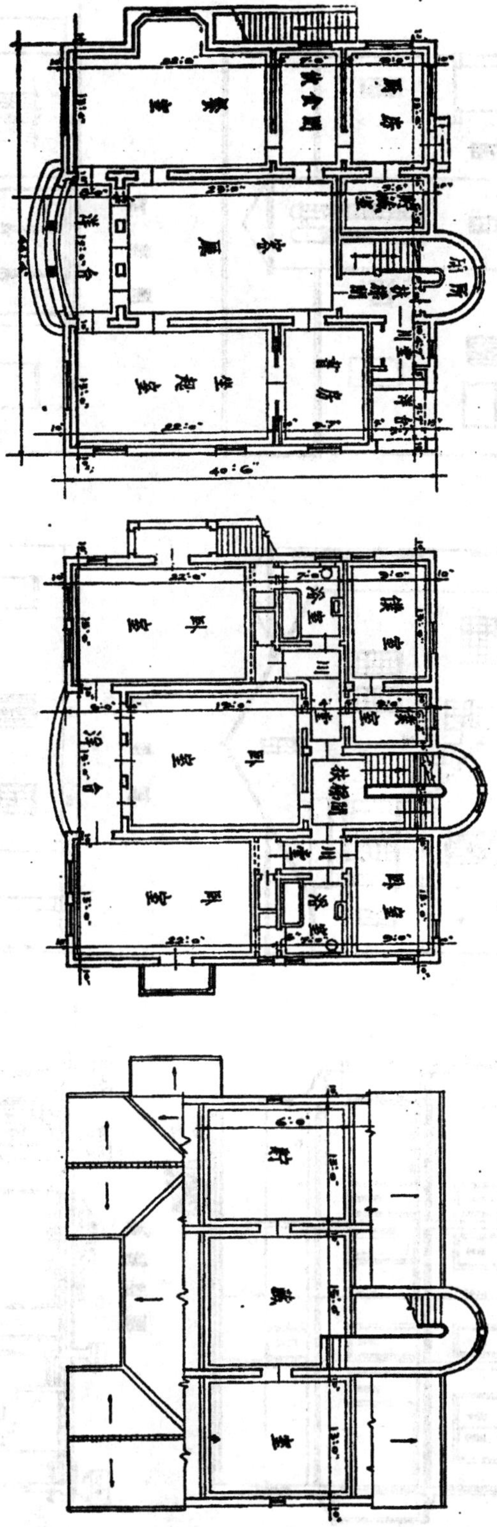

23837

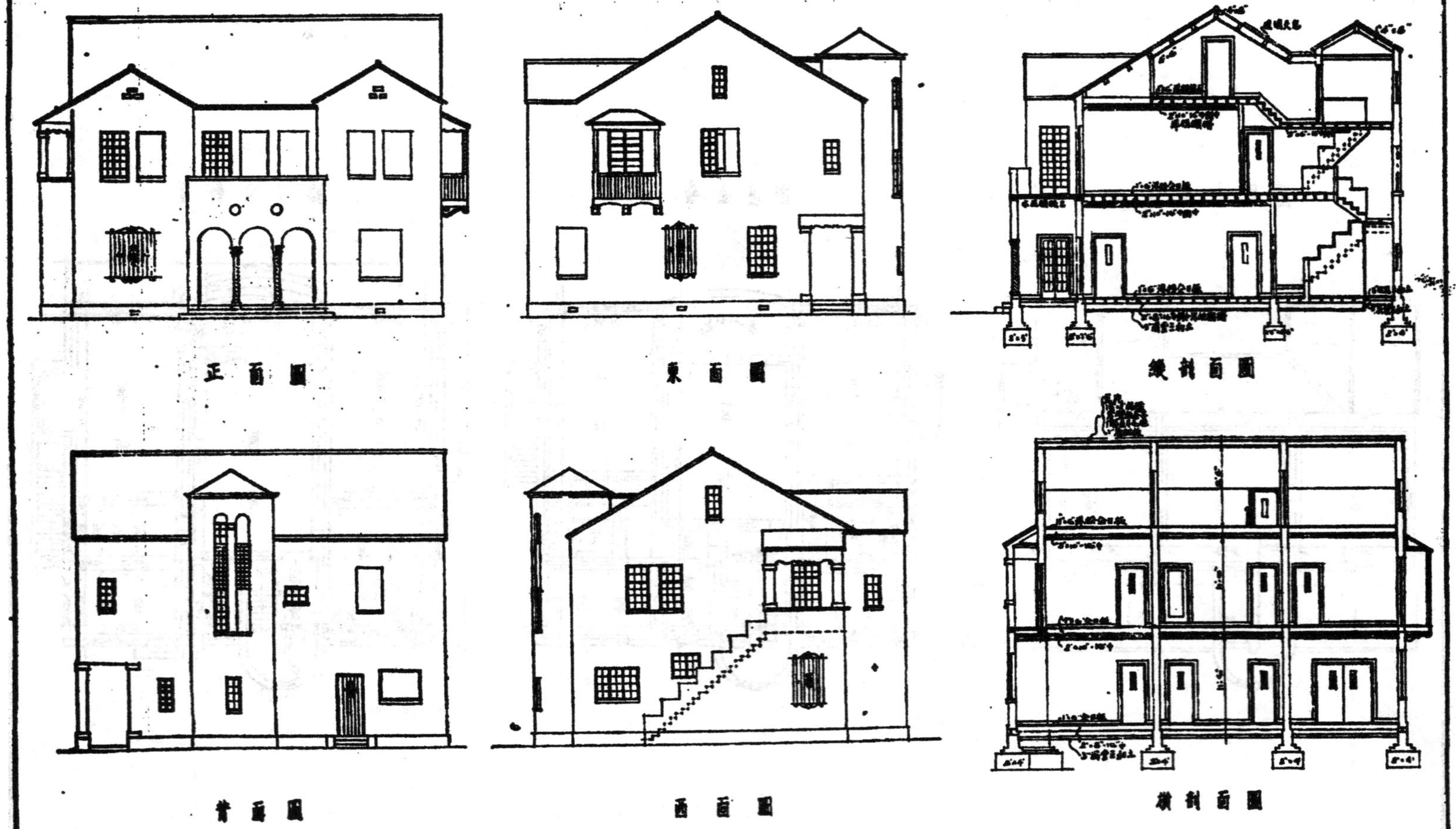
正面圖
東面圖
縱剖面圖
背面圖
西面圖
橫剖面圖

虎衖小築立面及剖面圖

清代建築略述

關野貞

清太祖從滿州之興京興起，乘明朝的積衰，略取瀋陽，攻陷遼陽，即于是間奠定國都；但不久即遷都於瀋陽，即今之遼甯省城。太宗繼之即帝位，便在遼甯建築宮殿，那就是現在的遼甯宮闕，順治皇帝乘李自成之亂而入北平城，即於此定國都，大明的天下終於歷亡了。

其次康熙，雍正，乾隆三朝百三十年間，實爲清朝文化的最盛期，四海昇平，國力殷富，一面在北平大修明代的故宮，重興太和殿；另一方面因重建或修營天下的廟祀寺觀之故，建築術與其他工藝同樣達到壯大興隆之域。

清業起于滿州，但繼承了明代的文化，尤其因爲上述三朝皇帝的獎勵，古代文化的研究與考證，大爲盛行，懷古的傳統的精神風靡上下。建築方面，簡直沒有時代的創作，只是因襲明代以來的樣式。所以不論其規模如何巨大，其裝飾無論如何美麗，總缺少清新純異的氣象，不免受着徒然玩弄誇大富麗手法之譏誚。嘉慶道光以後，內亂外患頻仍，國勢凌夷，建築術也陷於纖弱頹唐了。

當時的宮殿，如上所述，滿州時代建有遼甯的宮殿；康熙年間重興北平紫禁城的太和殿，嘉慶年間，建太和殿午門及乾清宮，光緒年間再興建太和門，其後又有西太后萬壽山離宮的大經營。最使人感到興味的，就是乾隆時代意大利人郎世寗等計劃北平西北的圓明園，應用法國路易十四式的細部以經營其殿宇。這是歐州近代建築影響於東方的第一步，所惜咸豐十年英法聯軍攻陷北平，慘被燒燬，現在只剩殘墟了。

儒教是對于政治上極有幫助的，故特被重視。清代當然承繼明代的，北平有成均館，各道的府州縣多建文廟。文廟建築特別注意，故亦重要。北平，曲阜，南京，西安的文廟，尤其壯麗；像曲阜文廟的大成殿是全國廟殿中最爲偉大的。

道教亦爲當時朝野上下所信奉，像五嶽廟，四鎮廟那樣規模壯大者外，各州縣的關帝廟，城隍廟，娘娘廟等在各地也都極意經營。

本刊所載材料價目，力求正確；惟市價瞬息變動，漲落不一，集稿時與出版時難免出入。讀者如欲知正確之市價者，希隨時來函詢問，本刊當代爲探詢詳告。

磚瓦

(一) 空心磚

十二寸方十寸六孔	每千洋二百十元
十二寸方九寸六孔	每千洋一百九十元
十二寸方八寸六孔	每千洋一百六十元
十二寸方六寸六孔	每千洋一百二十五元
十二寸方四寸四孔	每千洋八十元
十二寸方三寸三孔	每千洋六十五元
九寸二分方六寸六孔	每千洋六十五元
九寸二分方四寸半三孔	每千洋五十元
九寸二分方三寸三孔	每千洋四十元
四寸半方九寸二分四孔	每千洋三十二元
九寸二分四寸半三寸二孔	每千洋二十元
九寸二分・四寸半・二寸半・二孔	每千洋十九元
九寸二分・四寸半・二寸・二孔	每千洋十八元

(二) 八角式樓板空心磚

十二寸方八寸八角四孔	每千洋一百八十元
十二寸方六寸八角三孔	每千洋一百三十五元
十二寸方四寸八角三孔	每千洋九十元

(三) 深淺毛縫空心磚

十二寸方十寸六孔	每千洋三百三十五元
十二寸方八寸半六孔	每千洋二百八十九元
十二寸方八寸六孔	每千洋一百八十元
十二寸方六寸六孔	每千洋一百三十五元
十二寸方四寸四孔	每千洋九十元
十二寸方三寸三孔	每千洋七十二元
九寸二分方四寸半三孔	每千洋五十四元

(四) 實心磚

九寸四寸三分二寸半紅磚	每萬洋一百三十六元
八寸半四寸一分二寸半紅磚	每萬洋一百二十元
十寸・五寸・二寸紅磚	每萬洋一百十四元
九寸四寸三分二寸紅磚	每萬洋九十五元
九寸四寸三分二寸二分紅磚	每萬洋一百〇五元
九寸四寸三分二寸二分拉縫紅磚	每萬洋一百六十元
十寸五寸二寸青磚	每萬一百十九元
九寸四寸三分二寸青磚	每萬一百元
九寸四寸三分二寸二分青磚	每萬一百十元

(以上統保外力)

(五) 瓦

一號紅平瓦	每千洋五十五元
二號紅平瓦	每千洋五十元
三號紅平瓦	每千洋四十元
一號青平瓦	每千洋六十元
二號青平瓦	每千洋五十五元
三號青平瓦	每千洋四十五元
西班牙式紅瓦	每千洋四十五元
西班牙式青瓦	每千洋四十八元
英國式灣瓦	每千洋三十六元
古式元筒青瓦	每千洋六十元

(以上統保運力)

以上大中磚瓦公司出品

新三號青放	每萬洋五十三元
新三號老紅放	每萬洋六十三元

輕硬空心磚

		每塊重量
十二寸方十二寸四孔	每千洋二六八元	卅六磅
十二寸方十寸四孔	每千洋二三六元	廿六磅
十二寸方八寸二孔	每千洋一七七元	十九磅半
十二寸方六寸二孔	每千洋一三三元	十七磅
十二寸方四寸二孔	每千洋八十九元	十四磅

十二寸方三寸二孔 每千洋七十元 十半二磅

九寸三分方八寸三孔 每千洋九十三元 十二磅

九寸三分方六寸三孔 每千洋七十元 九磅半

九寸三分方四寸半三孔 每千洋五十四元 八磅二五

九寸二分方三寸二孔 每千洋五十元 七磅二五

硬磚

二寸二分四寸五分九寸半 每萬洋一〇五元 六磅

二寸二分四寸一分八寸半 每萬洋八十五元 四磅半

以上長城磚瓦公司出品

鋼條

四十尺四分普通花色 每噸一四〇元

四十尺五分普通花色 每噸一二六元

四十尺六分普通花色 每噸一三二元

四十尺七分普通花色 每噸一三六元

四十尺一寸普通花色 每噸一三六元

盤圓絲 每市擔六元六角

泥灰石子

象牌 水泥 每桶洋六元三角

泰山 水泥 每桶洋五元七角

馬牌 水泥 每桶洋六元五元

拔灰 每擔洋一元二角

黃沙 每噸洋三元

石子 每噸洋三元半

木材

洋松八尺至卅二尺再長照加 每千尺洋九十五元

一寸洋松 每千尺洋九十七元

寸半洋松 每千尺洋九十八元

洋松二寸光板 每千尺洋八十一元

四尺洋松條子 每萬根洋二百六十元

一寸四寸洋松一號企口板 每千尺洋二百〇五元

一寸四寸洋松副頭號企口板 每千尺洋九十五元

一寸四寸洋松二號企口板 每千尺洋八十五元

一寸六寸洋松一號企口板 每千尺洋一百十五元

一寸六寸洋松副頭號企口板 每千尺洋一百元

一寸六寸洋松二號企口板 每千尺洋九十元

一二五四寸洋松一號企口板 每千尺洋一百五十元

一二五四寸洋松二號企口板 每千尺洋無市

一二五六寸洋松一號企口板 每千尺洋二百六十元

一二五六寸洋松二號企口板 每千尺洋無市

柚木(頭號)僧帽牌 每千尺洋六百元

柚木(甲種)龍牌 每千尺洋五百五十元

柚木(乙種)龍牌 每千尺洋五百元

柚木(旗牌) 每千尺洋五百四十元

柚木(盾牌) 每千尺洋四百八十元

硬木 每千尺洋一百六十元

硬木(火介方) 每千尺洋一百二十五元

柳安 每千尺洋一百八十元

紅板 每千尺洋一百二十五元

抄板 每千尺洋一百二十五元

十二尺三寸六八皖松 每千尺洋五十六元

十二尺二寸皖松 每千尺洋五十六元

一二五四寸柳安企口板 每千尺洋一百八十五元

一寸六寸柳安企口板 每千尺洋一百八十五元

一二五四寸企口紅板 每千尺洋一百四十六元

二寸一寸半建松片 市尺每千尺洋五十二元

九尺四分建松板 市尺每丈洋三元六角

九尺八分建松板 市尺每丈洋六元五角

六尺半五分青山板 市尺每丈洋三元

本松毛板	市尺每塊洋二角四分
本松企口板	市尺每塊洋二角六分
六尺宇二分杭松板	市尺每丈洋一元七角
七尺宇二分甌松板	市尺每丈洋一元七角
六尺宇八分皖松板	市尺每丈洋四元二角
九尺八分皖松板	市尺每丈洋五元二角
六尺宇五分皖松板	市尺每丈洋三元六角
合松板	市尺每丈洋三元
七尺宇四分坦戶板	市尺每丈洋二元二角
七尺宇三分坦戶板	市尺每丈洋二元
六尺二分機鋸紅柳板	市尺每丈洋三元二角
六尺三分毛邊紅柳板	市尺每丈洋三元三角
六尺二分俄松板	市尺每丈洋二元
六尺宇二分俄松板	市尺每丈洋二元二角
七尺宇毛邊二分坦戶板	市尺每丈洋一元四角
六尺宇五分機介杭松	市尺每丈洋三元三角
白松方	每千尺洋九十元
紅松方	每千尺洋一百十元
麻栗方	每千洋一百三十元
啞克方	每千洋一百三十元

五金

（一）釘

美方釘	每桶洋二十元〇九分
平頭釘	每桶洋二十元八角
中國貨元釘	每桶洋六元五角

（二）牛毛毡

五方紙牛毛毡	每捲洋二元八角
半號牛毛毡（馬牌）	每捲洋二元八角
一號牛毛毡（馬牌）	每捲洋三元九角
二號牛毛毡（馬牌）	每捲洋五元一角
三號牛毛毡（馬牌）	每捲洋七元

（三）其他

鋼絲網（27"×96" 2¼lbs.）	每方洋四元
鋼版網（8"×12" 六分一寸半眼）	每張洋卅四元
水落鐵（每根長二十尺）	每千尺五十五元
牆角線（每根長十二尺）	每千尺九十五元
踏步鐵（每根長十尺或十二尺）	每千尺五十五元
鉛絲布（闊三尺長百尺）	每捲二十三元
綠鉛紗（同上）	每捲洋十七元
銅絲布（同上）	每捲四十元

水木作工價

木作（包工連飯）	每工洋六角三分
水作（同上）	每工洋六角
水木作（點工連飯）	每工洋八角五分

中華郵政特准掛號認爲新聞紙類

建築月刊
THE BUILDER

內政部登記證警字第二五五四號

第四卷第三號

民國二十五年三月發行

刊務委員 竺泉通 江長庚 陳松齡
主編 杜彥耿
廣告 藍克生 (A. O. Lacson)
發行 上海市建築協會 南京路大陸商場六二〇號 電話 九二〇〇九
印刷 新光印書館 上海聖母院路聖達里三〇號 電話 七四六三五

定價

訂購辦法	價目	郵費 本埠	郵費 外埠及日本	郵費 香港澳門國外
零售	五角	二分	五分	一角八分
預定全年	五元	二角四分	六角	二元一角六分

訂購辦法	價目	郵費		
		本埠	外埠及日本	香港澳門國外
零售	五角	二分	五分	三角
預定全年	五元	二角四分	六角	三元六角

每月一冊 全年十二冊

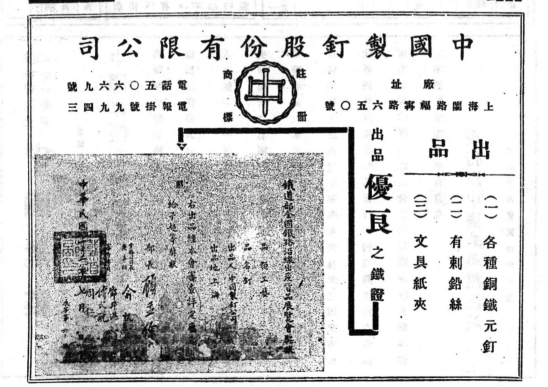

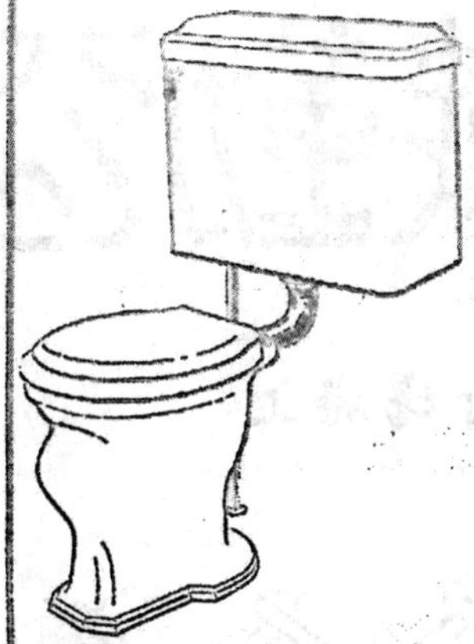

唐山

啓新磁廠

專製各種陶器衛生器皿應用各樣隔電磁以及舖地磚等無不堅固精良如蒙賜顧毋任歡迎

駐滬批發所

上海北京路一三七號隔壁弄內　電話一九九一七

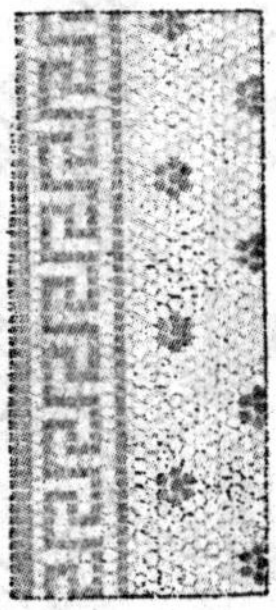

CHEE HSIN POTTERY

SANITARY—APPLIANCES, QUARRY—TILES, MOSAIC—TILES

Big improvement regarding quality.

Quick delivery either from stock or Factory at Tangshan, North China.

For Particulars please apply to:

CHEE HSIN POTTERY—Shanghai Agency

Next to 137 Peking Road.

SHANGHAI

Tel. 19917

上海泰記石棉製造廠

THE GREAT EASTERN ASBESTOS MFG CO

SALES OFFICE: 115 BROADWAY, HONGKEW

TELEPHONE 41775

WORKS: 23 PU-YI-JI-NE-SU NANTO.

FOR ANY WORKS, STEAMERS BLDGS. AND SAFE BOXES ETC

ALL INSULATING MATERIALS:

85% MAGNESIA PIPE COVERING
85% MAGNESIA BLOCK
85% MAGNESIA CEMENT
ASBESTOS FIBRE
ASBESTOS COMPOSITION

THE RIGHT PICTURE WAS POINTED AN EXHAUST PIPE TEMPERATURES TO 700°F PACKING WITH OUR PRODUCE 85% MAGNESIA PIPE COVERINGS

批發所　百老滙路一百十五號
電話四一七七五
製造廠　南市東站路普益里內

無論工廠輪船大厦保險銀庫等凡隔熱抗熱及保護溫度之設備無不需用

石棉鎂銹管
石棉鎂銹塊
石棉鎂銹粉
石棉筋絡
石棉塗料

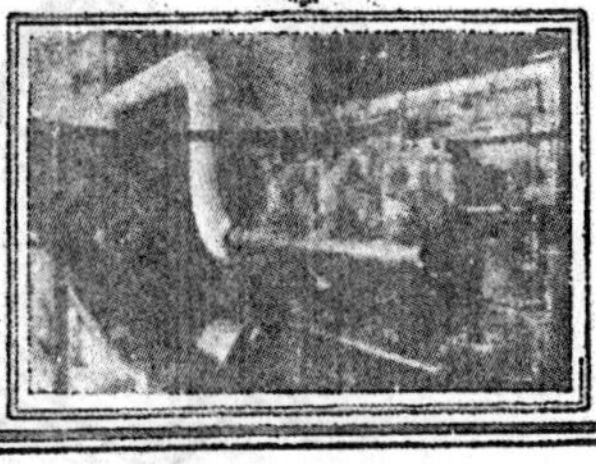

右圖係表示回氣管抗熱當開車時熱度達華氏表上百度　用石棉鎂銹管包裹很隔絕

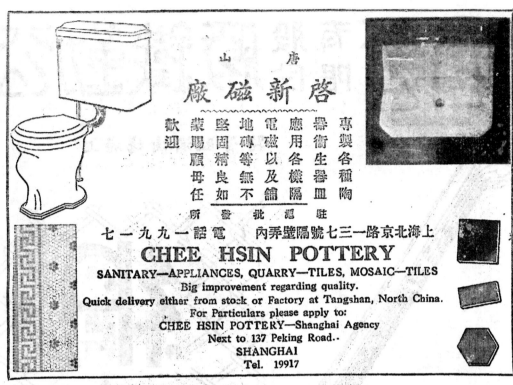

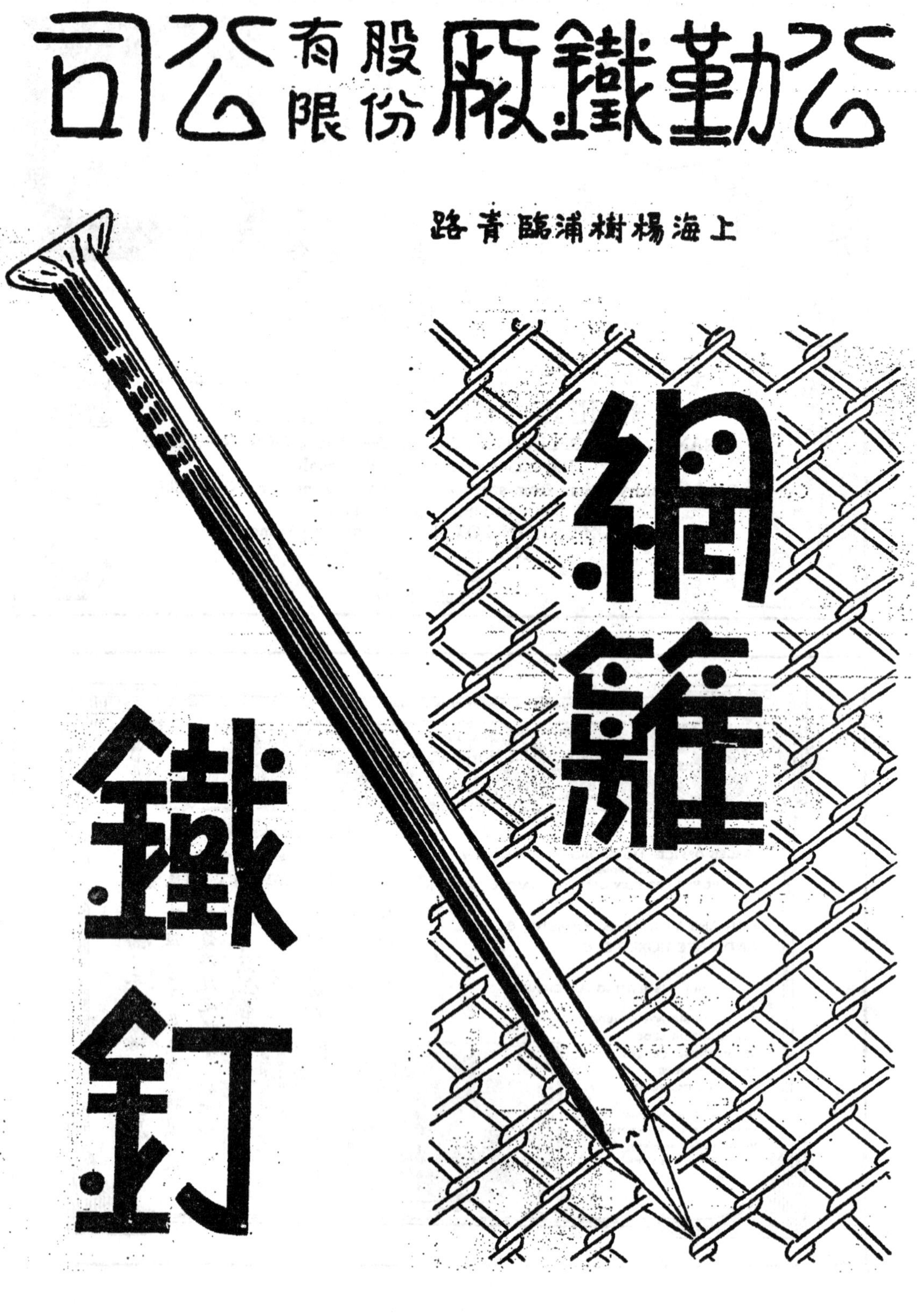
公勤鐵廠股份有限公司
上海楊樹浦臨青路
網籬
鐵釘

Sin Jin Kee Construction Company

▲本廠承造一切大小鋼骨水泥房屋工程各項人員無不經驗豐富工作認真如蒙委託承造或估價竭誠歡迎

本廠承造工程一斑

沙遜大樓 南京路

漢彌爾登大廈 江西路

都城飯店 江西路

新仁記營造廠

總賬房 愛文義路一四二二號 電話二〇五二一

事務所 江西路一七〇號二樓(二五)號 電話一〇八八九

長城機製磚瓦
股份有限公司
註冊商標
TRADE MARK
價比普通磚廉
質品較任何機器磚高
總公司
製造廠
騰越路一四四號 電話五一一七九
事務所
牛莊路七四一號 電話九〇九八〇
証明
均經
上海工部局
壓力、吸水量、耐久性
詳細化驗負責証明
成績超越一切磚瓦
出品
堅韌硬磚
輕硬空心磚
瀉水瓦片
如蒙垂詢價格及索閱貨樣請電話通知即當送奉
價廉
精確
美觀
堅固
合作五金
股份有限公司
出品
出品
門鎖
抽屜鎖
拉手
文具
鉸鏈
CMC
TRADE MARK
L
TRADE MARK
MARCH

23851

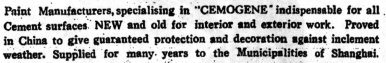

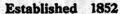

永光油漆為維持裝璜之金鑰

註冊商標

狗牌　牛牌　熊牌　羊牌　猴牌

註冊名稱

瑪瑙石油漆　瑪瑙顆地板蠟　瑪瑙珠水牆粉

瑪瑙靈凡立水　瑪瑙德乾牆粉

上海

英商永光油漆有限公司出品

總經理

太古公司

電話八二〇二〇　法租界外灘二十一至二十三號

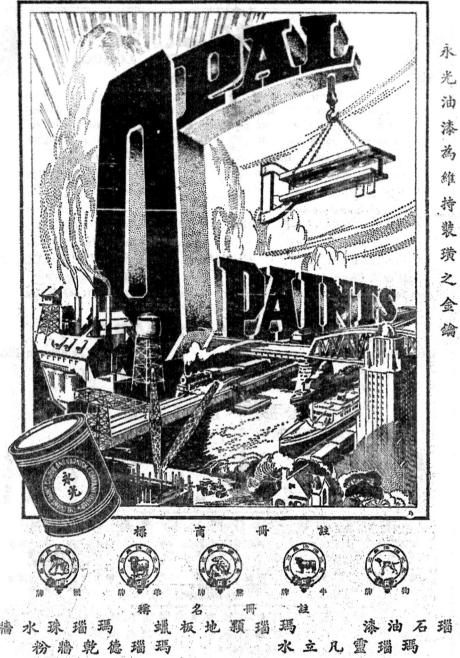

THE BUILDER

VOL.4 , NO.4

第四卷第四期

建築月刊

聯樑算式

建築工程師胡宏堯著

本書採用最新發明之克勞氏力率分配法，按可能範圍內之荷重組合，一一列成簡式。任何種複雜及困難之問題無不可按式推算；即素乏基本學理之技術人員，亦不難於短期內，明瞭全書演算之法。所需推算時間，不及克勞氏原法十分之一。全書圖表居大半，多爲各西書所未見者。所有圖樣，經再三復繪，排印字體亦一再更換，故清晰異常。用八十磅上等道林紙精印，全書三百面，7″×10″大小，布面燙金裝釘。復承 美國康奈爾大學土木工程碩士王季良先生精心校對，並認爲極有價值之參考書。

實價每冊國幣伍元（寄費貳角）

發售處 上海南京路大陸商場六二〇

華英 英華 合解建築辭典

建築界之顧問

[illegible]登載兩年。現應讀者要求，將其刊印單行本；經幾度整理，並增補遺漏，釐訂下編。全書分華英及英華兩部，以便檢查。此書之成，實爲國內唯一之建築工程名詞營造術語大辭彙，凡建築師，工程師，營造人員，土木專科學校教授及學生，公路建設人員，鐵路工程人員，地產商等，均宜手置一冊。

預約期 二十五年六月三十日止

出書期 二十五年六月三十日

預約每冊國幣捌元（寄費加一）

預約處 上海南京路大陸商場六二〇號

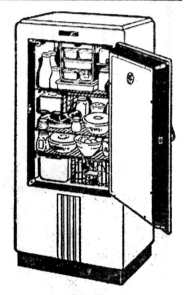

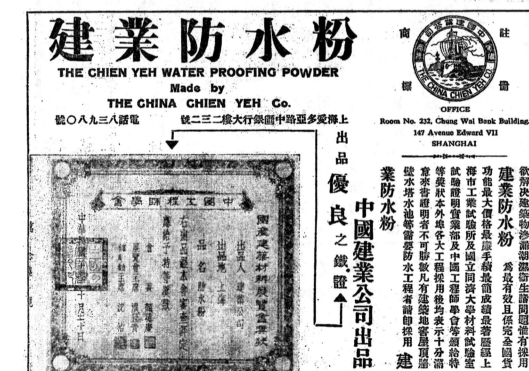

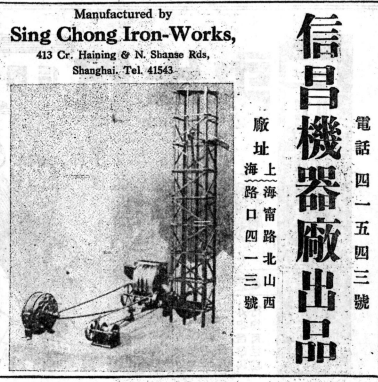

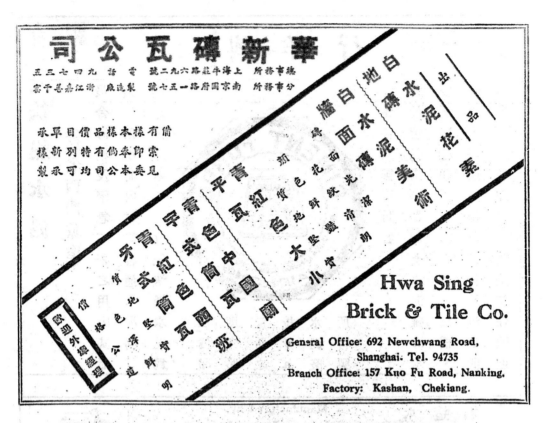

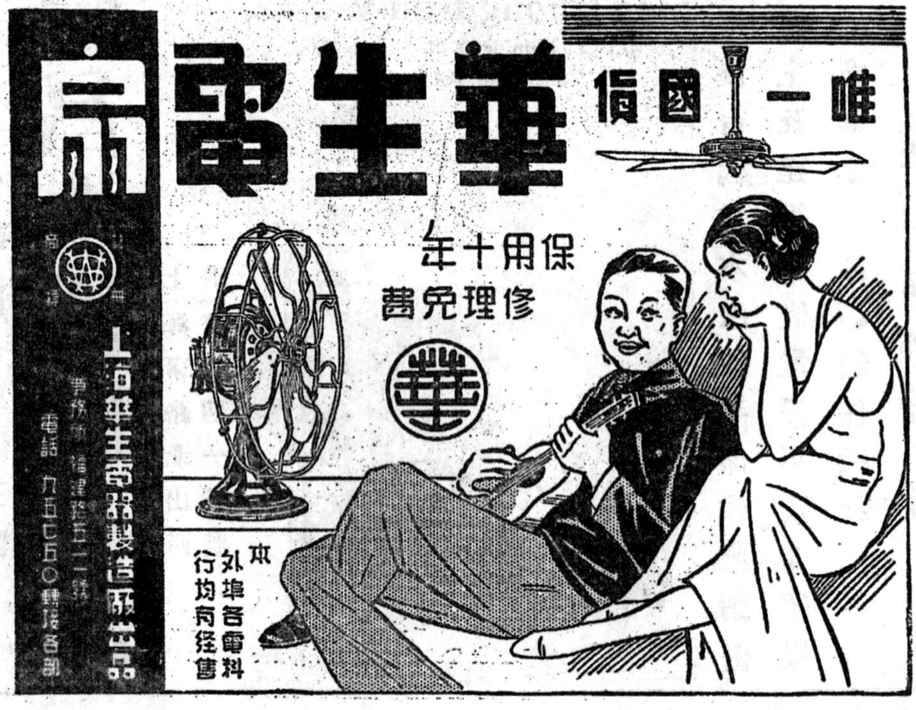

唯一國貨
華生電扇
保用十年
修理免費
商標註冊
上海華生電器製造廠出品
事務所 福建路五二號
電話 九五七五〇轉接各部
本外埠各電料行均有經售

全球建築師

對於現代大廈 均用現代金屬

如圖爲上海國際大飯店牆壁上之中英飾字。經建築師鄔達克證明。均係用鋁合金所製。

上圖中英飾字所用之鋁。加工化合然後採用。以期穩得最大之服務與綱目。於此有極重要者。卽務須選用適度之鋁合金是也。本公司研究部在同業中爲最大。甚願隨時供獻一臂之助焉。

圖示意大利羅馬城中美麗之鋁製大門

鋁之韌性

鋁可範鑄。可捲起。可壓鑄。可抽細。或製爲種種形式。適應種種創造的設計之需要。數量多寡。均可供應。一切金屬製造藝術之形式。無不畢具。

鋁鑄物與鋁製物品之成績與聯合成績。有種種之多。鋁者現代化之金屬。並能表現近代藝術化之趨勢。

鋁之爲物，於韌性與美觀之外。並有絕不拆裂之優點。因其開展之時。可以囘復其原來之廣袤而毫不扭歪。因此得免翹曲與分裂之弊。其特有之抵抗天時與銹蝕之品質。各處均已充分認識之矣。

鋁之其他用途

內部用

欄杆 坐椅 花沿條
門 桌 電器附件
階上方格眼 升降
機門及飾件 扶手
銘刻 嵌板 電燈附
件 窗柱 旋梯柱
壁柱 吊飾物 暖氣
管

外部用途

噴水器 籬欄
旗杆脚 大門
繫舟樁 拱側
市招 屋頂蓋索
造像 窗框

鋁能表示現代設計之秀雅與氣勢

歡迎垂詢詳情

鋁業有限公司
上海北京路二號
上海郵政信箱一四三五號

ALUMINIUM UNION LIMITED

凌陳記人造石廠

專造各種顏色人造石

堅固耐用　光彩永久

定價廉…工程速

倘蒙惠顧　毋任歡迎

廠址……上海閘北談家橋

凌陳記事務所　同孚路大中里162號　西安路永安里8號　電話 34854 52518

本廠承造工程略舉列後

上海南京路大新公司全部人造石工程

北平前門外亨得利鐘表行

南昌飛機場　　南京中孚銀行

甯波四明電話公司　　杭州張公館

蘇州中和銀行　　常州馬公館

上海永安公司　　上海杜鏞先生公館

歷造工程數百餘處不及備載

廠主兼總經理

凌炳泉

Manager

LING PING CHUAN

Experts in all types of

TERRAZZO WORK

LING CHENG KEE

Lane 214, 162 Dah Chung Lee, Yates Road.

Phone 34854

木材因白蟻及其他蠹木害蟲、乾腐、與機體朽壞而致之損失。一歲之中，不可勝計。白蟻之摧毀工作，至爲隱秘。故其所生之損害。在發見以前。往往程度已深。如欲獲得永遠之保護。祇有將木材及木器充分塗以「阿脫拉司A」護木水。

「阿脫拉司A」護木水行世已四十年。功能防止木材之蟲害、乾腐、及機體朽腐。據許多試驗及長期觀察之結果。木材之以「阿脫拉司A」護木水治過者。二十年後，仍然保持完固之情形。與最初治過者無異。並不需要重行塗治。

「阿脫拉司A」護木水非揮發性。故雖露置之，亦不失其護木之特性。該護木水有標準者。係無色亦無臭。凡欲保持天然木色，或備後來上蠟、髹漆、或加凡立水之木材木器。均適用之。此外並備有一種褐色者。

「阿脫拉司A」護木水足以增加木材之禦火性。較之未治過者。成效足有四倍之多。

英國愛立士阿脫拉司A防腐劑有限公司製造

香港 中國 澳門 現貨總經售處孔士洋行 上海四川路一一〇號 上海郵政信箱一一七九號

漢口　天津　香港　廣州　孔士洋行

亦有現貨出售

ATLAS·A

Powerful WOOD PRESERVATIVE

裝聽：分一加侖及五加侖兩種

備有說明書承索即奉 (一)

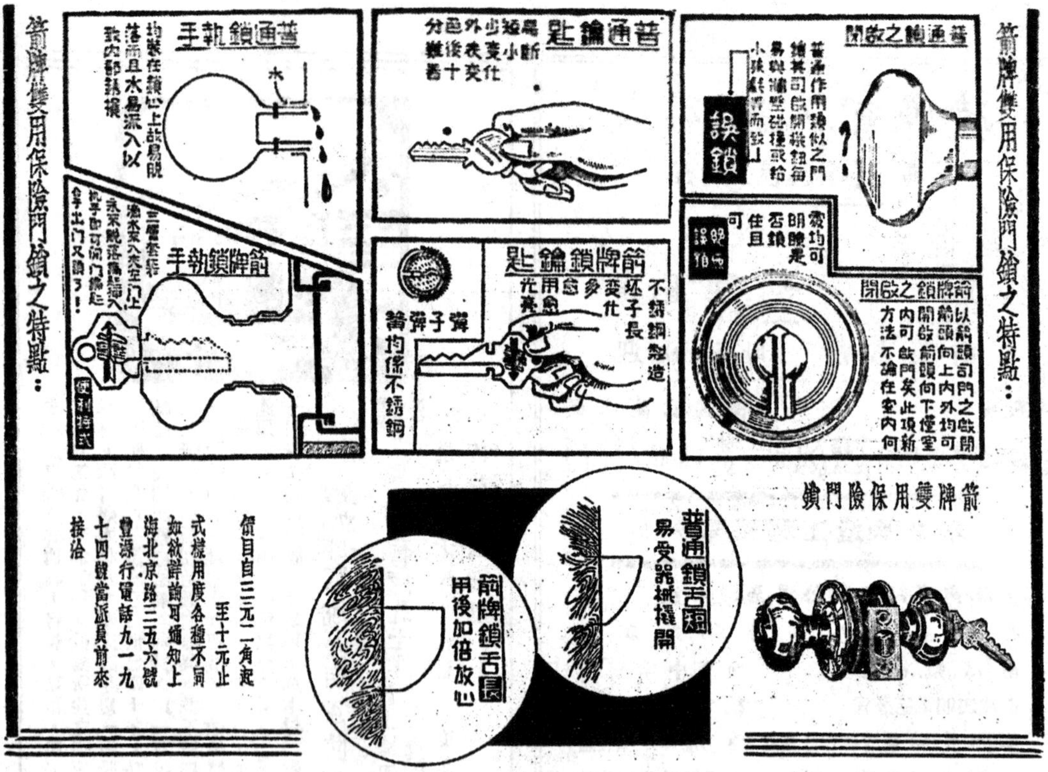
箭牌雙用保險門鎖之特點：
普通鎖執手
均裝在鎖心上故易脫落而且水易滲入以致內部銹損
水
箭牌鎖執手
三層套筒滲水不入夾空門上永不脫落
執手即可開門鎖起拿出門又關了!!
便利特式
普通鑰匙
易斷短小少變化外表變色後十分難看
箭牌鎖鑰匙
不銹鋼製造坯子長變化多愈用愈光亮
彈子彈簧均係不銹鋼
普通鎖之啟閉
普通作用鎖似之門鎖其司啟閉機鈕每易與牆壁碰撞或給小孩誤撥而致「
誤鎖」
箭牌鎖之啟閉
以箭頭司門之啟閉箭頭向上內外均可開啟箭頭向下僅室內可啟門矣此項新方法不論在室內何處均可明瞭是否鎖住且可
箭牌雙用保險門鎖
普通鎖舌短
易受器械撬開
箭牌鎖舌長
用後加倍放心
價目自二元二角起至十元止
式樣用度各種不同
如欲詳詢可通知上海北京路三五六號豐源行電話九一九七四號當派員前來接洽

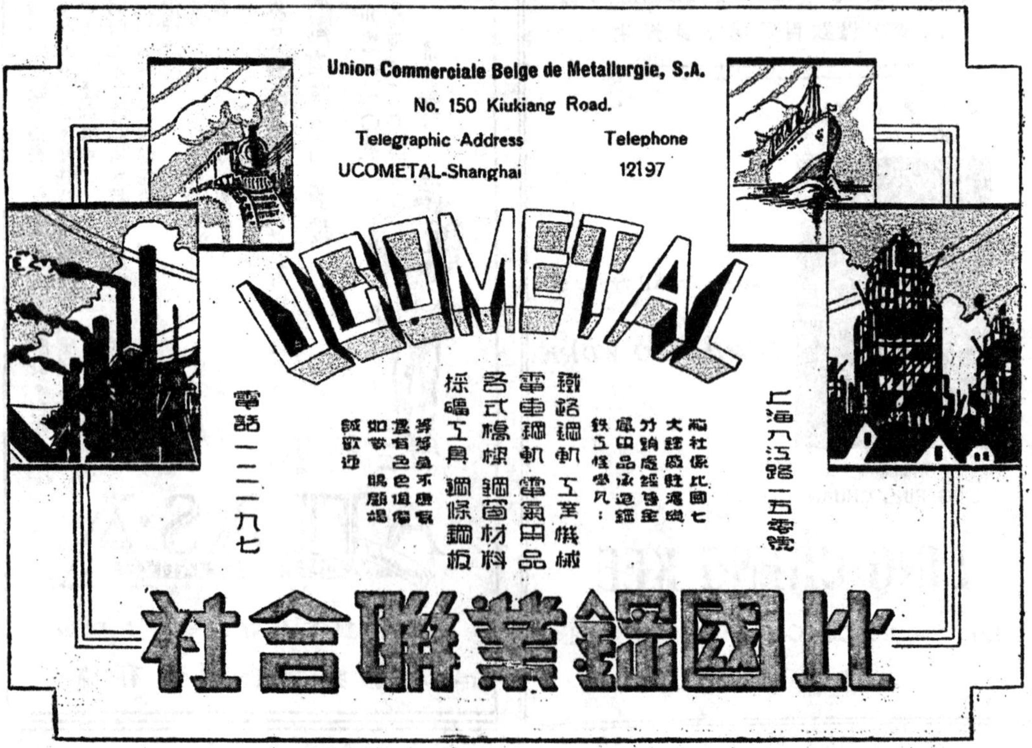
Union Commerciale Belge de Metallurgie, S.A.
No. 150 Kiukiang Road.
Telegraphic Address
UCOMETAL-Shanghai
Telephone
12197
UCOMETAL
上海九江路一五零號
敝社係比國七大鋼廠駐滬總分銷處經售金屬用品承造鋼鐵工程業凡：
鐵路鋼軌 工業機械
電車鋼軌 電氣用品
各式樁棍 鋼窗材料
採礦工具 鋼條鋼板
等等無不應有盡有色色俱備如蒙賜顧竭誠歡迎
電話一二一九七
比國鋼業聯合社

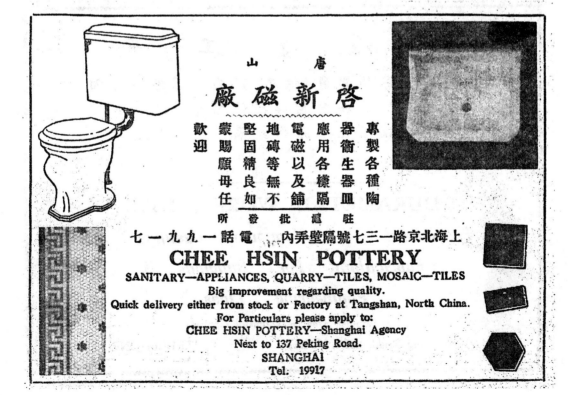

目錄

插圖

正在建築中之京滬滬杭甬鐵路管理局大廈……………(2)

上海朝陽路聖心女子職業學校新校舍全套圖樣……………(5—13)

各種建築典式……………(14—18)

小住宅設計……………(37—39)

傢具與裝飾……………(42—43)

譯著

營造廠之自覺……………杜彥耿(3—4)(35—36)

營造學(十三)……………杜彥耿(19—24)

國外建築界奇俗攷……………朗琴(25—27)

玻璃磚……………朗琴(28)

建築史(八)……………杜彥耿(29—34)

悼張效良先生……………(40—41)

專載……………(44—47)

建築材料價目……………(48—50)

第四卷第四號

廣告索引

大中磚瓦公司
老晉隆洋行
中國總業公司
立興洋行
信昌機器廠
華新磚瓦公司
華生電扇廠
開灤礦務局
鋁業有限公司
凌陳記人造石廠
孔士洋行
豐源行
比國鋼業聯合社
吉時洋行
啓新磁廠
新耀金工廠
中國建築雜誌
中國化學工業社
中國地板[illegible][illegible]公司
雅城石膏公司
新成鋼管廠
中國銅鐵工廠
馥記營造廠
長城磚瓦公司
合作五金公司
公勤鐵廠
新仁記營造廠
太古公司

本會贈閱「聯樑算式」啓事

本會建築叢書之一胡宏堯建築工程師所著「聯樑算式」一書，現已出版，開始發售；內容詳見本期封面廣告。茲爲促進讀者興趣，接受外界卓見起見，特將該書提撥十册，分贈本刊讀者，作爲準備批評該書之參考。茲將應徵辦法，規定如左：

一、凡屬建築月刊讀者，自問對於聯樑算式之學理及應用，確有研究，深具心得者，均得依照規定，投函應徵。

二、應徵者應具函蓋章，將姓名，籍貫，學歷，經歷，及詳細地址等，逐一明白書就，本會接函後，當交出版委員會審查，如認爲合格，即將該書掛號寄奉。（來函應書明「應徵」字樣）

三、應徵者錄取人數，以十名爲限。屆時本會當將合格者名單，在建築月刊公佈徵信。

四、應徵合格者，在接得該書後，應於一個月內（以本會寄書之日起算）將批評該書之意見，掛號寄至本會。文末並請署名蓋章，以便核對。

五、投寄之意見，須作實際的探討與客觀的批評，不宜爲抽象的敍述或其他敷衍之評語。

六、投寄之意見，由本會出版委員會與該書原著者共同審閱後，擇尤在建築月刊發表外，並酌給酬金及獎品。

七、應徵者合格與否，本會自有選擇之權，凡不合格者，恕不奉覆。

八、應徵期限，本埠本年七月十五日截止，外埠七月三十一日截止。

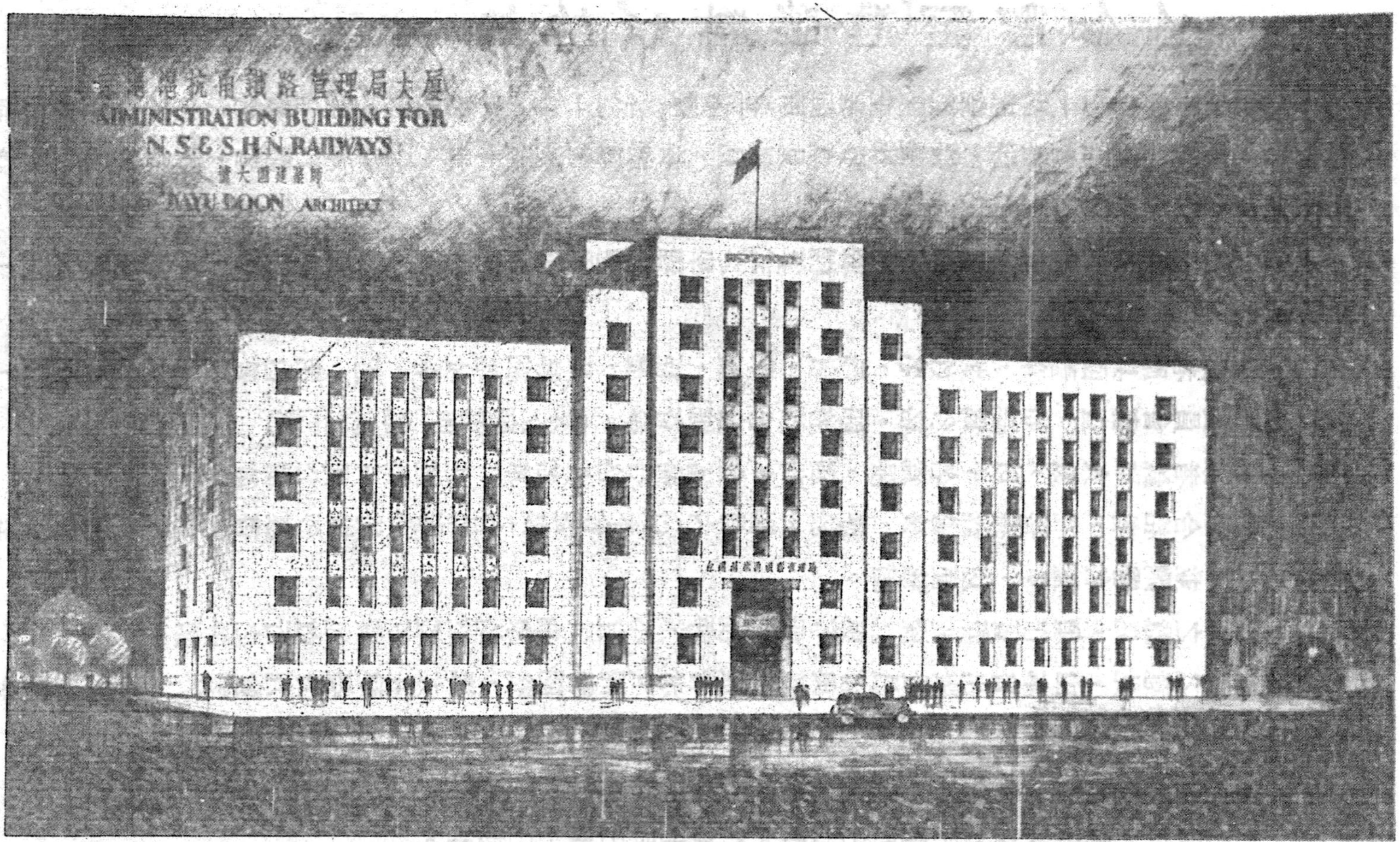

正在建築中之京滬滬杭甬鐵路管理局大廈

營造廠之自覺

杜彥耿

編者本着提倡建築學術與維護建築工業的立旨，立在不偏不倚的地位，說幾句不得不說的話，以冀糾正現在許多壓搾建築工業的不是，編者並希望整個的建築工程界，要在互相依賴之下，共謀建設事業的進展，不要在建設先鋒隊裏，自相傾擠，擾亂了一致前進的步伐。

凡一建築必經醞釀孕育，始有實物的產生。先爲主動擬建者的醞釀，繼由建築師及工程師等設計繪圖的孕育，而由營造廠之投包承建，產生具體的實物。故凡一建築物之形成，此三者自宜相互依賴，不可有地位門戶之見，致失和衷共濟之義。這是很淺近與明鮮的理由，不待細述；但現時一般營造廠所受的遭遇，頗多不平之感，這是值得注意與亟待糾正的。

在報上的廣告欄裏，常可看到某處擬建某種建築，欲招經驗豐富貲力雄厚及在某市領有某種登記證者，前往領取圖樣說明書，估價投標，隨交手續費若干元，押標費若干元。手續費無論得標與否，概不發還；押標費則於開標後凡不得標者憑收據領還等情，這種廣告，常有機會可以看到，即不登報招商投標者，其手續亦正與此相同。

凡手續費至少自二十元以至一百元不等。押標費則有三百五百一千以至一萬者。若試舉一座二三十萬元的普通建築工程，手續費最少二十元，押標費三千元，設有營造廠欲往投標者，便得化這二十元的手續費與三千元押標費的利息，其時約爲二個月。除得標者外，其餘的非特枉費時間經濟，並要賠上押標費等的利息，通常以一分計算，兩月便得六十元，總合計算，每個不得標者，至少要受到百元左右的損失。

營造廠應徵投標，不僅先受到經濟上的損失，尚須費精密的功夫，依着圖樣說明書估計造價，於必要時復往建築地觀察，近的地方不計，遠處則舟車等費的支出，亦在所不貲。迨估計完畢，投送標賬，而公開開標之地，亦有遠在外埠者，若照情理來講，營造廠投標估價，宜收取手續費與舟車旅費，今則適得其反，乖悖事理，莫此爲甚！查此項向營造廠收受手續費等陋規，各國初無先例。抑尤有進者，各國建築師工程師除向委託之業主收取公費或向僱主收取相當待遇外，初不能向任何第三者要索酬資。所以潔身自好的建築師與工程師，於年終耶穌聖誕節，由素有交誼之營造廠，致送很簡單的禮物，如手帕茶葉之類外，間有不明者偶送貴重物品或禮券等，以冀聯絡感情者，反受了他的拒謝。雖然亦有不能廉潔自守的人，但決無登報公然要向第三者收受非法手續費者；獨於吾國見之。這種陋習近數年來始見，若不立予糾正，任其蔓延，實有很大的流弊。

然則營造廠應徵投標，須受損失，爲何尚仍踴躍參加，不予拒絕呢？這裏有幾種說法：

一．已有了相當財產，手下夥友業已星散，惟仍有一部分歷史長久的學徒夥友，跑幾家老戶頭。湊巧的做幾場，不賺錢的不做，沒有牛意則坐吃。因爲開銷很省，所以也坐吃不窮。加諸凡做營造廠者，手頭有錢的總有幾處產業生利，故凡要他化冤枉錢去投標，他當然是不願意的。遇着性情不好的，還要詈罵那些化錢去投標的同業們，是在做賣屁股的生意。

二．有財產而手下尚有很多歷史長久的同事，更因那些同事的合作精神良好，辦事尤爲幹練。同時自已也迷信陶朱的聚財政策，化幾個小錢，折蝕些利息去投標，若不得標，在他也不成什麼一會事；得標後使同事也有事忙。更兼自已有雄厚資力，進貨自然比較便宜，祇要不遇意外，獲利可操左券。

三●有名氣而無實力的，手下事情很忙，宜可不必加入投標。然礙於恐有人傳說他連一二萬的押標費都拿不出，故未參加投標。所以也只得加入，情願白送諸費，免使人在背後議論是非。

四●手下所包工程尙未完工，看看蝕本的成分很爲濃厚，不得不再接新工程，以資彌補。所以也不得不多方設法湊足押標手續諸費，去參加投標。

五●過去曾經承包過相當大的工程，現在手下連一點小工程也沒有，簡直如同失了業一般。內心的焦灼，從可想見。故見有招標，也便湊資投標。標價不合，那是常事；獨於成日累夜開估標賬，非特精神枉費，反賠了手續費押標費的利息。那焦灼的情態，不是又平添上幾分麽？

六●其他若初組織的營造廠，其對於營造事業的經驗却有，然資本實感不足。但能幫忙的朋友或親戚到有幾個，他要投標，缺少押標費，則向親友借集，情願貼些利息。諸如此類，不勝枚舉，故招標時設下任何苛刻的條件，仍有人踴躍加入。譬如押標費每份一萬的，不旬日間便有二三十個人來交款報投，在不知內情的人們看來，營造廠眞有實力，咄嗟之間，便可有數十萬元巨款的集合。要舉辦什麽建築材料工廠，不是很容易的麽？其實却是不然。

在那不合情理的環境之下，招標時依舊有很多人往投的原因，既已說明如匕，反問那些投標者所支出的手續等費是否願意呢？當然是很不願意的。但心雖如此，却又只得拿出去，不思集合團體，聲明正當理由，呈請政府命令各省市建設機關，及實業部令知全國已登記建築師工程師，不准再有是項要索。只得在背後表示不平，却不敢公開地訴之社會訴之當局，免得招怨。這是中國社會一般的通病，凡遇公共利益的事情，都畏首畏尾，不敢直前，認定自己吃虧有限，抱着得過且過的態度。

上面所說招人投標不應收取手續費的理由是：

一●雙失人格　收受手續等費的人雖失人格；明知其不當而仍然照付的，也不免無理智失人格。

二●保管責重　巨額押標費的保管責任重大，經收者難免不見財起意。

三●宵小覬覦　社會上儘有許多設局哄騙者，見有此機可乘，虛設機關，招諸撞騙，難免無有受其欺朦者。

雖然建築師工程師建設機關等收取手續費，是因爲取償登報，印晒多份圖樣及說明書等之費。但此費亦不能由投標者負担，應歸之於招標者，蓋多招標賬，係爲招標者之便利。例如病者求醫，一醫已足，但欲爲愼重起見，須請數個醫生會診，難道亦向他們索取手續費嗎？又如涉訟之須請律師代理辯護，一律師不足，請數律師共同襄理，難道當事人亦向他們索費嗎？，所以此理一經說明，不覺啞然。

綜上所述，營造廠本身對此應有之自覺，除聯合呈請政院或其他主管機關請求取締外，一面並應設法自動改善環境，避免或阻止這種壓榨方式者一。

投估標賬經公開拆標後，自宜選取標價最低者爲合格。若因最低的細賬與總數不符，或查資本不足與過去經驗不合等情，改取次低標價者外，建築師工程師或建設機關，不應用欺騙的手段，如一項工程邀二十家營造廠投標，開標結果，以低額之五家留中，此外十五家則宣布不合格，遂分頭向甲，乙，丙，丁，戊，說，戊價雖然最低，現在丁情願減價至較戊更低。復對丁說，戊的資格欠夠或已足，對丁說願幫助你得標，不過須將標價減至較戊爲低，方可代你說話。這樣把五個人朦在鼓裏翻弄，自己以爲是能幹。

〔未完—接三十五頁〕

上海朝陽路聖心女子職業學校新校舍地盤圖

鄔達克建築師設計

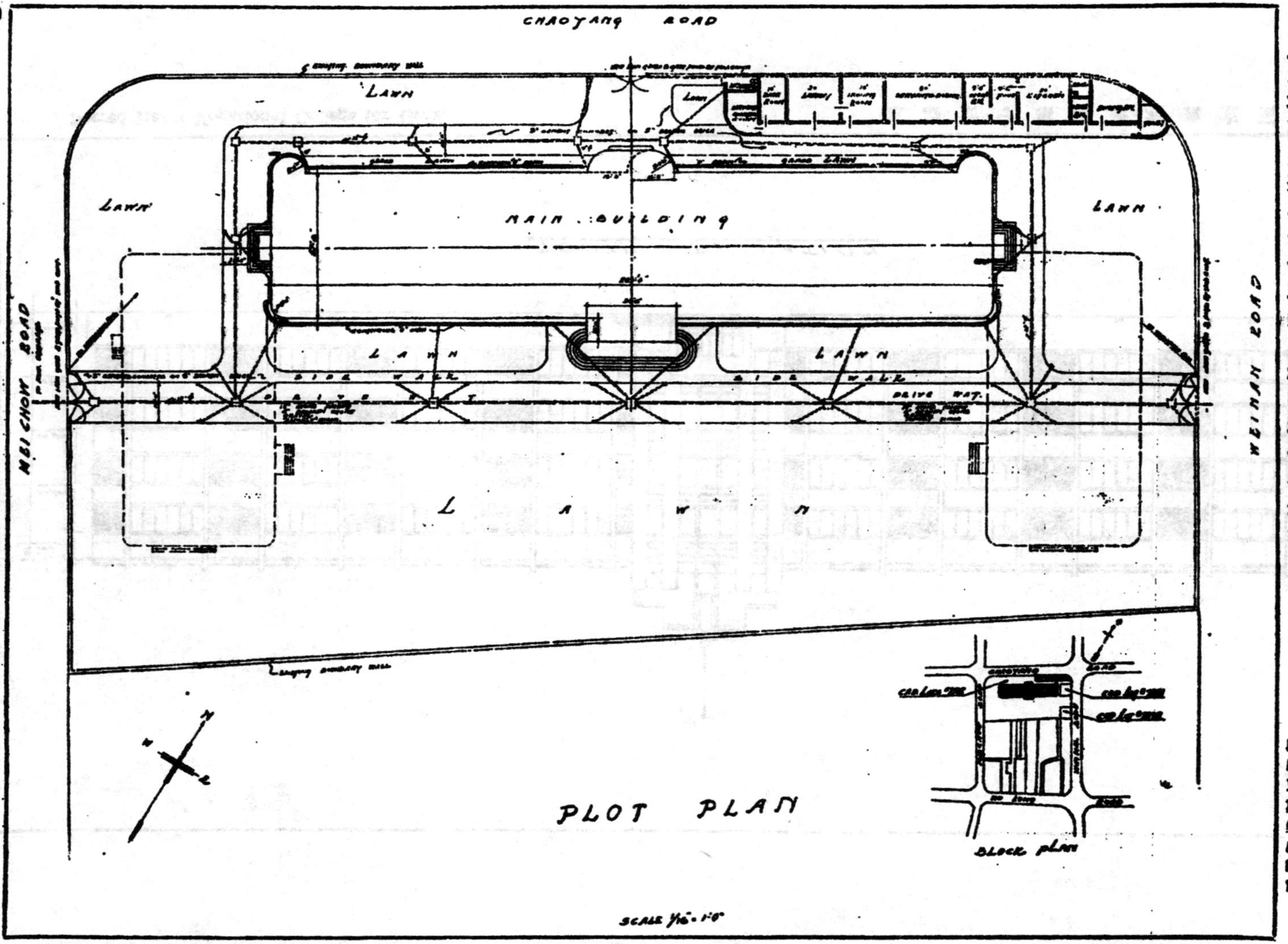

Sacred Heart Vocational College for Girls, Chaoyang Road, Shanghai.

Mr. L. E. Hudec, Architect.

23869

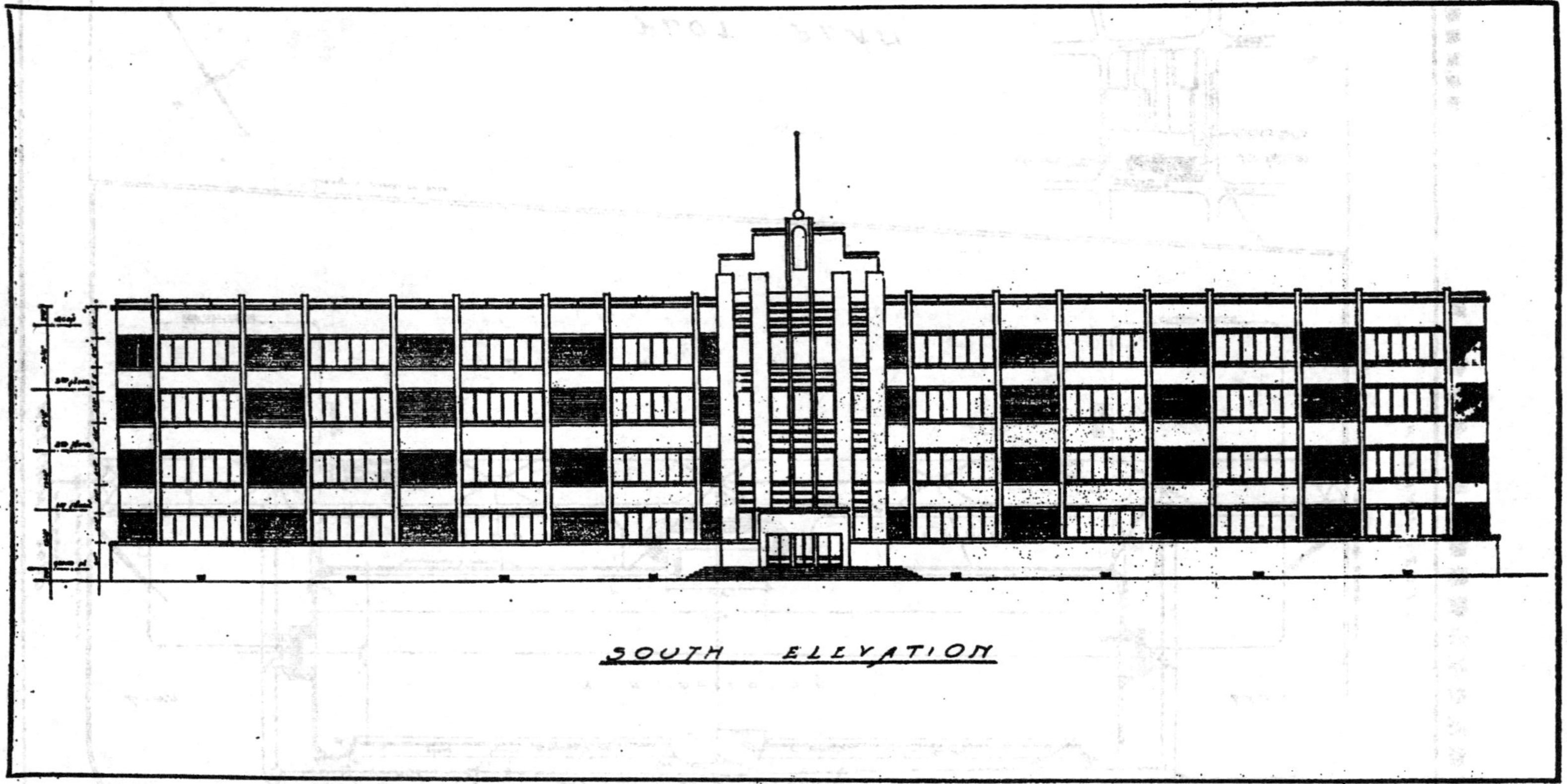

Sacred Heart Vocational College for Girls. 聖心女子職業學校南立面圖

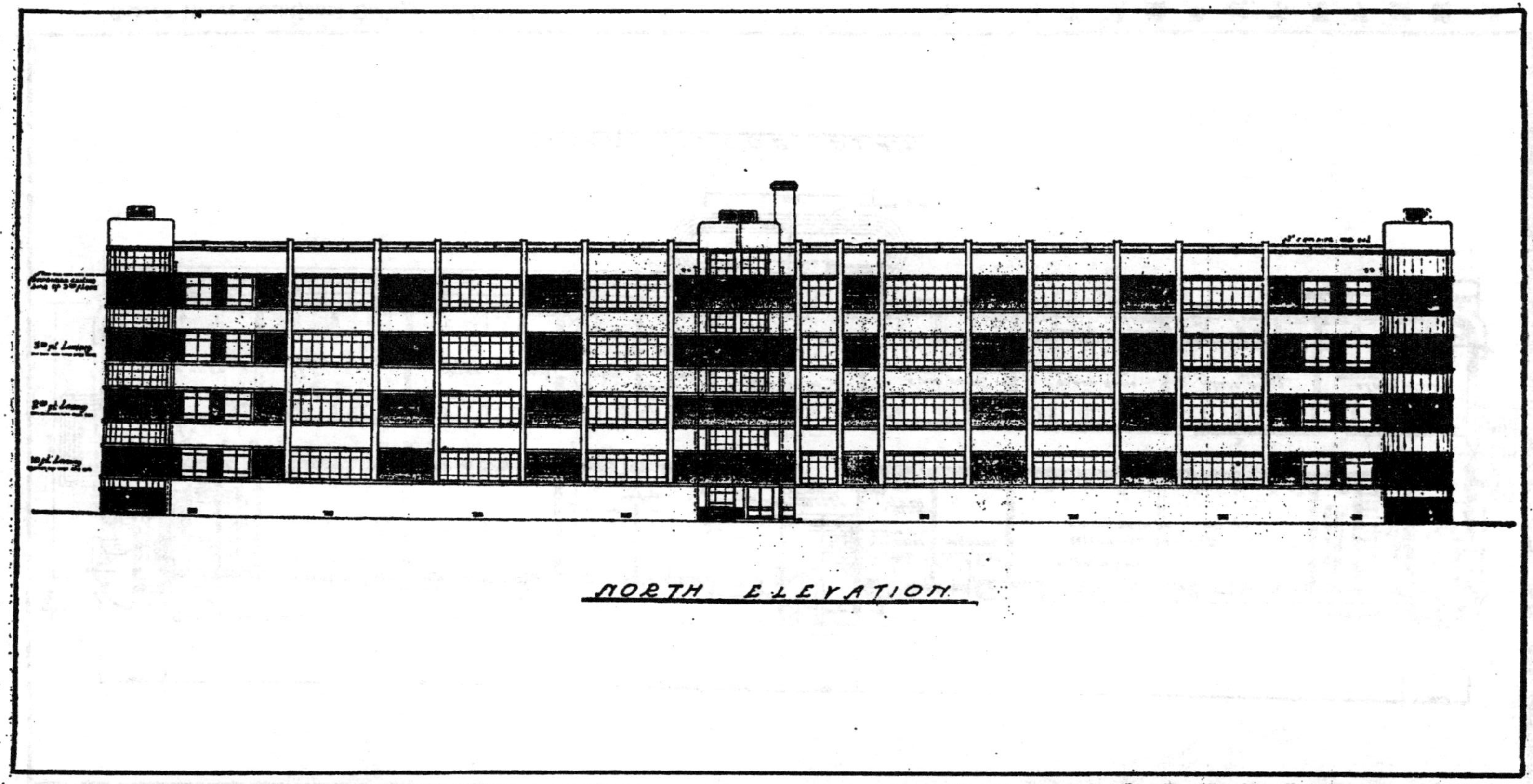

Sacred Heart Vocational College for Girls.

聖心女子職業學校北立面圖

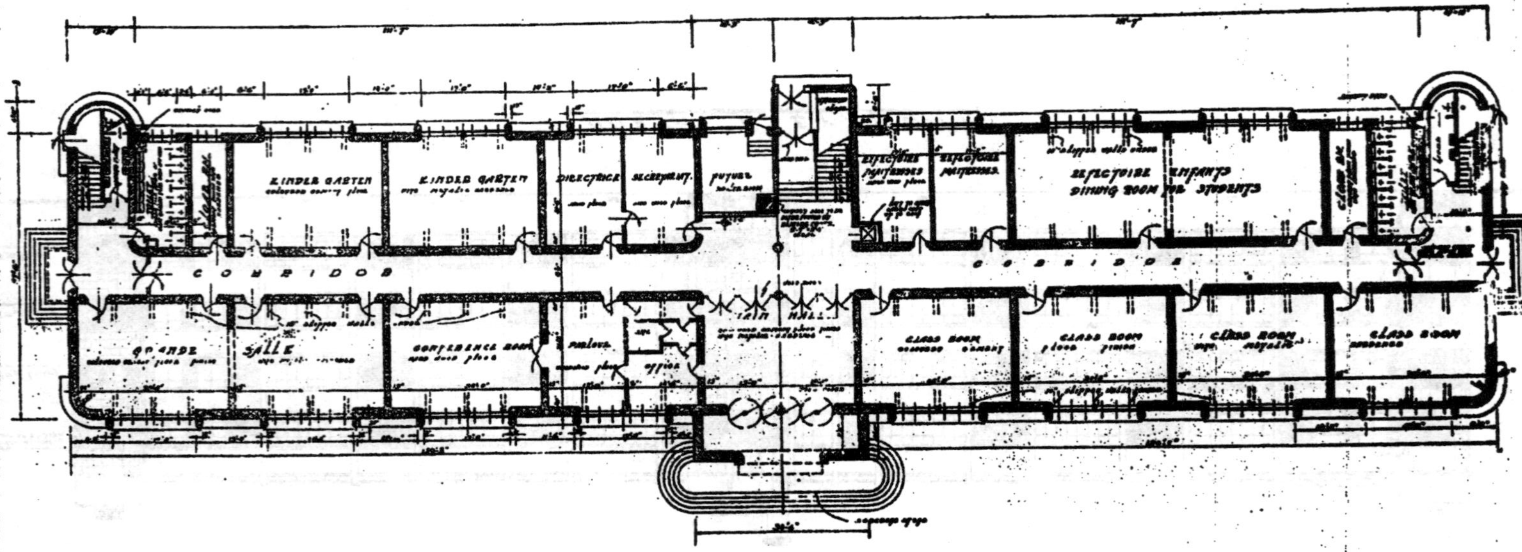

GROUND FLOOR PLAN.

Sacred Heart Vocational College for Girls. 聖心女子職業學校下層平面圖

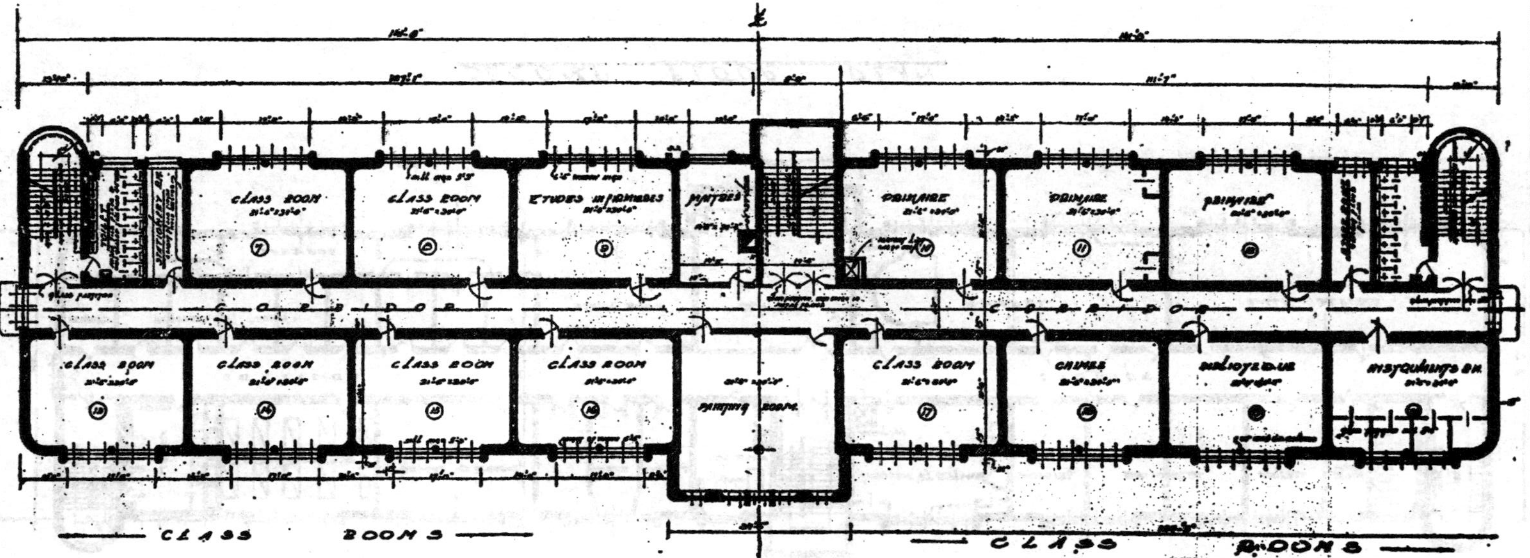

FIRST FLOOR PLAN.

Sacred Heart Vocational College for Girls.

聖心女子職業學校二層平面圖

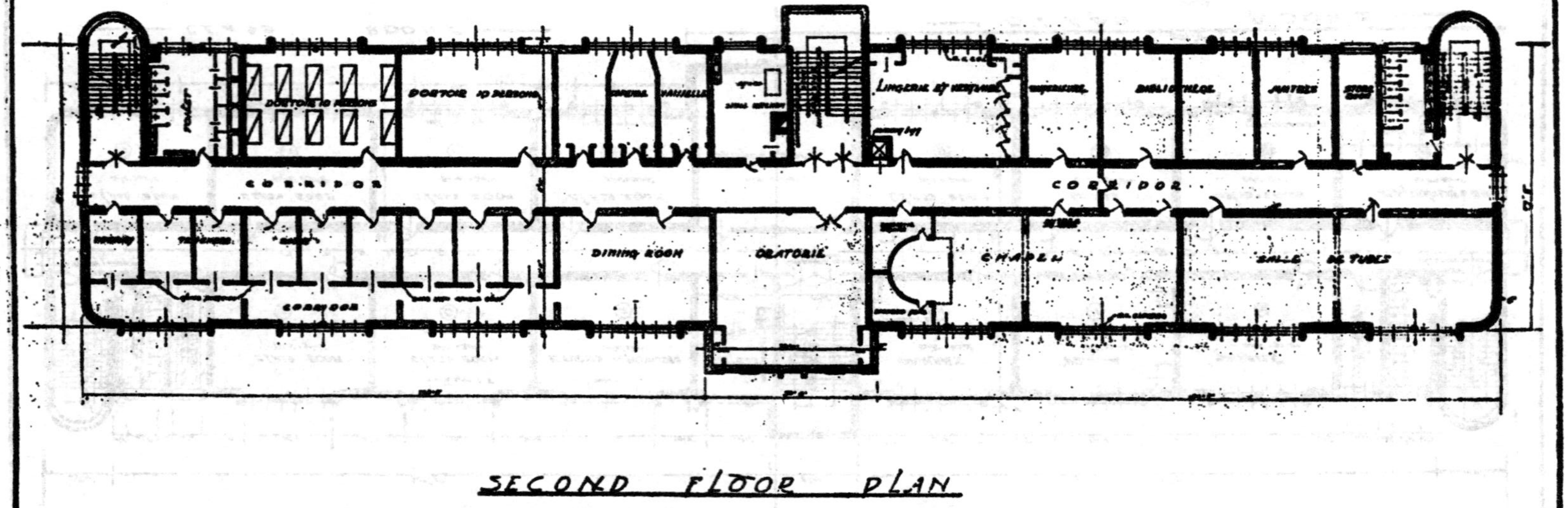

Sacred Heart Vocational College for Girls. 聖心女子職業學校三層平面圖

23874

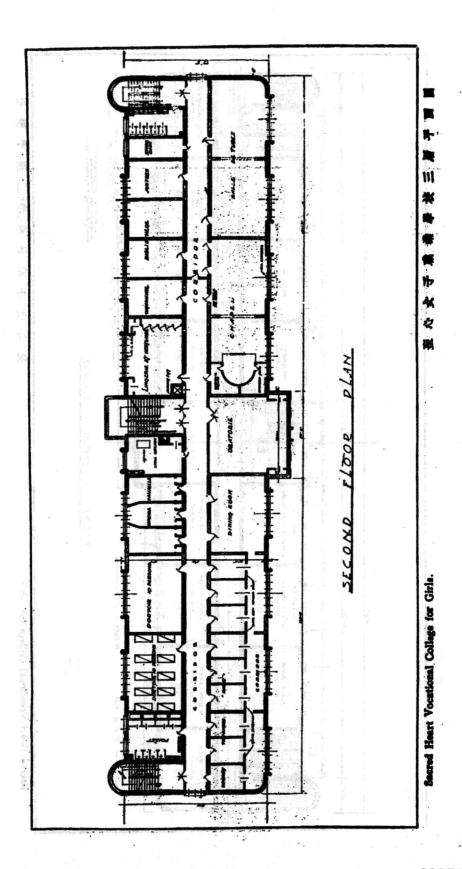

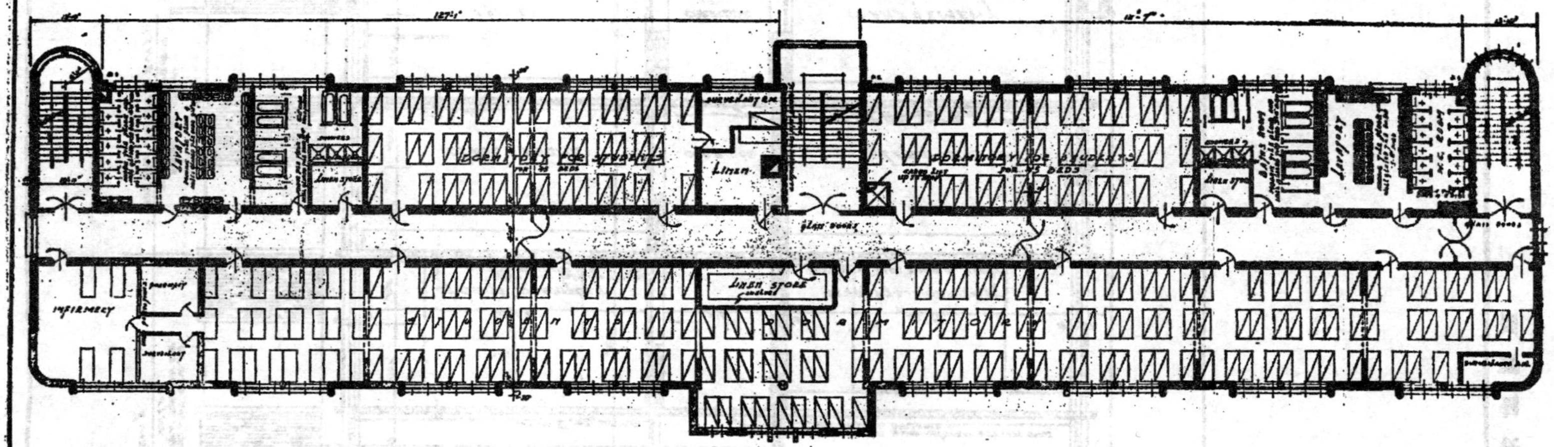

THIRD FLOOR PLAN

Sacred Heart Vocational College for Girls. 聖心女子職業學校四層平面圖

聖心女子職業學校剖面圖

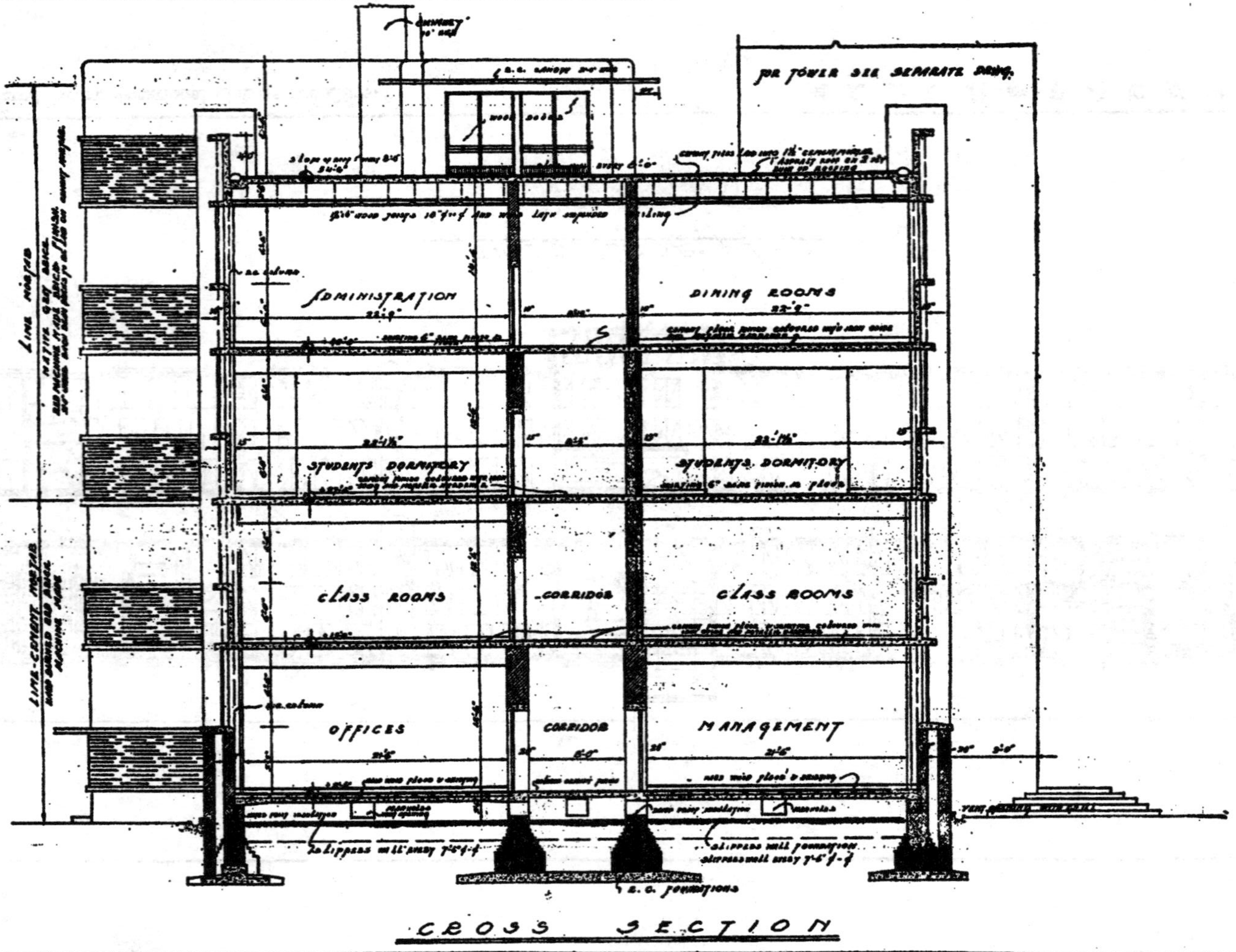

Sacred Heart Vocational College for Girls.

23876

聖心女子職業學校校役室平面，立面及剖面圖

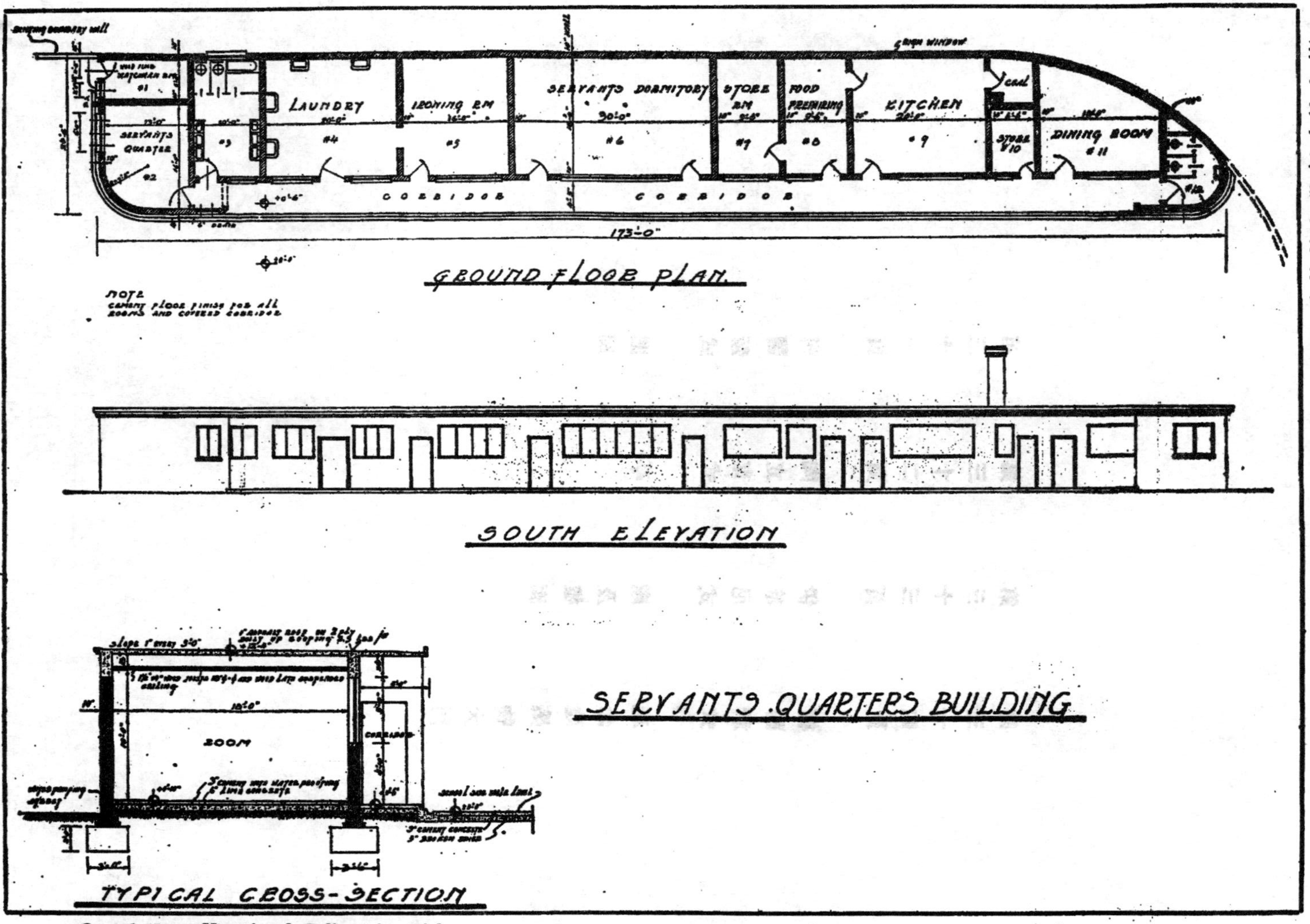

Sacred Heart Vocational College for Girls.

第三十一頁　柯蘭新式　圓廟

第三十二頁　陶立克式　亭

第三十三頁　伊華尼式　廟及楹廊

第三十四頁　柯蘭新式　紀念建築物大門

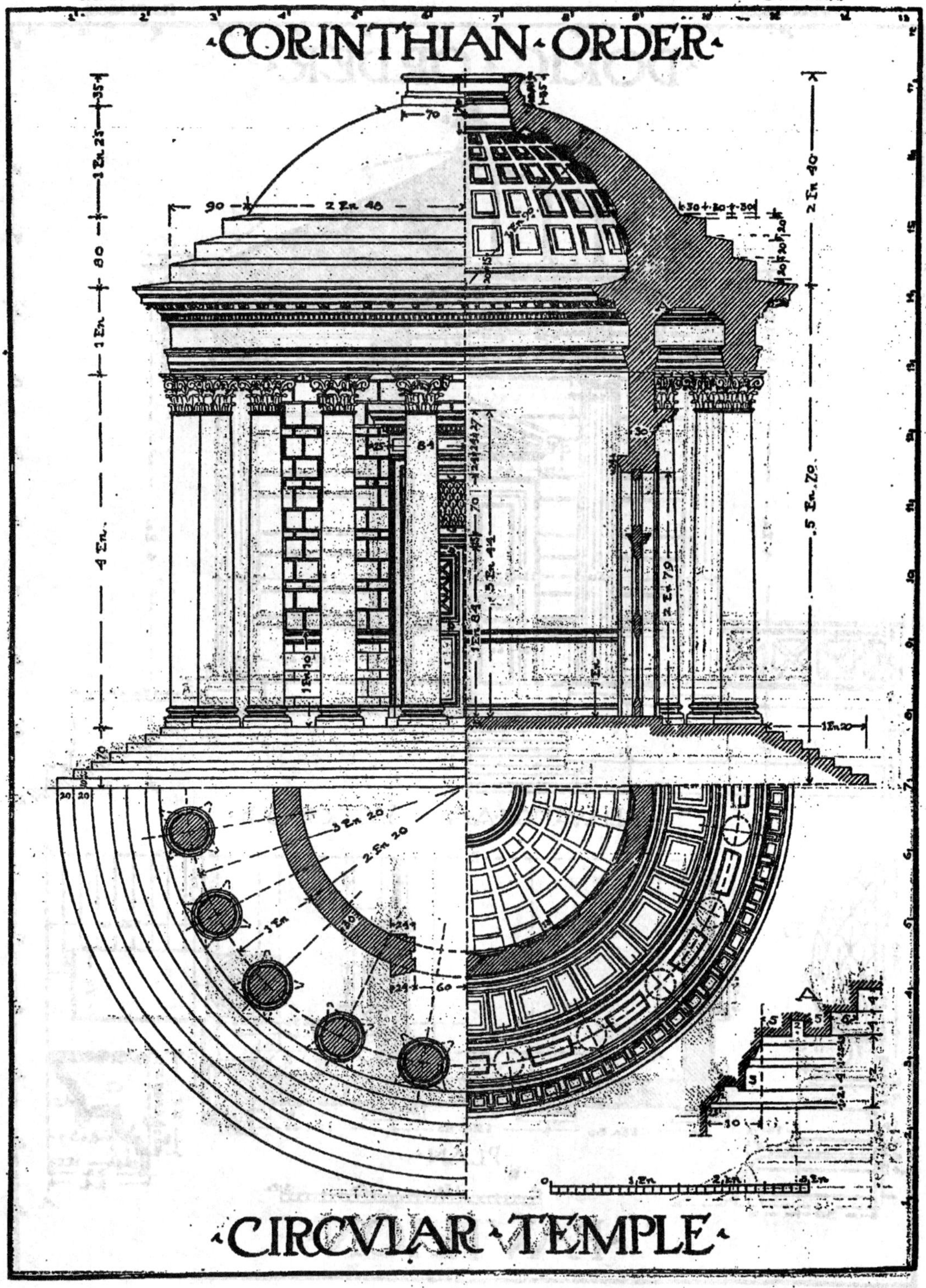

23879

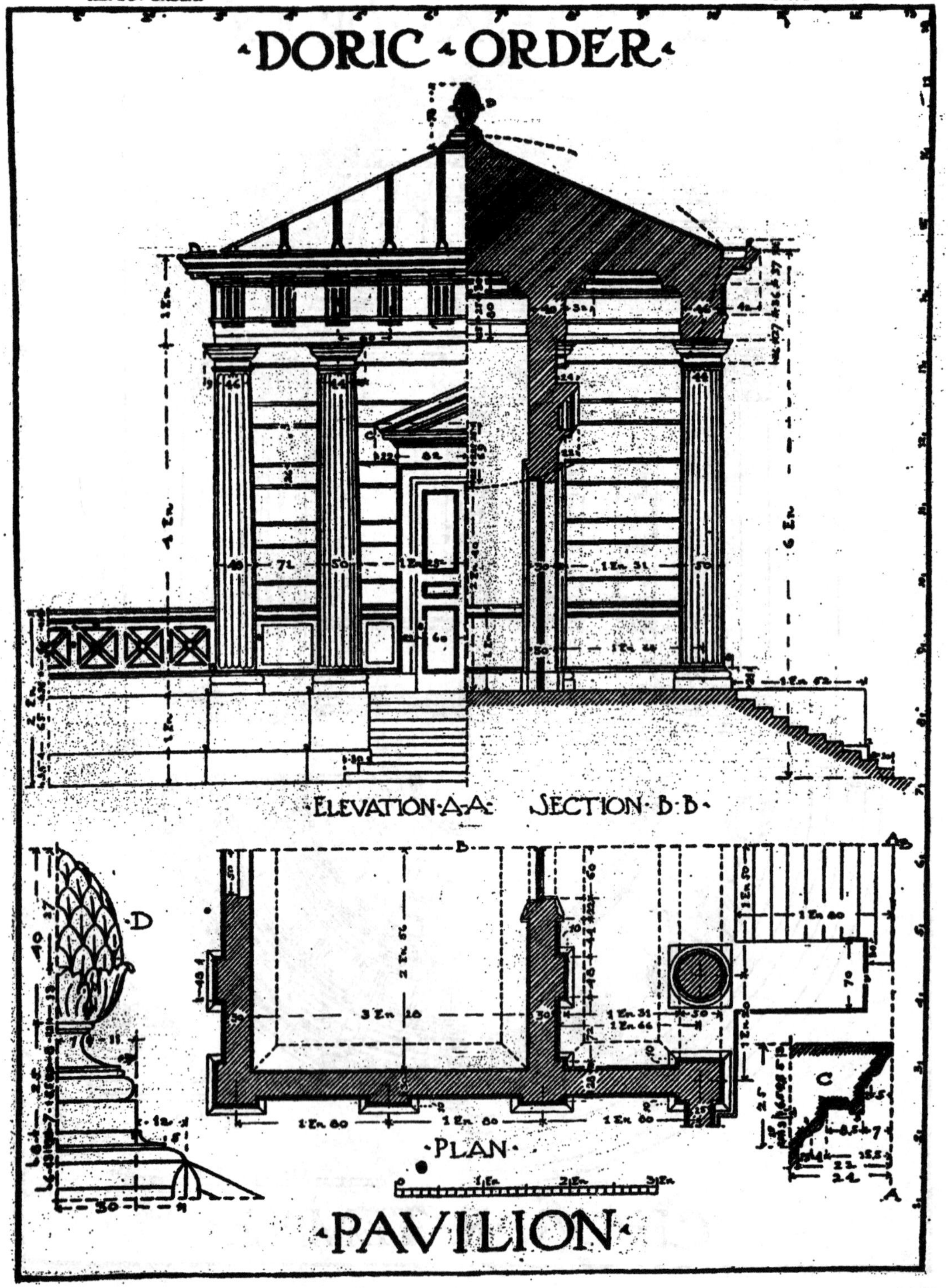
DORIC ORDER
ELEVATION A-A
SECTION B-B
PLAN
D
C
PAVILION

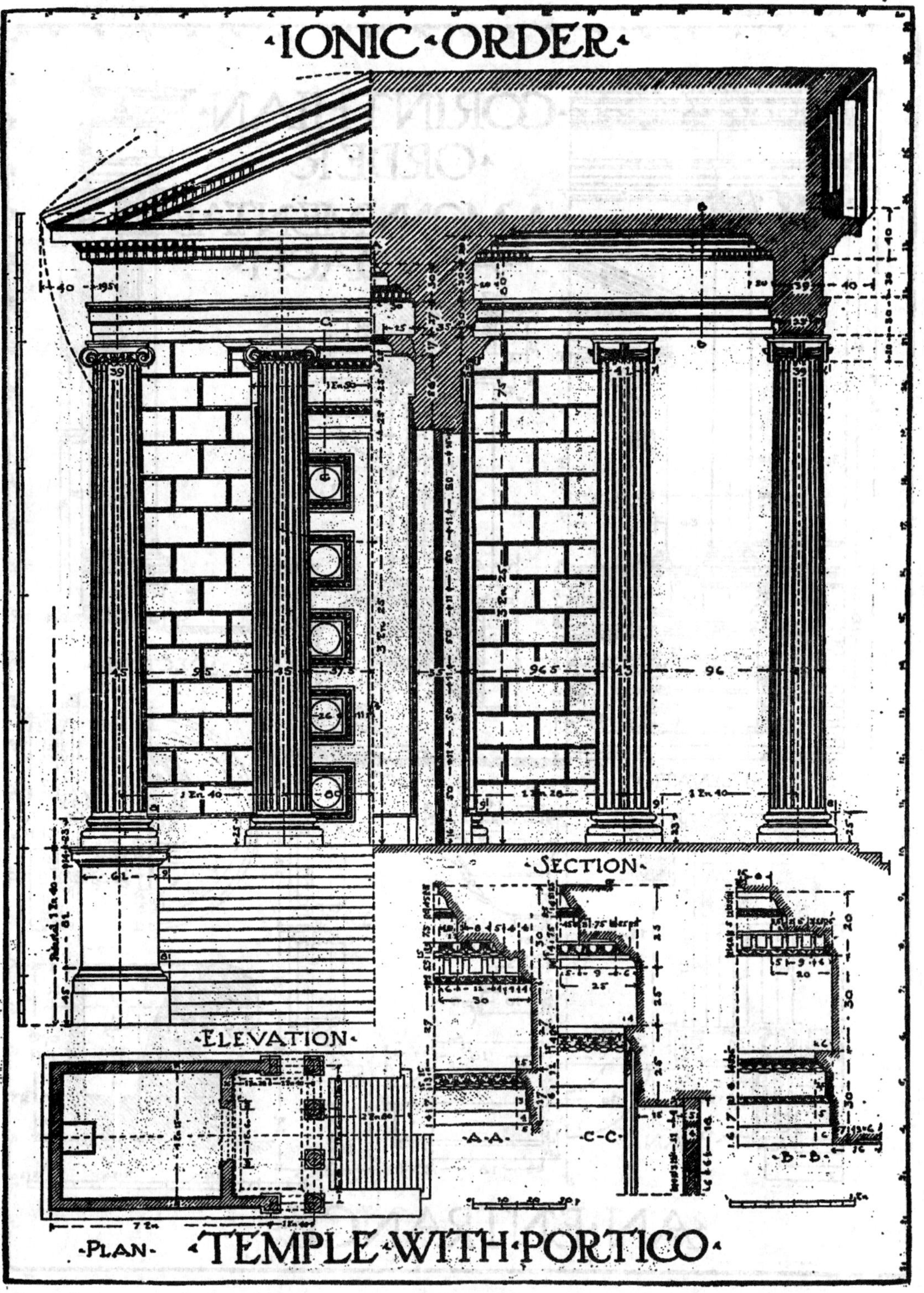
IONIC ORDER
SECTION
ELEVATION
A-A
C-C
B-B
PLAN
TEMPLE WITH PORTICO

23881

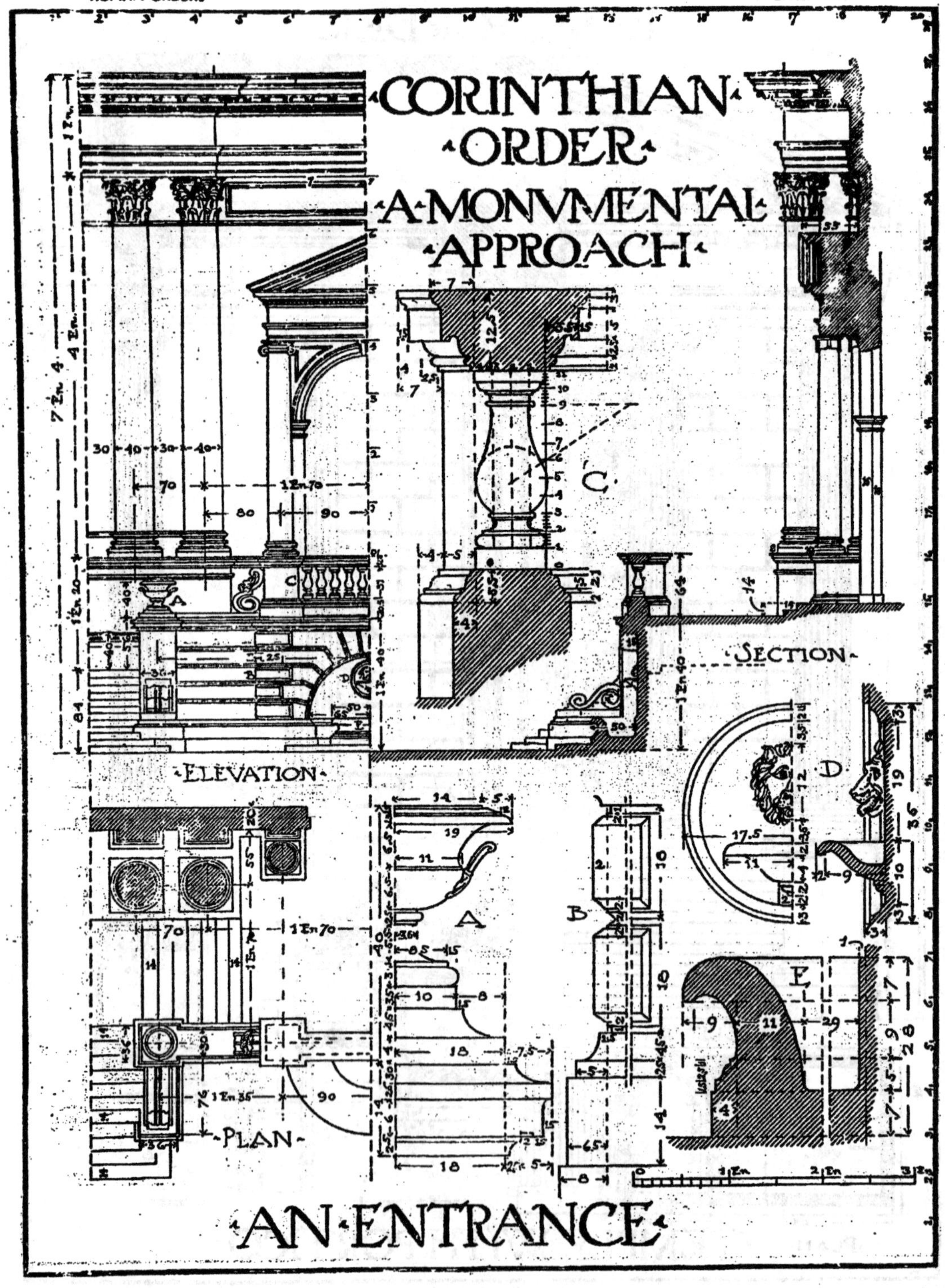
CORINTHIAN ORDER
A MONVMENTAL APPROACH
ELEVATION
PLAN
SECTION
A
B
C
D
E
AN ENTRANCE

23882

營造學

(十三)

杜彥耿

第三章

第一節　石作工程(續)

壓地　亦稱落堂，係自石面挖鑿下陷者，如斜板，閘槽，窗盤之披斜瀉水部份等是。見三二七圖。若其面部斫砟粗糙者，曰牢壓地。光而平者，則曰細壓地。然於此壓地之上，更有隱起華或磨礱等者。

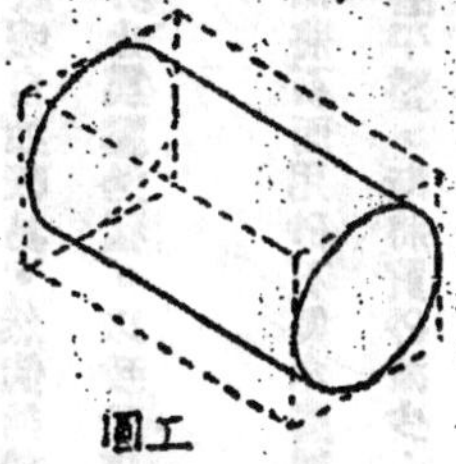

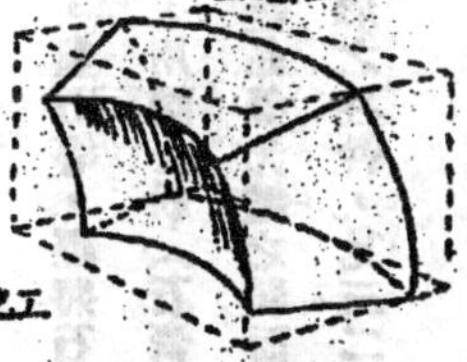

圖三二五　圖三二六

圖三二七　圖三二八

線脚　線脚云者，簡單釋之，即弧線之變幻也。是以於圓形之柱幹，則不相宜。線脚之施於石工者，種類頗夥，其作用則不外裝飾或藉增觀瞻耳。如三二四圖。線脚之斫砟，有以人工者，亦有用機器者。手工者，初於石之兩頂端，依照套板(即型板，係用薄板或白鐵皮割成所需線脚之剖面形。)繪刷線條如所需要之線脚形式，然後在兩端依形線先加斫鑿，次及中間打剝，而麤搏，而細漉，而斫砟。欲求線脚之挺直與準確，須用一直尺，即平直之木條，頻加試探。用機器鑿製線脚者，法與刨金屬之鉋床同，即將石置於活動之床上，頻頻來復，每經一次來回，漸將無用之石剝去，而漸漸形成線脚矣。

文明之進化無已，機械之改進亦日新。上述將石置於石床上，如推刨金屬之法者，已成明日黃花；現在普通咸以氣壓錐鑿代之。

試以機製與手工兩者所成之石面，作耐久之比較，則機械不敵手工。何哉？蓋用機械連續斫砟，以致石面發熱，發生化灰作用，此後復經空氣之侵蝕，故毀壞自如較易。然倘能於斫砟之時，將器械保持冷度如手工者，並防止震鑿過猛，以致受傷者，則其耐久性自亦佳勝。

磨　礱　磨礱之工，係將石面用砂石與水磨礱，俾成光潔；於初磨之時，應加黃砂，漸磨平整，漸將黃砂減少；最後僅用砂石磨之。若有大宗石面，須加磨礱者，應用機器為之。機器磨擦，單用砂石與水，無需黃砂。

磨　亮　精實之石，如花崗石，雲石等，經將石面磨礱後，復施磨亮，法將石置於機器圓桌之上，用調合粉（石膏粉，滑粉與硝酸等混合之粉。）橡皮磨擦後，即呈晶瑩光鑑之鏡面。

圓　工　將石鑿成圓體，若圓形之柱幹，見三二六圖，或大型之圓線脚者，謂之圓工。

圓壓地工　將石鑿成凹圓形，如大型之凹線及法圈圈底者。見三二七圖。

圓圓工　例如石工之剜鑿圓柱，並作凸肚形者，見三二八圖。

圓圓壓地工　石工之於內底成圓凹形，如圓頂之內背等者，見三二八圖。

圓形線脚工　係為平面或立面之呈圓體，而線脚則盤繞於此圓體者。見三二五圖。

陰　角　兩條線脚之銜合於陰角，而其角度小於一百八十度者。

陽　角　兩條線脚之銜合於外角，而其角度大於一百八十度者。

陽角轉彎　線脚之盤過陽角，止住於一個平面者。

蛀紋工　此項石工，大都用於牆角限子石，邊綫闊六分，邊框之中，斫鑿殊不整齊，如蛀蟲蛀蝕之紋，其低陷之處，更用鑿鑿成麻點。如三二二圖。

起槽工　此種石工，亦大都用於牆角限子石，四面邊綫切齊，中間突出約三分，鑿豎直之條子，闊亦三分，見三二一圖。

基礎及大方脚　石牆之築砌，大抵起於三和土基之上；然遇石脚之基礎，則單將不整齊之面，加以施平。大方脚普通二皮，條石剖面形長方，厚約九寸，而牆垣即築於其上。見二三八圖。

石牆之分類　石牆之分類，略如下列數種：

一，亂石　小亂石；亂石草砌；亂石灰沙砌；冰片式亂石；亂石正砌；不正砌；方石亂經砌；亂石正經砌。

二，整石正經砌

三，石面　石面磚背；石面亂石背。

亂石牆垣之築砌，厚度殊不甚厚，最多不逾九寸；形式一如普通亂石牆，亦不整齊。

亂　石　牆

小亂石牆　此種牆垣，頗行於粉筆石區域。蓋此種礦區之碎石，於礦底特多。且此小亂石之體積特小，形體亦極複雜。較大之石，則選作牆面，其露於外層之面部，特選佳質者任之。在門或窗之旁側，則砌以磚塊或石塊，俾臻穩固。小亂石每砌六尺，必間一帶磚砌，或較大石塊鑲砌之腰箍，如二四三圖。牆之以小亂石鑲作浜子，藉增觀成者，亦頗具雋味，如三二九圖。

亂石牆 以不整齊之亂石，築砌之牆垣，是謂亂石牆。

亂石旱砌 在石礦礦區，築砌牆垣，每用亂石疊砌；然不用灰沙，每皮之高度約十二寸，上蓋壓頂，俾抗雨水，如二四〇圖。

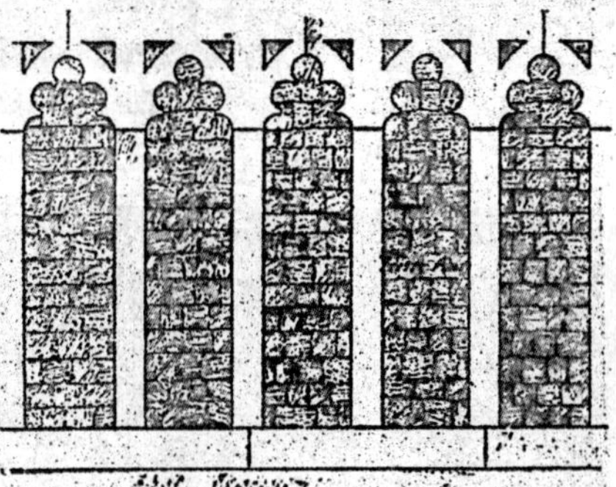

附圖三二九

亂石灰沙砌 選擇礦區疊石之較整齊者，用灰沙叠砌，如二四一圖。

冰片式亂石 此項如二四二圖之牆，用石灰石築砌，每皮自六寸至三尺不等。然此牆適用於外牆，而不適用於內部牆垣，以其有生潮之特性也。

亂石正砌 以亂石組砌成行，如石之太不整齊者，用器將突出之角劈去，俾略為平齊，如三三〇及三三一圖。欲節省每皮石工窩砌灰沙之煩，則僅砌出面部份；而中核則以亂石片實之，然後澆灌灰漿。

亂石小鑿砌 集各種大小之石，組砌成式，而此牆之命名，係

圖三三一

亂石正砌

圖三三〇

得自小塊之石，如三三三圖。中有叉線者，是謂鑿石，原於英文之Sneck stone。三三二圖為此牆之剖面。

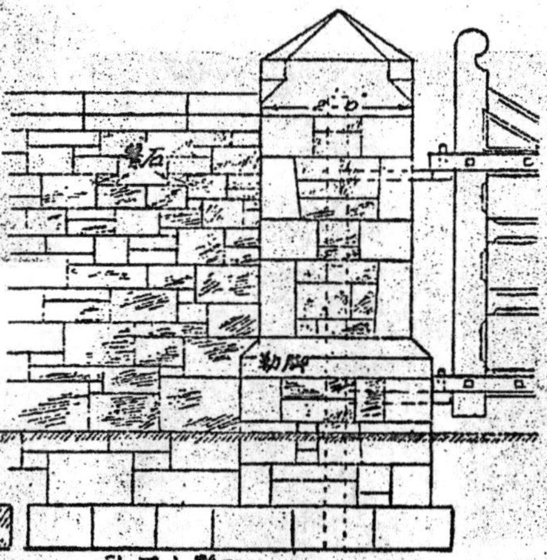

亂石小鑿砌

圖三三三

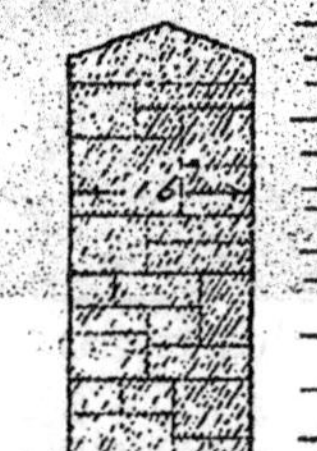

圖三三二

整石亂砌 石之大小，雖不一致；然均方正，以之組砌成牆，如二五三圖式。

整石正砌 整塊之石，依式組砌；每塊石之頭縫，不與對上之一塊相同，而與更上之一塊同，如磚作工程之頂走砌者，見三三四及三三五圖。角上更有限子石，石之四緣正中面，係毛石面者。

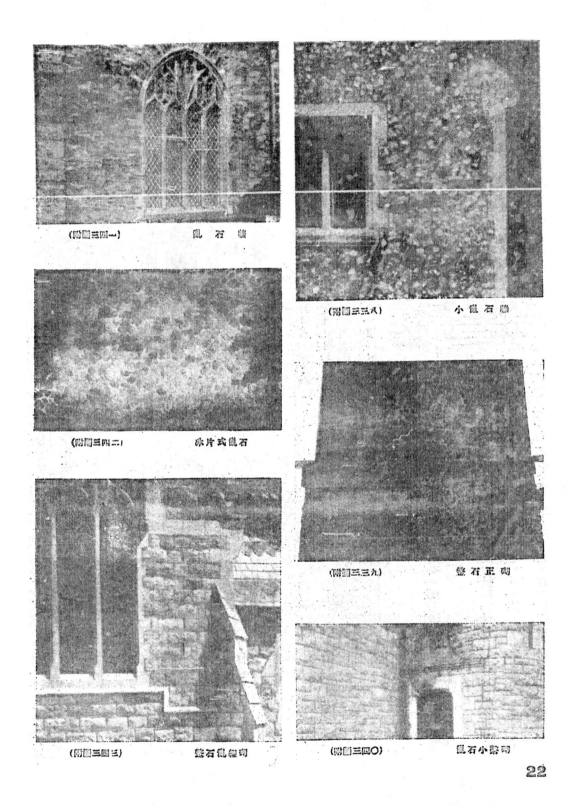

(附圖三四一) 亂石牆

(附圖三四二) 冰片式亂石

(附圖三四三) 整石亂縫砌

(附圖三三八) 小亂石牆

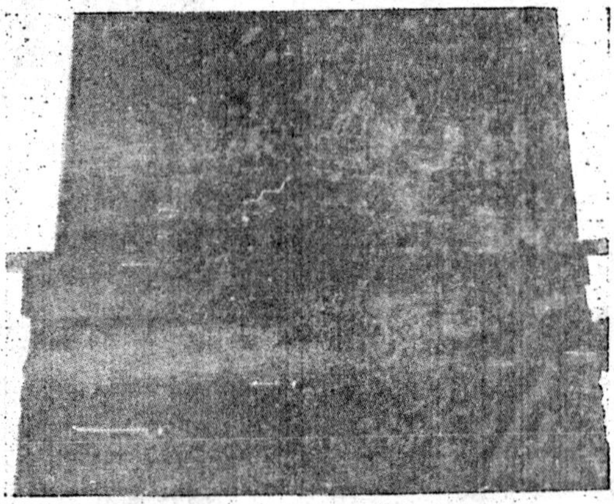

(附圖三三九) 整石正砌

(附圖三四〇) 亂石小縣砌

蘇包式砌 石之組砌，式如磚作工程之蘇包式者，卽在每一皮上以一頂一走間砌者，見二三六及二三七圖。

石工 凡以石作壁壘，壁之裏外完全用石，或外面用石裏面用磚襯砌，或用亂石者。石工之出面部份成皆斫琢正齊，面部及側面，底面，亦妥爲工作者。普通厚十二吋，而接縫最濶不過一分，見二三八及二三九圖。其組砌方法，猶如磚作工程之蘇包砌式，而每塊石之邊口有作釘邊或角楞者，見二三九圖。

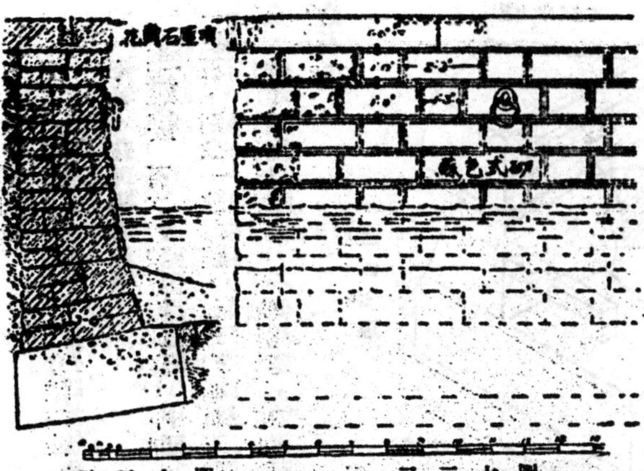

圖二三六　圖二三七

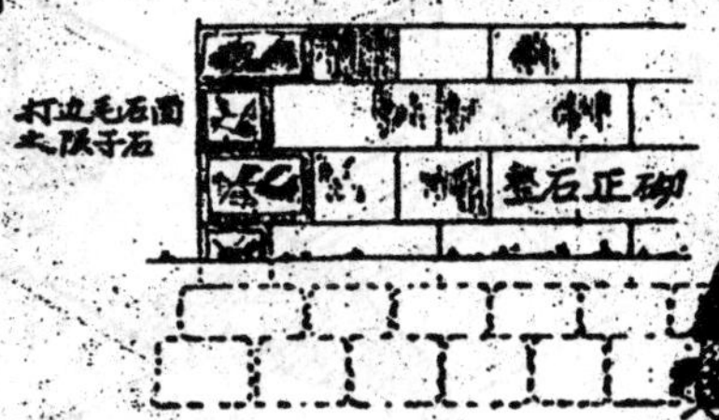

圖二三四

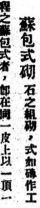

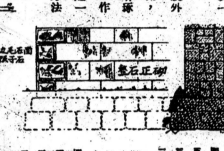

圖二三五

接縫 石工組砌之接縫，事前應於工作圖上愼密計劃之。最要者依照古典式則例搆築，如二三七圖，殊爲重要，須注意下列各條：

一、每皮之平面，必須佈成直角，以應自上傳下之壓擠力。

二、合接之處，不受他部牽壓者，如窗檻，地檻之橫斷應力。

三、接縫處之石，不使成銳利之角。

第一條所述者，關於任何石工之平面佈成直角，則無斜傾滑瀉之弊矣。

第二條係特爲窗檻地檻及過梁而論；蓋窗檻或地檻若於其全長度加以窩砌，則兩面墩子或牆垣下沉時，勢須遭受斷裂之患。欲制止此弊，應將檻之兩端窩砌，而使中段留隙。在小空洞之上架置過梁，則可節省石料，如二七九圖。他若大空洞上架設過梁，以擔受上部壓下之分量者，另詳過梁一項。磚作工程之窗檻或地檻，常於事後補嵌；藉使新砌牆垣下沉時，窗檻或地檻不受斷裂之影響。長大之窗檻石，如三一四圖，係依窗旁牆角度頭切斷之，斯亦保全窗檻不受兩旁度頭下沉而致斷裂也。

第三條，關於柳條蕊石工窗堂之邊梃中梃與上部柳條蕊子接合之處，或其他類似石工之鑲接工者。所謂石者，係由細粒所組成，故凡銳角，殊易剝落，因之柳條蕊子雖有弧形者，應加截短，而接合之角必成直角，如三一四圖。他如任何束腰線，柳條蕊子及其他線脚，均不能在轉角處鑲接。石工之接合法式，有下列數種：

一、雌雄接縫

二、錠筍接合

三、避水搭接

依據第一項下，復分雌雄接縫，三均接，水泥膠接，插筍接及石卯接等，茲再續述如下：

雌雄接 石之邊際兩邊低陷，中間一條突起，形成一條雄縫；而對面之另一塊石，則成一條雌縫，如三四四及三四五圖。此種式制之石板，普通用於平臺，俾雌雄縫口咬接，不使活動；並可藉互依之作用，而分散擔力於每塊平臺之石。

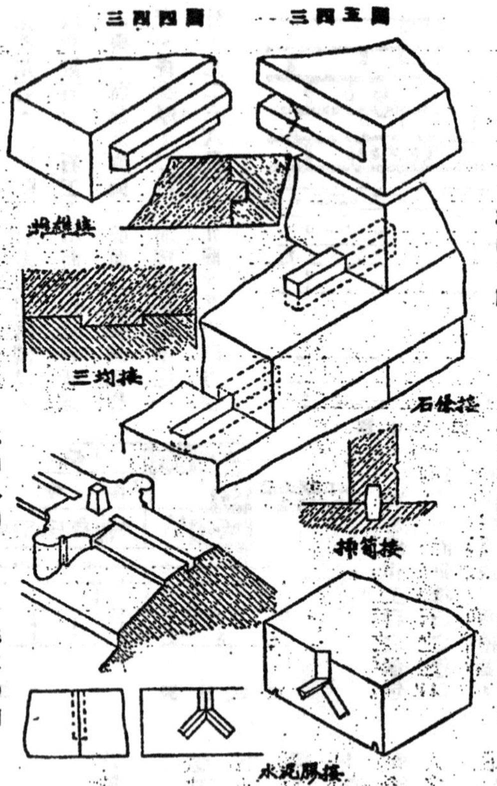

〔附圖三四四至三五一〕

（待續）

介紹建業防水粉

宮室之美，為文明進化之象徵；西洋文明，較我國為發達，固無可諱言者，建築即其一也，故其房屋之崇高偉大，室內之講求衛生，每為吾人所豔羨者。惟近年來我國建築界之貢獻，亦有顯著之進步，建築防水粉即其一端，該粉功能防避潮濕，使建築物乾燥，對於人身之健康，及器具衣服等裨益匪淺；具油毛毡防濕之長，而無油毛毡易腐之弊。至品質之優越，尤其餘事耳。聞滬上福煦路浦東同鄉會及漕溪路曹氏墓園等工程，均採用該粉，成績卓然。製造該粉之中國建業公司在上海愛多亞路中匯大樓云。

國外建築界奇俗攷

朗琴

建築界每多奇俗，如置放奠基石之類，積習相沿，吾人往往不加究詰，照例遵行者。但處今文化昌盛之日，在置奠基石之時，雜貯報章刊物，通用貨幣及其他瑣屑物件，抑亦未免怪悖不倫。雖云此舉在保留今日之文化，備供後人之參考，但此語在昔尚能自圓其說，今日則有其他善良方法，足代此舉；若仍沿用舊習，難免因循之譏矣。

願樹葉常綠！願閤宅平安！

自批評方面言，置放基石之典禮雖覺奇突，然尤足稱怪者，即在屋頂豎立矮樹是。(見圖)此種習俗幾與置放基石同樣普遍，但其起源及用意，則不可知。嘗見建築工程之骨搆造至最高點時，工人即縛樹枝或灌木之類，繫於頂點，怡然取樂，此在局外人亦所深知。英國名此曰「升頂禮」(Roof-raising)。在美之中西部，因此種禮節通常用於倉廩，故有名之「升倉禮」者(barn-raising)。在東部則下至茅廬草舍，上至摩天高樓，均以樹飾頂，如數年前紐約華爾街之五十三層大廈歐文信託公司，當時即以縱樹飾於頂柱者也。

試究此種舉動之用意安在，雖建築工人亦不能確切答覆，言人人殊。有謂此係為搆築至最高點時之一種紀念。有謂此係表示在建築之過程中，並未發生不幸事端。有謂此舉能使工人及該屋將來之居住者得享幸運。但此均為一種傳說，吾人繼自祖先，盲目遵行，固不問其底蘊也。

習俗背景之檢討

欲明此種習俗之起源，必先追溯人類文化之初期。原始人巢居穴處，樹木對其生命，實甚重要。蓋樹上果實纍纍，取摘不竭，維持生計，唯此是賴。復以低垂之樹枝，蔓延之葛籐等，形成一種天然棲身之所。至於已枯之木，則鑽木取火，作為燃料，以遣長夜，衆可取暖。此時人類對於樹木，漸起崇敬之心，而拜樹敎於焉發生。彼輩認為樹木多有獨立之人格與精神，正如人類相同。瑞典及挪

初民留樹之頂，使其神靈不滅，託庇體俗。

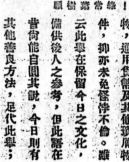

屋頂升樹旣畢，工人列隊歡呼。

成等國居民，且謂人類源於樹木者。故人類死後靈魂歸復於樹，於是樹木能有知覺，又爲彼輩必然之論斷。據云現時居於Needwood Forest（英國古森林）之居民，在斫伐樹木之前，必須先得樹木之允許(?)，由砍樹者喃喃祝禱，祈求許可，否則蓋恐遭殃也。此種習俗，世界偏僻之處，現尙存在。即如德國古代法律，亦曾規定有敢斫伐長立之樹者，處以重罰。其酷刑如將犯罪者之臍帶挖出，釘於彼所斫伐之樹上，然後驅之繞樹而行，使其腸臟圍於樹上而後已，此舉蓋使已枯之樹皮，灌以沸騰之熱血，使其復活也。

第一次之屋頂豎樹禮

原始人因畏敬樹木之故，不得不放棄結樹枝而成之茅舍，別圖棲息之所，此尤爲婦女所迫切要求者。但有一困難之點，即樹木建屋之主要材料，若加採用，如何始可避免其憤怒；否則疫癘饑饉，火患災難，將相繼而至，殊費考慮也。幾經思索，唯有仍向樹木祈求，得其允許，然後斫伐。迨樹木表示首肯(?)，彼輩始敢擢伐。繼思樹身變架爲屋，曷不留其樹頂枝幹，俾樹木之靈魂得以長存。於是房屋落成，屋頂樹枝飄搖，多一點綴。並爲表示誠意，慰藉樹魂起見，乃開張筵席，舉行慶祝。並將酒澆於樹之四週，解其饑渴。然後合家聯歡聚餐，狂呑大嚼，以賀新居之完成也。

動機之變換

時代不息前進，崇拜樹木之觀念，亦隨之變換，進展至最後階段；在人類心理上，卒將佈樹有靈魂之說，歸於消滅，而進化至森林之神，自由來往於樹間者。此神已不若先前之凶殘，而具有一種新的足資欽敬之性格。舉凡日光之映照，甘霖之下降，稼禾之豐收，及婦女之多子，牲畜之繁殖，皆其所賜也。

此時屋頂豎立樹枝之習，雖仍存在，但已不若先前之乞憐於樹，求其寬恕，而在謀森林之神，得有安全棲息之處，藉此並可庇護其土地之肥沃，人畜之蕃衍。迨後人類復將屋頂之樹，飾以彩色之帶，光亮之紙張，及繪色之蛋，與成束之鮮花等。蛋與鮮花蓋爲生命與肥饒之象徵，此時人類亟望五穀之豐收，牲畜之繁盛，實爲形成此後農業社會之一因也。

歐洲之屋頂升樹禮

瑞典名屋頂升樹禮爲「答拉沙」(Taklasol)，意係「屋頂啤酒」(roof-beer)，由此可以窺見此種典禮之性質。瑞典與挪威所盛行者爲赤楊木之花圈。此種花圈用紅絲帶相繫，懸於屋之頂端。有時並以尖塔形之燈懸爲花圈之正中，其邊則繪書建築師與承造者之姓名，並建築用具如斧鋸鐵鎚之屬。德國有數處則將樅樹紮成皇冠形，並繫以光亮之彩帶等。每逢此種典禮，人民至爲與奮，舉凡學校學生，及鎮長市長等，均在被邀之列。隊伍排列成行，向新屋前進，花冠則由全鎮最美麗之女子執持。到達目的地後，由工頭置於屋頂，並喃喃祝以頌辭焉。

迎合潮流之升旗禮（旗[illegible]懸工人揚手[illegible]廈）

美人對於此習之觀察

美人之與此禮節相對者，厥爲中西部農人自造倉庫之升倉禮。此種集合與其謂爲具有社會性的，不若謂爲實利主義者。倉主將建築之骨架準備後，邀集鄉間鄰居，羣起助其豎立，此時婦女則準備筵席，以便歡飲。迨倉庫之骨架舉立，則樹枝已飄搖屋頂，羣來亦開懷暢飲矣。

近時屋頂升樹禮，雖有規模極大者，但均具有娛樂之性質，有若吾人之對於聖誕樹。但聖誕樹不僅點綴佳節，尚有其他意義。業主常乘此良辰，邀集親友，建築師及工人等，盛張筵席，藉資聯歡。此舉實使上下之間，發生好感，直接之影響，並能使工匠勤愼工作，增進技術上之效能也。

近時之代替物

此古老之建築界舊習，現已進展至最後階段。較大城市，樹木不易常見，故有以國旗代替樹枝者。國旗雖爲樹枝之代替物，但有樹枝，仍屬採用。最顯著者，如數年前之紐約人壽保險公司大廈。紐約並有一公寓建築，初用旗豎立屋架之頂，後由工人自鄉間採得樹枝，即將旗除去，代以樹枝。蓋鋼架之建築物，不盡用旗替代，美國全國之造橋工程，幾全用樹枝飾其頂端也。

文化日進，思想殊異，昔時豎立樹木作爲增進幸福之象徵，此種觀念已不復存在，不久且將歸於淘汰，而全以國旗代之。此舉之解釋，乃爲建築工人愛護國家之表示，現已公認之矣。

玻璃磚

朗琴

現時房屋建築，有以玻璃爲磚者，多用於屋之內部。此種新穎建築材料，不僅增飾美觀，亦能引人快感。例如一餐室之牆，全以玻璃起砌，室外種植仙人掌或其他植物，花木扶疏，隱映窗上，對影淺酌，至饒幽趣。查此種玻璃之功能，係爲半透明者，和柔之陽光旣能照入，而室內之行動，則不爲室外所窺得。揩拭亦易，常能保持清潔，且寒冬酷暑，火患氣薰，霧靄酸質，油污惡味等，均能不受影響。現時房屋設計者已將此種玻璃磚，充分採用於廚房及浴室等建築。若房室之不欲使人窺見者，則將此磚用爲窗飾，俾便陽光之射入。此種玻璃質地堅固，不易損碎云。

建築史（八）

杜彥耿譯

羅馬建築

總論

地理，歷史及社會

一二九、地理　早期文明之孵育滋長，薈萃於地中海諸岸，如埃及，腓尼基，希臘，依特剌斯坎及迦太基等，咸由强盛而趨衰落。獨意大利雖係古國，至今仍巋然獨盛。（見八十圖）意大利半島與歐洲大陸間之聯絡線，被崇峻之阿爾品山脈所阻斷。在阿爾卑斯山西麓，則亞平寗山起矣。意延半島，意大利因被劃作二部。曰北部平原者，界於兩大山脈間狹地。既有亞平寗山屏於其南，更有地中海與亞得利亞海圍於東西兩岸，故此平原實為豐腴之地，而其他一部，大體均為山地，有阿諾江與台伯江，及伊特魯立亞，拉丁姆，坎佩尼亞等諸平原，位於亞平甯山之西。

一三〇、地質　平原多為淤積之地，大都係自火山灰燼與沙泥等凝結而成，故石灰石與建築用石雲石等殊夥。

一三一、氣候　意大利南北兩部氣候之不同，是為值得注意者。北方之平原，因阿爾卑斯山巔積雪所播冷風之侵襲，故氣候寒冷，而南部則因地中海熱流之傳遞，故氣候和煦，據多方之考察，其地氣候極如西班牙南部諸省。

一三二、宗教　羅馬宗教之崇尚者，是為人之想像偉力與自然之現象。故朱匹忒為光明之神，朱諾與係雅娜為月神，味斯塔為火之聖母。其他如土地之神，農事之神，是皆為羅馬人所崇奉者，

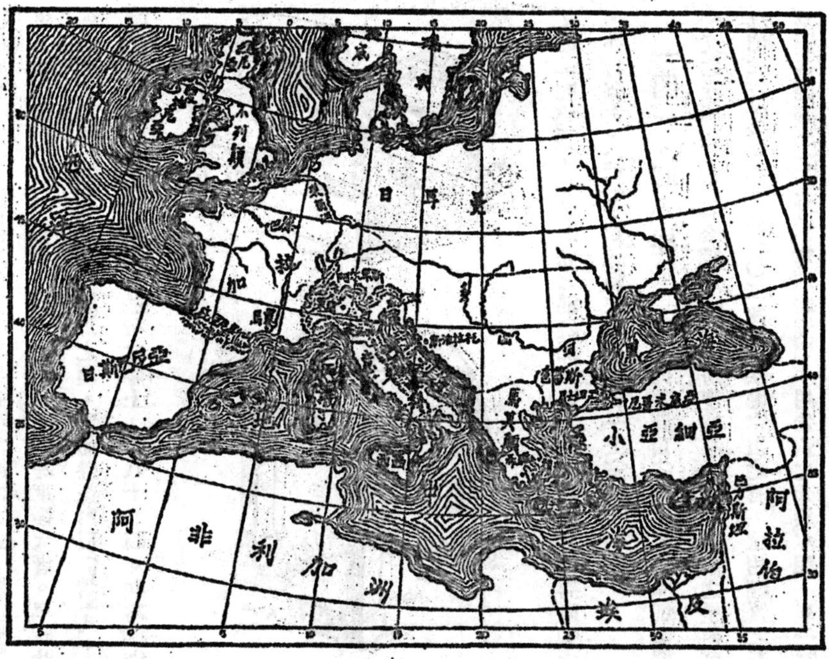

〔附圖八十〕

並特定節日，以行祝祭等禮。

一三三、歷史　意大利最早之居留者，尚在歷史有稽考之前。迨後落於皮拉斯齊神之掌握，復經希臘與羅馬言語與神話等之媒介，爲所融化。繼起者爲伊特剌斯坎。時文化漸盛，入後則此盛强一時之帝國，漸然衰崩，時拉丁乘機崛起，遂壓伊特魯立亞，是爲羅馬恢復國土之第一次。根據傳說，羅馬於紀元前七五〇年，選舉國君以後，則世代相傳。迨至第七代塔克文尼阿斯．蘇必勃斯時爲二四〇年之後，則改制共和，迨近紀元前之五世紀，羅馬共和國，開始克制其鄰境伊特魯斯坎數城，但被克勒特族抄台伯江之掠侵，立即恢復其失地，並將羅馬攻陷，付之一炬。重操戰勝之權威，回復其以前之地位。但意大利從經艱困之奮鬥，卒有其南部與中部之根據地，復經第三次甲胄戰之成功，始再稱霸　時爲紀元前二九〇年也。

（譯者按：一三四至一三九節因全係歷史上之鬥爭。略地史，與建築無關，故從略）

羅馬建築之風格

圓穹建築及其則例

一四〇、法圈屋面建築　伊特魯斯坎藝術，佈種於早期之羅馬後。漸感希臘建築之影響，而採行希臘式例及其建築方法。然對於伊特魯斯坎之法圈建築，依舊保守，並不放棄。茲後復經羅馬建築師之從而發揮之，則凡面積巨大之屋宇，亦能以法圈屋面覆之。並逐漸發展完美，兼可應用於涵洞橋梁，故法圈之高度與跨度，往往頗巨。因習用法圈之故，又定出各種法圈之方式，若建大廈之屋面及圓頂之於公共會堂浴場及其他場所之跨度極大者。早時法圈屋頂之式，殊爲簡單，其半圓形之頂，猶如捲蓬車頂（見圖八十一）祇係連續之法圈，起於兩脚並行之牆上，若八十二圖。則爲縱橫交叉之法圈穹頂，坐於獨立之混凝土或磚石礅子之上，俾將兩旁之牆，亦行删去，庶集多數綜錯之穹頂，成一大室。

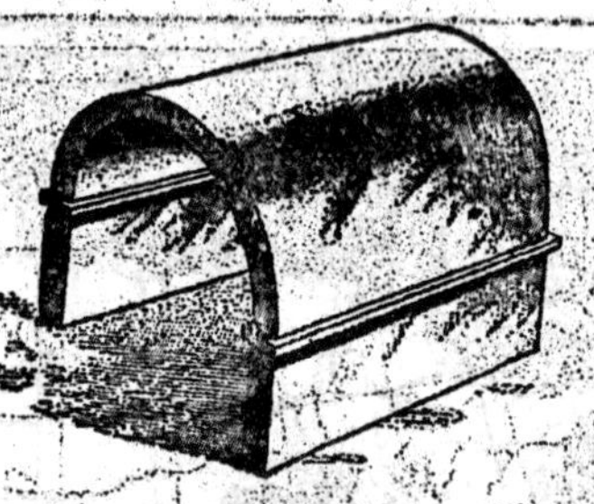

〔附圖八十一〕

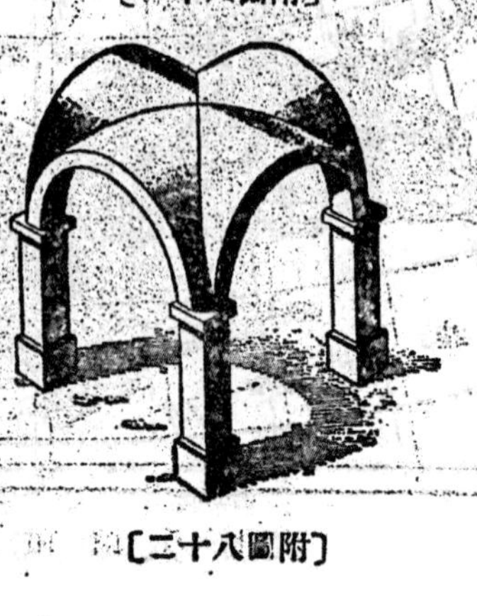

〔附圖八十二〕

一四一、圓頂建築　從建此種圓頂之法，更進而創出縱橫交叉之法圈穹頂，聯合綜錯，坐於跨度開濶之礅子，因之屋內可任意佈成寬暢之殿廡（如一〇二圖）而法圈穹頂之石，選用輕質之石，爲澆搗混凝土之主材，穹頂之澆搗，用佳質之天然水泥，以一次澆成一個整塊，故無發生推力之弊。羅馬人能澆製極大之圓形穹頂，而圓頂之重量，完全坐於堅厚之牆或礅子。例如支托八十九圖悲諦廟圓頂之牆，其厚度有二十尺之巨。

一四二、混合則例　紀元前二百年佔領希臘之後，所得希臘建築之影響更甚。惟依照希臘之則例，如陶立克，伊華尼與柯爾新之外，羅馬復加兩式，曰混合式與德斯金，前者參融外來與其本國於一爐，後者係根據伊特魯斯坎而改變者。羅馬建築之高度頗高，故一根柱子每不能到頂，因分層搆築，每層之柱子及台口式例，各不相同者，如希臘式其下，而羅馬式其上等（見八十三圖）斯爲古時建築之一例，是即得諸羅馬馬塞拉斯戲院之一部分。

〔附圖八十三〕

羅馬建築之莊嚴，搆造之科學化，堅實及佈局之謹嚴，是其特著。但美術之精細，則羅馬實不及希臘之善飾也。

羅馬建築之例子

公共建築，私宅及紀念物

一四三、公會所 公會所者，爲一露天之廣場，用爲政治行動之集合，或審理案件及交通等，在各城市均佔重要地位。其最古者，曰羅馬公會所，係一大而不方正，四面包圍之場地，介於羅馬大寺及帕拉泰因山之間，四週有寺院，法庭，及其他公共房屋圍繞之。羅馬公會所初本作爲市場，迨後變爲公私商業買賣之場，其商舖或貨攤則設於場之南北部。公會所分爲講壇及公會所本身。有數處公會所週圍繞以廊廡，中間並設有寺廟者，搆築於離羅馬人民昔時聚台場不遠之鄰近區域。

一四四、廟 羅馬之廟，就大體言，摹倣希臘之各種方式，然亦有不相同之點，是可於古希臘與羅馬之宗教建築探求之。例如依照羅馬則例，外面廊廡並不將長方形之廟宇，完全環繞者，但八十四圖與八十五圖之列柱，係採取楹廊列

〔附圖八十四〕

柱之典式，週繞牆間，而柱突於牆面之外，約為柱子對經十分之七五。羅馬廟殿建築之含伊特魯斯坎式例者，如羅馬大寺之三殿。其因感希臘建築之影響而於羅馬倣建者，以希臘之四柱式為最多，而希臘之屋頂亦頗多倣築。最後因有捲蓬式屋頂與圓頂之引用，致起一大轉變。

〔附圖八十五〕

一四五、小型之伊華尼式福條那維類立斯廟，是即為最好之羅馬長方形廟之例子。(見八十四圖)內含一殿及一程廊，於此或其他羅馬廟宇在正面之出階，兩傍有礅子而勒脚週繞。圖八十五示法國尼姆地方羅馬柯蘭新式之廟，建於哈德良(Hadrian)時代，是為嵌壁列柱建築之最高式例。

〔附圖八十六〕

密涅發卡爾雪狄凱(Minerva Chalcidica)八柱式柯蘭新廟建築，是為羅馬建築之最優美者，位於卡匹托(Capitol)山脚，如惠思祀西安(Vespasian)所建，係雷公殿(Temple of Jupiter Tonans)現在僅存三柱。又有圓形之廟兩處，一在提服利(Tivoli)，係火神廟，又一在羅馬者，則爲創始神殿(Mater Matuta)（見八十六圖）

〔附圖八十七〕

一四六、羅馬廟宇最爲壯嚴者，允推多神廟(Pantheon)如八十七圖及八十八圖爲廟之外觀與內景，建於紀元前二十七年，爲阿古利巴(Agrippa)所建者。平面圖八十九及剖面圖九十閱之更覺清晰。廟內係一圓形大殿，前面爲檻廊，十六根柯蘭新式柱子圍殿之對徑爲一四二呎六吋，其高度自地平面以至圓頂，高與殿之對徑同。內部圓頂分成深厚之方塊浜子，外部之圓頂，現在視之不甚特殊，然其初建時必係煇煌之鍍彩金頂，後被蓋以古銅瓦片，以至不彰。紀元後六六三年，此項古銅頂瓦被君士坦士二世拆去，現在

〔附圖八十八〕

之鉛皮係於一四五四年時所蓋者。內部之圓頂殊形顯殊者，頂上圓形天窗對徑二十七尺，此種建置，誠屬世無倫比。直至現在，雖因雲石之被剝落，然依舊爲一莊嚴之建築物。當初建時多神廟完全爲獨立之建築，現在連接阿古利巴浴堂之牆垣，係在後添接者。

（羅馬部份未完）

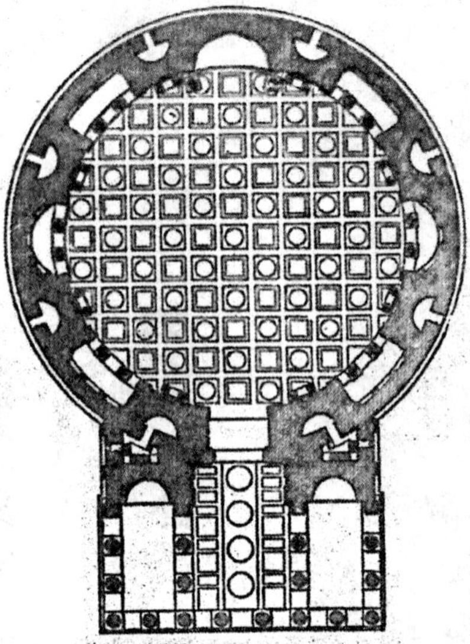

〔附圖八十九〕

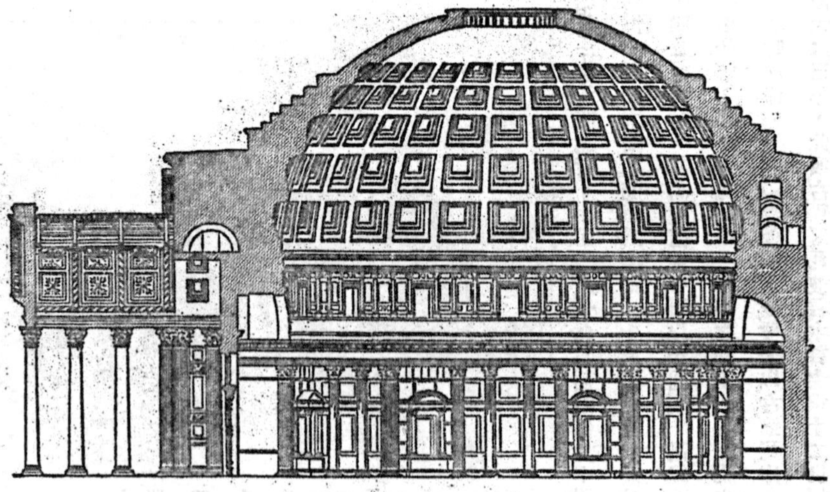

〔附圖九十〕

營造廠之自覺（續第四頁）

其實自己的人格却已失盡不算外，社會上的沒有是非，也就根此一點劣念所發生，造成種種惡果，自己也便是其中受苦的一份子。故光明正大，才是處世立身之本，利人適足以利己，尤其是建築師工程師處處要保持師的尊嚴，師的中正不偏，與師的人格完全，而建設機關中的技術人員，也要同建築師工程師一樣，把自己的人格看作第二個生命，不要對包工者施欺騙。要知道包工者原是國民之一，他把所受到的欺騙手段轉欺他人，這樣循環報施，國家決不會得着好處。

營造廠之亟須自覺者，在已投標賬後，不應再有減低標價，互相競逐的行為。同業公會也應趁立法院將現行法放任主義改為干涉主義，以適目前實際需要修改同業公會法案之便，嚴訂規則，加以取締；他如會員不遵守公會決議，或不出席各種會議，應如何分別情節，加以處分等法案者二。

營造廠於標賬決定後，辦理簽訂合同手續之不平者，例須現金担保外，再加信用担保及合同條文之種種不平是，試舉現金担保與信用担保之不平言之，營造廠素例在簽訂合同時，應先向業主領取造價若干，而復由營造廠找覓妥實信用担保人，担保該營造廠不致領取造價定銀後，發生變故，方得謂平。但今日營造廠與業主簽訂承攬合同，非特無定銀之收受，反要拿出現金担保。更嫌現金担保之不足，加以信用担保；兩者兼施，營造廠實受苦萬分。縱營造廠既須提現金作担保，復須墊款將工程築至相當程度，經建築師或工程師愼重勘看，認為滿意，方簽領款證書，持向業主收取第一屆造價。屆時該業主若係殷實可靠，自無問題，設因該業主忽生變故，領款無着，除停止工作，向法院控訴，損失當已不貲，而合同中對營造廠則束縛重重，獨對業主則無罰將全部造價預先存儲銀行，只作造價，不移別用之規定，故危機殊大，爰引實例如下：

(一)著者於九年前承建某局新署工程，初不知其負欠怡和洋行儀器費三十餘萬元，不能清還，及新署建築費無十足準備等情，貿然從事，結果是賠錢，費口舌，吃力不討好，中間復經北伐軍事的大變故，局長與重要職員的更換，致其間所遭受之麻煩，更難縷述。

(二)一個業主租地一方，即在這地上設計建築市房，工程開始，收了營造廠一萬元的現金担保。至第一期付款時，付兩張期票，一係七千元，一為八千元。到期兌現八千元的退票。經幾度往返催理退票，而第二期領款又屆，該業主毫無辦法，祇得停工。後幸地主出而取消租約，工程得由地主付款，繼續完工。

(三)在熱鬧市區中租屋一處，委託建築師設計將該屋改成最時式之食堂，將原有房屋拆得單剩一個外殼，內部完全更動。中途這最時式食堂的公司解體，不單營造廠損失無着，連建築師的公費，亦無從索取，惟有控訴發起人。此案業已三年，尙未了結。

(四)愛多亞路西段一片空地上，立着幾根鋼筋水泥柱子，露於柱外的幾根鋼筋，銹爛得快完了，這便是業主無款，中途停工的陳蹟，其他類此的很多，不必列舉。

業主應將造價十足準備，不特單為營造廠之保障，抑亦為一切木材水料商行及工人等的保障。因工程若為款絀停工，營造廠亦當不能付清行款及工款，故行商及工人亦連帶受害，影響所及，不祗一個。

業主將造價十足準備，建築師工程師的領款證書，可比殷實銀行本票一樣信用。手續與信譽都由此健全，不若現在一紙領款證書，業主擱着不付，並要指出許多不近情理的指摘，對於工程上種種，吹毛求疵，實行其延宕不付款的政策，而令中間之建築師或工程師，多方為難。這全由於合同條款不平等所種下的病根。

營造廠的自覺，是要堅決反對現金担保

制度，並不要認作有奶的便是娘，應當審察奶裏有沒有奶汁者三。

至於條文中之關稅統稅的增加，亦由承攬人負責，與任何不測事件之發生，亦由承攬人負責等條，殊為不妥。蓋關稅與統稅的增加，或國家新增任何稅則，自不能由承攬人負責，此理甚明。例如水泥統稅，初本每桶六角，後於民國二十二年十二月五日財政部通令於該日起，統稅每桶六角，改為一元二角。此種稅率之改變，不若貨物市價高下，可以預訂合同購辦，物價漲落無何影響者可比。現幸中國建築師學會特訂統一工程合同及建築章程，尚稱公允。惟仍有多點，未臻完美。例如一件工程或一種建築物之須經建築師或業主之滿意是。因業主之對建築為門外漢，故將建築師為之設計監造。今復於章程中授以滿意之權，則彼藉此所賦一條，百不滿意，建築師工程師將以何術彌縫之？此非特建築師工程師之作繭自縛，承攬人將於兩個嚴竅之下，誠難乎其為媳。此為營造廠亟起自覺在條文上起一翻革命掙扎者四。

自招標以至開標，簽訂承攬合同，既有如許不直，則於實施工程以至完成，其間種切，何祗十倍於此，故亦不便一一詳列。若以抽象的講，黃砂不潔，必要時須加洗濯；這條在任何一份建築章程中大概都有這樣的一款。但是事實上洗濯黃砂，誠可說是僅有。然今有一駐場監工，指斥黃砂不潔，必須洗濯，承攬人不能反對不洗，在上者也不能指說他不是。如此洗了一回，尚稱不潔，須要重洗，並申說這些洗黃砂的工人不靈，漸漸說到他自已有工人介紹，可以包洗。承攬人至此，也只好遷就。此後彼所介紹之工人，不必真將黃砂洗濯，黃砂也就不潔自潔了！承攬人處此情境，除用餽絡手段，此外毫無保障。其於餽絡手段不敏者，輕輕被加上偷工減料四字，已夠麻煩。嘗有一承攬人，自從去年二月被扣到現在，尚沒有下落，這種事情，在吾國固屬特有，要亦為營造廠人之智識程度低淺者居多，故遂有此種事件發生，而一般營造廠人對此案件尚漠然視之，一若與其風馬牛不相關般。人言兔死狐悲，今遇兔死狐不悲，無怪在建設進程中極佔重要之營造廠，其地位之低落，有不可想像者，要亦非無因也。此為營造廠亟宜自覺者五。

（未完）

快燥水泥

快燥水泥，原名西門放塗，為建築材料中之最新出品，用以拌製泥凝土，一經備用，在二十四小時後，其堅硬之程度，足與普通水泥澆後三個月者相埒。按此種水泥之製造，係以石灰及鋁屬礦物鎔解於高熱度之爐中。然後將其傾倒而出，盛於陶器之中，一如溶解之鋼鐵。迨凝結後將其據成粉狀即可。自此種水泥發明後，在鋼骨水泥建築史上，實開一新紀元。此種材料用於房屋及堤防道路等建築，尤為適宜，而不受海水及硫磺質水性之溶解，尤為其特殊之點。本埠經理處為北京路二號立興洋行云。

更正

本刊第四卷第二號「中國之建設」欄內所載江西中正橋造價二十八萬元，係總計造價九十餘萬元之悞，合亟更正。

居住問題

中國式私人住宅

杜彥耿

作者曾於上次中國建築展覽會中，與多人談及中國式私人住宅，應特倡一種新的式樣，平面佈局，須既經濟又適用；外表觀感，須具有中國的風味。建築展覽會閉幕後，特倡一新的中國式住宅式樣之動機，日縈旋於作者腦海中，因不揣謭陋，於本刊住宅欄，作公開之研討焉。

本期所擬之住宅，下層內含客廳，起居室，三個臥室，浴室及廚房，伙食房，衣櫥等。上層汽樓中為二個臥室，貯藏室，川堂及碉樓一處，碉樓亦即為水箱間，設於水電不通給水不便之區，自鑿一井，將水抽引至水箱，濾灑後，復經水箱，接管通至廚房沿室等處。水箱間作成碉樓形式者，所以防宵小之侵刼；並可藉此登樓照探及抗禦。

圖之右邊下角，示壁間煤油燈之裝置，俾電流不通之區，於壁間通隙置煤油燈，光可照兩室，煤氣由壁孔上洩，使室內無惡臭之弊。燈藏壁間，外罩玻框，玻璃上繪以精巧之圖畫，妙趣不下於電燈及壁燈；而最便利者，熄燈時不必將燈取出，祇須將壁間機紐移上，則索於棣上之鐵蓋下，火自熄滅。倘於黑夜起身需亮，則可於枕下預置電筒，以備需用。

欲別倡一新的式樣，固匪易事；貿然之間，欲得佳構，亦屬難事，故下期平面圖不改，擬致力於立面圖之改進，冀有所得，以供讀者。讀者倘能於每次之平面佈局及立面式樣，加以批評，固不勝企翹者也。（本期圖樣見後頁）

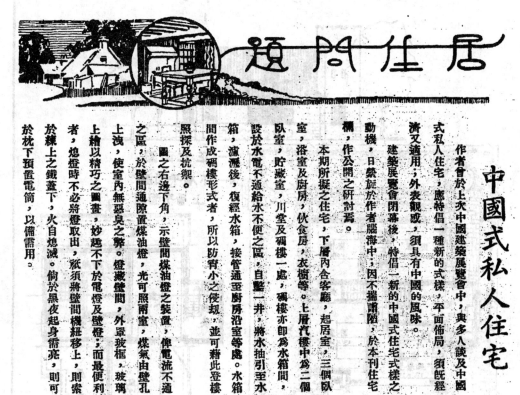

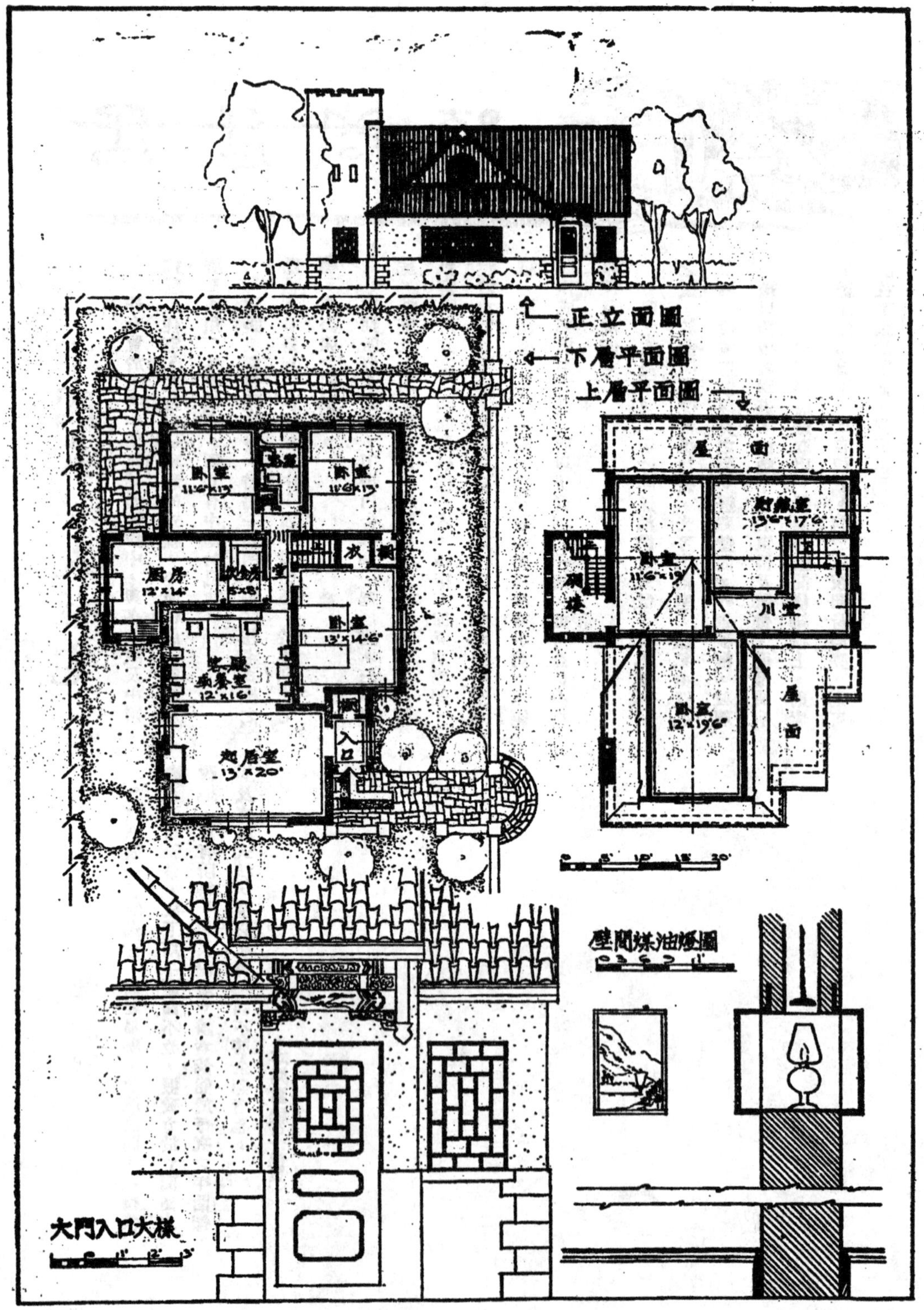
正立面圖
下層平面圖
上層平面圖
屋面
臥室
廚房
12'×14'
臥室
13'×14'6"
起居室
13'×20'
入口
臥室
12'×19'6"
屋面
壁間煤油燈圖
大門入口大樣

計擬之中國式私人住宅

希臘古典式建築，通常每因室位過大，地面浪費頗多。但此屋設計，僅佔地25'×33'，式樣壯觀，至足引人注意，宜其得美國優良住宅協會之榮譽推薦也。屋之正面漆以白色，其他外牆係用牆面板，窗戶，外面之門及屋頂木瓦則為綠色。

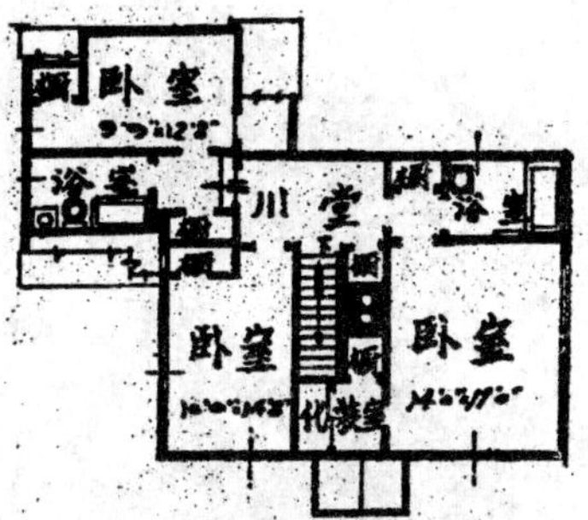

上層平面圖

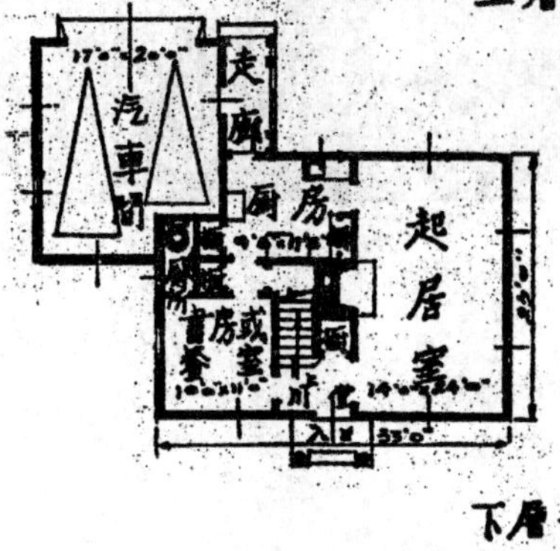

下層平面圖

張效良先生遺像

悼張效良先生

先生諱毅，字效良，江蘇南匯人。年十七歲，卽繼承遺緒，置身建築界；發揚光大，蔚成吾業巨擘，足允克紹箕裘者矣。歷任上海市營造廠業同業公會主席等職，對於本會之發起，亦多所贊助。其他團體公益事業之有關大衆福利者，靡不踴躍參加，惟恐落後。先生處世應事，待人接物，一以精誠純篤出之；光明磊落，肺腑相示，使人於晤談之頃，油然興敬仰之感，蓋以德動人，其力至偉也。同業間有糾紛，得先生調停，片言立解，重於九鼎。私人請求週濟者，更竭誠相助，力促其成；富而好施，於先生見之。惟先生自奉甚儉，力戒奢華，日常生活，撙節是尚。所主持之事業至夥，如久記營造廠久記木材行等，不殫細述，事無纖巨，必躬親處理，不容簡忽。以致三十餘年來，操勞操心，工作過度，近時氣體，較前日見衰弱。方期加意攝養，重返健康之域，不意遽罹心臟之症，於本年六月一日巳時病故，享年五十有四。未登耋耄，哲人其頹；本會輓之以聯曰：「鴻業振一時允矣陶朱稱善賈」「鵑啼驚五夜奇哉傅說忽騎箕」，痛哉！

本會鑒於張先生爲國內建築界之柱石，品高德超，志潔行芳，立身處世，足資矜式。茲遽溘逝，實失楷模，不有追思之舉，何申景仰之誠，爰經聯合上海市營造廠業同業公會與上海市木材業同業公會，及與張先生有關或素識之團體人士等，發起舉行追悼會。並於六月十日召集發起人談話會，當塲推定籌備委員每團體各四人，負責籌備此事。卽日成立「張效良先生追悼會籌備委員會」，設籌備處於南京路大陸商場六樓六二〇號。一俟將追悼日期及地點向張先生家屬接洽定當後，卽可登報並通函各界，公開徵求參加追悼，以誌哀思。並擬設立「效良建築工業職業學校」，藉爲張先生留一永久紀念，兼盡爲國育材之意。現時國內中等建築工程人才缺之，此舉確甚切要；吾人以緬懷先進作育專材之旨，艱辦此校，當不難促其實現也。

傢具与裝飾

圖爲起居室中書架之一角。椅上之織物係手工製成，頗爲精緻。

23906

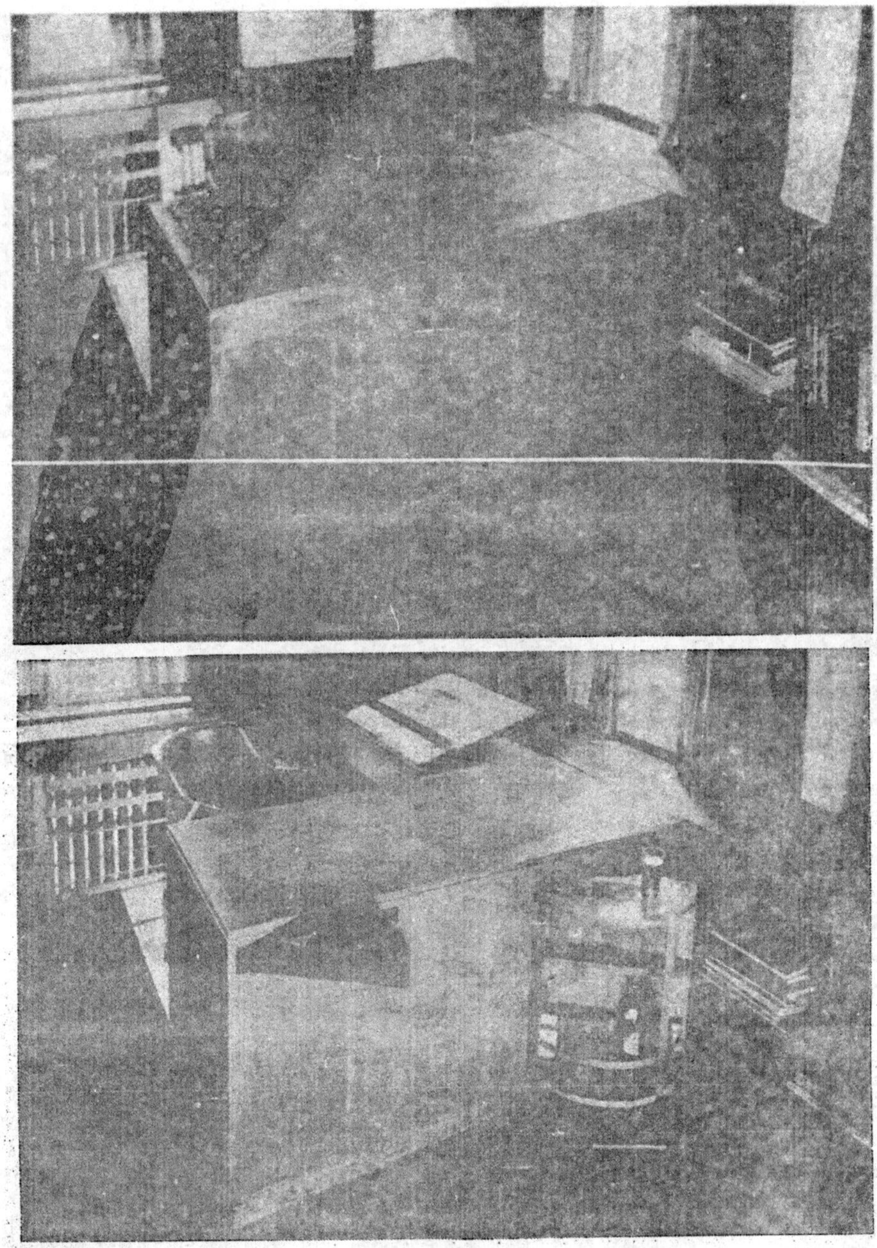

圖中室內之桌作L 形，裝置日光燈，活動圖畫板，書架，旋轉之飲料櫥，及各樣之抽屜等。電話亦裝設旋轉之架上，隱藏而且便利，至爲得宜。水汀亦圍護與桌面相同之木材，如此可以增加架櫥及抽屜等之地位，誠設計繪圖室之精備也。

本會附設正基建築工業補習學校全體師生攝影

本會附設正基建築工業補習學校第一屆畢業典禮師生合影

專載

校務委員會議決二十五年秋實行 本會附設夜校更改編制

本會附設正基建築工業補習學校，創立於民國十九年秋季，編制分初級部三年，高級部三年，修業年限共六年，按與上海市教育局所頒佈補習學校修業年限至多四年之規定，頗多未合。茲經校務委員會（現任委員為陳松齡、應興華、姚長安、賀敬第、湯景賢）議決，自二十五年秋季，就初級部各年級起，以兼顧現在之學科內容為原則，遵照規定，更改修業年限為四年，稱為「專修科」。並為補救程度較低之入學者起見，另設「普通科」一年，修習及格，升入專修科一年級肄業。原有高級部各年級，除高級三年級本學期應屆畢業外，其餘高級一二年級仍照常開班，逐年結束，俾入學各生，得竟學業。事關更改編制，已由校方根據決議，呈准上海市教育局備案，自二十五年秋季起實行。招生通告將載下期本刊，茲將重訂章程，錄刊如後：

上海市建築協會附設 正基建築工業補習學校簡章（二十五年秋季重訂）

宗旨 利用業餘時間進修工程學識培養專門人才為宗旨

編制 普通科一年專修科四年（普通科專為程度較低之入學者而設修習及格升入專修科一年級肄業）

授課 本校授課時間每日下午七時至九時普通科一年級及專修科一二年級每週授課十二小時專修科三四年級每週授課十小時

程度 本校係為秋季始業（即每年之秋季為第一學期）於每年寒暑兩假各行招考一次各級投考程度如左

普通科一年級	高級小學畢業或具同等學力者
專修科一年級	初級中學肄業或具同等學力者
專修科二年級	初級中學畢業或具同等學力者
專修科三年級	高級中學工科肄業或具同等學力者
專修科四年級	高級中學工科畢業或具同等學力者

報名 依照本校公佈報名日期及地點親來填寫報名單隨繳手續費一元（錄取與否概不發還）領取應考證憑證於規定日期到校應試（如有學歷證明文件應於報名時繳存本校審查）

考試 新生考試日期及各級考試科目均由本校逐屆規定詳載招生通告（普通科一年級得免試入學照章報名領取應考證後憑證於開學日到校辦理入學手續）

入學 新生入學手續本校於開學前一星期分別通告之各生均應遵照辦理

繳費 本校普通科專修科各年級每學期應繳各費其數如左須於入學時一次繳清

普通科一年級　學費十四元　雜費二元　共十六元正
專修科一二年級　學費十八元　雜費二元　共二十元正
專修科三四年級　學費廿四元　雜費二元　共廿六元正
新生入學每人另繳銀質校徽費一元正

附告：如由上海市建築協會會員具函蓋章負責保送得減免學費二元

學科　本校普通科專修科各年級修習學科列表如左

普通科一年級

第一學期	每週時數	第二學期	每週時數
國文	3	國文	3
英文	4	英文	4
算術	5	算術	5

專修科一年級

第一學期	每週時數	第二學期	每週時數
英文	3	英文	3
自然科學	3	自然科學	3
代數	6	幾何	6

專修科二年級

第一學期	每週時數	第二學期	每週時數
商業英文	2	商業英文	2
幾何畫	4	圖形幾何	4
三角	6	解析幾何	6

專修科三年級

第一學期	每週時數	第二學期	每週時數
工程畫	4	建築材料	4
微積分	6	應用力學	6

專修科四年級

第一學期	每週時數	第二學期	每週時數
房屋建築	4	結構原理	5
材料力學	6	鋼筋混凝土學	5

附註：（一）「每週時數」係指每週講授鐘點而言演習時間概不在內

（二）右列各級修習學科如有更動當於每屆開學時詳載「學期一覽表」

考試　本校考核學生成績以平日積分小考（每六星期舉行一次）及大考（學期終舉行之缺課逾上課時間四分之一不得參與）平均計算之修得成績由本校於學期結束時報告各生保護人

計分　本校計算學科成績以百分之六十為及格並採行等級計分法分為A.B.C.D.E.五等A為特等（90—100%）B為上等（80—89%）C為中等（70—79%）D為及格（60—69%）E為劣等（60%以下）須補考及格始准升級

畢業　學生修滿規定年限經考試成績及格由校發給證書（上海市教育局驗印）

一覽　本校於每屆開學時印有「學期一覽表」詳載各級授課時間

表欵除自屬歷表校册及學生請假規則等分發繳費註册各生

附則 本簡章有不適用時得由本校隨時修改之

附錄本校各科用書一覽（用書如有更動當於每屆開學時詳載學期一覽表）

國文 古今文選選讀（由校免費發給講義）

英文 年1 Graybill & Chu: The New China

劉維向編：初中簡易英文文法（商務出版）

年1 Graybill & Chu: The New China

Olin D. Wannamaker: 實用新英文典（商務出版）

商業英文 李文彬編：英文商業文牘備要（商務出版）

算術 Wentworth & Smith: Complete Arithmetic

代數 Wentworth: Elementary Algebra

幾何 Wentworth & Smith: Plane & Solid Geometry

三角 Granville: Plane Trigonometry & Tables

解析幾何 Wentworth: Analytic Geometry

微積分 Love: Differential & Integral Calculus

自然科學 Washburne: Common Science

幾何畫 Holbrow: Geometrical Drawing

圖形幾何 Moyer: Engineering Descriptive Geometry

工程畫 French: Engineering Drawing

建築材料 Moore: Materials of Engineering

房屋建築 Riley: Building Construction for Beginners

應用力學 Poorman: Applied Mechanics

材料力學 Boyd: Strength of Materials

結構原理 J.B.T.: Modern Framed Structures, Part 1.

鋼筋混凝土學 Hool: Reinforced Concrete Construction. Vol. 1.

本刊所載材料價目，力求正確；惟市價瞬息變動，漲落不一，集稿時與出版時難免出入。讀者如欲知正確之市價者，希隨時來函詢問，本刊當代為探詢詳告。

磚瓦

(一) 空心磚

十二寸方十寸六孔　每千洋二百十元
十二寸方九寸六孔　每千洋一百九十元
十二寸方八寸六孔　每千洋一百六十元
十二寸方六寸六孔　每千洋一百二十五元
十二寸方四寸四孔　每千洋八十元
十二寸方三寸三孔　每千洋六十五元
九寸二分方六寸六孔　每千洋六十五元
九寸二分方四寸半三孔　每千洋五十元
九寸二分方三寸三孔　每千洋四十元
四寸半方九寸二分四孔　每千洋三十二元
九寸二分四寸半三寸二孔　每千洋二十元
九寸三分·四寸半·三寸半·二孔　每千洋十九元
九寸三分·四寸半·二寸·二孔　每千洋十八元

(二) 八角式樓板空心磚

十二寸方八寸八角四孔　每千洋一百八十元
十二寸方六寸八角三孔　每千洋一百三十五元
十二寸方四寸八角三孔　每千洋九十元

(三) 深淺毛縫空心磚

十二寸方十寸六孔　每千洋二百二十五元
十二寸方八寸半六孔　每千洋一百八十九元
十二寸方八寸六孔　每千洋一百八十元
十二寸方六寸六孔　每千洋一百三十五元
十二寸方四寸四孔　每千洋九十元
十二寸方三寸三孔　每千洋七十二元
九寸三分方四寸半三孔　每千洋五十四元

(四) 實心磚

九寸四寸三分二寸半紅磚　每萬洋一百二十六元
八寸半四寸一分二寸半紅磚　每萬洋一百二十元
十寸·五寸·二寸紅磚　每萬洋一百十四元
九寸四寸三分二寸紅磚　每萬洋九十五元
九寸四寸三分二寸三分紅磚　每萬洋一百〇五元
九寸四寸三分二寸三分拉縫紅磚　每萬洋一百六十元
十寸五寸二寸青磚　每萬洋一百十九元
九寸四寸三分二寸青磚　每萬一百元
九寸四寸三分二寸三分青磚　每萬一百十元
(以上統係外力)

(五) 瓦

一號紅平瓦　每千洋五十五元
二號紅平瓦　每千洋五十元
三號紅平瓦　每千洋四十元
一號青平瓦　每千洋六十元
二號青平瓦　每千洋五十五元
三號青平瓦　每千洋四十五元
西班牙式紅瓦　每千洋四十五元
西班牙式青瓦　每千洋四十八元
英國式灣瓦　每千洋三十六元
古式元筒青瓦　每千洋六十元
(以上統係連力)
新三號青放　每萬洋五十三元
新三號老紅放　每萬洋六十三元

以上大中磚瓦公司出品

輕硬空心磚

		每塊重量
十二寸方十二寸四孔	每千洋二百八十八元	卅六磅
十二寸方十寸四孔	每千洋二百三十六元	廿六磅
十二寸方八寸二孔	每千洋一百七十元	十九磅半
十二寸方六寸二孔	每千洋一百三十二元	十七磅
十二寸方四寸二孔	每千洋八十九元	十四磅

十二寸方三寸二孔	每千洋七十元	十半二磅
九寸三分方八寸三孔	每千洋九十五元	十二磅
九寸三分方六寸三孔	每千洋七十元	九磅半
九寸三分方四寸半三孔	每千洋五十四元	八磅豆
九寸三分方三寸二孔	每千洋五十元	七磅豆

硬磚

二寸二分四寸五分九寸半	每萬洋一百五元	六磅
二寸二分四寸一分八寸半	每萬洋八十五元	四磅半

以上長城磚瓦公司出品

鋼條

四十尺四分普通花色	每噸一四〇元
四十尺五分普通花色	每噸一二六元
四十尺六分普通花色	每噸一三二元
四十尺七分普通花色	每噸一三六元
四十尺一寸普通花色	每噸一三六元
盤圓絲	每市擔六元六角

泥灰石子

象牌水泥	每桶洋六元三角
泰山水泥	每桶洋五元七角
馬牌水泥	每桶洋六元五元
牧灰	每擔洋一元二角
黃沙	每噸洋三元
石子	每噸洋三元半

木材

洋松八尺至卅二尺再長照加	每千尺一百十元
一寸洋松	每千尺洋一百十二元
寸半洋松	每千尺洋一百十三元
洋松二寸光板	無市
四尺洋松條子	每萬根洋一百六十五元
一寸四寸洋松一號企口板	每千尺洋一百四十五元
一寸四寸洋松副頭號企口板	每千尺洋一百十元
一寸四寸洋松二號企口板	每千尺洋一百元
一寸六寸洋松一號企口板	每千尺洋一百五十元
一寸六寸洋松副頭號企口板	每千尺洋一百十五元
一寸六寸洋松二號企口板	每千尺洋一百元
一二五四寸洋松一號企口板	無市
一二五四寸洋松二號企口板	無市
一二五六寸洋松一號企口板	無市
一二五六寸洋松二號企口板	無市
柚木(頭號)僧帽牌	每千尺洋六百元
柚木(甲種)龍牌	每千尺洋三百五十元
柚木(乙種)龍牌	每千尺洋五百元
柚木(旗牌)	每千尺洋三百五十元
柚木(盾牌)	每千尺洋四百八十元
硬木	無市
硬木(火介方)	每千尺洋二百八十五元
柳安	每千尺洋二百九十元
紅板	每千尺洋一百六十元
抄板	每千尺洋一百八十元
十二尺六三寸八皖松	每千尺洋六十五元
十二尺二寸皖松	每千尺洋六十五元
一二五四寸柳安企口板	每千尺洋二百十元
一寸六寸柳安企口板	每千尺洋二百十元
一二五四寸企口紅板	無市
二寸一半建松片	市尺每千尺洋六十八元
九尺四分建松板	市尺每丈洋三元八角
九尺八分建松板	市尺每丈洋六元八角
六尺半五分青山板	市尺每丈洋三元五角

本松毛板	市尺每塊洋三角
本松企口板	市尺每塊洋三角二分
六尺半二分杭松板	市尺每丈洋二元
七尺半二分甌松板	市尺每丈洋二元一角
六尺半八分皖松板	市尺每丈洋四元六角
九尺八分皖松板	市尺每丈洋五元六角
六尺半五分皖松板	市尺每丈洋四元二角
台松板	市尺每丈洋三元五角
七尺半四分坦戶板	市尺每丈洋二元六角
七尺半三分坦戶板	市尺每丈洋二元四角
六尺二分機鋸紅柳板	市尺每丈洋二元五角
六尺三分毛邊紅柳板	市尺每丈洋二元五角
六尺二分俄松板	市尺每丈洋二元六角
六尺半二分俄松板	市尺每丈洋二元八角
七尺半毛邊二分坦戶板	市尺每丈洋一元七角
六尺半五分機介杭松	市尺每丈洋四元二角
白松方	每千尺洋九十五元
紅松方	每千尺洋一百十五元
麻栗方	每千洋一百三十五元
啞克方	每千洋一百三十五元
俄麻栗板	每千尺洋一百四十元

五金

（一）釘

美方釘	每桶洋二十元〇九分
平頭釘	每桶洋二十元八角
中國貨元釘	每桶洋六元五角

（二）牛毛毡及防水粉

五方紙牛毛毡		每捲洋二元八角
半號牛毛毡	（馬牌）	每捲洋二元八角
一號牛毛毡	（馬牌）	每捲洋三元九角
二號牛毛毡	（馬牌）	每捲洋五元一角
三號牛毛毡	（馬牌）	每捲洋七元
建業防水粉		每磅國幣三角

（三）其他

鋼絲網	（27"×96" 2¼lbs.）	每方洋四元
鋼版網	（8'×12' 六分一寸半眼）	每張洋卅四元
水落鐵	（每根長二十尺）	每千尺五十五元
牆角線	（每根長十二尺）	每千尺九十五元
踏步鐵	（每根長十尺或十二尺）	每千尺五十五元
鉛絲布	（闊三尺長百尺）	每捲二十三元
綠鉛紗	（同上）	每捲洋十七元
銅絲布	（同上）	每捲四十元

水木作工價

木作	（包工連飯）	每工洋六角三分
水作	（同上）	每工洋六角
水木作	（點工連飯）	每工洋八角五分

中華郵政特准掛號認為新聞紙類

建築月刊
THE BUILDER

內政部登記證警字第二五五四號

廣告刊例
Advertising Rates Per Issue

地位 Position	全面 Full Page	半面 Half Page	四分之一 One Quarter
底封面外面 Outside back cover.	七十五元 $75.00		
封面及底面之裏面 Inside front & back cover	六十元 $60.00	三十五元 $35.00	
封面裏面及底面裏面之對面 Opposite of inside front & back cover.	五十元 $50.00	三十元 $30.00	
普通地位 Ordinary page	四十五元 $45.00	三十元 $30.00	二十元 $20.00
小廣告 Classified Advertisements	每期每格一寸高 三寸半闊洋四元 - $4.00 per column		

廣告概用白紙黑墨印刷，倘須彩色，價目另議；鑄版彫刻，費用另加。
Designs, blocks to be charged extra. Advertisements inserted in two or more colors to be charged extra.

第四卷第四號

民國二十五年四月發行

刊務委員　竺泉通　陳松齡　江長庚
主編　杜彥耿
廣告　藍克生 (A. O. Lacson)
發行　上海市建築協會　南京路大陸商場六二〇號　電話　九二〇〇九號
印刷　新光印書館　上海聖母院路聖達里三〇號　電話　七四六三五號

定價

每月一冊　全年十二冊

訂購辦法	價目	郵費 本埠	外埠及日本	香港澳門	國外
零售	五角	二分	五分	一角八分	三角
預定全年	五元	二角四分	六角	二元一角六分	三元六角

23915

本廠承辦工程之一

肺病療養院

空氣流暢
啓閉靈便

光線明媚
堅固耐用

全部鋼窗鋼門均由本廠承造

中國銅鐵工廠

總事務所　上海寧波路四十號　電話一四三九一
分事務所　南京新街口忠林坊卅三號　電話二二八五六

建築界的唯大貢獻！

新成鋼管電機製造廠股份有限公司

科學倡明萬象競爭我國建設方興未艾對於電氣建築所用物品向多採自舶來利權外溢數實堪驚本廠有鑒於斯精心研究設廠製造電氣應用大小黑白鋼管月灣開關箱燈頭箱等貢獻於建築界藉以聊盡國民天職挽回利權而塞漏巵當此國難時期務望愛國諸君一致提倡實爲萬幸但敝廠出品曾經
實業部註册批准以及軍政各界中國工程師學會各建築師贊許風行全國質美價廉早已膾炙人口予以樂用現爲恐有魚目混珠起見特製版刊登千乞認明鋼鉗商標庶不致誤

廠址及事務所
上海閘北東橫浜路
德培里十八號
電話華界四一二一四

接洽處
利泰電料行
上海吳淞路三七五號
電話租界四三四七九

附註
樣子及價目單
函索即寄

長城機製磚瓦
股份有限公司
註冊商標
TRADE MARK
價比普通磚廉
貭品較任何機器磚高
總公司 製造廠 騰越路一四四號 電話五一二七九
事務所 牛莊路七四二號 電話九〇九八〇
証明
壓力、吸水量、耐久性
均經 上海工部局
詳細化驗負責証明
成績超越一切磚瓦
出品
堅韌硬磚
輕硬空心磚
瀉水瓦片
如蒙垂詢價格及索閱貨樣請電話通知即當送奉
合作五金
股份有限公司
出品
優點
精確 美觀 堅固 價廉
出品
門鎖 插銷 拉手 文具 鉸鏈
CMC
註冊商標
TRADE MARK
L
TRADE MARK
註冊商標
MARCH

中華郵政特准掛號認為新聞紙類

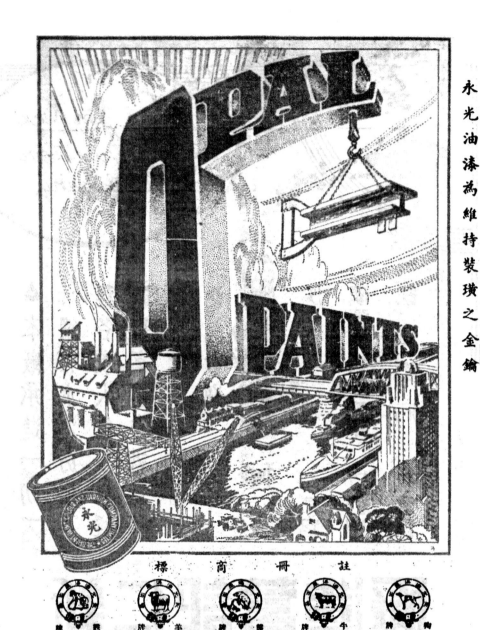

THE BUILDER

VOL.4, NO.5 第四卷第五期

建築月刊

大中機製磚瓦股份有限公司

製造廠浦東南匯縣下沙鎮

本公司因鑒於建築事業日新月異材料選擇尤關重要特聘專門技師購置德國最新式機器精製各種青紅磚瓦及空心磚等品質堅韌色澤鮮明自應銷以來已蒙各界推爲上乘樂予採購茲略舉一二以資參攷其他惠顧諸君因限於篇幅不克一一備載諸希鑒諒是幸

大中磚瓦公司附啟

曾經購用敝公司出品各戶台銜列后：

本埠

國立中央實驗館	兆豐花園	和興公司承造
墾業銀行	北京路	趙新泰承造
開成造酸公司	軍工路	王銳記承造
中匯大廈	愛多亞路	久記承造
南成都路巡捕房	南成都路	新森記承造
四行念二層大樓	靜安寺路	鑄記承造
工部局巡捕房	平涼路	新蓀記承造
中新第九廠	東京路	協盛承造
揚子飯店	雲南路	潘榮記承造
百老匯大廈	百老匯路	新仁記承造
雷斯德工藝學院	熙華德路	久泰錦記承造
博德運紗線廠	定海路	創新承造
中央巡捕房	福州路	新申承造
中華書局總廠	澳門路	湯秀記承造
上海市立醫院	市中心區府南左路	陸根記承造
國立上海商學院	西體育會路	陸根記承造
建設大廈	福州路	陶桂記承造
永安公司新廈	南京路	陶陞記承造
怡和啤酒廠新廈	定海路	創新承造
三菱銀行大廈	四川路	金洪記承造
明星公司有聲攝影場	楓林橋	自建
哈同大廈	拋球場	陳永興承造
浦東同鄉會大廈	愛多亞路	新昇記承造
中國銀行	仁記路	陶桂記承造

外埠

金陵大學	南京	利源建築公司承造
航空學校	杭州	新金記康號承造
中國銀行	青島	錦生記承造
太古堆棧	廈門	晴關公司治港承造
中央政治學校電政	南京	大昌公司承造
江蘇銀行	南京	鈕永記承造
中國國貨銀行	南京	成泰承造
永利硫酸錏廠	浦口卸甲甸	新金記康號承造
連雲港發電廠	海州	方記建築公司承造
國立戲劇研究院	南京	陳根記承造
天生港發電廠	南通天生港	自建
瓊州海關	廣東瓊州島	自建
江蘇省立蘇州女子師範學校	蘇州盤門新橋巷	自建

所出各品儲有大批現貨以備各界採用如蒙定製各色異樣磚瓦亦可照辦備有樣品如蒙索閱卽當送奉

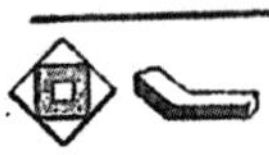

駐滬批發所

上海英租界牛莊路七三一弄四號　電話九〇三一一

DAH CHUNG TILE & BRICK MAN'F WORKS.

Sales Dept. House No. 4, Lane 731, Newchwang Road, Shanghai.

TELEPHONE 90311

長城機製磚瓦
股份有限公司
註冊商標
TRADE MARK
貨價比普通磚廉
貨品較任何機器磚高
總公司 製造廠 騰越路一四四號 電話五一二七九
事務所 牛莊路七四二號 電話九〇九八〇
證明
壓力、吸水量、耐久性
均經上海工部局
詳細化驗負責証明
成績超越一切磚瓦
出品
堅韌硬磚
輕硬空心磚
瀉水瓦片
如蒙垂詢價格及索閱貨樣請電話通知即當送奉

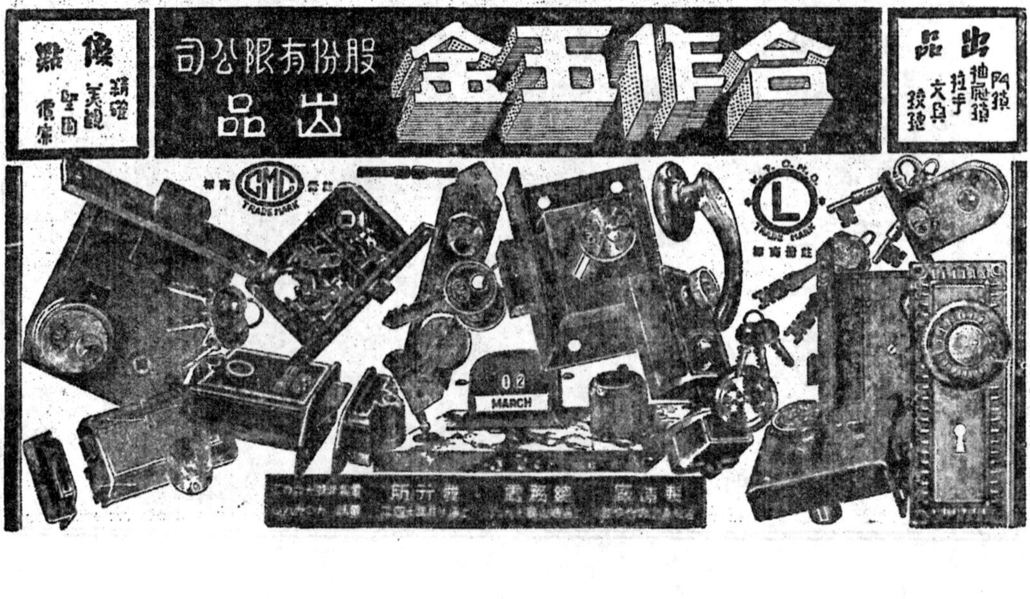
優點
精確 美觀 堅固 價廉
合作五金
股份有限公司出品
出品
門鎖 抽屜鎖 拉手 文具 鉸鏈
GMC
TRADE MARK
L
TRADE MARK
MARCH
製造廠 總務處 發行所

23926

全球建築師均用鋁爲窗框或門框

由司各脫名建築師設計之英國劍橋大學新圖書館，其窗框全用鋁合金爲之。

窗框及房屋上其他部分。如用適度之鋁合金爲之。可收調和與實用，堅韌與輕巧耐久之益。而不致汚及四圍之物料。鋁合金具有天然酸化面膜而經過適度之化學的鍛煉。雖能保持漆色。然並不需按時髹漆。

鋁之爲物，於美觀無敵外。又復貢獻種種利益。絕不拆裂。因其開展之時，可以回復其原來之廣袤。而毫不扭歪。因此得免翹曲與分裂之弊。又可抵抗天時與銹蝕之美質。且也鋁性溫柔。能製爲各種形式，顏色，與物品。於此有甚重要者。即須用適度之鋁合金是也。本公司研究部在同業中爲最大。甚願隨時貢獻一臂之助焉。

現代化之建築必需現代化之金屬

著名建築師在美國六處大廈中均用鋁其事實如下

(一)紐約市皇家大廈—所有市招，拱側，球飾，電梯門及飾件，均用鋁爲之，舟艤檣外包以鋁。飛簷亦用鋁鑄成。

(二)物克多無線電大廈—所有窗臺，客廳中之裝飾金屬物，外部裝飾金屬物，均用鋁爲之。

(三)芝加哥好望信託儲蓄銀行大樓—所有鋁刻條板及壁上金屬片，客廳門框，階上方眼格，走廊方眼格，郵箱，花檯欄杆，開支票檯，檯燈附件，日歷框，銀行中報告員之小口門，金庫屏風，銀行天井之大門，均用鋁爲之。

(四)米希干聯合實業銀行大樓—所有拱側，銀行業務間之窗戶，名字板，店招，街名，方眼格，旗杆脚，樓梯及花檯欄杆，均用鋁爲之。

(五)紐傑賽州夏嗱塔—所有拱側，檻，窗格，方眼格，窗格，市招，屏風，圍牆，階廊，客廳，電梯門，電燈附件，狹條，壁柱，均以鋁爲之。

(六)紐約克雷斯勒大樓—所有拱側，窗台，旗杆脚，門承軸，天窗，窗戶，通氣裝置，貉欄杆，貉頂石嵌板，出水管之口，均用鋁爲之。

左圖爲上海國際大飯店內通餐廳之正門，其門框及拉手，經鄔達克建築師證明，均係鋁合金所製。

須知鋁之爲物質輕而堅。能抵禦銹蝕。最適外部用途。至用於內部時。其新穎之美飾作用，與夫爲社會人士所樂用。均屬毫無問題。

鋁能表示現代設計之秀雅與氣勢

歡迎垂詢詳情

鋁業有限公司

上海北京路二號

上海郵政信箱一四三五號

ALUMINIUM UNION LIMITED

註冊商標

建築上之超等材料

三寶牌石膏粉

本廠特聘留德化學專家 採購湖北應城所產上等石膏 用德國精良機械 製造成粉 品質潔白細密 具有天然結晶性 堪與舶來品並駕齊驅 極合各種建築之用

說明書化驗單樣品請向營業課函索

上海分銷處 愛多亞路中匯大樓四樓四四五號 應城石膏公司上海辦事處 電話八三七五〇號 有無線電報掛號〇七六二

製造廠 漢口宗關水廠隔壁 電話三三五六五號

營業課 漢口特三區聯安里三號應城石膏股份有限公司 電話二四五五五號 有無線電報掛號二〇一九

應城石膏股份有限公司 石膏物品製造廠謹啓

SLOANE·BLABON

司隆百拉彭

印花油毛氈毯

此爲美國名廠之出品。今歸秀登第公司獨家行銷。中國經理則爲敝行。特設一部。專門爲客計劃估價及舖設。備有大宗現貨。花樣顏色。種類甚多。尺寸大小不一。

司隆百拉彭印花油毛氈毯。質細耐久。終年光潔。既省費。又美觀。室內舖用。遠勝毛織地毯。

美商 美和洋行

上海江西路二六一號

木材乾腐所致之損失，不可勝計。此種情形，通常發生於缺乏適當通氣之建築物中。某種地方，爲防止鼠類與別種害蟲營巢，以致釀成瘟疫計。不得不將地板直接安置於密實之基礎上。其間不留空氣之空隙。因其缺少空氣之流通，故木材之乾腐遂以甚速。

地板木料，倘經過「阿脫拉司A」護木水之塗治。則此種毀壞，便可加以制止。

「阿脫拉司A」護木水，非揮發性。故有持久之保護力。據種種經過之試驗。木材之以「阿脫拉司A」護木水治過者。不致滋生木耳。且可永遠免於乾腐之患。試驗報告書，承索即奉上一份。

「阿脫拉司A」護木水，用法簡單。並不需要特別技能，或特別器械。

「阿脫拉司A」護木水，裝桶分一加侖及五加侖兩種。有標準式者，無色透明。凡欲保持天然木色或備後來上蠟，髹漆，或加凡立水之木材木器。均適用之。此外並備有一種褐色者。

英國愛立士阿脫拉司防腐劑有限公司製造

香港中國澳門現貨總經售處 孔士洋行 上海四川路一一〇號 上海郵政信箱一一七九號

漢口 天津 香港 廣州 孔士洋行

亦有現貨出售

ATLAS·A

Powerful WOOD PRESERVATIVE

(二)

上海市建築協會附設
私立正基建築工業補習學校招生

民國十九年秋創立 ○ 上海市教育局備案

宗旨 本校以利用業餘時間進修工程學識培養專門人才為宗旨（授課時間每晚七時至九時）

編制 自二十五年秋季起更改編制為普通科一年專修科四年（普通科專為程度較低之入學者而設修習及格升入專修科一年級肄業）

招考 本屆招考普通科一年級專修科一二三年級及舊制高級二年級（專四及高三並不招考）各級投考程度如左：

普通科一年級　高級小學畢業或具同等學力者（免試）
專修科一年級　初級中學肄業或具同等學力者
專修科二年級　初級中學畢業或具同等學力者
專修科三年級　高級中學工科肄業或具同等學力者
前高級二年級　高級中學工科畢業或具同等學力者

報名 即日起每日上午九時至下午五時親至南京路大陸商場六樓六二○號上海市建築協會內本校辦事處填寫報名單隨付手續費一元（錄取與否概不發還）領取應考証憑証於指定日期到校應試

考科 各級入學試驗之科目　（專一）英文・算術　（專二）英文・幾何　（專三）英文・解析幾何　（高二）物理・微分

考期 九月六日（星期日）上午九時起在本校舉行

校址 派克路一三二弄（協和里）四號

附告 （一）普通科一年級照章得免試入學投考其他各年級者必須經過入學試驗
（二）本校章程可向派克路本校或大陸商場上海市建築協會內本校辦事處函索或面取

中華民國二十五年七月　日　校長　湯景賢

目錄

第四卷第五號

插圖

頁數

英國客爨大旅社 ………………………… (1—6)

第十七軍陣亡將士紀念碑亭 ………………………… (7—9)

各種建築型式 ………………………… (10—14)

滬西羅別根路一牧場 ………………………… (15—20)

英國愛佛林新村 ………………………… (21—22)

傢具與裝飾 ………………………… (39—40)

住宅設計 ………………………… (41—42)

譯著

營造廠之自覺(續完) ………………………… 杜彥耿 (3—4)

建築史(九) ………………………… 杜彥耿 (23—29)

房屋設計之哲理 ………………………… 朗琴 (30—31)

營造學(十四) ………………………… 杜彥耿 (32—38)

贈閱"聯梁算式"揭曉啟事 ………………………… (43—47)

建築材料價目 ………………………… (48—50)

廣告索引

大中磚瓦公司

李富士

道門朗公司

長城磚瓦公司

合作五金公司

大亞建築材料行

中國製釘公司

鋁業有限公司

應城石膏公司

美和洋行

孔士洋行

中國窰業公司

新光製版公司

精金彩畫作

正基建築工業補習學校

科學儀器館

新耀金工廠

中國建築雜誌

益中福記電瓷公司

廣永和爐灶廠

馥記營造廠

啓新磁廠

吉時洋行

新成鋼管廠

中國銅鐵工廠

公勤鐵廠

新仁記營造廠

太古公司

如欲徵詢

請函本會服務部

本會服務部爲便利同業與讀者起見，特接受徵詢。凡有關建築材料，建築工具，以及運用於營造場之一切最新出品等問題，需由本部解答者，當即照辦（均由函覆）。茲爲略示限止起見，特訂辦法數則如后：

（一）詢問具有專門性之建築及工程問題，每題應附郵資二十分，多則類推。

（二）詢問各題，本部有選擇答覆之權。審閱不合，除扣去復函寄費外，原件及郵資一併退還。

（三）請求代索樣本或樣品，應預計原件重量，附足回件寄費。如不能照辦，除扣去復函寄費外，所餘郵資一併退還。

（四）來函須將問題內容或樣品種類等，及詳細地址，繕寫清楚；否則如有誤投遺失，概不負責。

（五）來函請寄上海南京路大陸商場六樓六二〇號上海市建築協會服務部。

FRONT ELEVATION

英國"客姍大旅社"正面圖

SIDE ELEVATION

THE KIRK SANDALL HOTEL, DONCASTER, E.

英國"客姍大旅社"側面圖

I

23935

STAIRCASE TOWER 扶梯間

ROOF EXIT 屋頂出口

THE KIRK SANDALL HOTEL,DONCASTER,E. 英國"客姍大旅社"

營造廠之自覺（續）

杜彥耿

營造廠地位低落，不被社會所器重，但在一般人的腦海中，却留着凡業營造者，雖係粗卑之業，然獲利發財的機會則頗易的深刻影象。但是業營造者是否粗陋下賤不學無術，便能勝任的麼？試把營造廠人應具的資格，縷述如下：

一、資本　營造廠承包工程一處，動輒數十百萬不等。此後橋路堤壩等工開始，尤須要有資本雄厚的營造廠承之。

二、技能　業營造者，不比其他技術人員，只要顧到一方，例如工程師祇須單顧工程的範圍，建築師祇要顧到建築師分內的範圍，便能稱職。營造廠却不然，諸凡工程，建築，材料，工具，機器，法律，交涉等等，都要具有相當的程度。

三、才幹　營造廠之工人最爲複雜，來去聚散，初無一定。且工人良莠不齊，品類至雜，故人事管理，尤感困難。他如處事接物，當機立斷，毫無躊躇。配購貨物，銀錢進出書函往來等，除建築工程應具之智能外，尙須要有簿記，經濟，法律等的幹才。

上述三種係營造廠人應具資格之犖犖大者。然試一探現在營造廠人具此資格者，究有幾人。可以截然說一聲一個也沒有。故整個的建築工程事業雖大，却找不出一個中心人物，無怪社會人士漠視營造廠人矣。

偌大的營造事業中，既找不出一個代表人物，似甚難揣。但其中却有個緣故。因爲營造廠人的出身初不一致，上述營造廠中的工人臨時湊合，聚散無常，宛如一羣雜色的軍隊。營造廠人也是如此。凡業營造的，其出身毫無標準，其中最爲正宗的，要算是營造廠裏的學徒，從學徒而看工，從看工而合夥業營造廠，復由合夥而獨立門戶。其他如建築師，工程師，建築師工程師事務所的繪圖員，木匠，水作，木器店，地產商，建築材料商，甚或有地皮掮客，律師，羽士，陰溝匠，裁縫，西崽及花園工匠等都有。營造事業中有此諸色人等參加其間，無怪團結不易，精神渙散，整個的營造事業，遂致沒落到現在的地步。若不急起直追，終至不可收拾。

營造廠人的自覺，要聯合實力，結成一個資力雄厚的大公司，因之購辦材料，置備工具器械，訓練專門人才，都可趨向合理化者六。

所設的大公司，實在是爲了要適應現在環境的需要。因爲凡百建設，現在方才開始，所以有待於營造廠的努力甚繁，故期望營造廠之能改善組織也甚切。庶幾遇有巨大工程，克奏如手使臂的效能。

大公司躉批購貨，自比零星分拆的要利便得多，價格也便宜。再如工具，現在普通的工具，每家至少要置備一副，沒有工程的時候，擱置廠中，頗不經濟。他如新式機器則缺乏資力去購辦，以致營造事業的設備方面，常在水平線以下的程度。要知現在的工程，不如以前那樣可用簡單的工具或是徒手便可應付的可比。有了新式器械，後要有新式工人去管理使用，否則便要促短器械的壽命。甚或新器械的利未見，而新器械的弊却百出。更要有科學化管理的辦事員，據此自必要開班特別訓練人才。凡此種種，除却大的公司外，小型營造廠莫能舉辦，建築事業也無由進步；整個國家的進步，因彼建築事業的落伍，亦累而受影響。因為建築事業影響於社會甚大；平時對於建設既不可少；在非時常期則各種防禦工程以及交通等的建設，尤非建築不可。於此可知營造事業對於國家社會的重要，吾人豈可苟且延待，漠然視之。

有了大組織，不單是經濟力量集中，便是人才也可分工合作，各盡所長去發展。而且資力既然雄厚，不一定向人兜攬營造工程，儘可擇目前最切要的工作做去。例如現在租屋居住，租金過高，大公司有鑒及此，可向離市較遠處，購地訂章，分期付款，代造住宅。公司既獲其利，社會蒙益，亦匪淺鮮呢！

營造廠亟待自覺之種種，已如上述。其尤有不能已於言者，為營造廠之對於屬下問題耳。屬下者，包括看工，或即駐營造地之主任，木匠，翻樣，水作，關轄等等，都要設法加以調練不可。如現在般任其自然，若營造地之小木匠，小泥水等的童工制度，也亟須要加以改善。又如小工等問題，都要加以剴切的研究。不然，比如現在般的散失材料，與材料的糟蹋拆蝕，若用數字記出，必致驚嘆咋舌。例如水作用黃砂水泥砌牆，用在牆上的與糟蹋跌落在地的，要佔三分之一。換句話說，十五寸牆之用 $2\frac{1}{4}''\times4\frac{3}{8}''\times9''$ 磚，黃沙水泥砌，照算只要水泥五．五八二立方尺，市價每桶六元半，所需水泥應為九元○七分。黃沙一六．七四五立方尺，市價每噸三元三角，所需黃砂應為二元二角三分二厘。從可知每一方十五寸牆，要糟蹋黃沙水泥值四元三角四分。整個建築損失的數目，也便可觀。所以管飭下屬是一件很重要的事。

營造廠要整飭這許多弊病，必設工業專科，教練匠工，庶可挽回每年無謂的許多損失。尤其是吾國，比如現在所用的木料，多數是外來的洋松，除正當需用外，每年無謂損失在木匠手下者，不知凡幾。故金錢外溢於必要品尚有可原，而溢出之金錢，係為無謂耗廢，寧不冤哉！故營造廠亟應自覺者七。

營造廠要解除外來之壓迫，整頓自身的組織，與改善屬下的程度，都得聯合起一致的陣線，把這三個部出，一個個的解決，庶幾整個營造事業，才有厚望。國家建設事業在進展途中，因着營造業的努力，也可得着很大的幫助，這不是互利的鐵證麼？希望營造廠人亟起圖之。

（完）

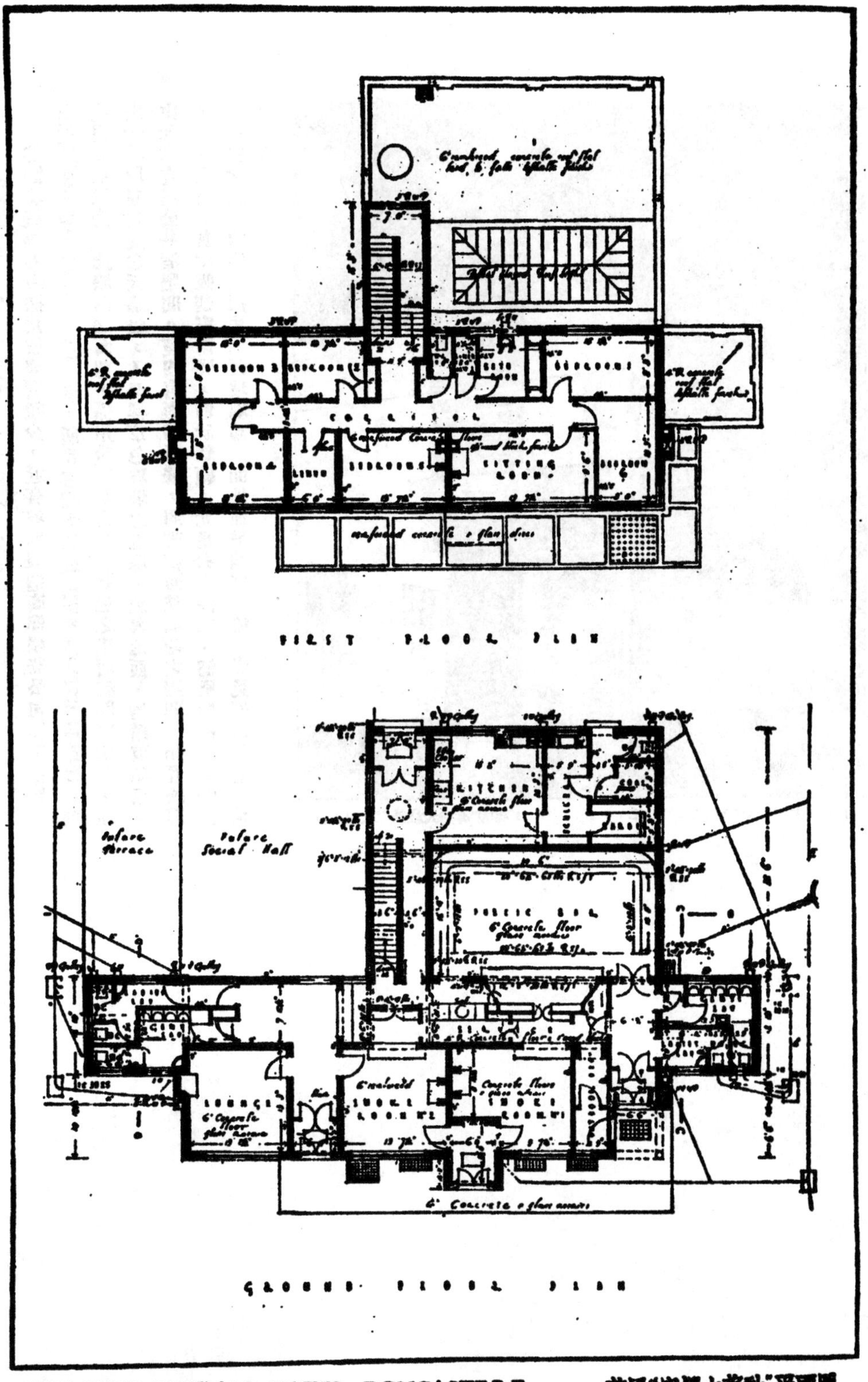

THE KIRK SANDALL HOTEL, DONCASTER,E 英国"塔措大旅社"平面图

5

23939

英國「客姍大旅社」

英國建築物外表採用玻璃者頗少。近有玻璃製造商俾根登公司(Messrs. Pilkington Brothers, Ltd.) 者，所建客姍大旅社(Kirk Sandall Hotel)，則純用玻璃建築。此旅館之面部，係用粉紅及靑藍寶石色之磁面玻璃磚所製。經由一玻璃磚爲蓋之天幕後，入至櫻草色玻璃之走廊，牆與地面，均舖玻璃磚，由此廊直達公共酒吧間。室內有彩帶兩條，周繞釉面玻璃磚之牆間，相互映輝，炫耀人目。其中吸烟室兩間，佈置新穎，尤足引人注意。酒吧櫃後，廊廡洗盥室內之牆，均儘量採用釉面玻璃磚，而地面玻璃之舖置，尤見匠心獨造，精諧絕倫。

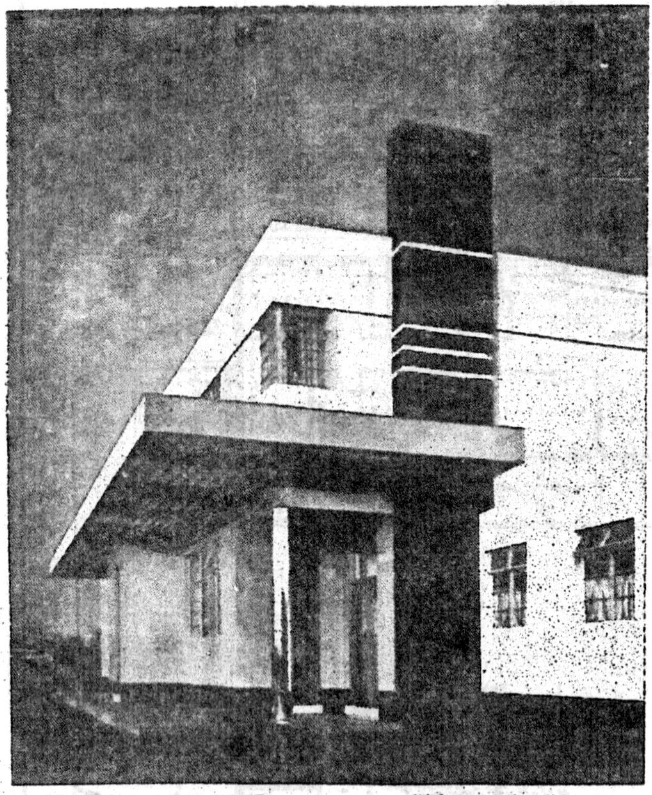

THE KIRK SANDALL HOTEL　　英國"客姍大旅社"大門入口

第十七軍

抗日陣亡將士紀念碑亭

立面圖

剖面圖

設計者　杜彥耿　劉家驊

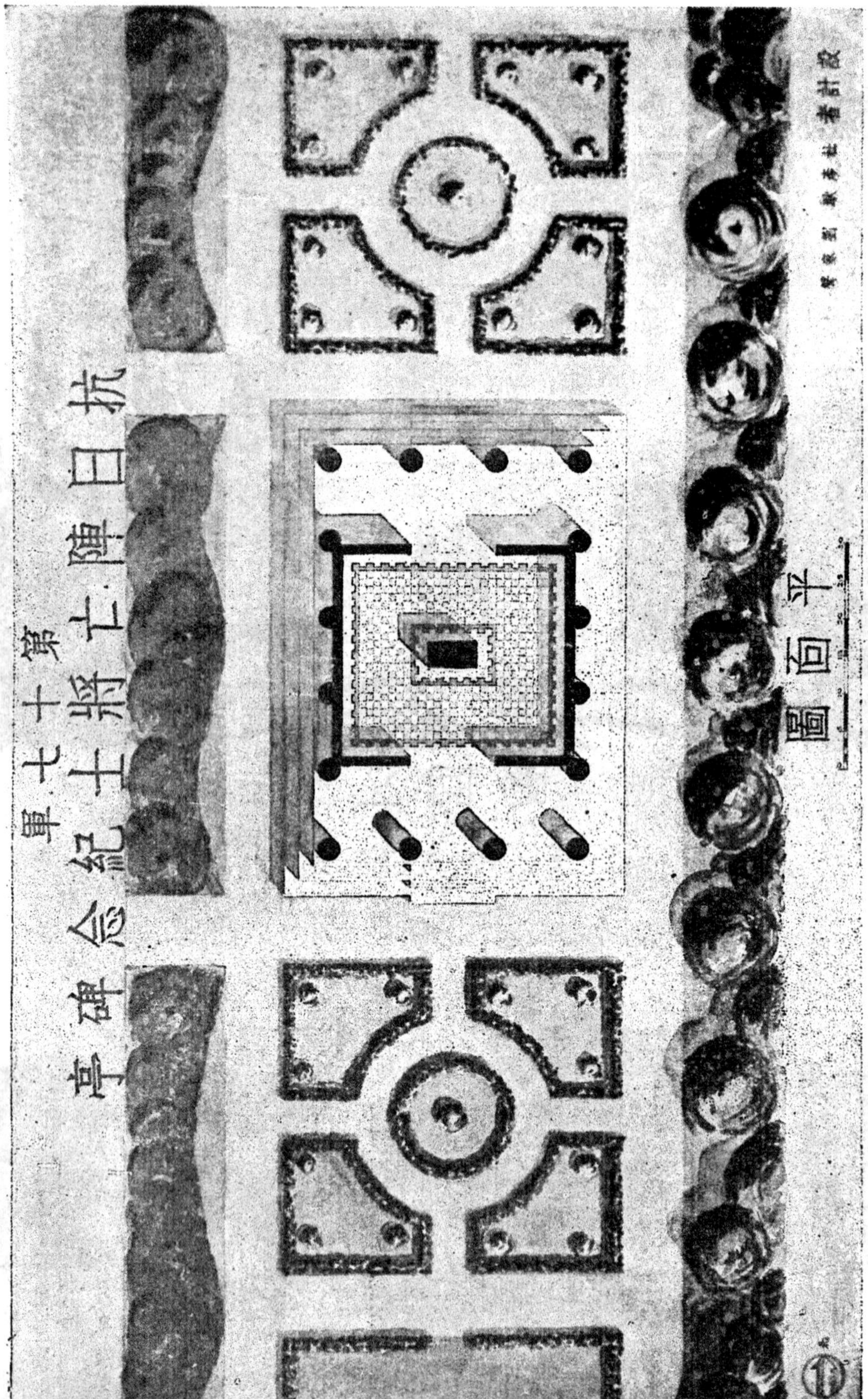
第十七軍
抗日陣亡將士紀念碑亭
平面圖
設計者 杜彥耿 劉家聲

陸軍第十七軍

抗日陣亡將士紀念碑亭之設計

本會前接陸軍第十七軍駐京辦事處來函，云擬在京五洲公園內建築抗日陣亡將士紀念亭一座。亭式擬用西式平頂，材料全用鐵筋洋灰，期於堅固之外，兼能壯麗堂皇。因卽由耿着手設計，以備該軍辦事處之參攷。並函在京本會附設正基學校學生，囑爲就近測量擬建碑亭之處，當承將地形圖及攝影數幀見寄(見附圖)，設計繪圖，始得遵循進行焉。

亭旣需用西式平頂，因採陶立克式，俾臻古樸壯觀。碑置於亭之中央，左右壁間懸鋟畫或浮雕長城戰役之悲壯情景。碑之上頂置圓形玻璃天棚，下襯鉛條玻璃，其圖案作國徽形。牆之內外面與柱子踏步台口等，均用洋灰假石：亭內地平，甃以寘石，或舖嵌銅條磨石子地。

擬建碑亭空地全景

東北角花環及北首水泥走道

擬建碑亭處之配景

堆置於公園內之碑石基

23943

希臘典型

第三十五頁　倚雅那廟山門平面及立面圖
第三十六頁　倚雅那廟山門詳解圖
第三十七頁　希臘陶立克及伊華尼式柱子圖
第三十八頁　希臘陶立克式則例

［圖見十一，十二，十三，十四頁］

23945

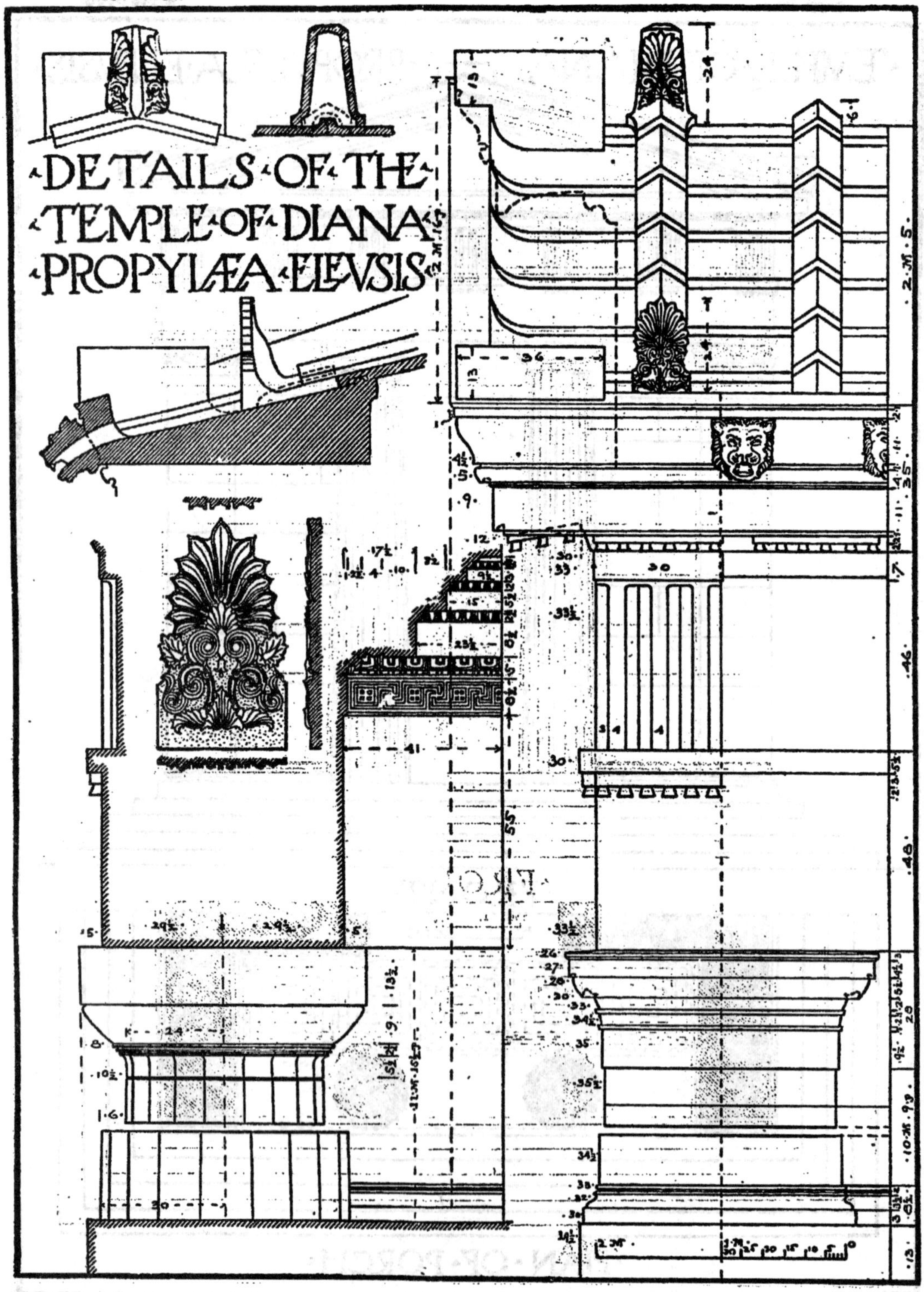
DETAILS OF THE
TEMPLE OF DIANA
PROPYLÆA ELEUSIS

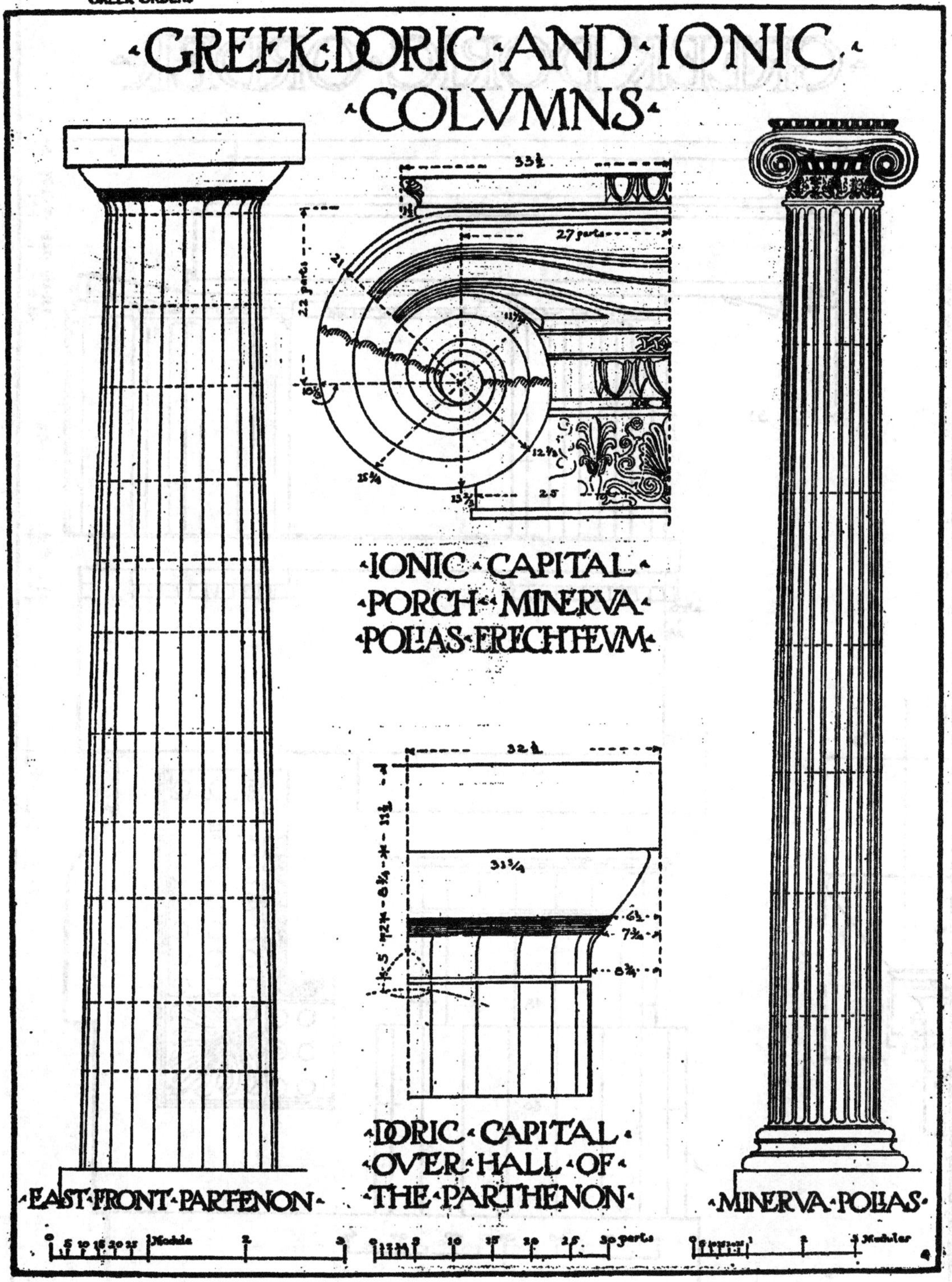
GREEK DORIC AND IONIC COLUMNS
33½
27 parts
22 parts
21
IONIC CAPITAL PORCH MINERVA POLIAS ERECHTHEUM
32½
31¾
6½
7¾
8¾
DORIC CAPITAL OVER HALL OF THE PARTHENON
EAST FRONT PARTHENON
MINERVA POLIAS
Module
parts
Modules

23947

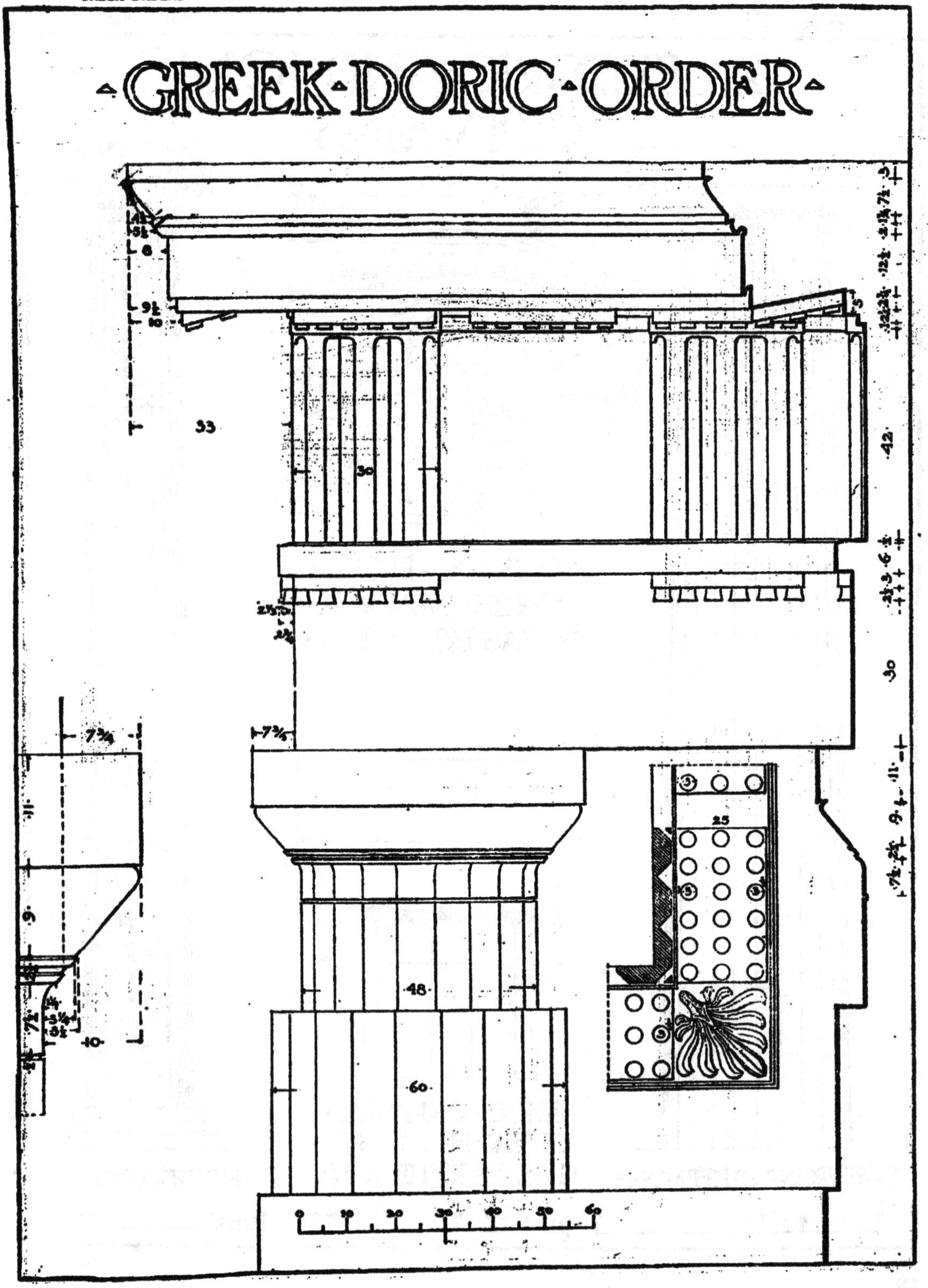

23948

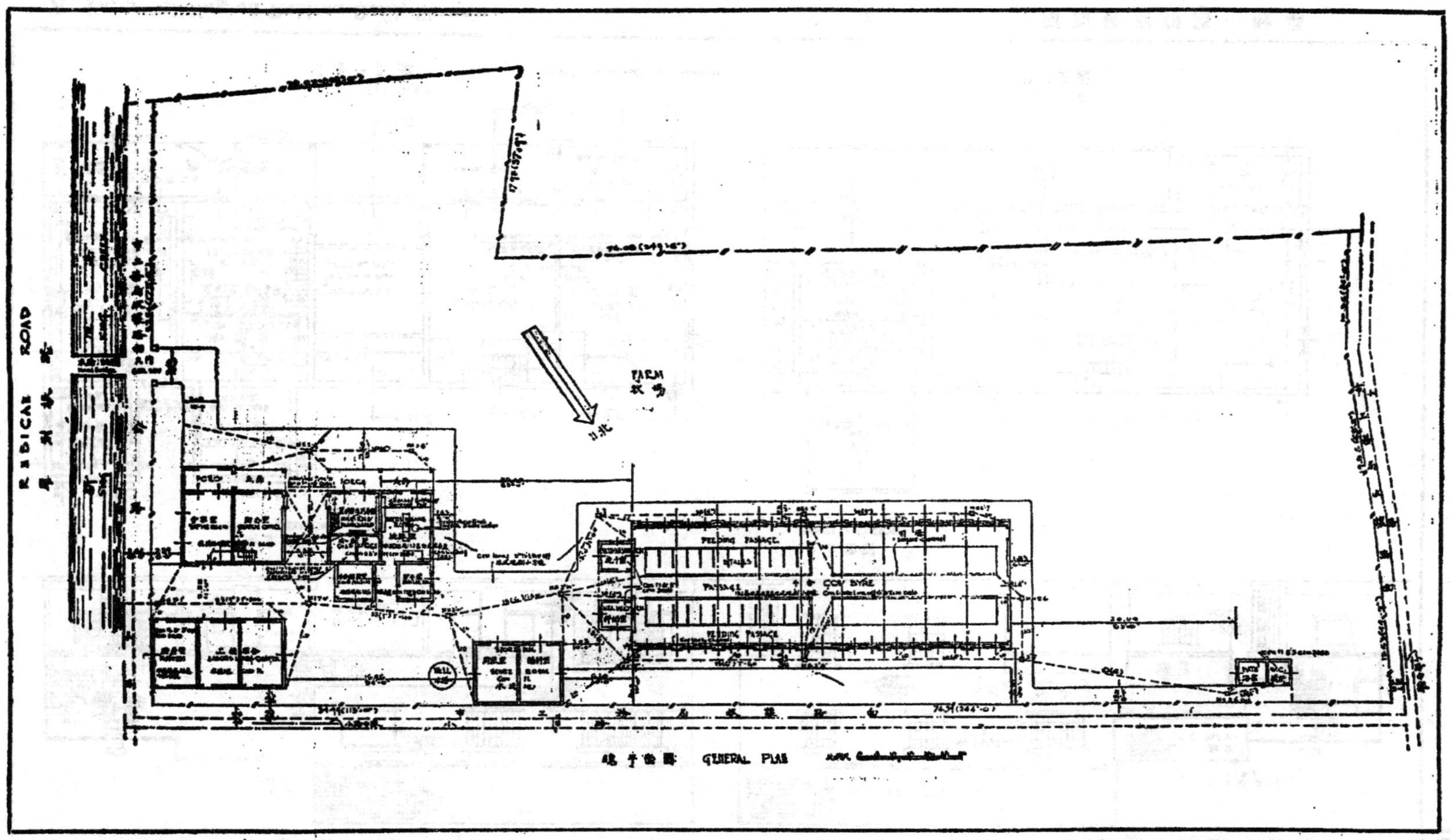

A Farm Building on Rubican Road, Shanghai.

滬西羅別根路一牧場

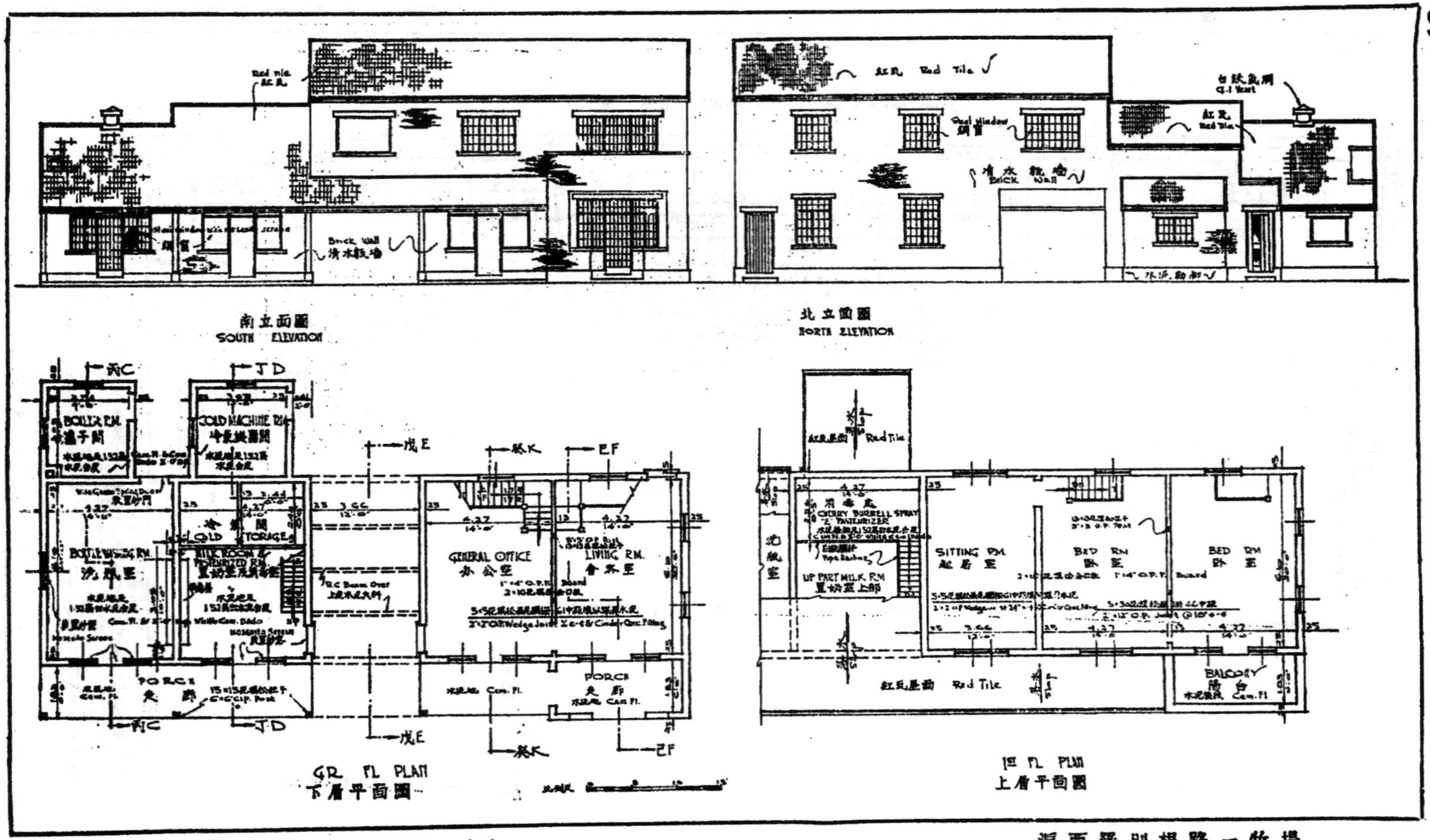

A Farm Building on Rubican Road, Shanghai.

滬西羅別根路一牧場

23950

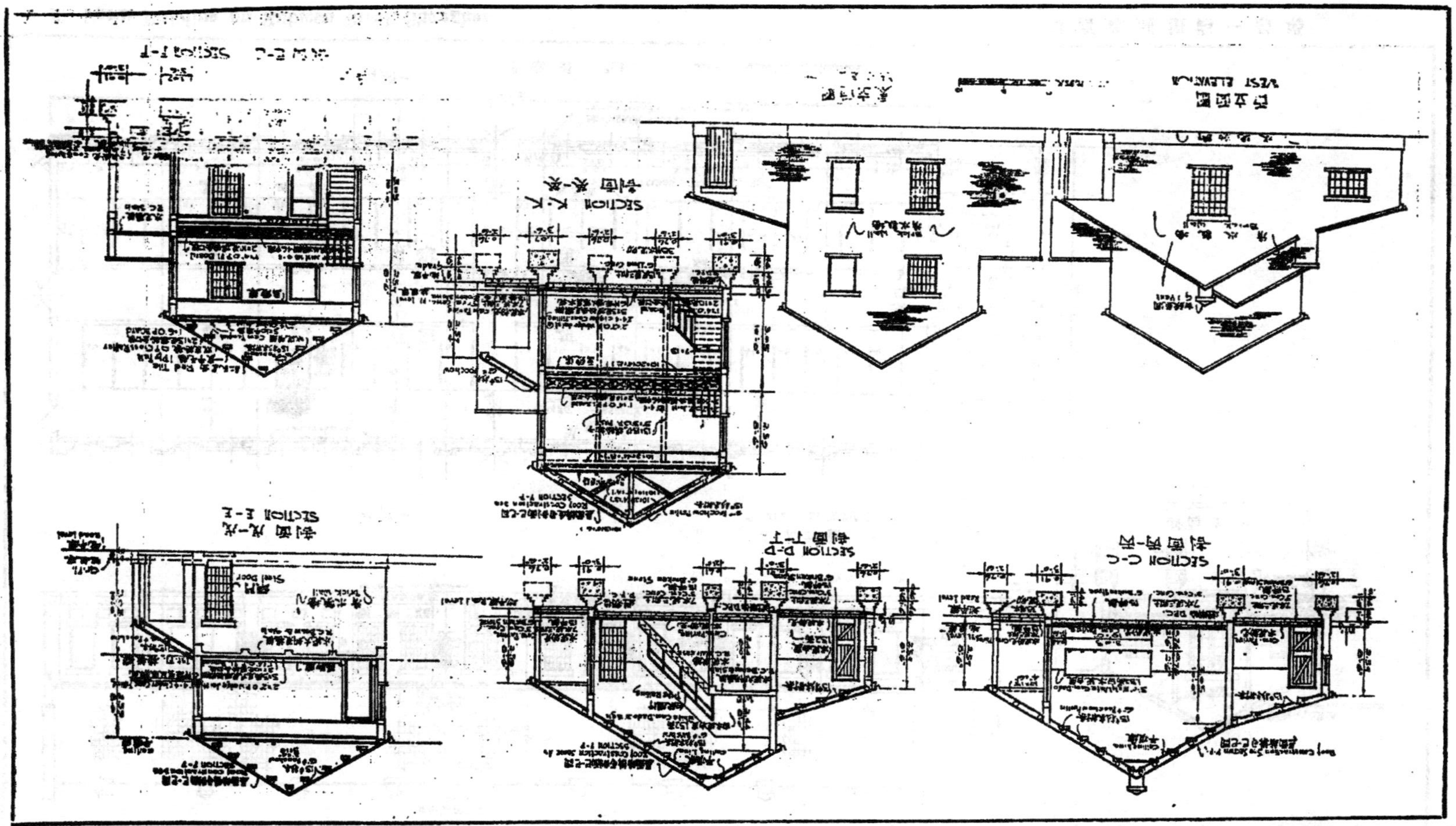

A Farm Building on Rubican Road, Shanghai. 滬西羅別根路一牧場

23951

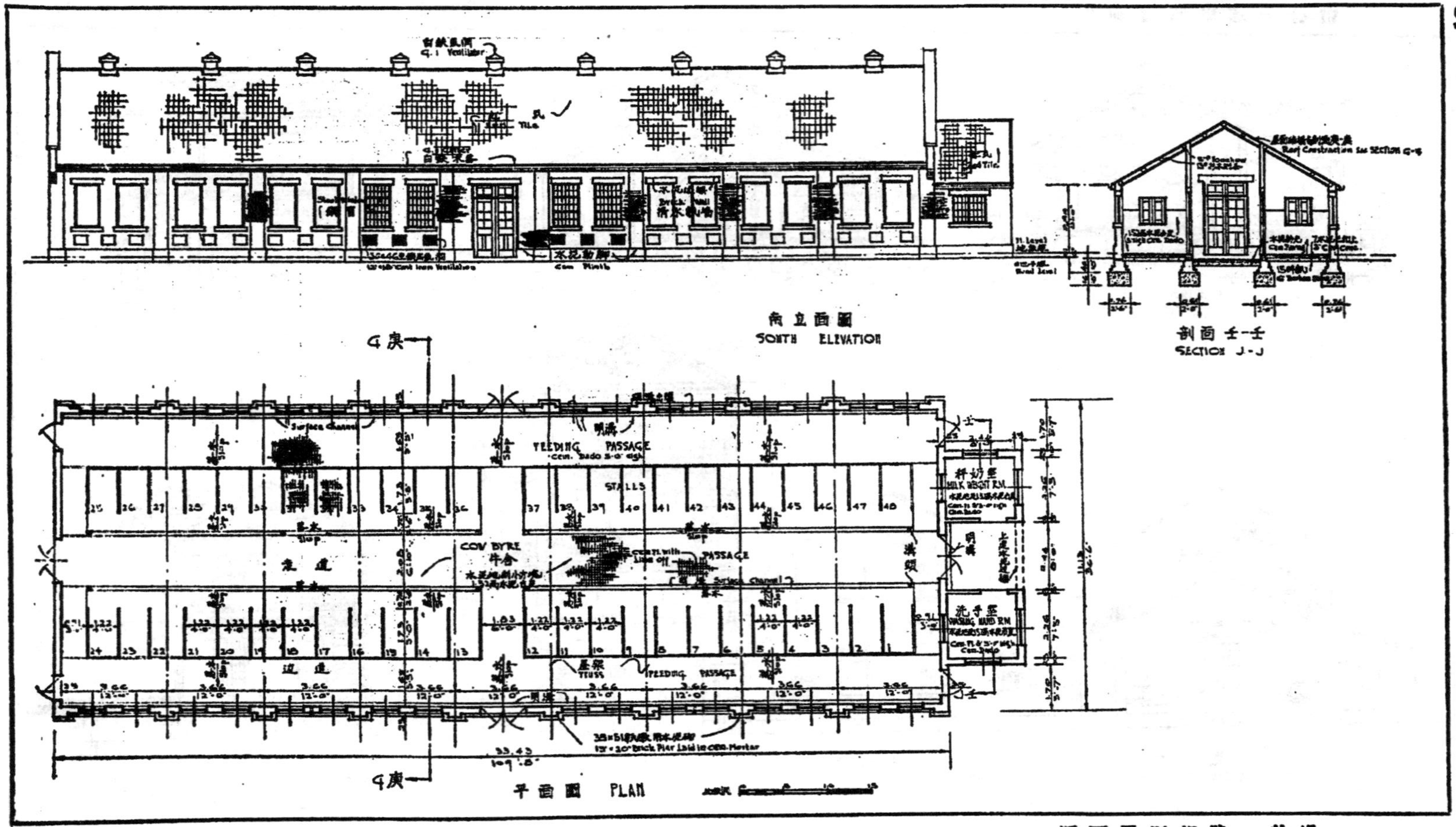

A Farm Building on Rubican Road, Shanghai.

滬西羅別根路一牧場

23952

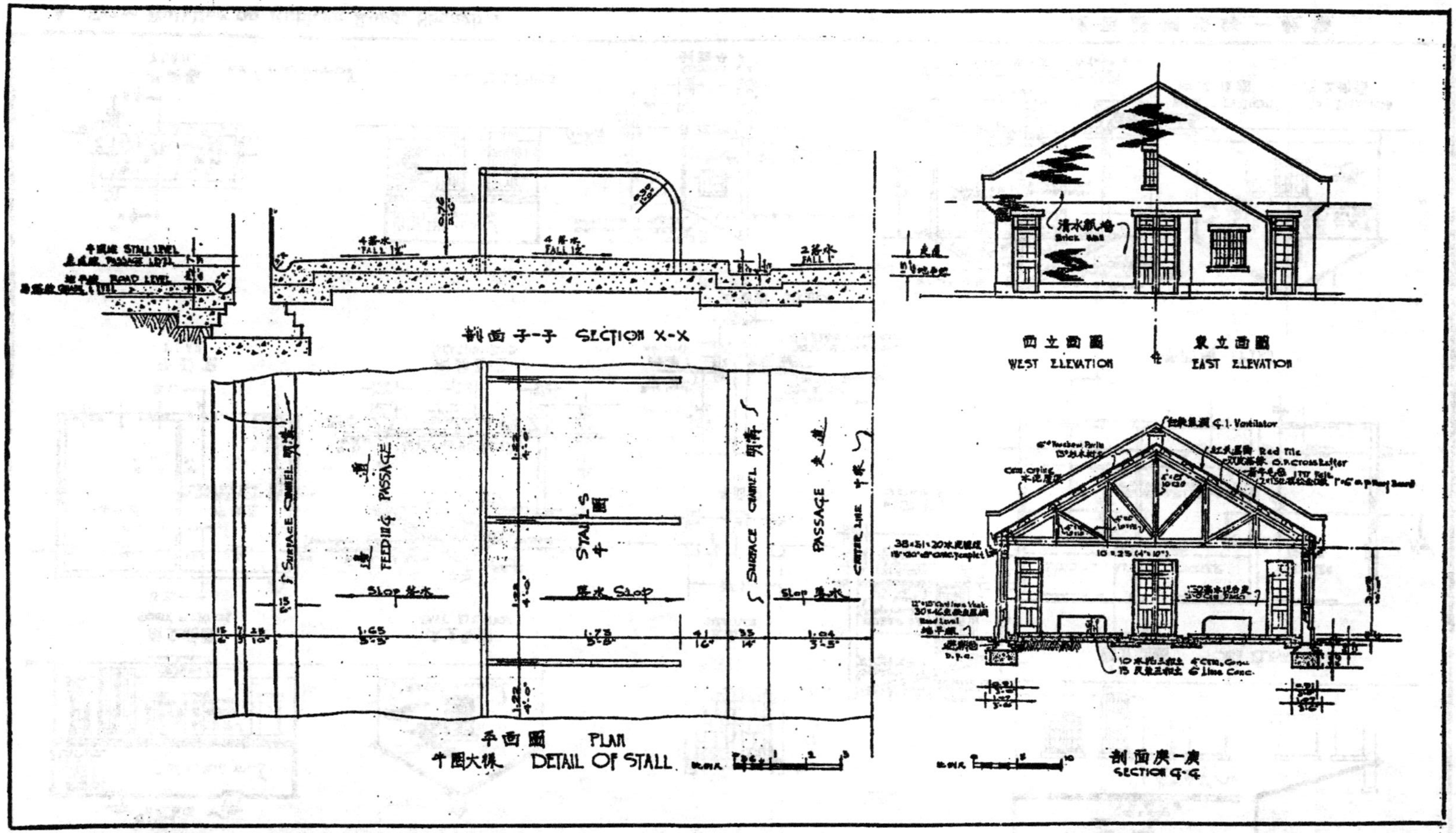

A Farm Building on Rubican Road, Shanghai. 滬西羅別根路一牧場

23953

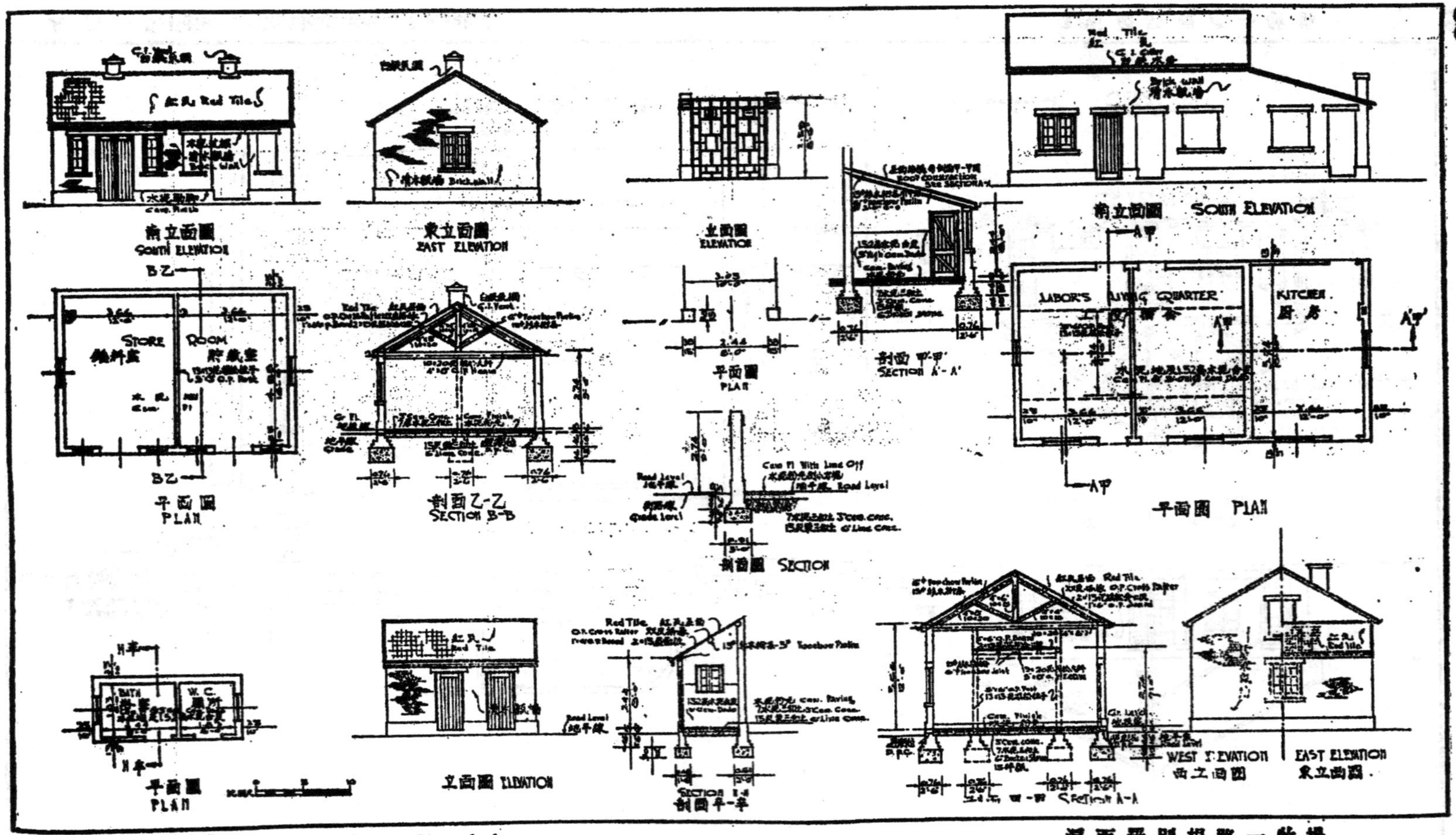

A Farm Building on Rubican Road, Shanghai. 滬西羅別根路一牧場

GENERAL VIEW.
英國"愛佛林新村"外景

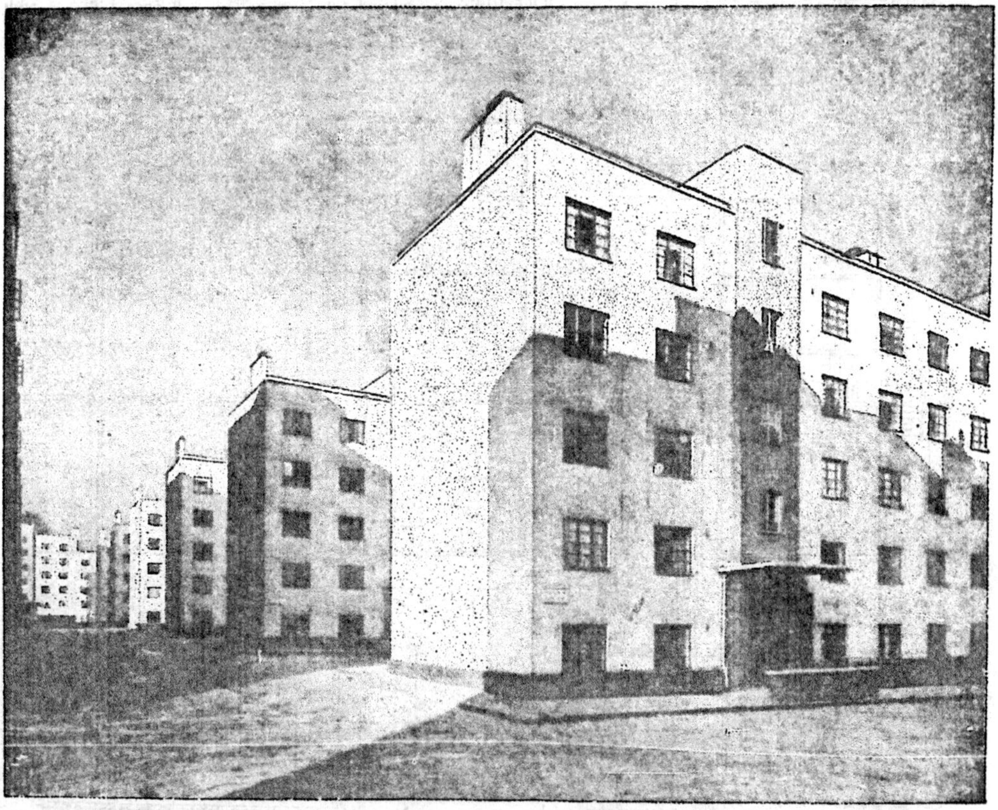

"EVELYN COURT," AMUHRST ROAD, HACKNEY, E Detail of biocks.
英國"愛佛林新村"近景

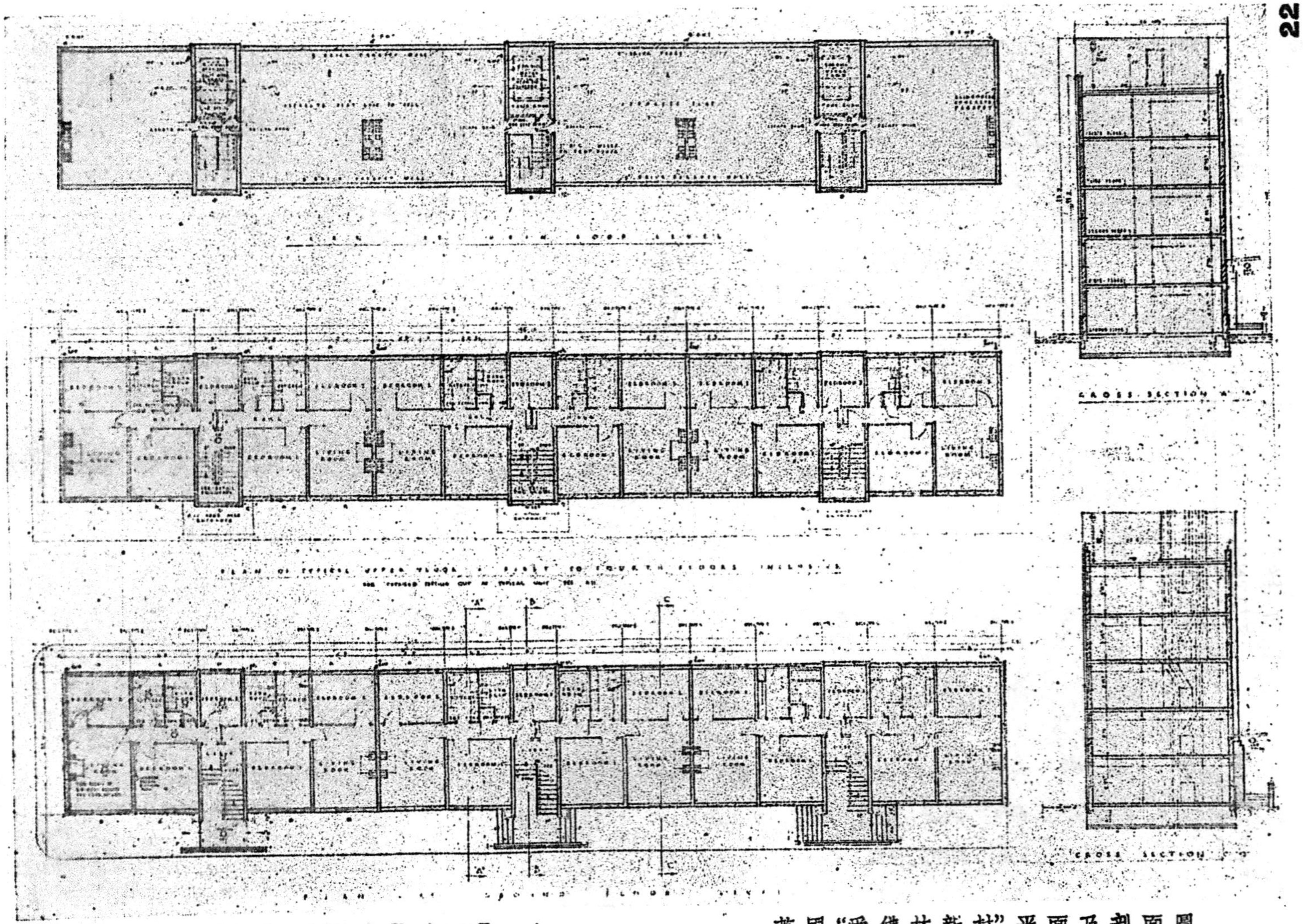

"Evelyn Court," Amhurst Road, Hackney,E.

英國"愛佛林新村"平面及剖面圖

建築史（九）

杜彥耿譯

羅馬建築（續）

一四七、公共浴場　羅馬公共浴場（Public bath, or thermae）之組織，係附有希臘體育館與門類頗多之各種熱浴，並有降蔽或留空之列柱櫥廊，以資談話，訓話及各種體操之需。羅馬古時公共浴場，遺留至今，而允推特著者，厥惟卡刺卡拉（Caracalla）與戴克里先（Diocletian）兩處，卡刺卡拉浴場，據云建於塞弗拉斯（Severus）在世之時，而一部份則完成於其子當政之候與遜其子位之卡刺卡拉氏；迨公元二一八至二三五年，伊拉加巴拉斯與塞弗拉斯亞歷山大（Heliogabalus and Severus Alexander）之際，方全部告竣。約於公元五百年，經狄奧多理（Theodoric）一度整修之。此項殘留之建築物，於建築史蹟上，有足珍貴者；蓋藉此可想見當時羅馬建築之一斑也。

一四八、　卡刺卡拉浴場房屋之全部，包括外面廊屋，係架於二十呎高之台基上，其下有圓頂之室，大半用作儲藏及熱室與浴室等之燒火處。卡刺卡拉浴場之地盤見九十一圖，即係近年所發掘，而知其主要之室位在東北正中者：a為冷氣室（frigidarium or Cooling room），包括游泳池，兩端各有川堂，以通外廊。b為第一熱室，位於屋之正中，蔚為閎大華麗之佳構。其四邊圓頂之幽室，設置雲石浴盆，中間闢門，以通冷氣室，又一則通圖中d字之蒸氣浴室。第一浴室與兩端川堂之間，係以柱子及屏障分隔之。川堂長一七〇呎，闊八十呎，於花崗石柱子之上，有短矮之台口，圓頂亦即從茲隆起，此為二至三世紀時之參雜式（Debased style）建築。幽室之門旁，兩邊樹立低矮之柱子，門之內則熱浴盆在焉。次為d發汗室，同時亦係通至後面圓廳之川堂，內有Hypocaust floor，下燒層，藉使熱氣之上洩，牆面舖絨毯，c圓廳亦用同樣之裝置，上蓋巨大之圓頂，是為蒸氣室。圓廳兩旁e字各室，均面臨庭園。兩邊寬暢之廊房f，其圓頂亦坐於列柱者。

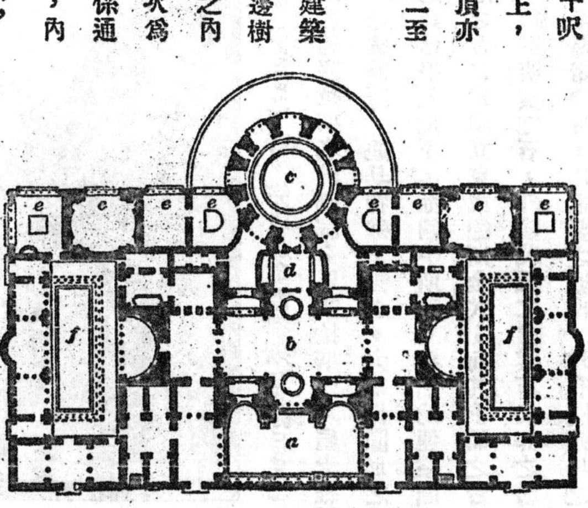

〔附圖九十一〕

一四九、　此蓋大浴場之主要各室，尚能斷其用途；然猶有許多房間不能明瞭者；或謂私浴室，或謂化裝室及塗油室（Anointing room）；但其實際之用處，則殊難加諸臆斷。外面庭心面積一千二百方呎，植花卉冬青樹等，繞此庭園者，則為一帶長屋，建於伊拉巴拉斯與塞弗拉斯亞歷山大之時，其在東北一邊，有小型圓頂之房屋，高柢兩層，中間有扶梯之裝置，此項房屋，不知作何用途，或係商舖，或爲私浴室或化裝室；蓋有人不願往公共浴室沐浴者，可在此私浴室浴之。正面一帶長大廊廡，中央大門，係由Via APpia抵達公共浴場者。在廊廡之另一面有廟焉，爲哲學家之會議聽覺師生講習之所，或爲體操及遊戲之處。體育館跑道之週圍，係連續不斷之無數雲石看座，座後水池包括六十四座圓頂油倉，有水道引水池之水，以供浴場之用。

一五〇、　戴克里先浴場，係建於馬克息邁那(Maximianus)，時爲公元三〇二年，乃會敬其兄離退羅馬之皇戴克里先所建者。依據傳說：有不少基督教徒被迫操役於此浴場，旋復於此殉教者。浴場之構築佈局，與卡剌卡拉浴場相若。

一五一、戲院　羅馬戲院之地盤佈局，雖有數點與希臘戲院不同之處，然大體尚屬相彷。例如羅馬戲院之戲臺，迫近看座；以其自台口至看座後背之牆，成一半圓形；而希臘者則超過半圓也。台之左右各有月樓一座。自大門樓上對音樂班之坐位，留爲國皇及款待者，另一則留爲皇后與宮女者。當地長官及僧人亦有特座之留置；在紀元前六十八年台前十四排座位，均爲武士之座。彼時戲院中概不售票，蓋亦古羅馬帝國時與民同樂之意也。

一五二、　羅馬馬塞拉斯(Marcellus)戲院，見圖九十二，係現在之狀態。院始建於朱理亞愷撒(Julius Caesar)時，完成於與古都斯(Augustus)時，在紀元前十三年，而以其姪之名馬塞拉斯名該劇院；馬塞拉斯者，屋大維亞(Octavia)之子也。院之構築，殊爲壯麗，並具特殊雋味者。大部份圓形之外層，依然屹立；但其下半部，則業已陷入地下，如圖中所示。外牆爲連環圈式，中間柱子，每層有台口，下層之台口爲陶立克或德斯金式；而其上面之台口，則爲伊華尼式，所採材料，係疏空淡黃之石，外塗美觀之白雲石搗碎之粉。

〔附圖九十二〕

一五三、鬬獸場　當古羅馬帝國時，凡重要之城市，均有鬬獸場之建設。鬬獸場者，爲橢圓形之廣大空場，週繞以梯級看臺，並有圓廊甬道，及扶梯數處，以便往來場之各部。場之設計，係供武士之演鬥，或武士與獸鬥及獸

與獸互鬥者。有時場中灌之以水，俾演習艨艟水戰。看座自鬬場逐

〔附圖九十三〕羅馬科羅茜姆鬬獸場

級上升，下面坐位特備爲議員，州長及其他重要人物者，並有特座之留置，以爲國皇及其侍從，及表演格鬥之勇士所坐者。此項鬬獸場之留存至今者，計有味羅那，潘沛依，拍斯坦，加普亞(Verona, Pompeii, Paestum, Capua) 以及意大利各處。其在法國者，計有尼母，阿爾茲，夫賴序次(Nimes, Arles, Frejus) 等處。但其最著者，莫若九十三圖之羅馬科羅茜姆(Colosseum)。

一五四、　公元七十二年，惠思藩西安 (Vespasian) 起建科羅茜姆鬬獸場，復由杜密善 (Domitian) 完成之。在此作爲格鬥之場者約四百年。場之立面，高計四層，以繞循全場不斷之台口，分隔層次。柱之式例，有德斯金，伊華尼及柯蘭新。下面三層係連環圈，循環起伏，週繞全場。第四層則幾全爲實牆，間以半柱及柯蘭新式花帽頭，上覆冠以巨型之台口。週闢八處大門，以資出入；門均闢於下層連環圈下，更置有扶梯多架，以達各處看座；俾大量觀衆，得以進出不紊，蓋據傳屆時有八萬觀客之麕集也。場之外圍以長六〇七呎，濶五〇六呎及高一七〇呎之外牆。挑突於牆外之石，現仍可見之者，蓋用以繫帳篷，張帆布，所以遮蔽觀衆之不爲驕陽所炙耳。

一五五、賽車場

羅馬人士除於劇院與鬬獸場之外，尤喜以兩輪馬車賽跑，故遂有賽車場之設置。場作長方形，一端則作圓形，如九十四圖爲絡繆拉斯賽車場(Circus of Romulus)，係羅馬帝國諸賽車場之一。b圓形之處，係正對賽車之起點，a小型之圓拱室，曰柙所 (Carceres) 者，分左右入場，場中一帶牆垣 d 曰 spina，賽車者卽繞此牆競賽。勝者則經 c 處出場，並恐係站於該

〔附圖九十四〕

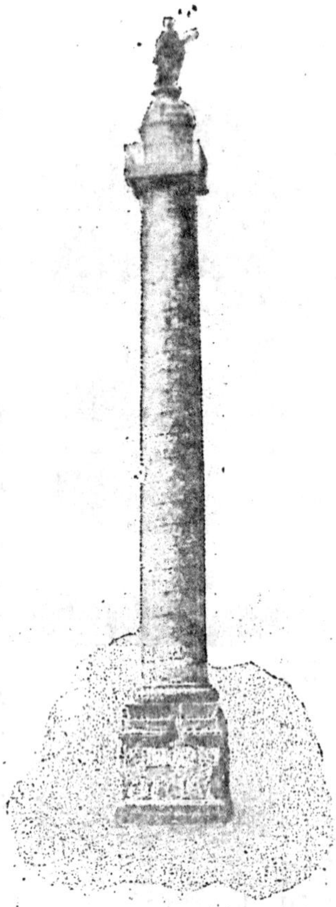

〔附圖九十七〕

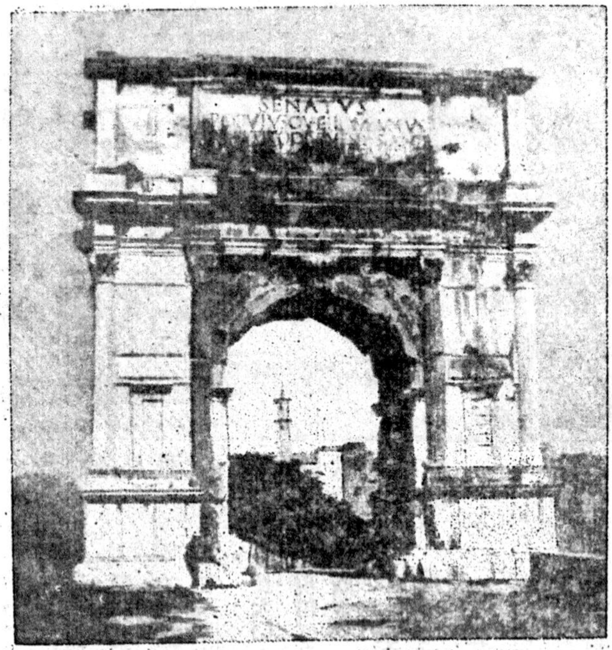

〔附圖九十五〕

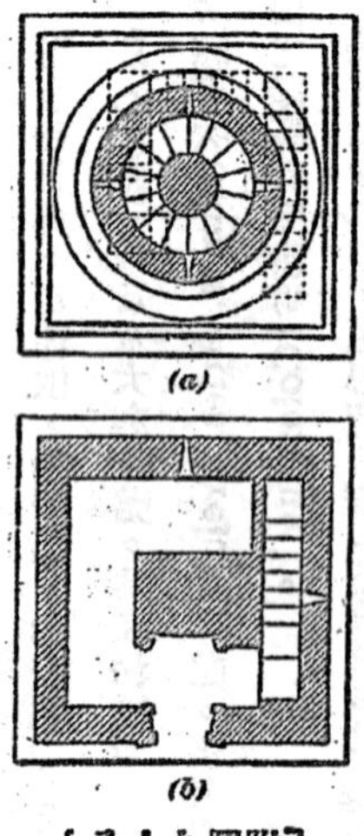

〔附圖九十八〕

〔附圖九十六〕羅馬君士旦丁凱旋門

處受賀者。看座週圍跑道與鬬獸場之看座相同。馬克息馬斯(Maximus)賽車場者，爲羅馬最大之賽塲，建於塔克文尼阿斯普立斯扣斯(Tarquinius Priscus)執政之時，復經愷撒(Caesar)擴大之，奥古都斯及提庇留(Augu°tus and Tiberius)裝飾之。塲長二千呎，寬四百呎，據云能容十五萬人。

一五六、凱旋門　此種紀念建築物，係爲慶祝得勝之國皇或將帥之凱旋而設者；普通越路搆架，俾受賀者經越此門以入首都。九十五圖泰塔斯門，是爲最古者，包括一個拱門，飾以柱子台口及上部之字碑等。建於較後者，爲羅馬君士旦丁凱旋門，兩旁有小拱門之設置，爲羅馬最大最顯壯者，位於帕拉泰因(Palatine)山下附近，科羅薔姆鬬獸場之凱旋路上。門之搆築，有八根柯蘭新柱子，柱巔立雕像；而其浮雕或出諸建造圖拉眞(Trajan)牌樓者之手。

一五七、紀念柱　巨大之紀念柱，乃憶念戰功而建者；柱頂立大像，九十七圖爲圖拉眞紀念柱，建於公元一一四年。柱爲陶立克式，十二呎對徑，以三十四塊雲石堆起，周繞浮雕，狀圖拉眞戰克達謝(Dacians)一役之形像。巨大之銅質帝像屹立柱頂焉。近頂處有挑臺，可循柱內梯級緣登柱頂。柱身間留有空洞，俾光線及空氣可流射柱內。至扶梯之大門，係關於下面方形之柱脚礅子者。礅子扶托柱子者，雕以戰爭軍器及碑文。圖九十八a示紀念柱中心之盤梯，d爲礅子之平面圖。柱之總高度，包括方形礅子及銅像，約一四〇呎。

一五八、坟墓　羅馬坟墓，式樣頗多，大抵分佈於離城數里之一帶公路旁，其保守最完全而足資觀摹者，厥爲革拉蘇(Crassus)之妻愷茜拉墨的拉(Caecilla Metella)之墓，如九十九圖。墓含一圓形之塔，坐於一百呎轉方之台基上。塔用石灰石砌叠，上有美觀之壁緣及台口，塔頂本有圓錐形之石或雲石屋面；於中古時代始改如現在之城牙齒牆頂者。

奥古都斯(Augustus)之墓，當皇在世時，建於干波斯馬齊烏斯(Campus Martius)，四個圓柱坐於白雲石之座，柱之狀下粗而漸上漸細，迨至最上之端，則偉大之帝像在焉。

〔附圖九十九〕

一五九、橋樑涵洞　良以羅馬人特具構築法圈之技藝，故凡用圈拱所成之橋梁與涵洞，無不堅固美觀。不少佳構之橋工，現尙能於帝國各處見之。據云：圖拉眞曾建一橋，跨越多腦河(Danube)者，高凡一五〇呎，闊六〇呎，自橋墩至彼橋墩之跨度爲一七〇呎。

羅馬及其他城市水源之仰給，咸藉宏大之涵洞以輸送之；間並鑿渠，俾導水自水源以至仰給之處。渠之穿山越嶺也，通之以隧道，跨越山凹，則建巨大之礅子及法圈等工程。當第一世紀之末葉，羅馬造九道給水涵洞，如阿奎克羅狄亞(Aqua Claudia)及阿尼奧諾服斯(Anio Novus)，皆長四十六英里及五十九英里，入城則橫聚衆流於一涵洞，復分上下兩出水管。

一六〇、公會堂　羅馬之公會堂，其用途有二：曰公正之審理庭，及貨市之交易所，或即商人雲集之地。最初之公會堂，係一長方形之屋，寬不逾深之半，或寬度不過長度之三分之一。依屋之深度，排列柱子多行，形成甬道二條或四條，而大殿則圍於列柱之中核，樓上廊廡建於屋之兩端及甬道之上。多數公會堂建造半圓形之幽室，又名後殿(Apse)，位於屋之一端或兩端，該處地板升起，以資法官升坐之台壇。木架之屋頂，構築殊爲簡單，普通咸朴淡不華，迨後經帝皇之執管，則公會所之建築，轉趨宮殿化矣。

一六一、　圖拉真公會堂遺址，近今發現於羅馬者，長三八五呎，闊一八〇呎，屋中有四行列柱，兩端各有半圓形之後殿，殆爲法官審判而設，如一〇〇圖。圖中a爲方天井，b爲大殿，c爲甬道，d爲東法庭，e爲西法庭，f爲圖拉真紀念柱，g爲希臘圖書室，h爲拉丁圖書室。

又有馬克森細阿(Maxentians)公會堂之發現，如一〇一圖，其構置佈局，完全與前者不同。此屋之a爲大殿，b爲甬道；每一甬道以拋脚礅子劃分三個部落：a'爲大法庭，b'爲第二法庭，大殿之屋頂爲半圓形之脊肋，穹頂劃分三部。甬道之屋面較大殿爲低，頂形半圓，長七十六呎，大殿長八十三呎，自地板面至屋面之高度計一二〇呎。多數之羅馬公會堂，後均改爲基督教堂；而早期之基督建築，亦即肇基於斯時。

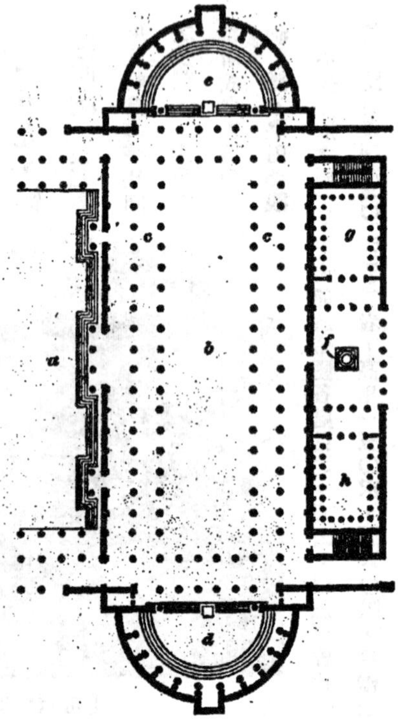

〔附圖一〇〇〕

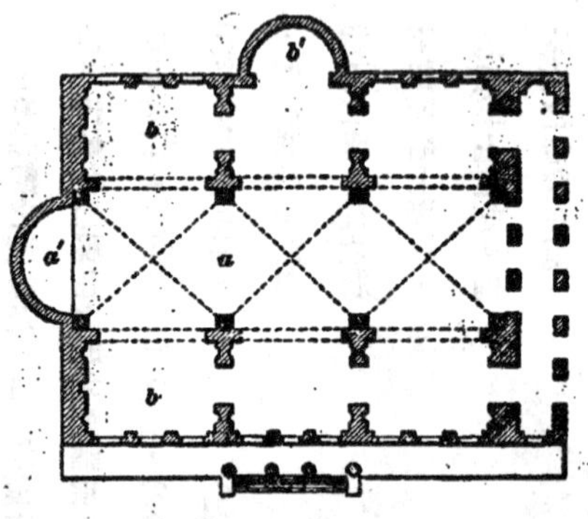

〔附圖一〇一〕

一六二、宮殿　建於羅馬帕拉泰因(Palatine)山上之宮室，因年代久遠，湮沒太甚，故難以辨認其建築之式例。如其中閎偉之杜彌善宮，內含朝庭及勤政殿，與皇室，教堂等，咸有列柱之圍繞，而內宮各院則排列於巨大天井之週圍。

在杜密善宮遺址中，發現御座殿，經面臨帕拉泰因山之正面拱廊入殿；殿內裝飾，因其地位之重要，而知其奢華之程度矣；若壁間昂貴之雲石，及十六根柯蘭新式之柱子，均高二十八呎。八個壁龕內置崇宏之巨像，藉以點綴宮殿之壯麗閎矣。門旁舖砌希臘雲石，剜槽之門柱，則以卡爾(Corinan)雲石為之。屋面係以列柱支持之。

一六三、住屋 羅馬私家住屋，可分兩種：卽村居與市居是。前者架屋數椽，自成園囿，逸趣橫生，無塵囂之亂耳。市居則反是，背園林清幽之勝，而來市廛中構築層樓高屋多幢，分租於羅馬一般平民居住。

在鬧市中之市居房屋，其下層往往闢設店舖；此項店舖與上面居住者，雖在同一屋面之下，但彼此並無些微關係。當奧古都斯之時，鑒於市中高屋，殊應取締之必要，乃有最高七十呎之限制，後復減低至六十呎。屋之用材，初以曬乾土磚與木材，後訂章改用石椽子及用混凝土或煉瓴砌牆。迨尼祿 (Nero) 當政之時，重訂建築新章；耐火材料之採用也，如火成岩石之灰色以至黑色者，用作外牆。重行規定房屋之高度與牆之厚度，街道之闊度，及其他對於市政極有裨益之章則。

一六四、 公元七十九年時，潘沛依市 (City of Pompeii) 被燬；該市為古羅馬市廛之大好參考，可以想見當時生活程度之一斑，蓋不僅宮室為然，卽平民居住者亦可窺其梗概；而潘沛依市街尤足資研習都市設計者之大好資料也。

一六五、潘沛依 潘沛依之市街，概少超出二十呎之寬度者，所以依當時之定章也。路面舖石，兩旁留狹隘之人行道，道旁羅列狹小之店舖；店面祇一方頭空堂，初無建築藝術可言。依據羅馬習俗，凡主要建築，則為審判所，商場，宗教建築及市政管理署，述合於兩進建築。最著者如大公會堂，以白石舖地，高二層，週繞連環法圈，陶立克及伊華尼式柱子 柱頂飾置市內有名人物之雕像。和味廟位於公會堂之北，左右並有勳功牌樓之遺蹟及其他建築：包括臨時小菜場，參議廳，愛普羅廟，麥克來廟，及獨麥卸交易所等，均位於東西各處。功績牌樓之在和味廟東者，係紀念尼祿而建者；包括雲石殿，殿內有壁龕，陳列雕像及噴泉等項。在西首之一座牌樓，不知伊誰所建，已無從考證。和味廟之北為麥克來街，為潘沛依市內最潤之街衢，貫通城牆以達公會堂者。

幸福廟，公共浴場及跨越街道之加力荷拉牌樓，(Arch of Caligula) 為城中最饒興味之區。城之東南，有三角形之公會堂，及附屬之不少其他建築，為城中最大最先建築之處也。鄰近南邊城牆處，有伊華尼式之廊，為城中有名士紳之紀念建築也。公會堂之東西，各建陶立克式之廊廡。陶立克式之赫邱利廟(Temple of Hercules)，為城內最大最古之建築，屹立於城之極南。在此廟之西邊，有半圓形之石座及日晷一座，日晷刻贈者之名字。其他公共建築之附近三角形公會堂者，如劍術學校及劇院兩處，其中較大之一處，能容五千觀衆。斯坦屏 (Stabian) 浴場及埃西與厄斯邱雷琵廟 (Temples of Isis and Assculapius)，貼近東南城牆之鬪獸場，有八處大門通行場內外。

（待續）

房屋設計之哲理

朗琴

下文爲美國筆尖雜誌於一九三〇年舉行圖樣競賽時，評判者對於得選諸作之結論。閱時雖嫌稍久，評語則多中肯，固不受時間之限制也。但見仁見智，觀點各異；原著者曾加聲明，讀者亦宜注意也。

若將廚室，伙食間，僕役室，浴室，及冰箱間等，位於屋之前部，面臨街道，實爲不良之投資，此係就已往經驗而證明之事實也。汽車間位於前面，更屬不合理論，此由於牢不可破之傳統性所致。

常言「我之家庭是我之城堡」，深種人之心中，亟應加以革除。經歷數世紀之發展，制定某種設計原則及建築方式，始與吾人情理中所謂「家庭」(home)之名相稱。故一「房屋」(house) 在堪稱爲「家庭」之前，必須備具上述條件者也。

主要之起居室，位於房屋之後，並無策略之可言。時當餐後，休憩於起居室中，若有人過訪，聞步履之聲而不識誰何，迨相見之下，其人非初意所願接談者，將現驚訝之色，則其情狀又爲如何？故此爲笨拙的，驚擾的，與不自然的。

若「朝南」("Southern exposure")之哲理實行，則建於街道屋面向北之一切房屋，其起居室勢必面臨屋後鄰居之庭院，其間烟灰瀰漫，晒衣架重疊，而一切之私生活咸出現於是。蓋此種房屋，面既朝南，自屬將廚室，伙食間，僕役室等關置屋後也。故此爲不自然的，吾人惟有服從自然，方合理也。

「朝南」之哲理，其方式一如故事中歡樂之結局，在今日機械化之建築工程中，無需加以考慮者也。現在房屋之興建折卸，盡如人意，毫不受日光空氣及冷熱等之影響。夏時炎威逼人，吾人在起居室中，欲將日光驅除，其困難倍較寒冬或氣候不穩之時也。在一設計優良之房屋中，若在十一間起居室內每室置一寒暑表，其熱度盡屬相同。但面臨西北之起居室中，在夏日其熱度較室外涼爽十二度至十六度也。

在設計時若將老虎窗，大門，及烟囱置於建築物之一邊，因假牆(Sham wall)掩蔽汽車間門關係，勢須將房屋之佈局偏重於一端。若將烟囱移置於另一山牆，雖未能謂爲盡善，但稍有藝術的創造矣。再者，圖樣之設計，若爲常式的，冷淡無趣的，機械的而非藝術天才之作品，只能稱之爲房屋，不能名之爲家庭也。此實短少家庭所備具之條件，令人不能有緊密，安靜，閒適及蔭蔽之感，而此皆爲家庭所必具之特質也。

許勃氏(Schnbert)曾謂「我之音樂爲我心靈與我之理智之結晶；而我之心靈所發抒者，似尤感動衆人」云。有識者均知音樂與建築具有密切之關係。此種之概念，遂使歐洲之著作家及思想家，描述建築爲「凍結之音樂」(frozen musie)。此種比較誠屬適當，蓋音樂實爲最自由最不守法，實際上在藝術中最爲科學化者也。但每一純正之建築，必須具有嚴格之建築原理，固不問建築物之目的爲何如。若建築物之最初目的，在表示或紀念某種情感，如哀痛，感謝，致獻及類似等情，則科學化與實用兩者，卽與建築之審美原理連帶發生關係。反之，若求便利計，則美觀與宏偉兩者，亦相聯繫焉。

希臘之廟宇及哥德式之大禮拜堂等，一切神明之抽象概念，均藉機械學之原理而實現。相反者，爲南非洲．種未開化人之草合，美屬印第安人之茅屋，其或汚穢不堪之小工廠烟囱等，若建築得宜，各盡其功能，則亦不背建築之審美原理也。

自然非爲自相矛盾的；藝術之與科學，美觀之與功用，若瞭解得當，絕不抵觸。汽車爲運輸之工具；係用於屋外，非爲內部之裝飾者也。汽車與房屋之關係，猶與昔日之車馬相同，但汽油，或司林等之惡味，遠較昔日之馬房爲甚，而昔時亦未有將馬房置於屋內或屋傍者，至於關置屋前，更少見聞矣。

當一汽車在未用時，其安置之室與住屋相連接，若欲計劃盡善，確爲極費考慮之事。但於不得已時，亦不宜將汽車閒關置屋前，雖有假牆掩護，總非優良之策。且建築一術，不容有所虛僞，非若舞台佈景，假牆之功能，數小時卽足，而在建築上則絕不允許者也。卽就有識者言，時須檢驗其車輛機件，亦顧於身沾油汚之時，露於屋前道路之上手，屋後有其安藏之地，恐亦不出此也。

營造學（十四）

杜彥耿

第三章

第一節 石作工程(續)

三均接 依照石之全厚度，平均劃分，中間一條雌縫，兩邊兩條高縫；或中間一條雄縫，兩邊兩條低縫。縫之深約一吋半，如三四八圖。此種接縫之作用，爲防止側推力之襲迫，以致石牆地位之移動者，如水堤等是。亦有用石條接以三均接者，如三四七圖。石條長一呎，高四吋，闊二吋，嵌於上下兩石之石槽。

水泥膠接 此種接法，大都用於蓋頂石者；於石之頂端鑿V形之槽，澆以水泥，俾使兩石膠合，藉免側推移動之虞，見三五〇及三五一圖。

插筍接 插筍接者，亦爲防止側推移動之一種法式。插筍之用材，有以一片硬石，石條或紫銅者，約一吋見方，長二吋以至五吋，如三四八及三四九圖，而用水泥窩膠之。插筍接擺豎直與坦平均可；尤以豎直者置於建築物之頂端或根際，可免側推力，如闌干及柱子等是。

石卵接 以小石卵子，用水泥凝嵌石縫，俾石不被側推移動，此係最經濟，簡單而習用之法也。

依第二項之錠筍接合下，復分錠搭，鉛筍，石錠筍，控制鐵，開脚螺絲等，縷述如下：

錠搭 金屬之錠搭，與插筍之作用類似，用以聯接兩石；惟於石之安置穩妥，不稍乖離，尤爲注重。若山牆之壓頂，台口石，束腰石等之挑出部份，施以錠搭，俾與牆身或構架支柱等聯結。錠搭係一片塊之金屬物，其長度視需要而定，兩端彎曲約一吋半，成直角，鈎入燕尾狀之石洞，如二六一及二六二圖。錠搭普通有以熟鐵或紫銅等爲之者；惟用熟鐵，須於事先塗以柏油，或以純水泥塗刷之，俾不生銹。然以鐵之拉力特强，是以錠搭用鐵製者最爲合適；紫銅雖不銹蝕，然其拉力終較弱於鐵。

膠凝錠搭之材料，最佳者爲水泥，青鉛及松香柏油。澆時須特加注意者，即錠搭週圍，均須澆足，不可稍留空隙。凡工程之露於外者，以澆製青鉛爲最安，以其能恃久而不受潮濕之影響，以致錠搭生銹也。

鉛筍 石工之鑲接，藉澆青鉛者，如二六四圖，於兩石之頂端，各鑿燕尾狀之洞；迨將石安置妥貼，隨以熔烊之青鉛澆入洞中，俟冷却，則兩石已結成一片矣。

石錠筍　以七吋長，二吋闊，一吋厚之石板，割成雙燕尾狀，或卽錠筍式，嵌入兩石銜接之處，復以水泥膠之，如二六三及二六五圖。

控制鐵　鐵質之長骨，鈎於台口石之後；緣因台口石挑出牆外頗巨，藉此庶免其重心壓擠牆之外沿之危險。法於台口石之後面穿洞，以控制鐵牽制之。

開脚螺絲　螺絲脚較上部爲大，置於燕尾狀一卽上口小下口大之石洞，復用水泥或青鉛澆灌，窒實使之不上移，如三五五圖。設因上挑之力頗大，開脚螺絲不足以制止，則螺絲易以控制鐵，置於鑿通之石洞，上蓋鐵板，並以螺絲帽絞緊。

第三項爲避水搭接，緣石之露於外者，其接縫頗易被雨水滲入，故有瀉水縫及高低縫等之施行，茲分述之如下：

瀉水縫　台口石之接縫，或其他平置石工之接縫，可於兩石銜合處起脊，並斫作瀉水，使水瀉去，不復再能滲入石縫。如三五二至三五四圖。

高低縫　此種高低縫之石工，施於石屋面與壓頂等之須緊密避水之縫者，分兩種：一，兩石均做高低縫；二，祗蓋於上之一石，做高低縫。關於前者，兩石之厚度相等；其接蓋之面部，須平舒者。後者之石，下部較上部爲厚，卽在下部斫高低縫，留上部使搭

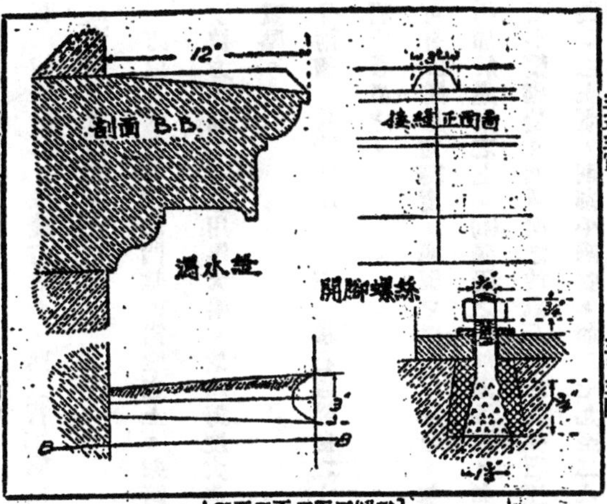

三五二圖　三五三圖　三五四圖　三五五圖

【附圖三五二至三五五】

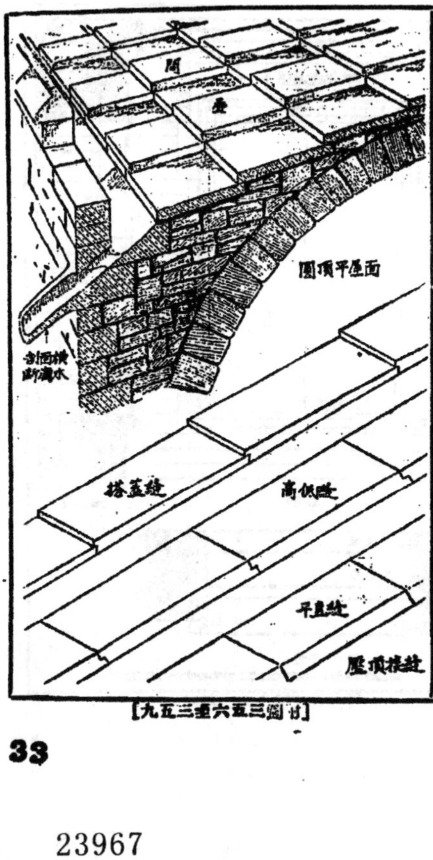

三五六圖　三五七圖　三五八圖　三五九圖

【附圖三五六至三五九】

蓋於其他一石之上，其厚度至少須六分，如三五七及三五八圖。

所用之石，倘係軟石，或疏空之石，而其背部露於外者，應用柏油牛毛毡或青鉛皮蓋護之。

石過梁　方頂之空堂，或即門堂或窗堂之上，架跨石料過梁；惟因石料之耐拉力殊弱，不能用作大梁。故凡跨度大者，必須注意其能否擔荷重壓。

過梁可分兩種：其跨度小者，以一根石過梁當之；設跨度大者，可以數根石梁疊置之。

石過梁可分(a)跨越短跨度，或梁之厚度頗厚者，無須其他分擔壓擠之建築物加於過梁之上。(b)過梁之上加砌法圈，如二七六及二七八圖之亂石小窯砌牆。(c)過梁之於亂石牆或其他石工牆垣，不便將砌法圈於過梁之上者，則砌平開圈，如二七九至二八一圖，其中間一石即老虎牌—或稱圈心；此處特名之曰節損石，以其於砌時在節損石與過梁之間，並不施用灰沙，而以小木樺代之。迨牆疊砌至相當高度，拆去木樺，故上面之重量不致直壓於過梁之上，藉免過梁受壓斷損之虞；然於全牆完工時，節損石與過梁石之間，祗於外面嵌以灰縫。

過梁之上，不砌法圈，亦無平開圈；然跨度頗大，一石恐不勝任，有分數石豎雌雄縫聯繫之者，或通鐵條以繫之。

圖三六〇至三六二示一雌雄縫聯繫之石過梁，石之接縫係垂直，而於中段剜鑿半圓形之雌雄槽。此法不僅石工用之，甎工間亦有用之者。

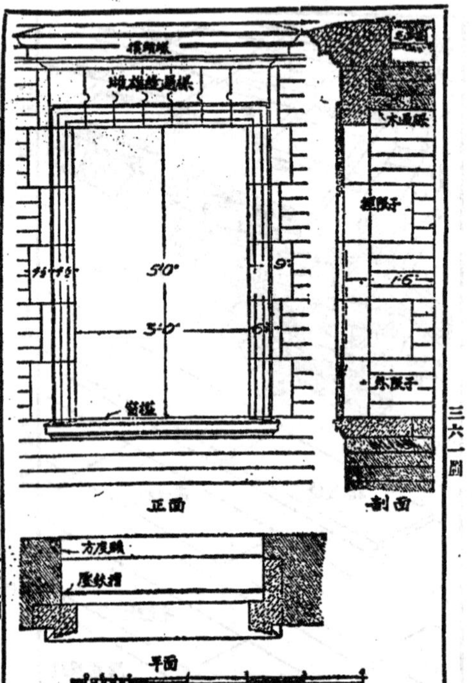

三六〇圖　三六一圖　三六二圖

【附圖三六〇至三六二】

現常有以數塊石料，相互依繫而成裏外兩行過梁，以夾峙中間工字鋼梁者，如三六六圖，係跨越全個跨度，而兩端擱着於柱子。裏過梁與外過梁之銜合於過梁底之天盤者，用小型紫銅鈎搭住，復用石屑與水泥之混凝補填之。此係過梁之底面接合其上，裏外過梁之接搭，係用鐵搭經越工字梁或穿越工字梁腹而搭合之。工字鋼梁須注意其被銹蝕，故須用防止發銹之油漆塗抹之。

石過梁之跨越店舖門面，而其開間頗大者，應置工字梁以任上部之壓擠力。石過梁則以數方石料聯成之，其後背鑿起口，俾適嵌坐於工字梁之間，再用鐵搭鈎之，以螺絲帽住石梁與工字梁，如三六七圖。

圖三六九及三七〇示鋼架建築石台口挑出頗鉅之構造法。普通石工，其台口之中心重量，完全着於牆身，故無在台口以上之建築

物足使台口向外傾撲之危。惟於鋼架建築，其軀身似必單薄，是以巨大台口之挑置，勢須愼重擘劃。因之每塊台口石，應用懸挑之法，置石於鋼質挑梁，挑梁則鉚於鋼大梁。挑梁之位置，係伸於台口，兩石之間，每塊台口石之一端，擱着於挑梁之一半。

法圈過梁 法圈過梁，通常爲平閘圈，可分(a)斜縫或雌雄筍縫，(b)斜縫及踏步接，(c)垂直縫及暗避不見之隆起法圈。

(a)兩面斜縫均向中心，並以雌雄縫聯接；縫中澆以水泥。如二五〇至二五二。

(b)兩面斜縫均向中心，並做成踏步式；而踏步接於外門頭線之上口，如此足使中間之圈心石，不致向下鬆落，見三七一至三七三圖。

(c)此式因欲附合台口之典型，如三六三至三六五圖，故過梁石之接縫垂直，而於中心搆成暗法圈。惟此法注重於外觀之壯麗，而其構造殊欠堅固。

【附圖三六三至三六六圖】

三六三圖　三六四圖

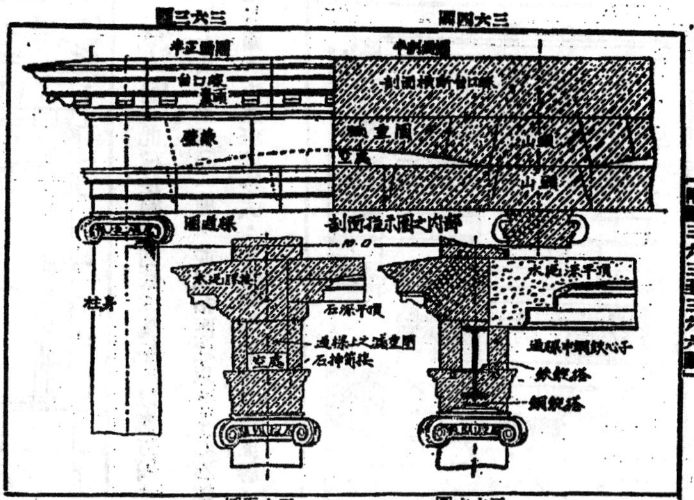

三六五圖　三六六圖

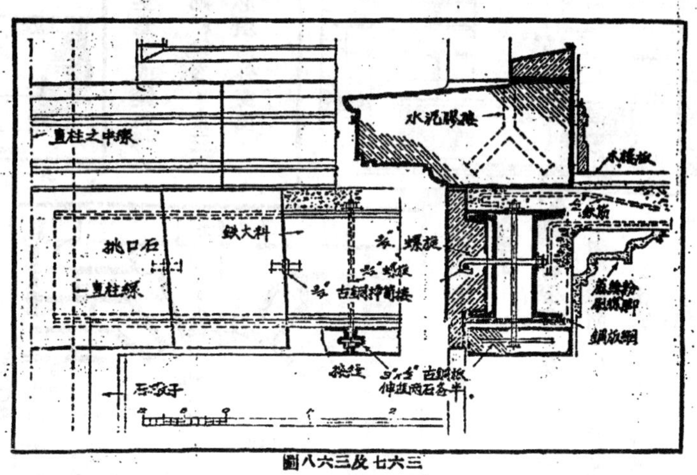

三六七及三六八圖

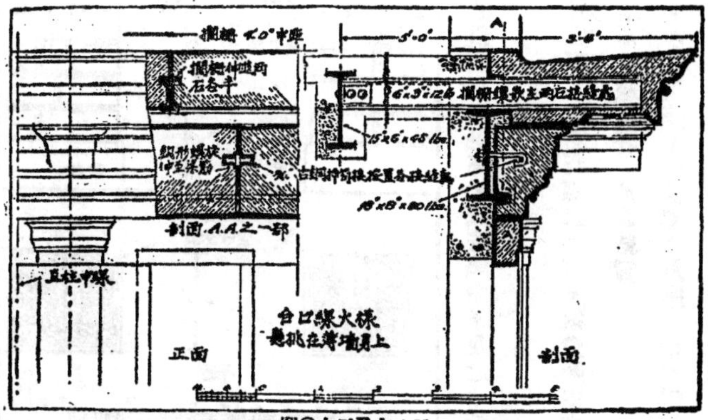

三六九及三七〇圖

三七四圖　三七五圖

三七六圖　三七七圖　三七八圖　三七九圖

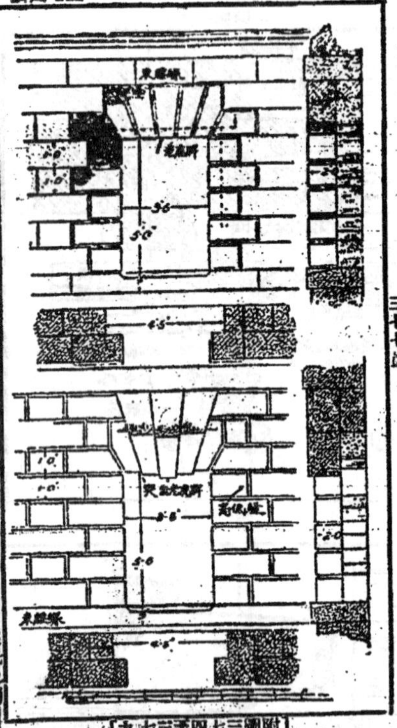

[附圖三七四至三七九]

三七一圖　三七二圖

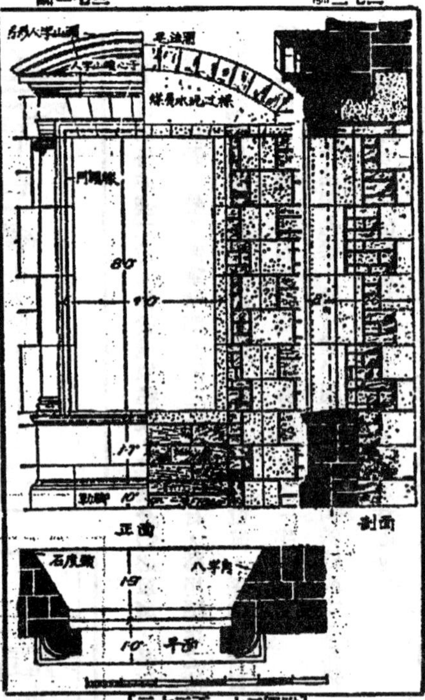

三七三圖

[附圖三七一至三七三]

石法圈　此種法圈之圈底或施平，以應方頭之空堂，或築弧形，如一八七至二〇一圖，並包括圈之以光平圈石鑲砌斜縫者，如三七四圖。依據斑斕亭式：凡法圈中心一塊老虎牌，必須向外突出，如三七七及三七八圖。如有圈石之大者，應鑿槽痕，俾膠以水泥，庶圈石組砌不致活動。法圈之為弧形者，其圈背亦應作弧形或作踏步遞退式。圖二七二示圈背亦作弧形者。

石工之組砌整列，或甎工之法圈圈背，每有用踏步式遞退者。此種法圈頗合實用，尤以相近牆末之牆角處為甚；蓋此圈不如他種圈栱圈之壓擠，自圈頂壓下向兩邊圈脚撐開者。圖三八〇及三八一示此圈之方式。三八〇圖更示圈石之斫成肩形，以資搭砌入於牆身。故此圈尤能增加堅固，惟圈頂之高度過高，或亦美中不足之一特徵耳。

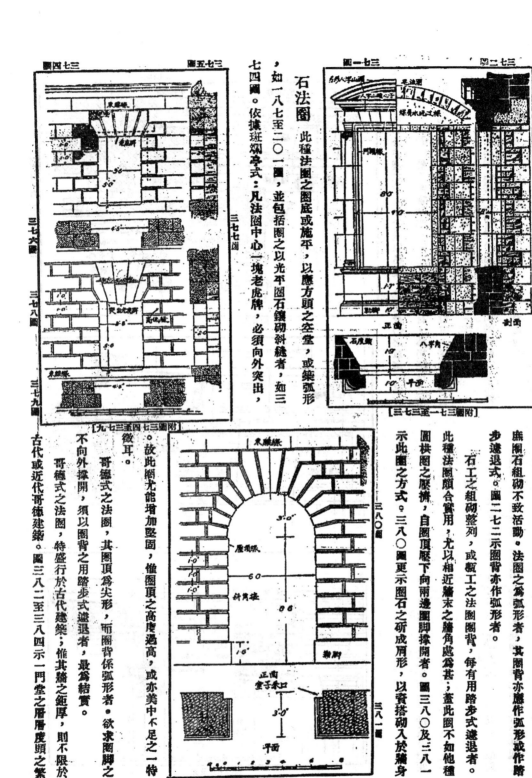

三八〇圖

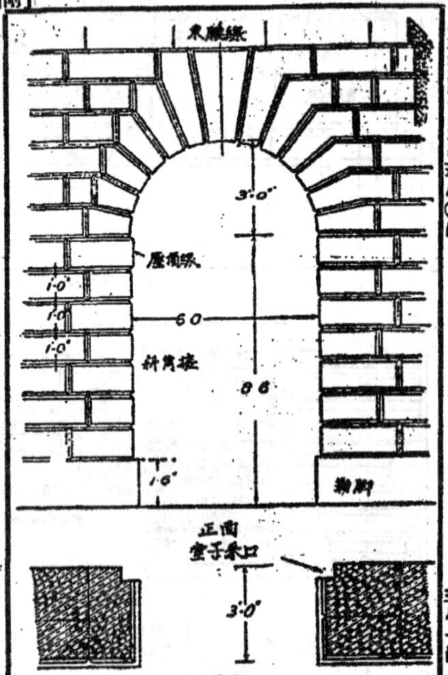

三八一圖

哥德式之法圈，其圈頂為尖形，而圈背係弧形者。欲求圈脚之不向外撐開，須以圈背之用踏步式遞退者，最為結實。

哥德式之法圈，特盛行於古代建築；惟其牆之鉅厚，則不限於古代或近代哥德建築。圖三八二至三八四示一門堂之層層度頭之繁複，與斜八字角度頭，藉使裝於幾在牆之中心之門便於開啟，不爲蓋厚之牆阻礙。圖三八二至三八四之哥德式拱圈裏外不同者，亦正因便利門之啓閉也。

窗堂之用此式者，初僅單扇，後漸改進爲複扇，而有柳條隔扇等之形成，如二七二至二七五圖，此即合一薄柱於中間，而外包一大法圈，藉任從上傳下之重量；其所需之窗堂，即擱於中梃之間。此窗之玻璃，大部近向外邊，裏面度頭咸係斜度頭，俾光線透入室內較大。一窗之合柳條心者，見三一四圖。

三八二圖

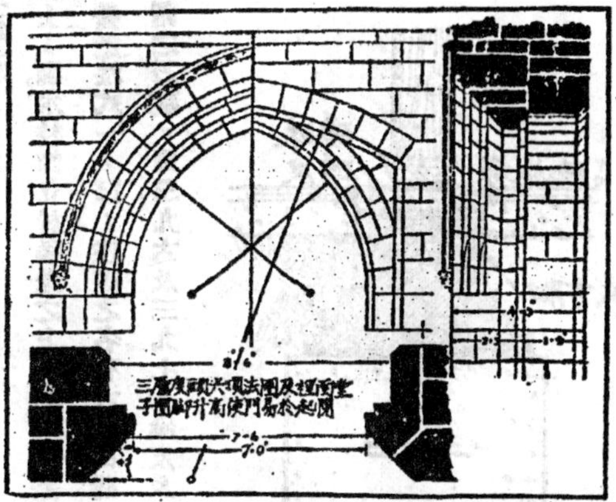

三八三圖　三八四圖

楹廊及欄干 圖三八五至三九〇示半個立面及側面，剖面及平面，半個向上看之平面與陶立克式楹廊及欄干大樣。並示石工臉面之塊分，圈石之踏步式遞退或肩形，及石工中間以鐵欄干之適稱佈置等項。

三八五圖　三八六圖　三八七圖

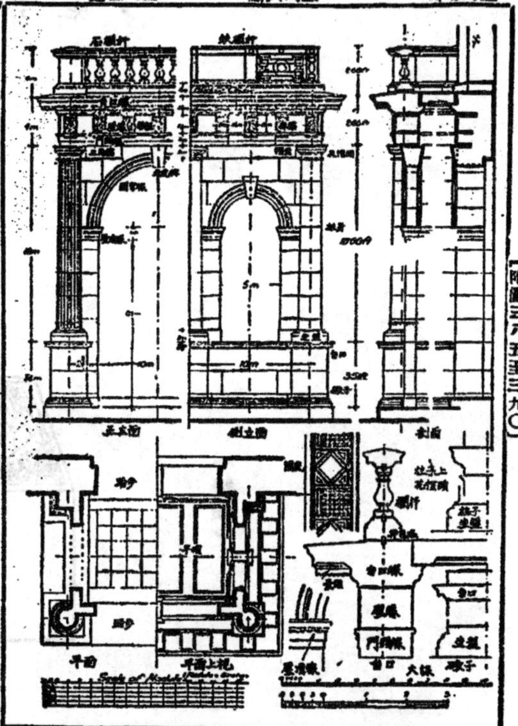

三八八圖　三八九圖　三九〇圖

〔附圖三八五至三九〇〕

石屋面 圖二六八至二七一示一突出之六角肚窗屋面之做法。圖三五六示圓頂屋面之以石蓋護之法，爲中古時代軍事與紀念物建築所習用者；係以石片置於亂石疊成之圓頂上，據此用石片舖蓋屋面有兩式：一爲間疊，一即搭舖；而每塊石片，均有坡度，俾資瀉水。

壁龕 壁間闢置壁龕，大都用以置雕像者。其平面普通作多角，半圓或橢圓形；而其上端之一部圓頂則作球形，圖三九一至三九五示壁龕各部圖樣。

上述之各種石作工程，咸皆偏重歐式。茲再將中國建築中之石作，分別縷述如下：

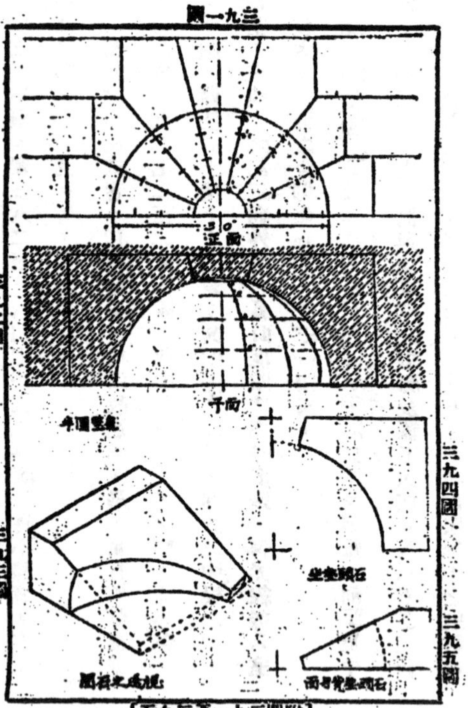

[附圖三九一至三九五]

礎皮及礎珠

礎皮係一塊四方之礎石，礎珠爲圓形之石珠，座於礎皮石上，而木柱卽立於礎珠之上，此兩者是爲柱礎。根據宋李明仲之「營造法式」，曰：柱礎之名有六：曰礎，礩，碣，磌，䃮，磉，今稱之石礎。圖三九六及三九七示礎皮及礎珠與柱礎。

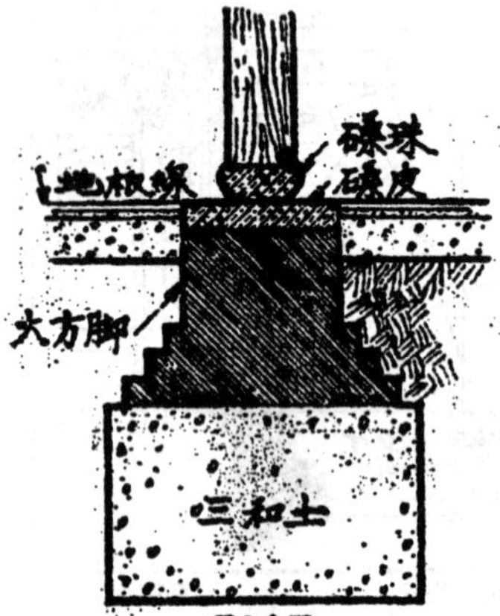

圖三九六

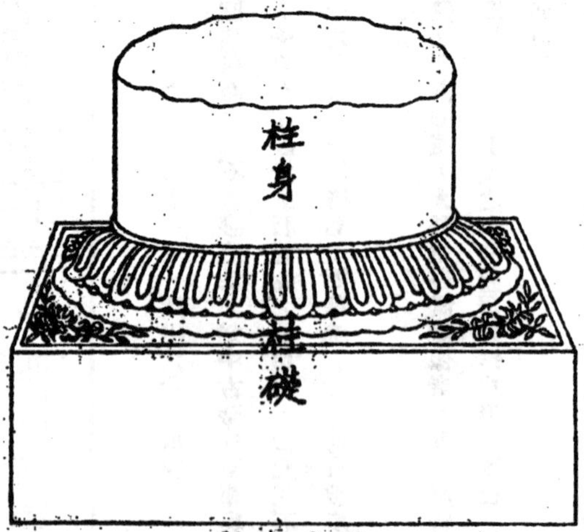

圖三九七

（待續）

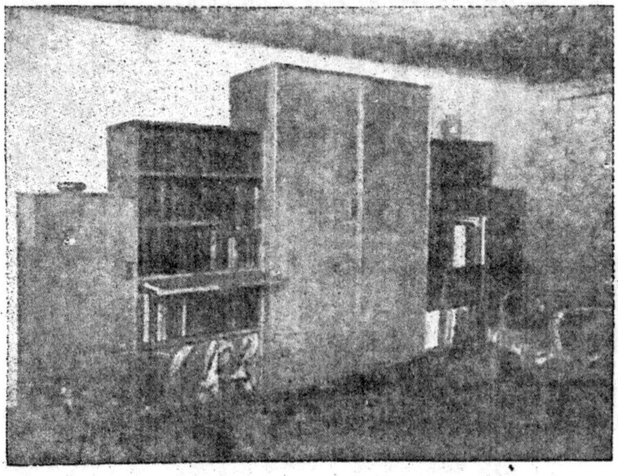

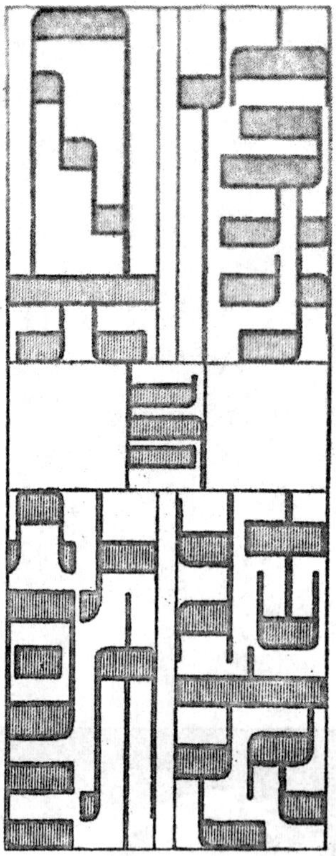

〔上〕睡椅及扶手椅舖以石色棉紗織物，頗爲醒目。

〔下〕此爲汽樓臥室佈置之一角。有衣櫥一，杯碟櫥及書架等。兩旁杯碟櫥裝有架子，書架並有寫字板。簾帷之後，並可假放小型之衣箱等件。

壁龕睡榻，亦有小型杯碟櫥及書架之設置，實簡而切要，地氈爲棕黑色，襯以灰色之牆，室中光線，至爲靜穆。

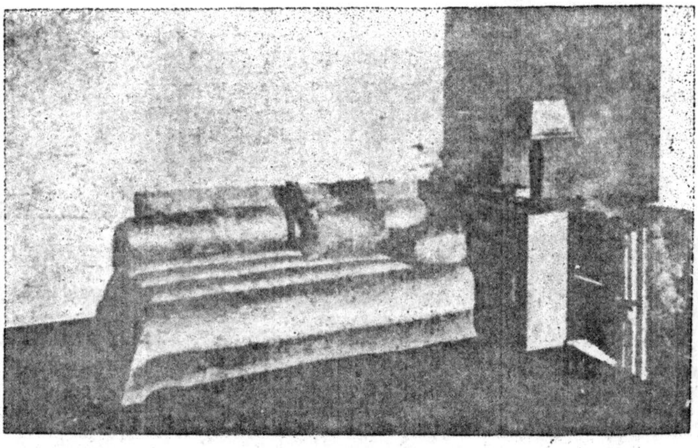

圖中安樂椅，所用銅管，係鍍克羅米者，舖以泡立水漆獸皮。桌亦鍍克羅米銅管製成。上二層爲白色玻璃，下爲黑色者。

此圖桌玻璃厚六分，置於黑色大理石及鍍克羅米之支柱上，式樣極爲新穎。

此爲早餐桌及椅之設計。椅係金屬管所製，鍍以蛋白色，舖置棕色之皮。坐墊及靠背均裝有彈簧，極爲舒適。桌之構製與椅同，玻璃檯面作灰綠色，置於橡皮托子之上。地上舖以灰色之地氈，牆爲白色。

住宅

此小住宅盛行於美國西部及西南部。前爲平台或內庭，後有走廊，藉此可使起居室之空氣，流通自如。

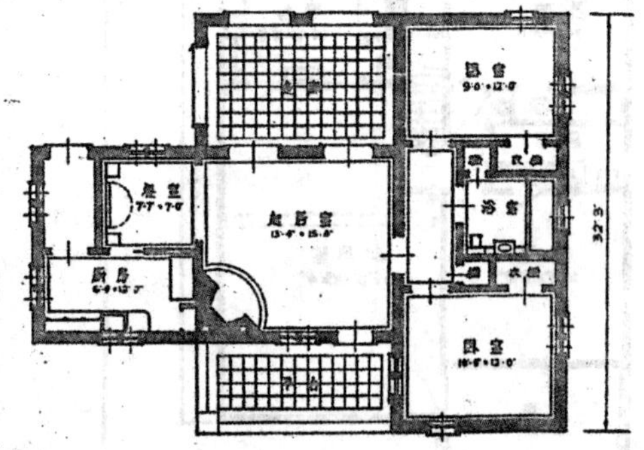

平面圖

附告：茲因作者設計第十七軍陣亡將士紀念碑亭（見本期銅圖），上期預告刊登之中國式私人住宅之立面圖，准移刊下期（卽四卷六期），此啓。

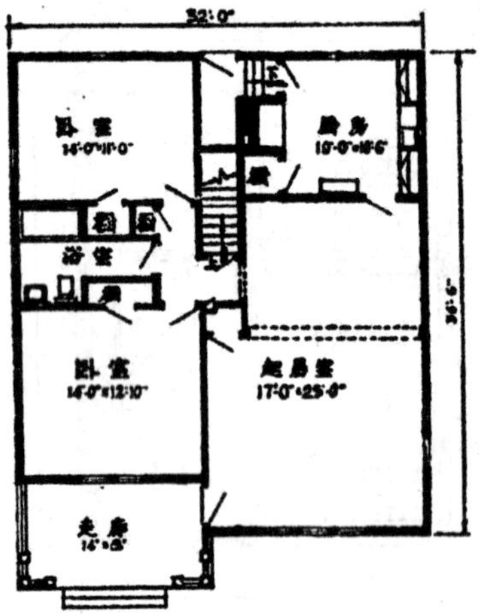

平面圖

此小住宅建於二年以前，工料雖簡，而住宅必要設備則悉備具。屋中有寬大之臥室二間，樓上並有浴室一間。屋主若認爲需要，可將廚房與起居室間，用門隔離，無需圖中所示濶大之拱圈也。現在一般住屋，對於簷口線已逐漸減小，甚且隱而不顯。此屋簷口線甚大，做造者已加改善矣。

贈閱「聯樑算式」揭曉啓事

本會自在建築月刊四卷三，四兩期刊登贈閱「聯樑算式」啓事以來，辱承讀者先進，工程專家，珠玉紛投，競函惠徵；熱烈贊助，至感高誼。惟以限於名額，未能盡量錄取，滄海遺珠，在所難免，幸乞鑒諒是禱。茲將錄取者台銜公佈於後（以收到應徵函件先後爲序），所有批評文字，當於收到後轉請「聯樑算式」原著者胡宏堯先生，附註意見，陸續刊登，俾就正高明焉。

附錄取者台銜一覽

姓名	籍貫	略歷	備註
楊哲明	安徽宣城	復旦大學工學士 江蘇省建設廳指導工程師	因公出勤 原書退回
顧仲新	江蘇無錫	前國立勞働大學工學士 軍政部軍需署工程處技正	
侯書田	山東卽墨	唐山交通大學工學士 正太鐵路局工務處工務員	
陳炎仲	四川合江	美國倫敦建築學會建築學校畢業 歷任天津市工務局技正科長等職	評文未到
陸咏懋	陝西柞水	美國康乃爾大學 大夏大學土木工程系主任	
王敬立	浙江黃巖	美國意利諾大學土木工程碩士 北平市政府技士建設委員會技正	
胡景信	山東陽穀	國立北洋大學工學士 山東省建設廳技正	
王菊三	江蘇江陰	前國立勞働大學工學士 金溧路金壇段工務所段長	

批評"聯樑算式"意見書彙輯

（一）　侯書田

本書所根據之算式，悉由克勞氏力率分配法(Cross Method of Moment Distribution)演出，固無新穎原理，蓋僅將克勞氏法之各項繁煩力率分配計算，歸納得一算式而代以C_1, C_2, C_3等及K_B, K_{B-1}, K_{B-2} 等變數而已。是故兩者之出發點及最後目的地均同；而僅於所取方法稍有區別耳。

自克勞氏創著力率分配法後，爲學術界放一異彩，其有助於聯樑及 Rigid Frames 之計算，早爲舉世學者所公認。今胡先生所著"聯樑算式"之根據，既爲克勞氏之力率分配法，則對於原理，固無庸批評，茲者僅就管見，將胡先生之聯樑算式及克勞氏之力率直分配法而加以比較矣。

（一）首須申說者：克勞氏法之應用為廣泛的，無論聯樑或 Rigid Frames 均可藉以解決，而"聯樑算式"之應用，則爲特指的，僅能用以解決聯樑一類也。由理論上言"聯樑算式"僅止於六節聯樑，惟以實際應用言，則不等硬度六聯樑，固亦足以包括一般情形矣。

（二）由所採用之計算方法言："聯樑算式"爲直接替代公式者，克勞氏法則爲依一致原理逐步演算者，固各有利弊也——正如胡先生言："克勞氏法運用手續，未見其簡"（見本書自序第 2 頁），"聯樑之節數多者，經十次以上之分配，猶不能得一精確答數，似未便作普泛之應用。又設當分配之中，偶不經意，因一數字或一符號之差誤，致毫厘千里之差，在所難免，爲慎重計，自必校核或二次重算，果不幸而兩次推求之數值，相差懸鉅，孰是孰非，非經第三次之複算不可也。若此一再計算，手續繁瑣"(見本書第一章第1頁)。但"聯樑算式"中變數繁多（如α_1, α_2,…，β_1, β_2,…，P_1, P_2,…，w_1, w_2,…，C_1, C_2,…，K_1, K_2…等）令人一見生畏，而替代偶不經意，亦可致毫厘千里之差。不過由讀者程度着想，欲運用克勞氏法，必須具有較深數理及力學，而"聯樑算式"祇需直代公式，初學者或易運用也。

（三）至於答案精確度，則兩者固一樣也。其精確度克勞氏法中視力率分配次數之多寡，次數愈多，結果愈精；'聯樑算式中"視變數C_1, C_2, C_3…等所算項數之多寡，項數愈多，結果愈精，而兩者固不能得一絕對準確值也。

以上係鄙人原則上對於本書之意見，以下將本書之優點及缺點，分別再加申述。

（一）本書優點：——

1. 本書第二章之單樑算式及圖表爲著者一大貢獻，各題概以圖表表示，使讀者一目了然，易於領會，而排列之簡美(Concise and Clear)猶其餘事。

2. 各種聯樑算式順序編制 (In natural and logical order)，合理而清楚，使讀者腦中有一自然之軌跡可循，不致迷糊。

3. 第六章之力率函數表及第七章例題中之各種荷重組合之力率表，簡明醒目，又將問題主旨表出，誠屬可貴。

4. 附錄之各種圖表，若鋼筋面積，材料應力及重量等表，頗有助於實際應用，且各項單位均係公尺公斤制，尤合我國需要。

（二）本書缺點：——

1. 對於克勞氏法原理之申述，似欠詳細洽確，非初學者所能瞭解——若第一章第2頁第5行所謂"點之高於兩力率之一者"一語，實有難於捉摸之苦。又若第一章第8頁第六圖之用$M'_{B\text{-}1}$而不用$M_{B\text{-}1}$（即變動支聯樑有端節之次格支上，不用 Moments for fix-ended beam 而用 Moments for cantilever beam），更令初學者莫知其所以然。

2. (a) 第七章第225頁第8行所謂"求聯樑各節之最大正力率，必先求該聯樑間節荷重各支點之力率（理由詳後）"，而迄未見詳述。

(b)第七章第228頁第8行中有"可將集中及遞變各重，化爲相當之勻佈重計算之"之句而所謂相當之勻佈重者，究竟爲何，作者迄無說明。

3. 第二章第37頁各圖中，未將W之位置表明，臆度著者原意，應將各圖繪製如下：

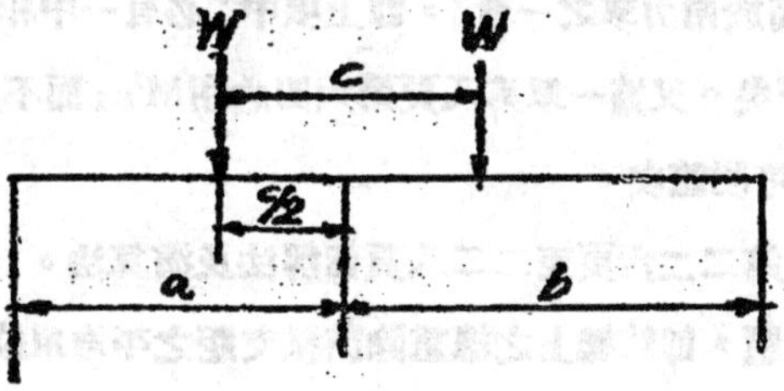

4. 本書排版錯誤太多——今於書中所附勘誤表外，另再檢舉若干如下：

勘　　誤　　表

章數	頁數	行數	字數	誤　　刊	更　　正	備　　註
1	6	7		$M_{B\cdot1}=\frac{2EI_1}{l_1}i_B$	$M_{B\cdot1}=\frac{4EI_1}{l_1}i_B$	算式（XIV）
1	13	13		$S=\frac{4n_3}{n_3+3n_4}=\frac{1}{2}$	$S=\frac{4n_3}{4n_3+3n_4}=\frac{1}{2}$	改正勘誤表(一)之錯
1	14	1		$R=\frac{1}{2}$	$T=\frac{1}{2}$	末一式
1	1	7	5	得	答	
2	37	2		$P=\frac{c}{t}$	$P=\frac{c}{l}$	
2	38	44		—of411	—o,411	
2	39			第十八圖及第十九圖 縱坐標應書α或β之值較佳 橫坐標應書C_5或C_6之函數較佳		
		又		橫坐標之指數位置不對	（應向右移兩格）	
3	98	末		第6字及7字應對換郎		
				誤刊最郎	更正郎最	
4	163	15		$\frac{\beta_1-2w_2\beta_1+w_6P_1}{64}$	$\frac{\beta_1^3-2w_2\beta_1+w_6P_1}{64}$	算式C_4
6	210	2	16	C	c	
7	241	20		d_B	d_c	
4	245	末		$d_1=i'_2=65^{cm}$	$d_1=d_1'=65^{cm}$	

原著者附註

查本書命名爲「聯樑算式」，唯一使命在求算式之準確與否；其體材原屬算式之應用，與對數表三角函數表等同一作用，固無從發明新穎學理也。侯君原文第二節所言，請將本書第七章之例題，用克氏力率分配法一推算之，其繁亢自可明瞭矣。至於函數之太煩，著者甚表同情，將來擬另用切線或曲線以代之。原文對於「本書缺點」可得而答覆者，爲

（1）不諳力學者，本不足以語原理。本書爲算式體，故原理文章，不便太長。至於書中第一章第二頁第五行所謂"點之高於兩力率之一者"，即上項中"必有一中和點"之點，更接以"假此點作標準"，應無難於捉摸之苦矣。又第一章第八頁第六圖之用$M'_{B\text{-}1}$而不用$M_{B\text{-}1}$，請照第五頁第四圖將該聯樑分成兩單樑，自可明瞭矣。

（2）a.（理由詳後）詳見第二二六頁至二二八頁圖解法及演算法。

b.此爲無需申述之問題，即該樑上之總重除該樑支距之平均單位重。

（3）爲不可知的，否則a與b之長無理可言矣。

（4）本書錯誤之多，實爲一大缺點，承侯君指正有十數點之多，至深感謝。

（二）　陸咏懋

前讀某學報曾載有Coefficients of support moments in Continuous Beams一篇，係根據Three moment theorem，將各種跨度及各種載重演出，列爲公式，以爲參考張本。惟其所舉之跨度及載重情形，并不完全，不能在任何情形之下，皆可應用；則已失其求便利之本義矣。今閱『聯樑算式』一書，係根據克勞氏力率分配法最新學理，化爲算式，則當更精確。其中雙動支單定支及雙定支不等硬度二至六聯樑各算式，最感興趣。惟若將節數增至八或十，則應用當較爲廣泛。按克勞氏算式，其最佳用處，除在Continuous Beams with simple supports之外，尤其對於Continuous girders with columns與Continuous frames 各種複雜問題，隨各別情形處理之便。故貴著者若將來再進而作聯架算式之研討，則可與此聯樑一書，前後連繫，其效用必更大也。

原著者附註

（一）聯樑之節增至八節或十節者，事實上甚不多見，即或有之，因物體之漲縮關係，須設置漲縮接縫，不能相聯矣。

（二）單聯架算式及複聯架算式兩書，原爲預定之目標，稍俟時日，再請指教。

（三）克勞氏法應用之廣，尚不止所述之單架聯架兩種；餘如橋架屋頂架拱橋圈等，均可援用。（見本刊二卷九期林同棪君之"克勞氏力率分配法"）

（三）　王敬立

本書介紹克勞氏力率分配法，對該法之基本原理有詳細之說明，對該法演算之各步驟有清晰之分析，並指示其繁複之點何在，繁複之程度若何。其各種算式圖表亦甚有用，肩列如下：

（一） 單樑算式中最有用者爲雙定支單樑之兩端力率（簡稱兩定力率Fixed-End Moment）表。

（二） 不等，對等硬度聯樑算式將繁複之力率分配算式改成純粹數學問題，準確之程度與算演之速率加增，但物理之涵義反晦。

（三） 等硬度等勻佈重聯樑之力率函數表對求該種聯樑之最大正力率與最大負力率最爲有用，因可一目了然產生此最大力率之荷重組合也。

但本書亦有可商榷之處，克勞氏講力率分配法時特別注意於其物理之涵義，故在其Continuous Frames of Reinforced Concrete一書中開始即講如何草描樑架荷重後拗曲之狀，如何估定反折點(Point of Inflection)，更如何由簡單之力學約略畫出樑架之力率圖，以爲訓練初學者判斷能力之根底。然後引至力率分配法，其講解與本書略相彷彿，惟多介紹與藉重 -"硬度"之定義並盡量避免公式以保持物理之觀念。蓋因物理之涵義彰明，便於記憶尋索，初學者苟致力於此則全部理論均在胸中，自能按步推算，縱演算有誤亦容易發覺也。

兩定力率亦可用克勞氏之柱力比喻法 (The Column Analogy) 以求之，清晰簡單，足資核校。

核校聯樑之力率克勞氏亦有簡單之法(見Continuous Frames of Reinforced Concrete, Cross and Morgan P. 119) 非必如著者所云"…或二次重算…非經第三次之復算不可決也"（見本書第一章第1頁）

更有一事應加注意者即力率正負號之規定是也。克勞氏主張"使樑向下凸之力率爲正" (Positive moment tension to sag the beam)"本書各公式圖表似亦依此主張。爲求一貫起見，樑之兩支定率似亦應採用此種規定，然本書第一章第2，3兩頁則用順鐘向者爲正反鐘向者爲負，無疑其爲遷就i角及ω之符號規定，似宜特加說明，俾免淆混。

本書第6頁公式XIV似應爲$M_{B\text{-}1}=\frac{4EI_1}{l_1}i_B$非$M_{B\text{-}1}=\frac{2EI_1}{l_1}i_B$。

本書第87，88兩頁之③一定支受力率，樑內仍受影響發生力率頗疑有誤。按定支之定義爲硬度無限大，即無論施如何大之力率支點決不轉動，然則樑身內何能因此發生力率。此節經用柱力比喻法反覆核算頗能證明筆者所信之不謬，望著者重核算之。

（原著者附語，准下期續刊。）

本刊所載材料價目，力求正確；惟市價瞬息變動，漲落不一，集稿時與出版時難免出入。讀者如欲知正確之市價者，希隨時來函詢問，本刊當代為探詢詳告。

磚瓦

(一) 空心磚

十二寸方十寸六孔	每千洋二百十元
十二寸方九寸六孔	每千洋一百九十元
十二寸方八寸六孔	每千洋一百六十元
十二寸方六寸六孔	每千洋一百二十五元
十二寸方四寸四孔	每千洋八十元
十二寸方三寸三孔	每千洋六十五元
九寸二分方六寸六孔	每千洋六十五元
九寸二分方四寸半三孔	每千洋五十元
九寸二分方三寸三孔	每千洋四十元
四寸半方九寸二分四孔	每千洋三十二元
九寸二分四寸半三寸二孔	每千洋二十元
九寸二分‧四寸半‧二寸半‧二孔	每千洋十九元
九寸二分‧四寸半‧二寸‧二孔	每千洋十八元

(二) 八角式樓板空心磚

十二寸方八寸八角四孔	每千洋一百八十元
十二寸方六寸八角三孔	每千洋一百四十五元
十二寸方四寸八角三孔	每千洋九十元

(三) 深淺毛縫空心磚

十二寸方十寸六孔	每千洋二百二十五元
十二寸方八寸半六孔	每千洋一百八十九元
十二寸方八寸六孔	每千洋一百八十元
十二寸方六寸六孔	每千洋一百四十五元
十二寸方四寸四孔	每千洋九十元
十二寸方三寸三孔	每千洋七十二元
九寸二分方四寸半三孔	每千洋五十四元

(四) 實心磚

九寸四寸三分二寸半特等紅磚	每萬洋一百三十元
又　普通紅磚	每萬洋一百二十元
八寸半四寸一分二寸半特等紅磚	每萬洋一百三十四元
又　普通紅磚	每萬洋一百十四元
十寸‧五寸‧二寸特等紅磚	每萬洋一百二十元
又　普通紅磚	每萬洋一百十元
九寸四寸三分二寸特等紅磚	每萬洋一百元
又　普通紅磚	每萬洋九十元
九寸四寸三分二寸三分特等紅磚	每萬洋一百十元
又　普通紅磚	每萬洋一百元
九寸四寸三分二寸三分拉縫紅磚	每萬洋一百六十元
十寸五寸二寸特等青磚	每萬洋一百三十元
又　普通青磚	每萬洋一百二十元
九寸四寸三分二寸特等青磚	每萬洋一百十元
又　普通青磚	每萬洋一百元
九寸四寸三分二寸三分特等青磚	每萬洋一百二十元
又　普通青磚	每萬洋一百元

(以上統保外力)

(五) 瓦

一號紅平瓦	每千洋五十五元
二號紅平瓦	每千洋五十元
三號紅平瓦	每千洋四十元
一號青平瓦	每千洋六十元
二號青平瓦	每千洋五十五元
三號青平瓦	每千洋四十五元
西班牙式紅瓦	每千洋四十五元
西班牙式青瓦	每千洋四十八元
英國式灣瓦	每千洋三十六元
古式元筒青瓦	每千洋六十元

(以上統保運力)

以上大中磚瓦公司出品

新三號青放	每萬洋五十三元
新三號老紅放	每萬洋六十三元

輕硬空心磚

		每塊重量
十二寸方十二寸四孔	每千洋二八八元	卅六磅
十二寸方十寸四孔	每千洋二三六元	廿六磅
十二寸方八寸二孔	每千洋一七七元	十九磅半
十二寸方六寸二孔	每千洋一三三元	十七磅
十二寸方四寸二孔	每千洋八十九元	十四磅

十二寸方三寸二孔　每千洋七十元　十半二磅
九寸二分方八寸三孔　每千洋九十三元　十二磅
九寸二分方六寸三孔　每千洋七十元　九磅半
九寸二分方四寸半三孔　每千洋五十四元　八磅三
九寸二分方三寸二孔　每千洋五十元　七磅三

硬磚

二寸二分四寸六分九寸半　每萬洋一〇五元　六磅
二寸二分四寸一分八寸半　每萬洋八十五元　四磅半

以上長城磚瓦公司出品

鋼條

四十尺四分普通花色　每噸一四〇元
四十尺五分普通花色　每噸一二六元
四十尺六分普通花色　每噸一三二元
四十尺七分普通花色　每噸一三六元
四十尺一寸普通花色　每噸一三六元
盤圓絲　每市擔六元六角

泥灰石子

象牌水泥　每桶洋六元三角
泰山水泥　每桶洋五元七角
馬牌水泥　每桶洋六元五元
拔灰　每擔洋一元二角
黃沙　每噸洋三元
石子　每噸洋三元半

木材

洋松 八尺至卅二尺再長照加　每千尺一百十元
一寸洋松　每千尺洋一百十二元
寸半洋松　每千尺洋一百十三元
洋松二寸光板　無市
四尺洋松條子　每萬根洋一百六十五元
一寸 四寸洋松一號企口板　每千尺洋一百四十五元
一寸 四寸洋松副頭號企口板　每千尺洋一百十元
一寸 四寸洋松二號企口板　每千尺洋一百元
一寸 六寸洋松一號企口板　每千尺洋一百三十元
一寸 六寸洋松副頭號企口板　每千尺洋一百十五元
一寸 六寸洋松二號企口板　每千尺洋一百元
一二五 四寸洋松一號企口板　無市
一二五 四寸洋松二號企口板　無市
一二五 六寸洋松一號企口板　無市
一二五 六寸洋松二號企口板　無市
柚木(頭號)僧帽牌　每千尺洋六百元
柚木(甲種)龍牌　每千尺洋五百三十元
柚木(乙種)龍牌　每千尺洋五百元
柚木(旗牌)　每千尺洋五百三十元
柚木(盾牌)　每千尺洋四百八十元
硬木　無市
硬木(火介方)　每千尺洋一百八十五元
柳安　每千尺洋一百九十元
紅板　每千尺洋一百六十元
抄板　每千尺洋一百八十元
十二尺 三寸六八皖松　每千尺洋六十五元
十二尺二寸皖松　每千尺洋六十五元
一二五 四寸柳安企口板　每千尺洋二百十元
一寸 六寸柳安企口板　每千尺洋二百十元
一二五 四寸企口紅板　無市
二寸 一寸半建松片　市尺每千尺洋六十八元
九尺 四分建松板　市尺每丈洋三元八角
九尺 八分建松板　市尺每丈洋六元八角
六尺半 五分青山板　市尺每丈洋三元五角

本松毛板	市尺每塊洋三角
本松企口板	市尺每塊洋三角二分
六尺半二分杭松板	市尺每丈洋二元
七尺半二分甌松板	市尺每丈洋二元一角
六尺半八分皖松板	市尺每丈洋四元六角
九尺八分皖松板	市尺每丈洋五元六角
六尺半五分皖松板	市尺每丈洋四元二角
台松板	市尺每丈洋三元五角
七尺半四分坦戶板	市尺每丈洋二元六角
七尺半三分坦戶板	市尺每丈洋二元四角
六尺二分機鋸紅柳板	市尺每丈洋二元五角
六尺三分毛邊紅柳板	市尺每丈洋二元五角
六尺二分俄松板	市尺每丈洋二元六角
六尺半二分俄松板	市尺每丈洋二元八角
七尺半毛邊二分坦戶板	市尺每丈洋一元七角
六尺半五分機介杭松	市尺每丈洋四元二角
白松方	每千尺洋九十五元

紅松方	每千尺洋一百十五元
麻栗方	每千洋一百三十五元
啞克方	每千洋一百三十五元
俄麻栗板	每千尺洋一百四十元

五金

（一）釘

美方釘	每桶洋二十元〇九分
平頭釘	每桶洋二十元八角
中國貨元釘	每桶洋六元五角

（二）牛毛毡及防水粉

五方紙牛毛毡	每捲洋二元八角
半號牛毛毡（馬牌）	每捲洋二元八角
一號牛毛毡（馬牌）	每捲洋三元九角
二號牛毛毡（馬牌）	每捲洋五元一角
三號牛毛毡（馬牌）	每捲洋七元
建業防水粉	每磅國幣三角

（三）其他

鋼絲網（27"×96" 2¼lbs.）	每方洋四元
鋼版網（8'×12' 六分一寸半眼）	每張洋卅四元
水落鐵（每根長二十尺）	每千尺五十五元
牆角線（每根長十二尺）	每千尺九十五元
踏步鐵（每根長十尺或十二尺）	每千尺五十五元

鉛絲布（闊三尺長百尺）	每捲二十三元
綠鉛紗（同上）	每捲洋十七元
銅絲布（同上）	每捲四十元

水木作工價

木作（包工連飯）	每工洋六角三分
水作（同上）	每工洋六角
水木作（點工連飯）	每工洋八角五分

中華郵政特准掛號認為新聞紙類

建築月刊
THE BUILDER

內政部登記證警字第二五五四號

定價

每月一冊　全年十二冊

訂購辦法	價目	郵費：本埠	郵費：外埠及日本	郵費：香港澳門	郵費：國外
零售	五角	二分	五分	一角八分	三角
預定全年	五元	二角四分	六角	二元一角六分	三元六角

第四卷第五號

民國二十五年四月發行

刊務委員　陳泉通　竺松齡　江長庚

主編　杜彥耿

廣告　藍克生 (A. O. Lacson)

發行　上海市建築協會　南京路大陸商場六二〇號　電話九二〇〇九

印刷　新光印書館　上海聖母院路聖達里三〇號　電話七四六三五

廣告刊例
Advertising Rates Per Issue

地位 Position	全面 Full Page	半面 Half Page	四分之一 One Quarter
底封面外面 Outside back cover.	七十五元 $75.00		
封面及底面之裏面 Inside front & back cover	六十元 $60.00	三十五元 $35.00	
封面底面裏面之對面 Opposite of inside front & back cover.	五十元 $50.00	三十元 $30.00	
普通地位 Ordinary page	四十五元 $45.00	三十元 $30.00	二十元 $20.00
小廣告 Classified Advertisements	每期每格一寸高三寸半闊洋四元 - $4.00 per column		

廣告概用白紙黑墨印刷，倘須彩色，價目另議；鑄版彫刻，費用另加。
Designs, blocks to be charged extra. Advertisements inserted in two or more colors to be charged extra.

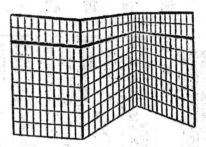

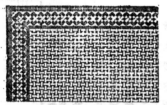

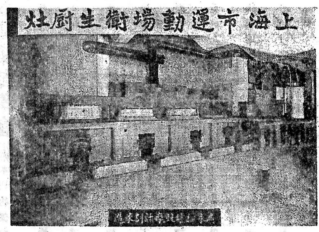

本廠承建之南昌勵志分社

中央黨部黨史陳列館

馥記營造廠

總事務所 上海四川路三三號 電話一七三三六
電報掛號一五二七 電話一七三三七

總廠 上海戈登路三五五號

分事務所 南京陶園新村—四部大樓
南昌珩包巷五九號

分廠 河南 重慶 九江 廣州 杭州 青島
南京 貴溪 鎮江 邵伯 淮陰 劉澗

第一堆棧 上海閘北廣林街

第二堆棧 上海浦東慶甯寺

分事務所分廠電報掛號七四五〇

本廠承造各埠建築達數十處都千萬餘金略舉如下備資參考

本埠工程

儉德儲蓄會……福生路
寶隆醫院……白克路
公共宿舍……聖母院路
中華碼頭……浦東周家渡
劉公館……亞爾培路
上海牛皮廠……白利南路
七層公寓……國富門路
義泰興碼頭……浦東董家渡
公和祥碼頭及棧房……浦東
七層公寓……海格路
交通大學工程館……徐家匯
公和祥碼頭……百老匯路
四行念二層大樓……派克路
大新百貨公司……南京路

外埠工程

中山紀念堂……廣州
美領事署……廈門
總理陵墓第三部工程……南京
陣亡將士公墓全部……南京
宋部長官邸……南京
稅警團營房……海州
海軍船塢……青島
孫院長公館……南京
兵工分廠……鞏縣
浙江大學農學院……杭州
美豐銀行……重慶
勵志分社……南昌
航空學校……南昌
中正橋……南昌
浙贛路貴溪橋……貴溪
航空倉庫……京—滬—贛
導淮船閘……邵伯—淮陰—劉澗
航空分校工廠機廠工程……洛陽
中央黨部黨史陳列館……南京
導淮開閘三河活動土方工程……安徽
廬山訓練所宿舍……廬山

VOH KEE CONSTRUCTION CO.

浙贛路貴溪橋

23988

本廠承裝網籬工程之一

國立同濟大學游泳池

自製鉛絲網籬

兼代設計裝置

公勤鐵廠股份有限公司

總廠 上海楊樹浦臨青路

電話 五〇二一四・五〇一六七

電報 三〇六〇

分廠 廣州河南南華中路

中華郵政特准掛號認為新聞紙類